초등 수학의 ... !

KB085736

신기한

연산왕

D-2

초4
수준

초등 수학의 기본은 연산력!!

신기한

연산왕

구성과 특징

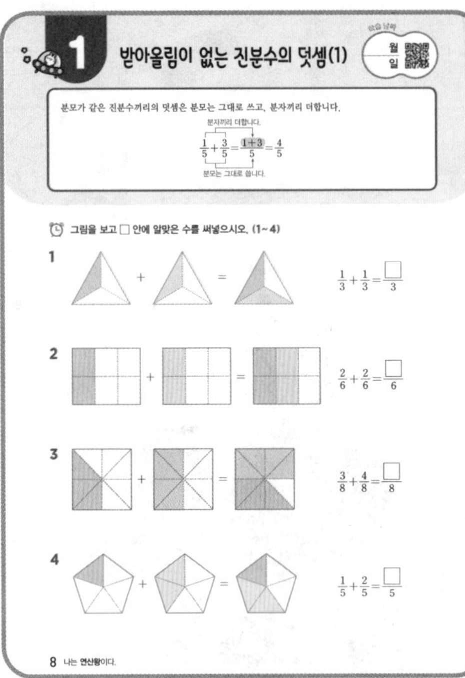

원리+익힘

연산의 원리를 쉽게 이해하고 빠르고 정확한 계산 능력을 얻을 수 있도록 구성하였습니다.

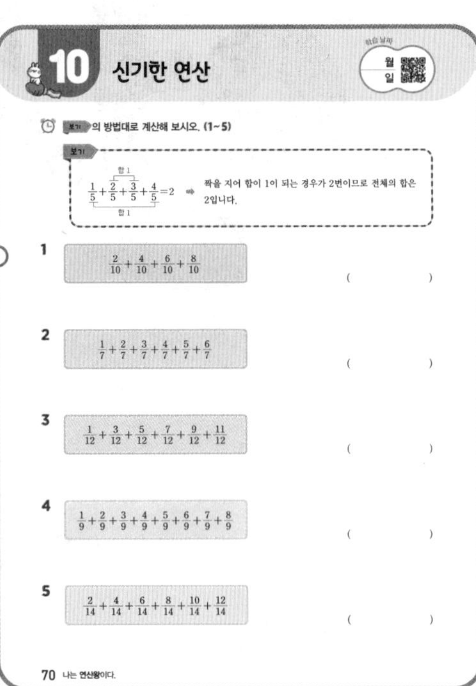

신기한 연산

연산 능력과 창의사고력 향상이 동시에 이루어질 수 있는 문제로 구성하여 계산 능력과 창의사고력이 저절로 향상될 수 있도록 구성하였습니다.

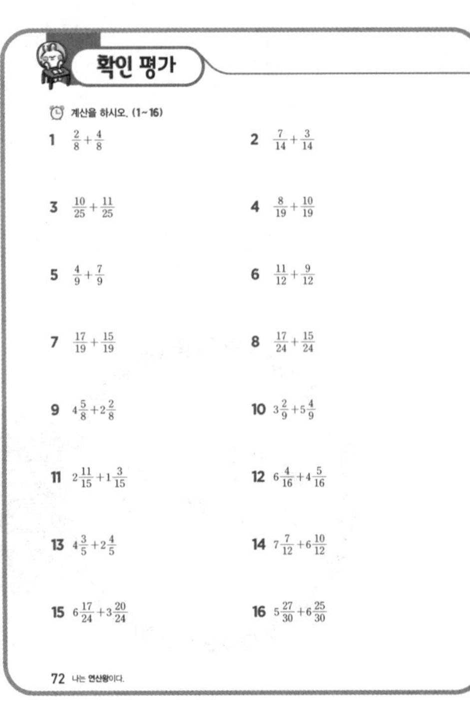

확인평가

단원을 마무리하면서 익힌 내용을 평가하여 자신의 실력을 알아볼 수 있도록 구성하였습니다.

크라운 온라인 단원 평가는?

크라운 온라인 평가는?

단원별 학습한 내용을 올바르게 학습하였는지 실시간 점검할 수 있는 온라인 평가 입니다.

- 온라인 평가는 매단원별 25문제로 출제 되었습니다
- 평가 시간은 30분이며 시험 시간이 지나면 문제를 풀 수 없습니다
- 온라인 평가를 통해 100점을 받으시면 크라운 1개를 획득할 수 있습니다.

온라인 평가 방법

1. **에듀왕닷컴 접속** www.eduwang.com — 신규 회원 가입 또는 로그인
2. **메인 상단 메뉴에서 단원평가 클릭** — 닷컴 메인 메뉴에서 단원 평가 클릭
3. **단계 및 단원 선택** — 평가하고자 하는 단계와 단원을 선택

4. **온라인 단원 평가 실시** — 30분 동안 평가 실시
5. **온라인 단원 평가 종료** — 종료 후 실시간 평가 결과 확인
6. **크라운 확인** — 마이페이지에서 크라운 확인 후 크라운 사용

유의사항

- 평가 시작 전 종이와 연필을 준비하시고 인터넷 및 와이파이 신호를 꼭 확인하시기 바랍니다
- 단원평가는 최초 1회에 한하여 크라운이 반영됩니다. (중복 평가 시 크라운 미 반영)
- 각 단원 평가를 통해 100점을 받으시면 크라운 1개를 드리며, 획득하신 크라운으로 에듀왕닷컴에서 판매하고 있는 교재 및 서비스를 무료로 구매 하실 수 있습니다 (크라운 1개 – 1,000원)

연산왕 단계별 학습 내용

A-1 (초1수준)
1. 9까지의 수
2. 9까지의 수를 모으고 가르기
3. 덧셈과 뺄셈

A-2 (초1수준)
1. 19까지의 수
2. 50까지의 수
3. 50까지의 수의 덧셈과 뺄셈

A-3 (초1수준)
1. 100까지의 수
2. 덧셈
3. 뺄셈

A-4 (초1수준)
1. 두 자리 수의 혼합 계산
2. 두 수의 덧셈과 뺄셈
3. 세 수의 덧셈과 뺄셈

B-1 (초2수준)
1. 세 자리 수
2. 받아올림이 한 번 있는 덧셈
3. 받아올림이 두 번 있는 덧셈

B-2 (초2수준)
1. 받아내림이 한 번 있는 뺄셈
2. 받아내림이 두 번 있는 뺄셈
3. 덧셈과 뺄셈의 관계

B-3 (초2수준)
1. 네 자리 수
2. 세 자리 수와 두 자리 수의 덧셈과 뺄셈
3. 세 수의 계산

B-4 (초2수준)
1. 곱셈구구
2. 길이의 계산
3. 시각과 시간

C-1 (초3수준)
1. 덧셈과 뺄셈
2. 나눗셈과 곱셈
3. 길이와 시간

C-2 (초3수준)
1. 곱셈과 나눗셈
2. 분수
3. 들이와 무게

D-1 (초4수준)
1. 큰 수
2. 각도
3. 곱셈과 나눗셈

D-1 (초4수준)
1. 분수의 덧셈과 뺄셈
2. 소수의 덧셈과 뺄셈
3. 각도 구하기

E-1 (초5수준)
1. 자연수의 혼합 계산
2. 분수의 덧셈과 뺄셈
3. 다각형의 둘레와 넓이

E-2 (초5수준)
1. 수의 범위와 어림하기
2. 분수의 곱셈
3. 소수의 곱셈

F-1 (초6수준)
1. 분수의 나눗셈
2. 소수의 나눗셈
3. 직육면체의 부피와 겉넓이

F-2 (초6수준)
1. 분수와 소수의 나눗셈
2. 비와 비율, 비례식과 비례배분
3. 원의 넓이

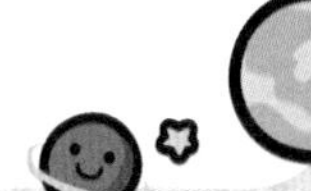

차례

1

분수의 덧셈과 뺄셈

1 받아올림이 없는 진분수의 덧셈(1)

분모가 같은 진분수끼리의 덧셈은 분모는 그대로 쓰고, 분자끼리 더합니다.

분자끼리 더합니다.

$$\frac{1}{5}+\frac{3}{5}=\frac{1+3}{5}=\frac{4}{5}$$

분모는 그대로 씁니다.

그림을 보고 □ 안에 알맞은 수를 써넣으시오. (1~4)

1

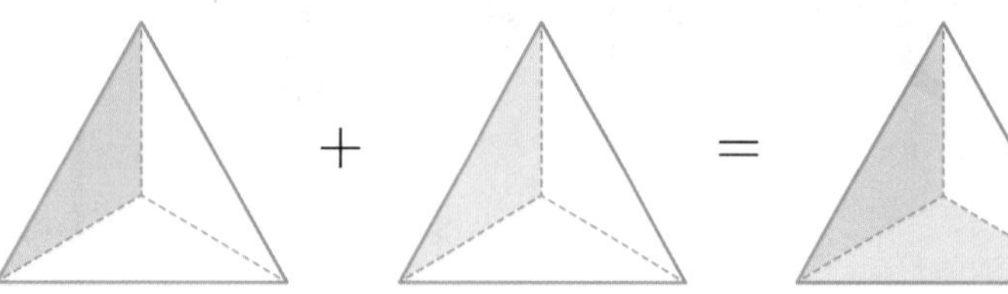

$\frac{1}{3}+\frac{1}{3}=\frac{\square}{3}$

2

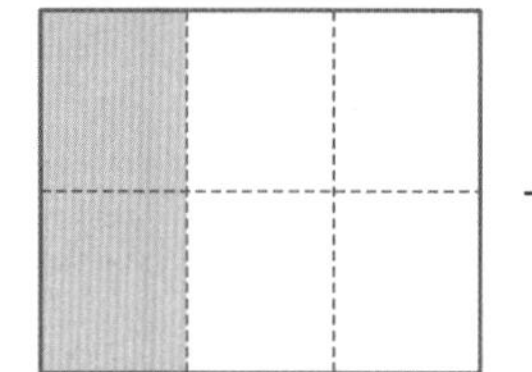

$\frac{2}{6}+\frac{2}{6}=\frac{\square}{6}$

3

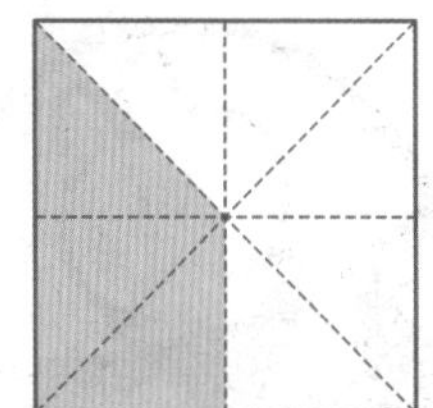 + 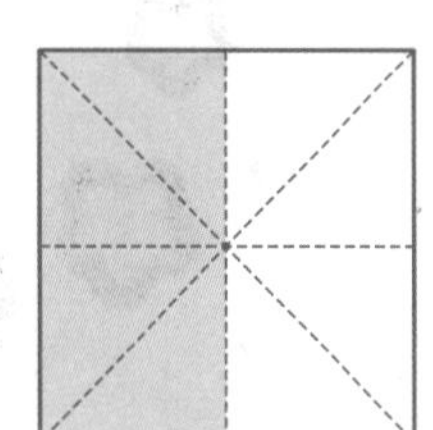 = 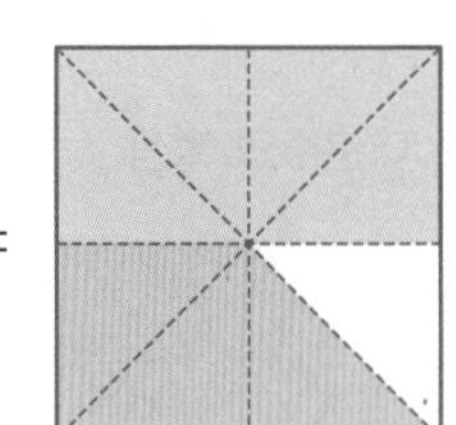

$\frac{3}{8}+\frac{4}{8}=\frac{\square}{8}$

4

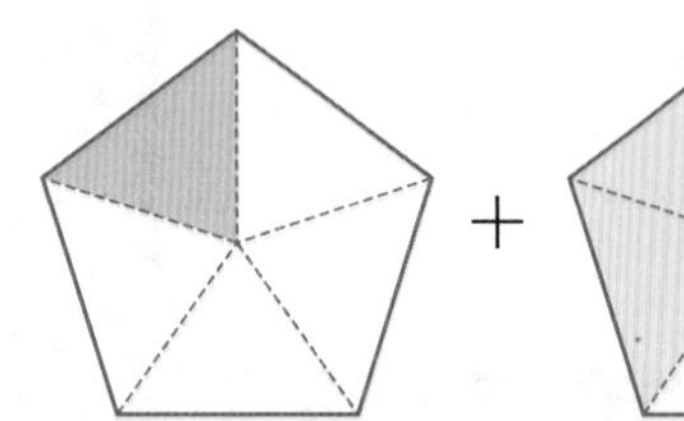

$\frac{1}{5}+\frac{2}{5}=\frac{\square}{5}$

계산은 빠르고 정확하게!

걸린 시간	1~4분	4~6분	6~8분
맞은 개수	9~10개	7~8개	1~6개
평가	참 잘했어요.	잘했어요.	좀더 노력해요.

□ 안에 알맞은 수를 써넣으시오. (5 ~ 10)

5 $\frac{2}{6}$는 $\frac{1}{6}$이 □개, $\frac{3}{6}$은 $\frac{1}{6}$이 □개이므로 $\frac{2}{6}+\frac{3}{6}$은 $\frac{1}{6}$이 □개입니다.

➡ $\frac{2}{6}+\frac{3}{6}=\frac{\square}{6}$

6 $\frac{3}{7}$은 $\frac{1}{7}$이 □개, $\frac{2}{7}$는 $\frac{1}{7}$이 □개이므로 $\frac{3}{7}+\frac{2}{7}$는 $\frac{1}{7}$이 □개입니다.

➡ $\frac{3}{7}+\frac{2}{7}=\frac{\square}{7}$

7 $\frac{6}{10}$은 $\frac{1}{10}$이 □개, $\frac{3}{10}$은 $\frac{1}{10}$이 □개이므로 $\frac{6}{10}+\frac{3}{10}$은 $\frac{1}{10}$이 □개입니다.

➡ $\frac{6}{10}+\frac{3}{10}=\frac{\square}{10}$

8 $\frac{4}{11}$는 $\frac{1}{11}$이 □개, $\frac{6}{11}$은 $\frac{1}{11}$이 □개이므로 $\frac{4}{11}+\frac{6}{11}$은 $\frac{1}{11}$이 □개입니다.

➡ $\frac{4}{11}+\frac{6}{11}=\frac{\square}{11}$

9 $\frac{7}{13}$은 $\frac{1}{13}$이 □개, $\frac{5}{13}$는 $\frac{1}{13}$이 □개이므로 $\frac{7}{13}+\frac{5}{13}$는 $\frac{1}{13}$이 □개입니다.

➡ $\frac{7}{13}+\frac{5}{13}=\frac{\square}{13}$

10 $\frac{5}{12}$는 $\frac{1}{12}$이 □개, $\frac{4}{12}$는 $\frac{1}{12}$이 □개이므로 $\frac{5}{12}+\frac{4}{12}$는 $\frac{1}{12}$이 □개입니다.

➡ $\frac{5}{12}+\frac{4}{12}=\frac{\square}{12}$

1

받아올림이 없는 진분수의 덧셈(2)

□ 안에 알맞은 수를 써넣으시오. (1~16)

1 $\frac{1}{3}+\frac{1}{3}=\frac{\square+\square}{3}=\frac{\square}{3}$

2 $\frac{2}{4}+\frac{1}{4}=\frac{\square+\square}{4}=\frac{\square}{4}$

3 $\frac{2}{5}+\frac{2}{5}=\frac{\square+\square}{5}=\frac{\square}{5}$

4 $\frac{1}{6}+\frac{3}{6}=\frac{\square+\square}{6}=\frac{\square}{6}$

5 $\frac{4}{7}+\frac{2}{7}=\frac{\square+\square}{7}=\frac{\square}{7}$

6 $\frac{3}{10}+\frac{5}{10}=\frac{\square+\square}{10}=\frac{\square}{10}$

7 $\frac{4}{9}+\frac{3}{9}=\frac{\square+\square}{9}=\frac{\square}{9}$

8 $\frac{2}{8}+\frac{4}{8}=\frac{\square+\square}{8}=\frac{\square}{8}$

9 $\frac{7}{11}+\frac{2}{11}=\frac{\square+\square}{11}=\frac{\square}{11}$

10 $\frac{5}{13}+\frac{4}{13}=\frac{\square+\square}{13}=\frac{\square}{13}$

11 $\frac{6}{17}+\frac{7}{17}=\frac{\square+\square}{17}=\frac{\square}{17}$

12 $\frac{10}{15}+\frac{4}{15}=\frac{\square+\square}{15}=\frac{\square}{15}$

13 $\frac{8}{16}+\frac{4}{16}=\frac{\square+\square}{16}=\frac{\square}{16}$

14 $\frac{4}{11}+\frac{2}{11}=\frac{\square+\square}{11}=\frac{\square}{11}$

15 $\frac{7}{15}+\frac{7}{15}=\frac{\square+\square}{15}=\frac{\square}{15}$

16 $\frac{6}{18}+\frac{9}{18}=\frac{\square+\square}{18}=\frac{\square}{18}$

계산은 빠르고 정확하게!

걸린 시간	1~8분	8~12분	12~16분
맞은 개수	29~32개	23~28개	1~22개
평가	참 잘했어요.	잘했어요.	좀더 노력해요.

계산을 하시오. (17 ~ 32)

17 $\frac{1}{5}+\frac{2}{5}$

18 $\frac{1}{6}+\frac{4}{6}$

19 $\frac{5}{7}+\frac{1}{7}$

20 $\frac{4}{8}+\frac{3}{8}$

21 $\frac{4}{9}+\frac{4}{9}$

22 $\frac{4}{10}+\frac{5}{10}$

23 $\frac{7}{11}+\frac{3}{11}$

24 $\frac{5}{17}+\frac{7}{17}$

25 $\frac{10}{15}+\frac{3}{15}$

26 $\frac{5}{16}+\frac{9}{16}$

27 $\frac{1}{13}+\frac{8}{13}$

28 $\frac{5}{14}+\frac{6}{14}$

29 $\frac{11}{19}+\frac{2}{19}$

30 $\frac{7}{18}+\frac{8}{18}$

31 $\frac{4}{16}+\frac{10}{16}$

32 $\frac{4}{14}+\frac{9}{14}$

1 받아올림이 없는 진분수의 덧셈(3)

빈 곳에 알맞은 수를 써넣으시오. (1~10)

1

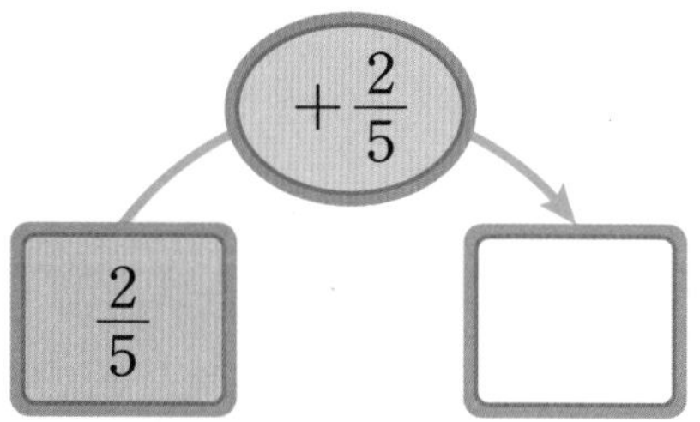

2

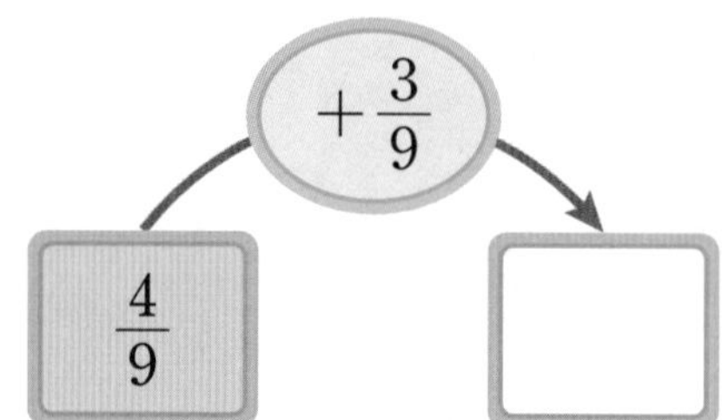

3

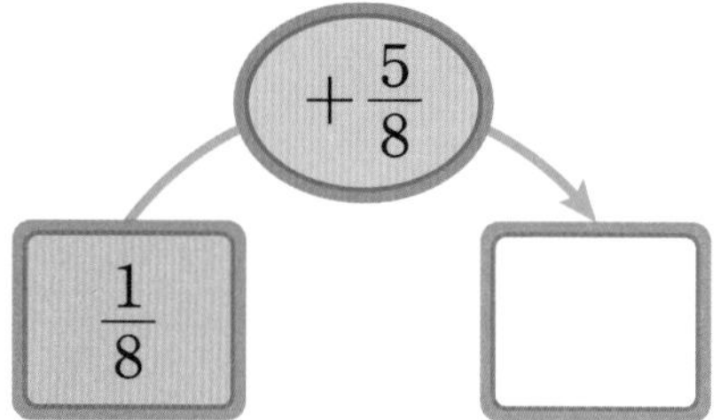

4

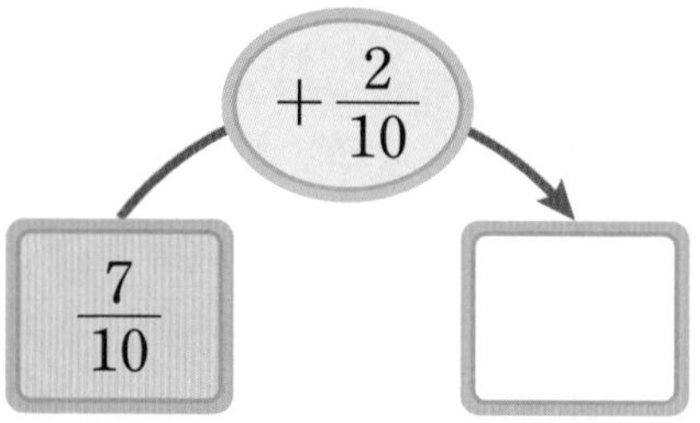

5

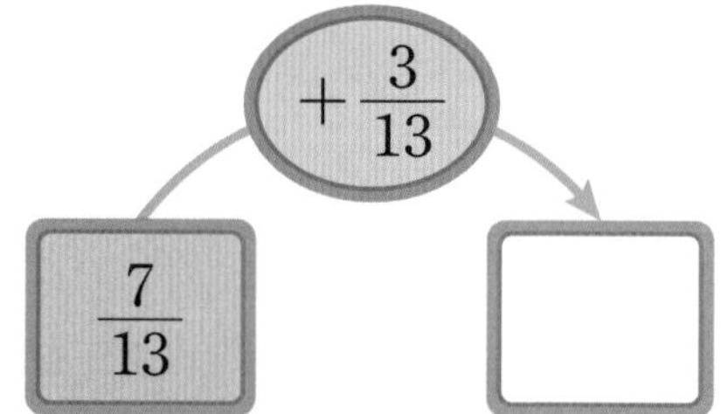

6

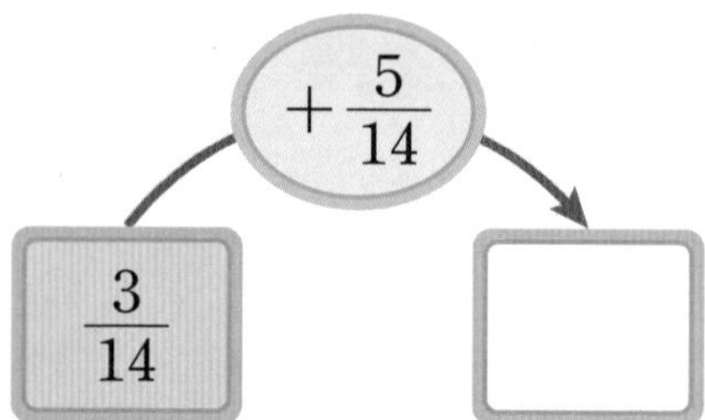

7

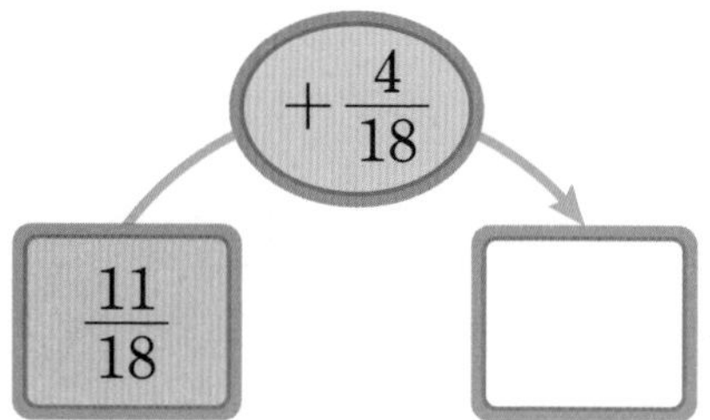

8

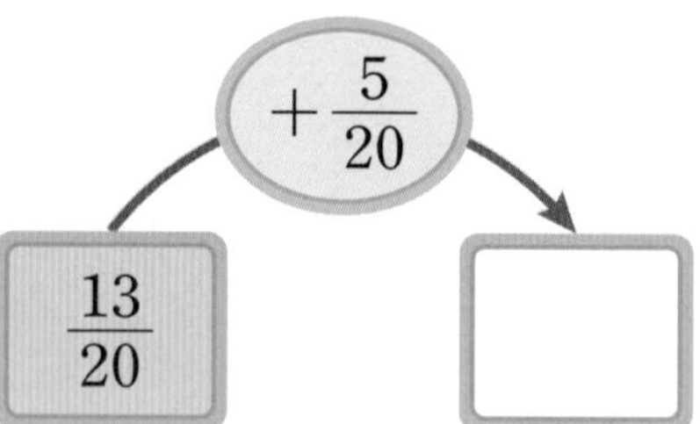

9

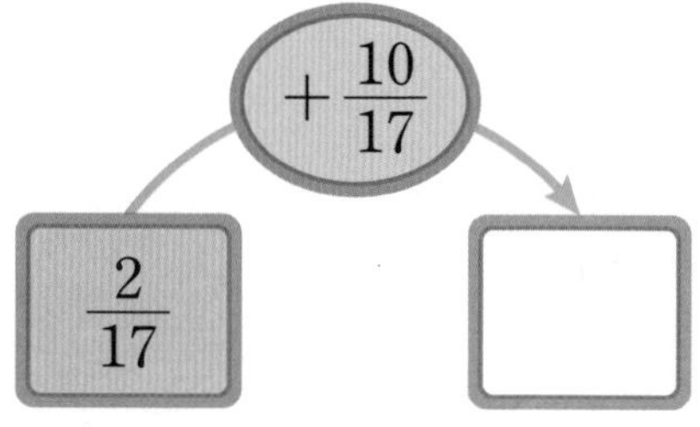

10

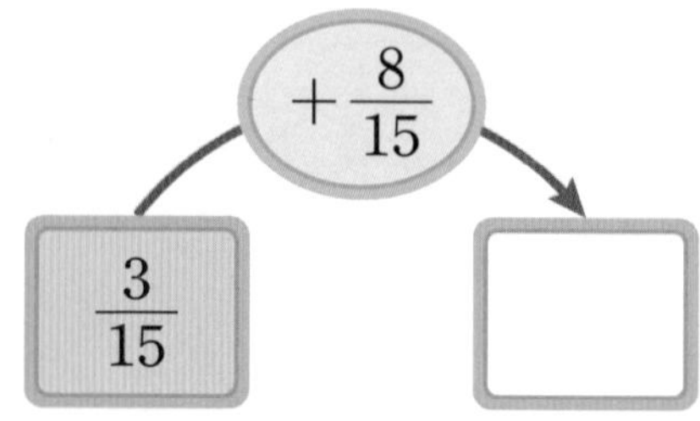

계산은 빠르고 정확하게!

걸린 시간	1~5분	5~8분	8~10분
맞은 개수	18~20개	14~17개	1~13개
평가	참 잘했어요.	잘했어요.	좀더 노력해요.

□ 안에 알맞은 수를 써넣으시오. (11 ~ 20)

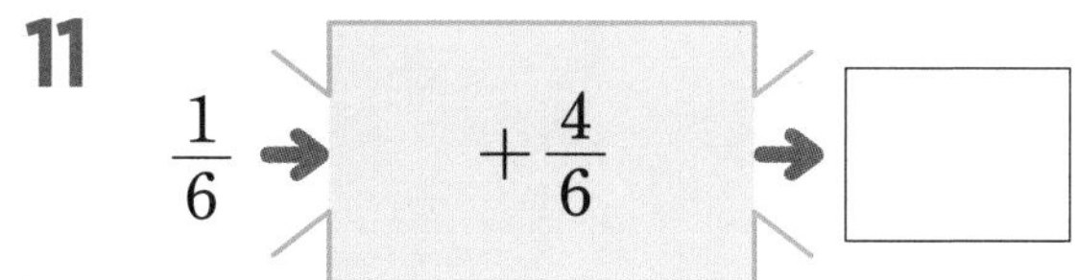

11 $\frac{1}{6}$ → $+\frac{4}{6}$ → □

12 $\frac{3}{7}$ → $+\frac{3}{7}$ → □

13 $\frac{4}{9}$ → $+\frac{2}{9}$ → □

14 $\frac{6}{11}$ → $+\frac{4}{11}$ → □

15 $\frac{3}{15}$ → $+\frac{8}{15}$ → □

16 $\frac{5}{17}$ → $+\frac{10}{17}$ → □

17 $\frac{8}{21}$ → $+\frac{11}{21}$ → □

18 $\frac{6}{20}$ → $+\frac{13}{20}$ → □

19 $\frac{3}{16}$ → $+\frac{9}{16}$ → □

20 $\frac{17}{30}$ → $+\frac{11}{30}$ → □

2 받아올림이 있는 진분수의 덧셈(1)

학습 날짜 월 일

분모가 같은 진분수의 덧셈은 분모는 그대로 쓰고, 분자끼리 더합니다.
이때 계산 결과가 가분수이면 대분수로 나타냅니다.

분자끼리 더합니다.

$$\frac{3}{5}+\frac{4}{5}=\frac{3+4}{5}=\frac{7}{5}=1\frac{2}{5}$$

분모는 그대로 씁니다.

그림을 보고 □ 안에 알맞은 수를 써넣으시오. (1~4)

1 $\frac{2}{3}+\frac{2}{3}=\square\frac{\square}{3}$

2 $\frac{3}{4}+\frac{3}{4}=\square\frac{\square}{4}$

3 $\frac{2}{5}+\frac{4}{5}=\square\frac{\square}{5}$

4 $\frac{5}{6}+\frac{4}{6}=\square\frac{\square}{6}$

계산은 빠르고 정확하게!

걸린 시간	1~4분	4~6분	6~8분
맞은 개수	9~10개	7~8개	1~6개
평가	참 잘했어요.	잘했어요.	좀더 노력해요.

□ 안에 알맞은 수를 써넣으시오. (5 ~ 10)

5 $\frac{5}{7}$는 $\frac{1}{7}$이 □개, $\frac{6}{7}$은 $\frac{1}{7}$이 □개이므로 $\frac{5}{7}+\frac{6}{7}$은 $\frac{1}{7}$이 □개입니다.

➡ $\frac{5}{7}+\frac{6}{7}=\frac{\square}{7}=\square\frac{\square}{7}$

6 $\frac{4}{5}$는 $\frac{1}{5}$이 □개, $\frac{3}{5}$은 $\frac{1}{5}$이 □개이므로 $\frac{4}{5}+\frac{3}{5}$은 $\frac{1}{5}$이 □개입니다.

➡ $\frac{4}{5}+\frac{3}{5}=\frac{\square}{5}=\square\frac{\square}{5}$

7 $\frac{6}{9}$은 $\frac{1}{9}$이 □개, $\frac{7}{9}$은 $\frac{1}{9}$이 □개이므로 $\frac{6}{9}+\frac{7}{9}$은 $\frac{1}{9}$이 □개입니다.

➡ $\frac{6}{9}+\frac{7}{9}=\frac{\square}{9}=\square\frac{\square}{9}$

8 $\frac{4}{10}$는 $\frac{1}{10}$이 □개, $\frac{9}{10}$는 $\frac{1}{10}$이 □개이므로 $\frac{4}{10}+\frac{9}{10}$는 $\frac{1}{10}$이 □개입니다.

➡ $\frac{4}{10}+\frac{9}{10}=\frac{\square}{10}=\square\frac{\square}{10}$

9 $\frac{7}{11}$은 $\frac{1}{11}$이 □개, $\frac{10}{11}$은 $\frac{1}{11}$이 □개이므로 $\frac{7}{11}+\frac{10}{11}$은 $\frac{1}{11}$이 □개입니다.

➡ $\frac{7}{11}+\frac{10}{11}=\frac{\square}{11}=\square\frac{\square}{11}$

10 $\frac{12}{13}$는 $\frac{1}{13}$이 □개, $\frac{8}{13}$은 $\frac{1}{13}$이 □개이므로 $\frac{12}{13}+\frac{8}{13}$은 $\frac{1}{13}$이 □개입니다.

➡ $\frac{12}{13}+\frac{8}{13}=\frac{\square}{13}=\square\frac{\square}{13}$

2 받아올림이 있는 진분수의 덧셈(2)

□ 안에 알맞은 수를 써넣으시오. (1~8)

1 $\frac{4}{5}+\frac{4}{5}=\frac{\square+\square}{5}=\frac{\square}{5}=\square\frac{\square}{5}$

2 $\frac{5}{6}+\frac{4}{6}=\frac{\square+\square}{6}=\frac{\square}{6}=\square\frac{\square}{6}$

3 $\frac{2}{7}+\frac{6}{7}=\frac{\square+\square}{7}=\frac{\square}{7}=\square\frac{\square}{7}$

4 $\frac{8}{9}+\frac{7}{9}=\frac{\square+\square}{9}=\frac{\square}{9}=\square\frac{\square}{9}$

5 $\frac{6}{10}+\frac{5}{10}=\frac{\square+\square}{10}=\frac{\square}{10}=\square\frac{\square}{10}$

6 $\frac{5}{8}+\frac{7}{8}=\frac{\square+\square}{8}=\frac{\square}{8}=\square\frac{\square}{8}$

7 $\frac{9}{11}+\frac{8}{11}=\frac{\square+\square}{11}=\frac{\square}{11}=\square\frac{\square}{11}$

8 $\frac{10}{14}+\frac{13}{14}=\frac{\square+\square}{14}=\frac{\square}{14}=\square\frac{\square}{14}$

계산은 빠르고 정확하게!

걸린 시간	1~6분	6~9분	9~12분
맞은 개수	22~24개	17~21개	1~16개
평가	참 잘했어요.	잘했어요.	좀더 노력해요.

계산을 하시오. (9 ~ 24)

9 $\frac{2}{3}+\frac{2}{3}$

10 $\frac{3}{4}+\frac{2}{4}$

11 $\frac{4}{5}+\frac{2}{5}$

12 $\frac{3}{6}+\frac{5}{6}$

13 $\frac{7}{9}+\frac{6}{9}$

14 $\frac{5}{8}+\frac{6}{8}$

15 $\frac{6}{10}+\frac{7}{10}$

16 $\frac{10}{11}+\frac{9}{11}$

17 $\frac{7}{12}+\frac{9}{12}$

18 $\frac{8}{13}+\frac{6}{13}$

19 $\frac{7}{12}+\frac{10}{12}$

20 $\frac{9}{15}+\frac{10}{15}$

21 $\frac{11}{14}+\frac{11}{14}$

22 $\frac{17}{18}+\frac{15}{18}$

23 $\frac{17}{20}+\frac{13}{20}$

24 $\frac{15}{19}+\frac{13}{19}$

2 받아올림이 있는 진분수의 덧셈(3)

빈 곳에 알맞은 수를 써넣으시오. (1 ~ 10)

1

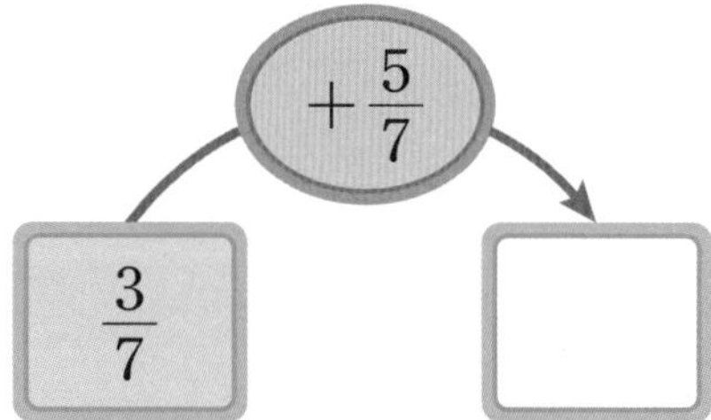

2

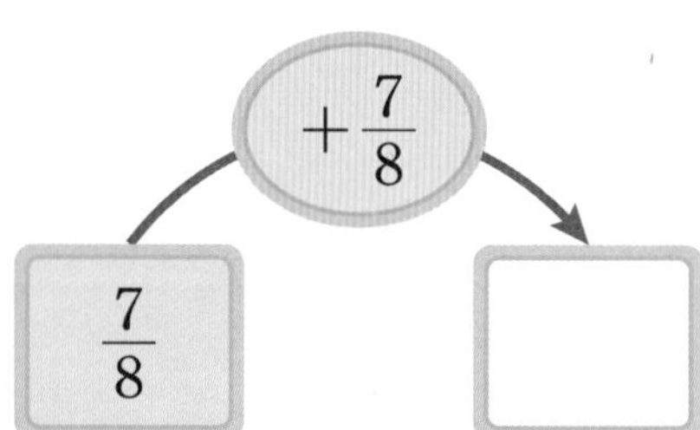

3

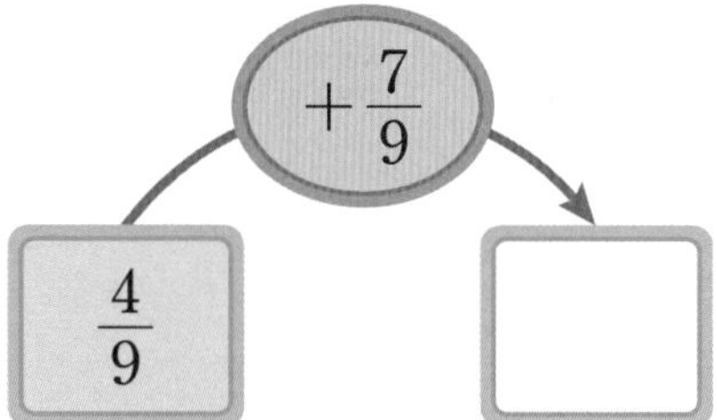

4

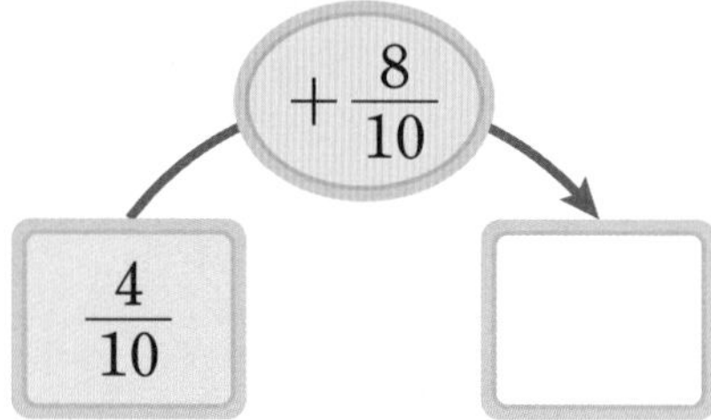

5

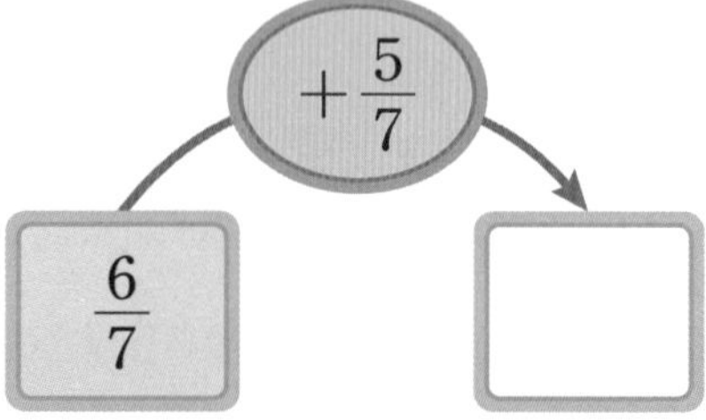

6

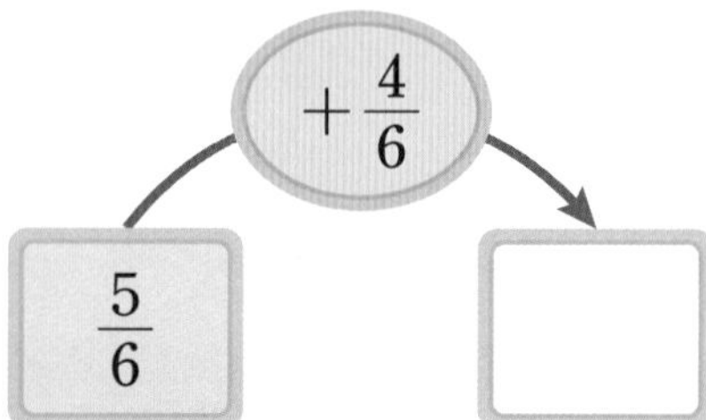

7

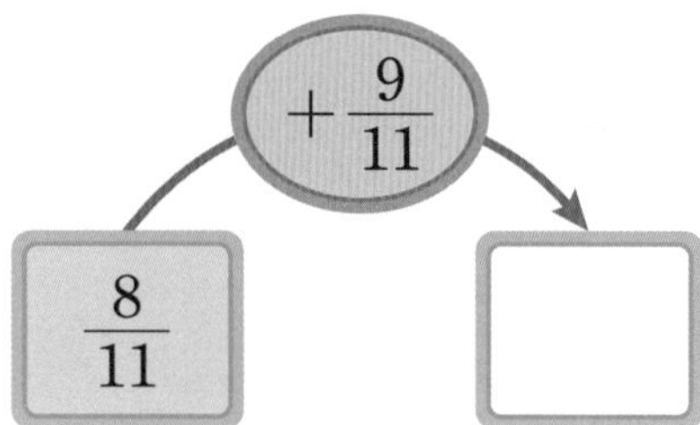

8

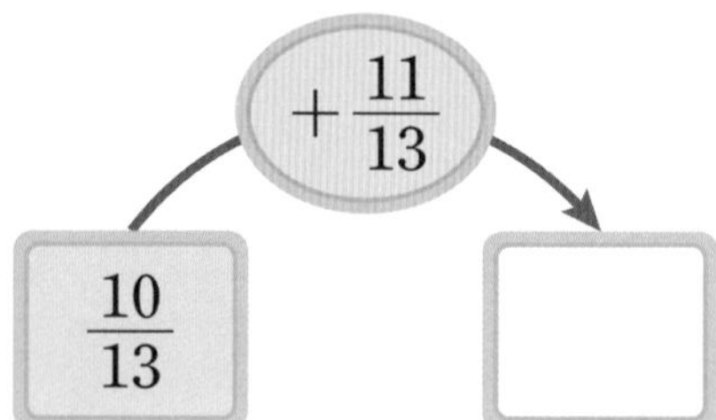

9

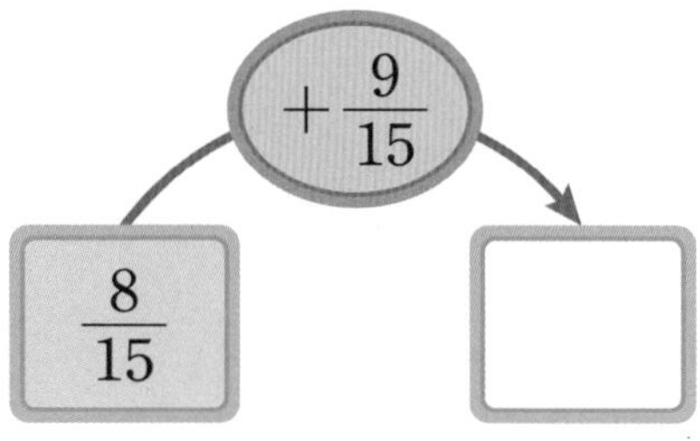

10

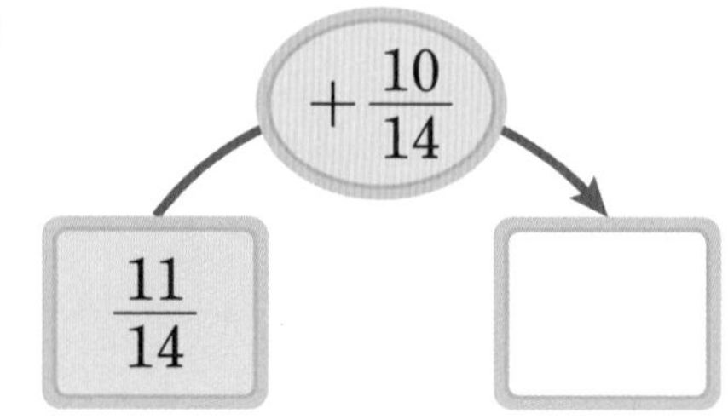

걸린 시간	1~5분	5~8분	8~10분
맞은 개수	19~20개	16~18개	1~15개
평가	참 잘했어요.	잘했어요.	좀더 노력해요.

□ 안에 알맞은 수를 써넣으시오. (11 ~ 20)

11 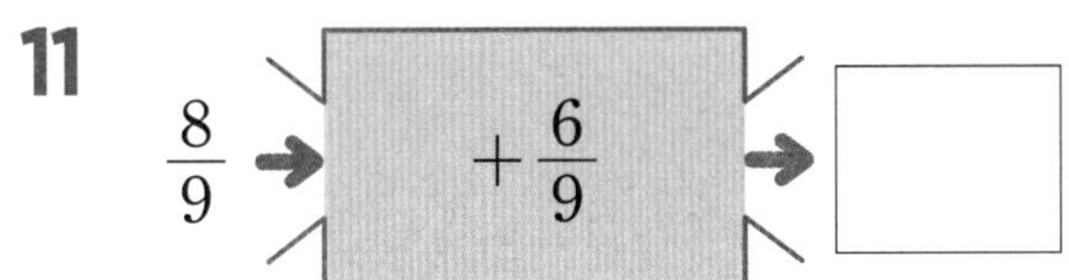
$\frac{8}{9} \rightarrow \boxed{+\frac{6}{9}} \rightarrow \square$

12 $\frac{2}{8} \rightarrow \boxed{+\frac{7}{8}} \rightarrow \square$

13 $\frac{4}{6} \rightarrow \boxed{+\frac{4}{6}} \rightarrow \square$

14 $\frac{9}{10} \rightarrow \boxed{+\frac{7}{10}} \rightarrow \square$

15 $\frac{10}{14} \rightarrow \boxed{+\frac{13}{14}} \rightarrow \square$

16 $\frac{11}{13} \rightarrow \boxed{+\frac{8}{13}} \rightarrow \square$

17 $\frac{6}{11} \rightarrow \boxed{+\frac{8}{11}} \rightarrow \square$

18 $\frac{9}{14} \rightarrow \boxed{+\frac{12}{14}} \rightarrow \square$

19 $\frac{7}{15} \rightarrow \boxed{+\frac{13}{15}} \rightarrow \square$

20 $\frac{16}{17} \rightarrow \boxed{+\frac{15}{17}} \rightarrow \square$

3

받아올림이 없는 대분수의 덧셈(1)

방법 ① 자연수는 자연수끼리, 분수는 분수끼리 더합니다.

$$2\frac{1}{5}+1\frac{3}{5}=(2+1)+\left(\frac{1}{5}+\frac{3}{5}\right)=3+\frac{4}{5}=3\frac{4}{5}$$

방법 ② 대분수를 가분수로 고쳐서 계산합니다.

$$2\frac{1}{5}+1\frac{3}{5}=\frac{11}{5}+\frac{8}{5}=\frac{19}{5}=3\frac{4}{5}$$

그림을 보고 □ 안에 알맞은 수를 써넣으시오. (1~3)

1

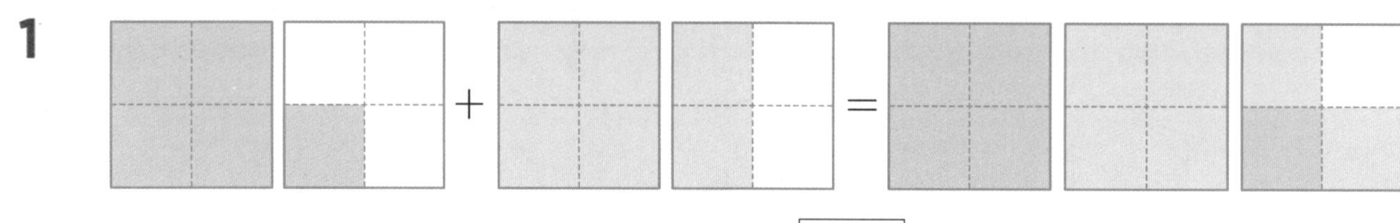

$1\frac{1}{4}+1\frac{2}{4}=$ □

2

$1\frac{2}{5}+2\frac{1}{5}=$ □

3

$2\frac{1}{3}+1\frac{1}{3}=$ □

걸린 시간	1~3분	3~5분	5~7분
맞은 개수	8개	6~7개	1~5개
평가	참 잘했어요.	잘했어요.	좀더 노력해요.

그림을 보고 □ 안에 알맞은 수를 써넣으시오. (4~8)

4

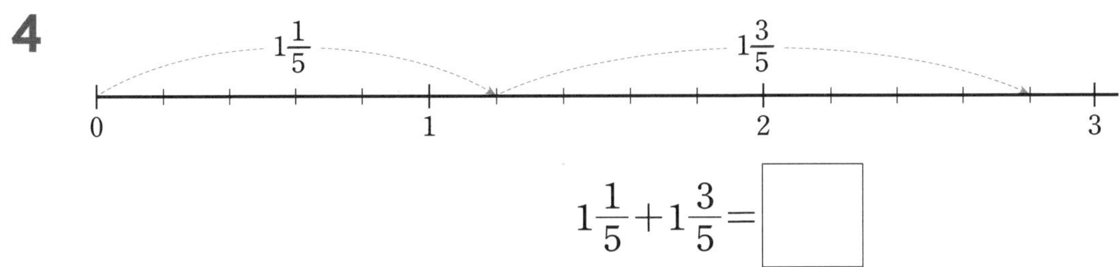

$$1\frac{1}{5}+1\frac{3}{5}=\square$$

5

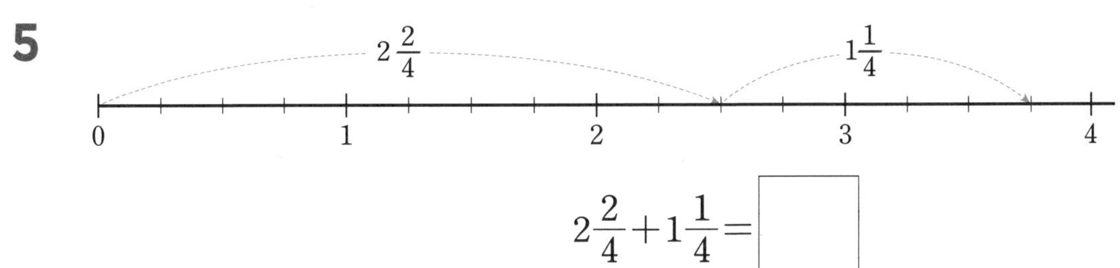

$$2\frac{2}{4}+1\frac{1}{4}=\square$$

6

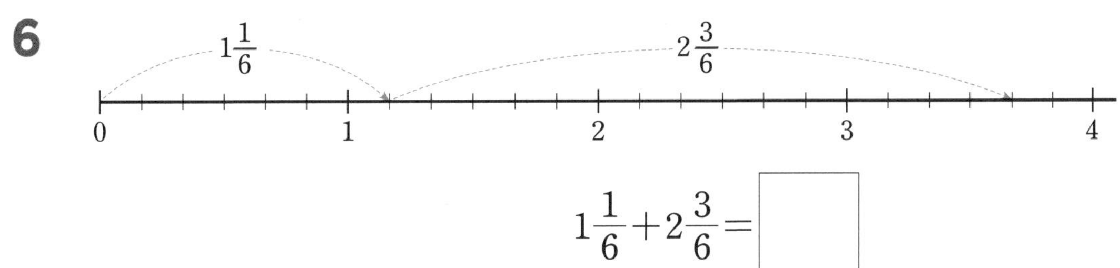

$$1\frac{1}{6}+2\frac{3}{6}=\square$$

7

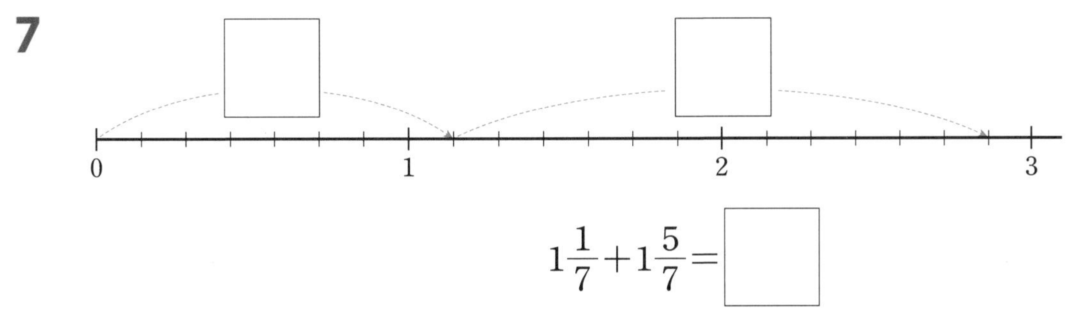

$$1\frac{1}{7}+1\frac{5}{7}=\square$$

8

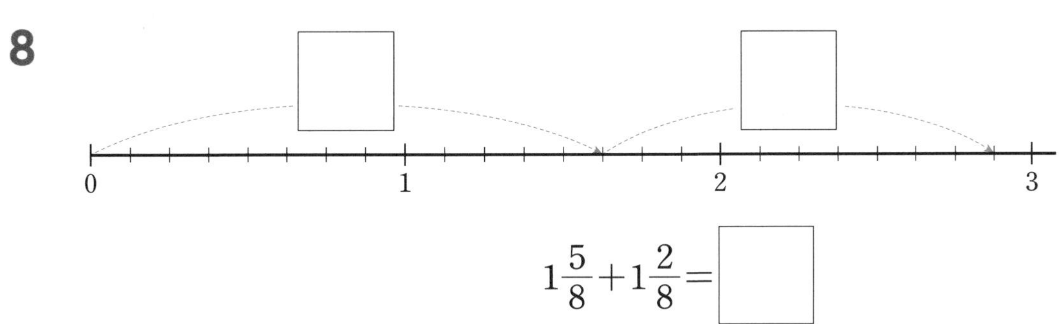

$$1\frac{5}{8}+1\frac{2}{8}=\square$$

3 받아올림이 없는 대분수의 덧셈(2)

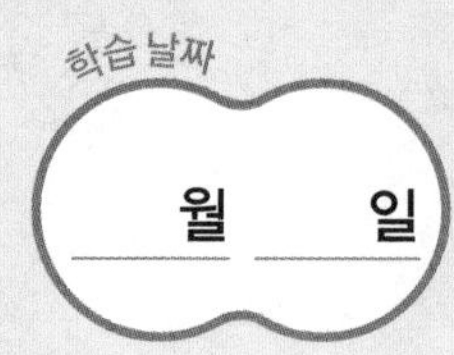

□ 안에 알맞은 수를 써넣으시오. (1~8)

1 $1\frac{1}{4}+2\frac{2}{4}=(\square+\square)+\left(\frac{\square}{4}+\frac{\square}{4}\right)=\square+\frac{\square}{4}=\square\frac{\square}{4}$

2 $2\frac{2}{5}+1\frac{1}{5}=(\square+\square)+\left(\frac{\square}{5}+\frac{\square}{5}\right)=\square+\frac{\square}{5}=\square\frac{\square}{5}$

3 $1\frac{1}{6}+3\frac{4}{6}=(\square+\square)+\left(\frac{\square}{6}+\frac{\square}{6}\right)=\square+\frac{\square}{6}=\square\frac{\square}{6}$

4 $2\frac{2}{7}+2\frac{4}{7}=(\square+\square)+\left(\frac{\square}{7}+\frac{\square}{7}\right)=\square+\frac{\square}{7}=\square\frac{\square}{7}$

5 $3\frac{3}{8}+2\frac{4}{8}=(\square+\square)+\left(\frac{\square}{8}+\frac{\square}{8}\right)=\square+\frac{\square}{8}=\square\frac{\square}{8}$

6 $2\frac{1}{9}+1\frac{4}{9}=(\square+\square)+\left(\frac{\square}{9}+\frac{\square}{9}\right)=\square+\frac{\square}{9}=\square\frac{\square}{9}$

7 $3\frac{3}{10}+2\frac{5}{10}=(\square+\square)+\left(\frac{\square}{10}+\frac{\square}{10}\right)=\square+\frac{\square}{10}=\square\frac{\square}{10}$

8 $1\frac{7}{12}+3\frac{3}{12}=(\square+\square)+\left(\frac{\square}{12}+\frac{\square}{12}\right)=\square+\frac{\square}{12}=\square\frac{\square}{12}$

계산은 빠르고 정확하게!

걸린 시간	1~8분	8~12분	12~16분
맞은 개수	22~24개	17~21개	1~16개
평가	참 잘했어요.	잘했어요.	좀더 노력해요.

계산을 하시오. (9 ~ 24)

9 $1\frac{1}{3}+3\frac{1}{3}$

10 $2\frac{1}{5}+1\frac{2}{5}$

11 $2\frac{3}{7}+1\frac{2}{7}$

12 $3\frac{1}{5}+4\frac{2}{5}$

13 $1\frac{7}{9}+2\frac{1}{9}$

14 $2\frac{4}{8}+1\frac{2}{8}$

15 $1\frac{7}{10}+2\frac{2}{10}$

16 $3\frac{1}{6}+2\frac{4}{6}$

17 $2\frac{7}{11}+1\frac{3}{11}$

18 $1\frac{2}{13}+2\frac{4}{13}$

19 $3\frac{7}{12}+2\frac{4}{12}$

20 $1\frac{3}{18}+2\frac{5}{18}$

21 $2\frac{7}{13}+2\frac{3}{13}$

22 $4\frac{3}{10}+5\frac{2}{10}$

23 $4\frac{3}{14}+2\frac{7}{14}$

24 $3\frac{4}{17}+4\frac{11}{17}$

3 받아올림이 없는 대분수의 덧셈(3)

□ 안에 알맞은 수를 써넣으시오. (1~8)

1 $1\frac{1}{3}+2\frac{1}{3}=\frac{\square}{3}+\frac{\square}{3}=\frac{\square}{3}=\square\frac{\square}{3}$

2 $1\frac{1}{5}+1\frac{2}{5}=\frac{\square}{5}+\frac{\square}{5}=\frac{\square}{5}=\square\frac{\square}{5}$

3 $2\frac{1}{6}+1\frac{3}{6}=\frac{\square}{6}+\frac{\square}{6}=\frac{\square}{6}=\square\frac{\square}{6}$

4 $1\frac{3}{7}+1\frac{2}{7}=\frac{\square}{7}+\frac{\square}{7}=\frac{\square}{7}=\square\frac{\square}{7}$

5 $2\frac{1}{4}+3\frac{2}{4}=\frac{\square}{4}+\frac{\square}{4}=\frac{\square}{4}=\square\frac{\square}{4}$

6 $2\frac{7}{10}+1\frac{2}{10}=\frac{\square}{10}+\frac{\square}{10}=\frac{\square}{10}=\square\frac{\square}{10}$

7 $3\frac{2}{11}+1\frac{3}{11}=\frac{\square}{11}+\frac{\square}{11}=\frac{\square}{11}=\square\frac{\square}{11}$

8 $1\frac{7}{12}+2\frac{3}{12}=\frac{\square}{12}+\frac{\square}{12}=\frac{\square}{12}=\square\frac{\square}{12}$

계산은 빠르고 정확하게!

걸린 시간	1~8분	8~12분	12~16분
맞은 개수	22~24개	17~21개	1~16개
평가	참 잘했어요.	잘했어요.	좀더 노력해요.

계산을 하시오. (9 ~ 24)

9 $1\frac{2}{5}+2\frac{1}{5}$

10 $1\frac{1}{4}+1\frac{2}{4}$

11 $3\frac{2}{7}+1\frac{4}{7}$

12 $2\frac{6}{9}+2\frac{2}{9}$

13 $2\frac{1}{6}+1\frac{4}{6}$

14 $3\frac{2}{8}+2\frac{4}{8}$

15 $1\frac{4}{9}+2\frac{3}{9}$

16 $2\frac{3}{7}+1\frac{3}{7}$

17 $2\frac{7}{10}+1\frac{1}{10}$

18 $1\frac{7}{12}+1\frac{3}{12}$

19 $3\frac{4}{15}+2\frac{6}{15}$

20 $2\frac{3}{13}+2\frac{5}{13}$

21 $2\frac{5}{14}+1\frac{3}{14}$

22 $3\frac{2}{16}+1\frac{5}{16}$

23 $4\frac{5}{12}+1\frac{3}{12}$

24 $2\frac{4}{18}+1\frac{5}{18}$

3 받아올림이 없는 대분수의 덧셈(4)

빈 곳에 알맞은 수를 써넣으시오. (1~10)

1

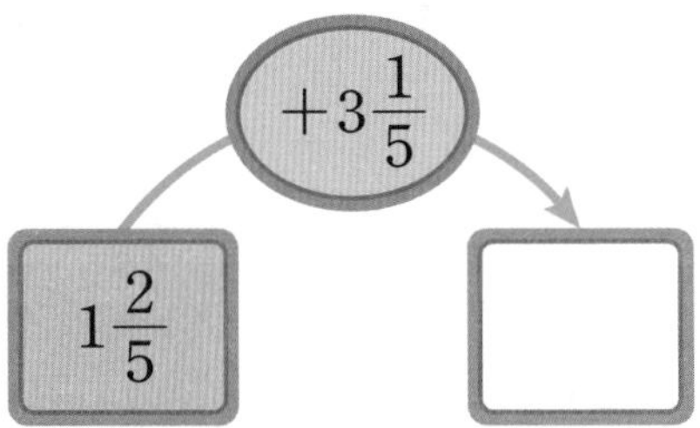

2

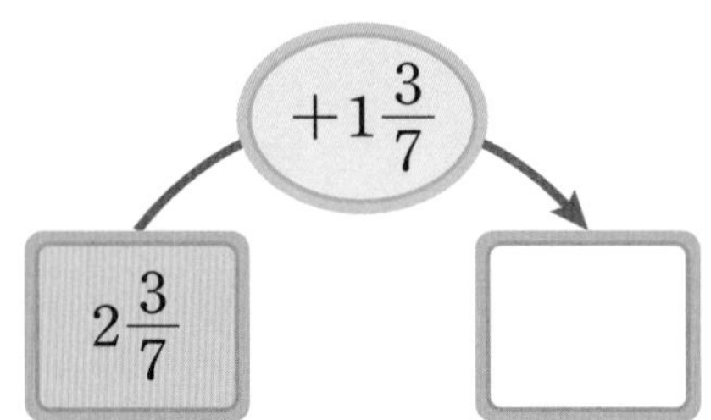

3

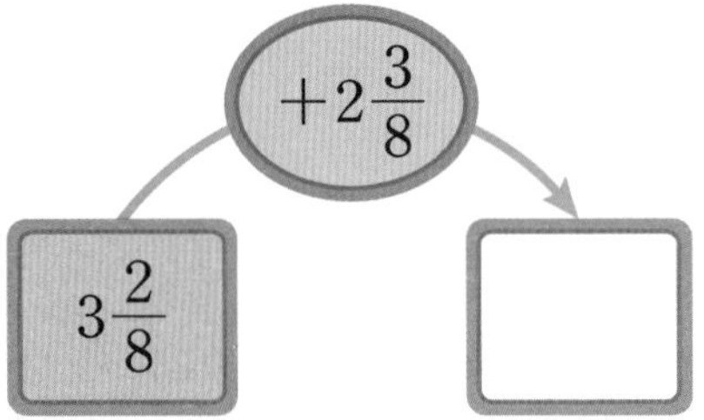

4

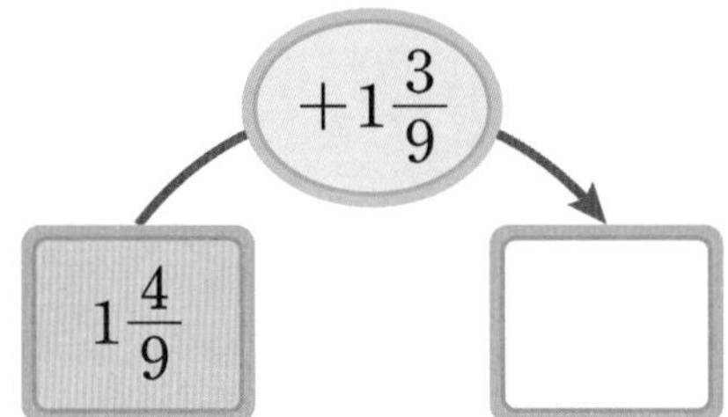

5

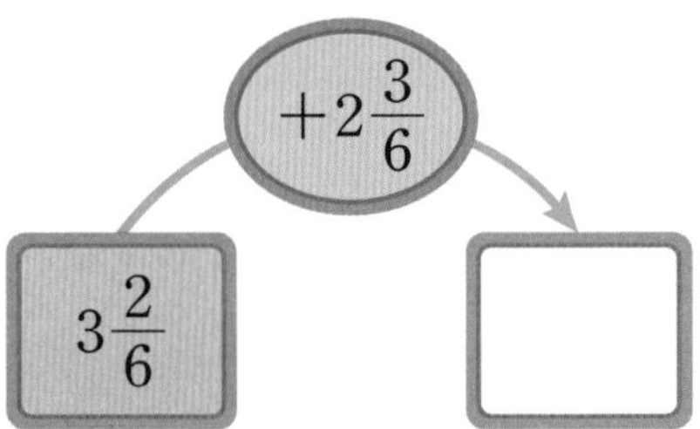

6

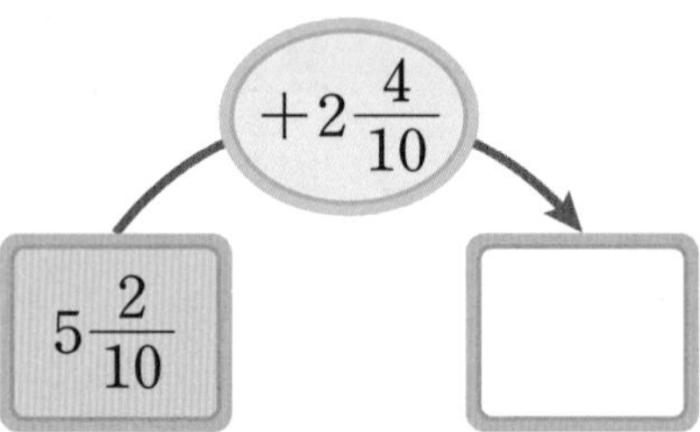

7

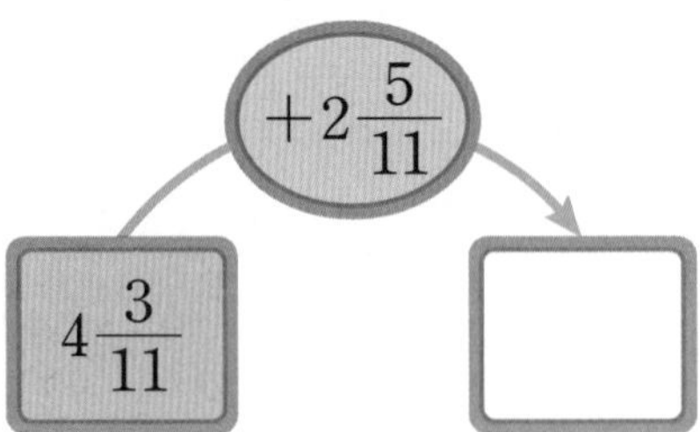

8

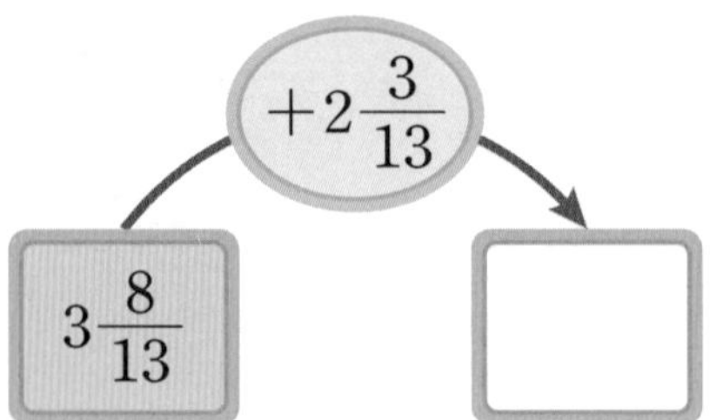

9

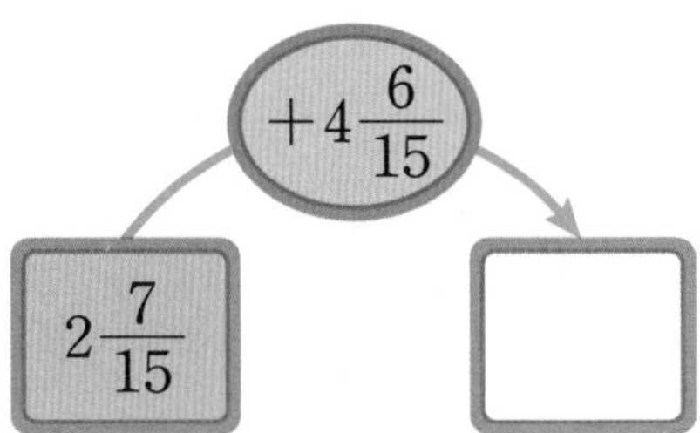

10

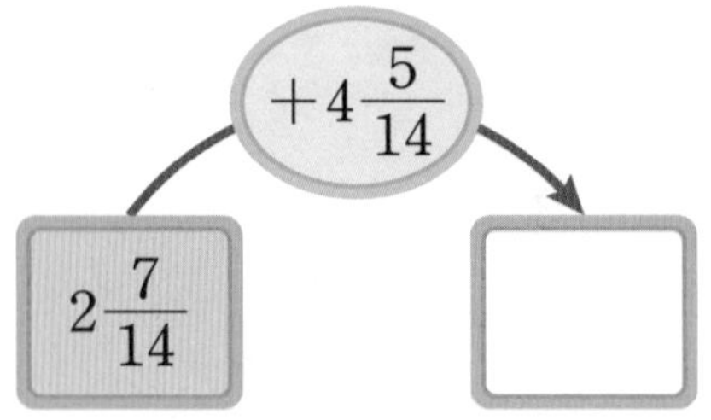

계산은 빠르고 정확하게!

걸린 시간	1~5분	5~8분	8~10분
맞은 개수	18~20개	14~17개	1~13개
평가	참 잘했어요.	잘했어요.	좀더 노력해요.

□ 안에 알맞은 수를 써넣으시오. (11 ~ 20)

11 $2\frac{2}{7}$ → $+1\frac{3}{7}$ → □

12 $1\frac{4}{9}$ → $+1\frac{3}{9}$ → □

13 $3\frac{5}{8}$ → $+2\frac{2}{8}$ → □

14 $2\frac{3}{6}$ → $+2\frac{2}{6}$ → □

15 $3\frac{2}{10}$ → $+4\frac{6}{10}$ → □

16 $2\frac{6}{11}$ → $+2\frac{3}{11}$ → □

17 $4\frac{3}{15}$ → $+3\frac{11}{15}$ → □

18 $3\frac{5}{13}$ → $+2\frac{7}{13}$ → □

19 $6\frac{2}{17}$ → $+2\frac{12}{17}$ → □

20 $7\frac{9}{18}$ → $+1\frac{8}{18}$ → □

받아올림이 있는 대분수의 덧셈(1)

방법 ① 자연수는 자연수끼리, 분수는 분수끼리 더합니다.

$$1\frac{4}{5}+2\frac{3}{5}=(1+2)+\left(\frac{4}{5}+\frac{3}{5}\right)=3+1\frac{2}{5}=4\frac{2}{5}$$

방법 ② 대분수를 가분수로 고쳐서 계산합니다.

$$1\frac{4}{5}+2\frac{3}{5}=\frac{9}{5}+\frac{13}{5}=\frac{22}{5}=4\frac{2}{5}$$

그림을 보고 □ 안에 알맞은 수를 써넣으시오. (1~3)

1

$$1\frac{2}{5}+1\frac{4}{5}=\square$$

2

$$1\frac{2}{3}+1\frac{2}{3}=\square$$

3

$$1\frac{5}{6}+1\frac{3}{6}=\square$$

계산은 빠르고 정확하게!

걸린 시간	1~4분	4~6분	6~8분
맞은 개수	8개	6~7개	1~5개
평가	참 잘했어요.	잘했어요.	좀더 노력해요.

그림을 보고 □ 안에 알맞은 수를 써넣으시오. (4 ~ 8)

4

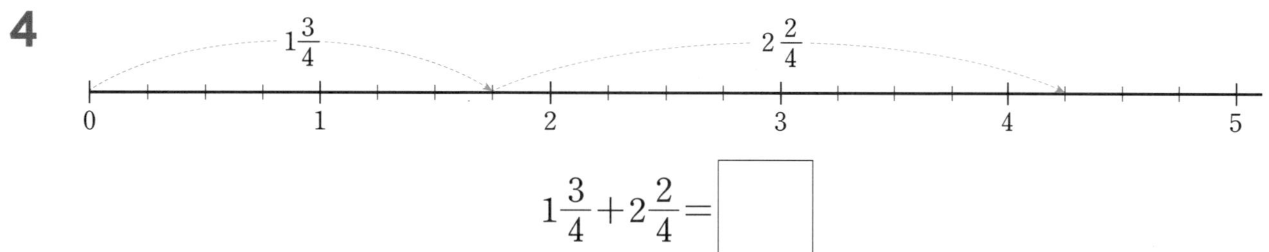

$$1\frac{3}{4}+2\frac{2}{4}=\square$$

5

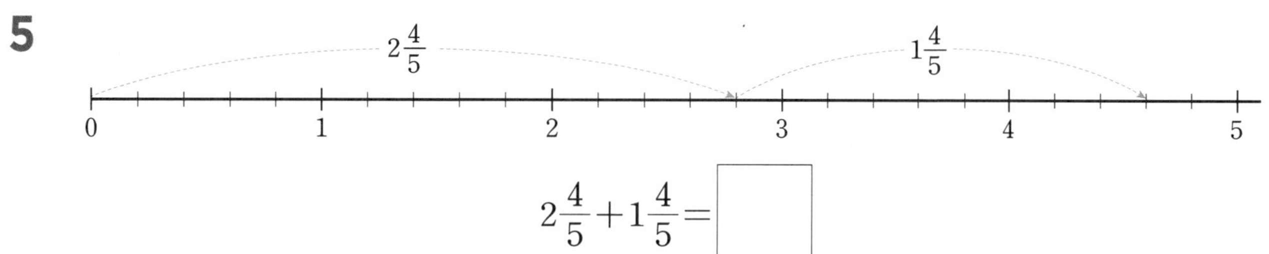

$$2\frac{4}{5}+1\frac{4}{5}=\square$$

6

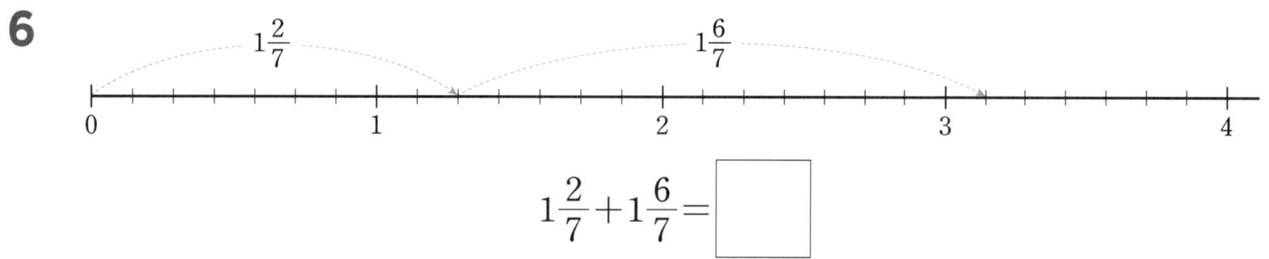

$$1\frac{2}{7}+1\frac{6}{7}=\square$$

7

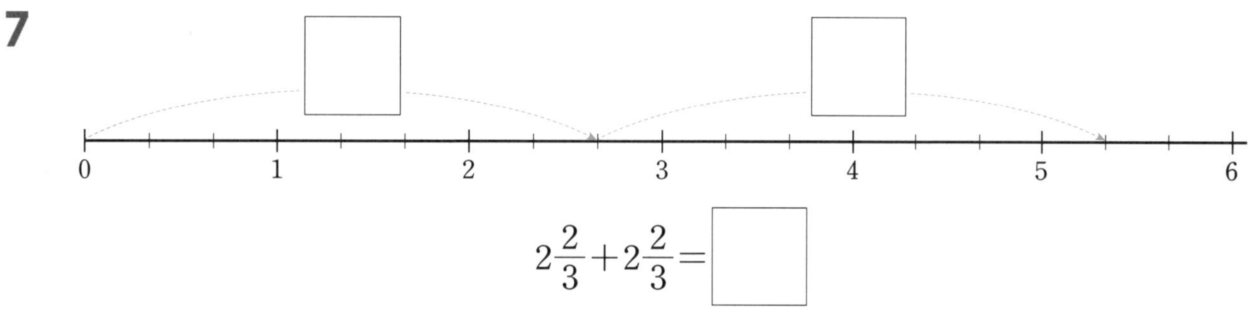

$$2\frac{2}{3}+2\frac{2}{3}=\square$$

8

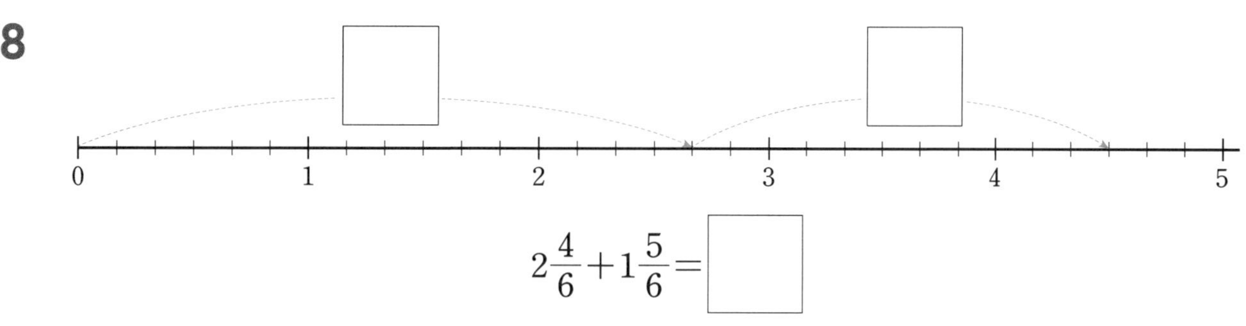

$$2\frac{4}{6}+1\frac{5}{6}=\square$$

4 받아올림이 있는 대분수의 덧셈(2)

□ 안에 알맞은 수를 써넣으시오. (1~8)

1 $1\frac{5}{6}+2\frac{4}{6}=(\square+\square)+\left(\frac{\square}{6}+\frac{\square}{6}\right)=\square+\square\frac{\square}{6}=\square\frac{\square}{6}$

2 $2\frac{4}{7}+1\frac{5}{7}=(\square+\square)+\left(\frac{\square}{7}+\frac{\square}{7}\right)=\square+\square\frac{\square}{7}=\square\frac{\square}{7}$

3 $4\frac{3}{9}+1\frac{7}{9}=(\square+\square)+\left(\frac{\square}{9}+\frac{\square}{9}\right)=\square+\square\frac{\square}{9}=\square\frac{\square}{9}$

4 $3\frac{5}{8}+2\frac{4}{8}=(\square+\square)+\left(\frac{\square}{8}+\frac{\square}{8}\right)=\square+\square\frac{\square}{8}=\square\frac{\square}{8}$

5 $2\frac{3}{4}+5\frac{2}{4}=(\square+\square)+\left(\frac{\square}{4}+\frac{\square}{4}\right)=\square+\square\frac{\square}{4}=\square\frac{\square}{4}$

6 $2\frac{4}{5}+4\frac{2}{5}=(\square+\square)+\left(\frac{\square}{5}+\frac{\square}{5}\right)=\square+\square\frac{\square}{5}=\square\frac{\square}{5}$

7 $1\frac{7}{10}+2\frac{8}{10}=(\square+\square)+\left(\frac{\square}{10}+\frac{\square}{10}\right)=\square+\square\frac{\square}{10}=\square\frac{\square}{10}$

8 $2\frac{8}{12}+1\frac{9}{12}=(\square+\square)+\left(\frac{\square}{12}+\frac{\square}{12}\right)=\square+\square\frac{\square}{12}=\square\frac{\square}{12}$

계산은 빠르고 정확하게!

걸린 시간	1~10분	10~15분	15~20분
맞은 개수	22~24개	17~21개	1~16개
평가	참 잘했어요.	잘했어요.	좀더 노력해요.

계산을 하시오. (9 ~ 24)

9 $1\frac{4}{5}+2\frac{3}{5}$

10 $2\frac{4}{7}+1\frac{6}{7}$

11 $3\frac{3}{6}+2\frac{5}{6}$

12 $4\frac{8}{9}+2\frac{3}{9}$

13 $1\frac{4}{10}+6\frac{7}{10}$

14 $2\frac{11}{15}+3\frac{10}{15}$

15 $2\frac{12}{13}+5\frac{8}{13}$

16 $5\frac{12}{17}+2\frac{15}{17}$

17 $1\frac{3}{18}+2\frac{17}{18}$

18 $2\frac{10}{14}+3\frac{13}{14}$

19 $3\frac{13}{27}+2\frac{15}{27}$

20 $3\frac{12}{16}+3\frac{9}{16}$

21 $4\frac{9}{23}+2\frac{19}{23}$

22 $4\frac{14}{25}+2\frac{15}{25}$

23 $2\frac{10}{20}+3\frac{16}{20}$

24 $4\frac{18}{35}+2\frac{19}{35}$

4 받아올림이 있는 대분수의 덧셈(3)

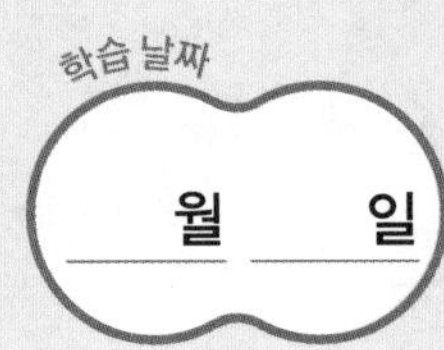

□ 안에 알맞은 수를 써넣으시오. (1~8)

1 $2\frac{2}{7}+1\frac{6}{7}=\frac{\square}{7}+\frac{\square}{7}=\frac{\square}{7}=\square\frac{\square}{7}$

2 $1\frac{7}{8}+1\frac{5}{8}=\frac{\square}{8}+\frac{\square}{8}=\frac{\square}{8}=\square\frac{\square}{8}$

3 $2\frac{7}{9}+2\frac{3}{9}=\frac{\square}{9}+\frac{\square}{9}=\frac{\square}{9}=\square\frac{\square}{9}$

4 $3\frac{4}{5}+2\frac{3}{5}=\frac{\square}{5}+\frac{\square}{5}=\frac{\square}{5}=\square\frac{\square}{5}$

5 $2\frac{5}{6}+1\frac{4}{6}=\frac{\square}{6}+\frac{\square}{6}=\frac{\square}{6}=\square\frac{\square}{6}$

6 $1\frac{7}{10}+3\frac{9}{10}=\frac{\square}{10}+\frac{\square}{10}=\frac{\square}{10}=\square\frac{\square}{10}$

7 $2\frac{9}{12}+1\frac{10}{12}=\frac{\square}{12}+\frac{\square}{12}=\frac{\square}{12}=\square\frac{\square}{12}$

8 $1\frac{8}{15}+1\frac{11}{15}=\frac{\square}{15}+\frac{\square}{15}=\frac{\square}{15}=\square\frac{\square}{15}$

계산은 빠르고 정확하게!

걸린 시간	1~10분	10~15분	15~20분
맞은 개수	22~24개	17~21개	1~16개
평가	참 잘했어요.	잘했어요.	좀더 노력해요.

계산을 하시시오. (9 ~ 24)

9 $2\frac{2}{3}+1\frac{2}{3}$

10 $4\frac{4}{5}+2\frac{3}{5}$

11 $1\frac{7}{9}+3\frac{8}{9}$

12 $2\frac{7}{8}+3\frac{4}{8}$

13 $2\frac{5}{6}+4\frac{5}{6}$

14 $3\frac{5}{7}+2\frac{6}{7}$

15 $2\frac{5}{8}+4\frac{7}{8}$

16 $3\frac{4}{9}+2\frac{6}{9}$

17 $2\frac{7}{10}+3\frac{8}{10}$

18 $2\frac{9}{11}+1\frac{10}{11}$

19 $3\frac{7}{12}+3\frac{9}{12}$

20 $2\frac{6}{13}+2\frac{8}{13}$

21 $2\frac{14}{15}+3\frac{4}{15}$

22 $1\frac{10}{18}+1\frac{11}{18}$

23 $2\frac{9}{17}+1\frac{9}{17}$

24 $1\frac{14}{16}+2\frac{15}{16}$

4 받아올림이 있는 대분수의 덧셈(4)

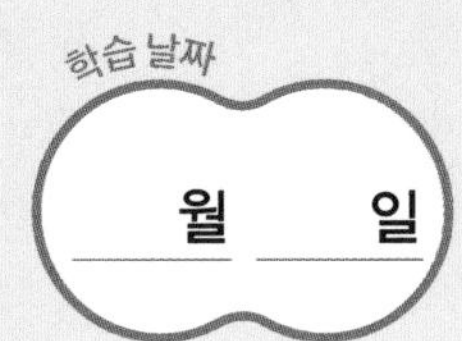

빈 곳에 알맞은 수를 써넣으시오. (1~10)

1

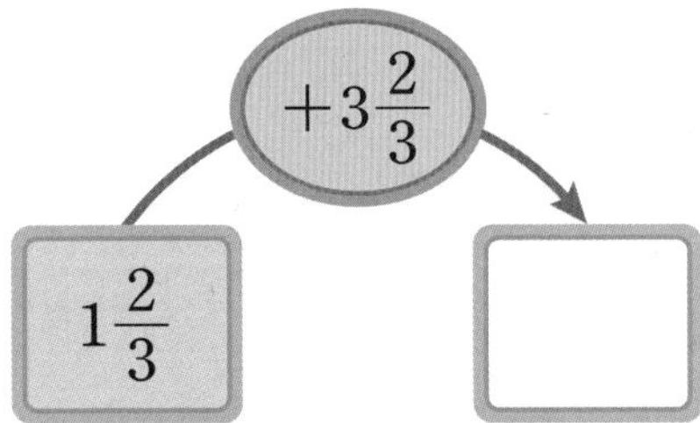

2

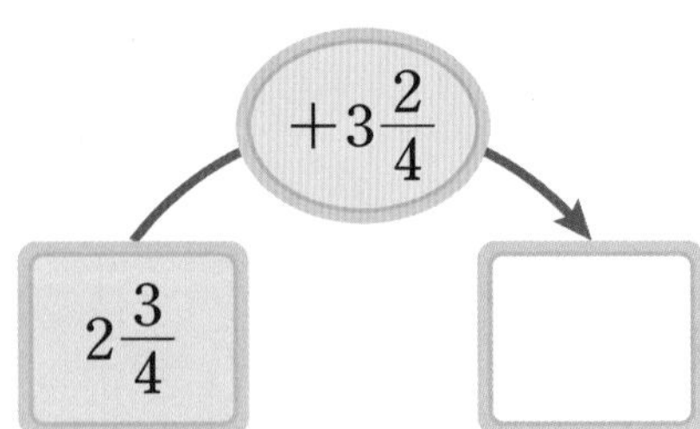

3

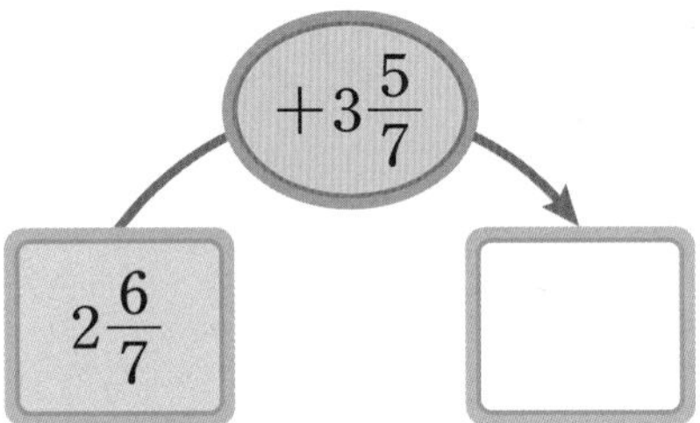

4

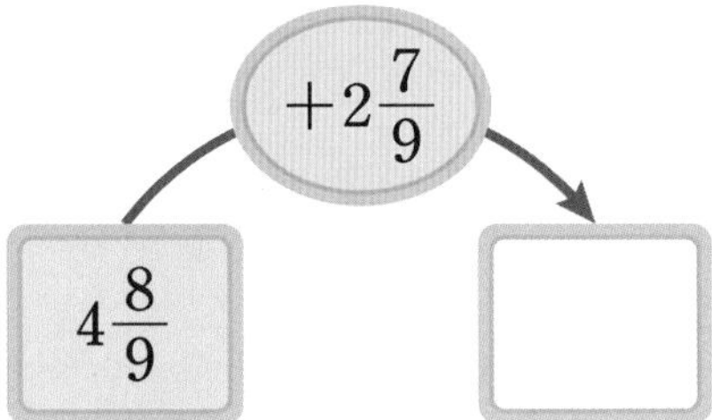

5

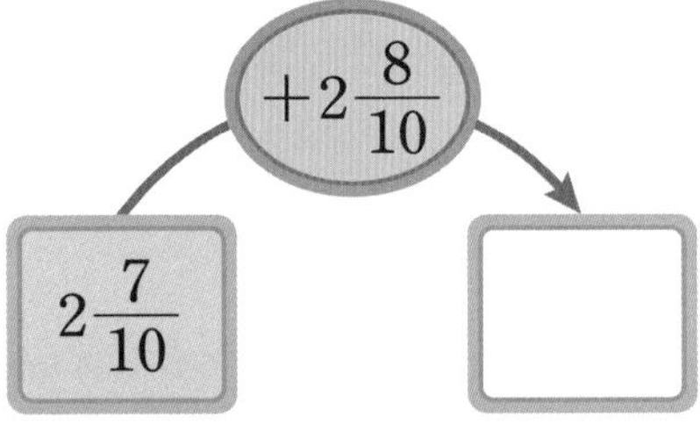

6

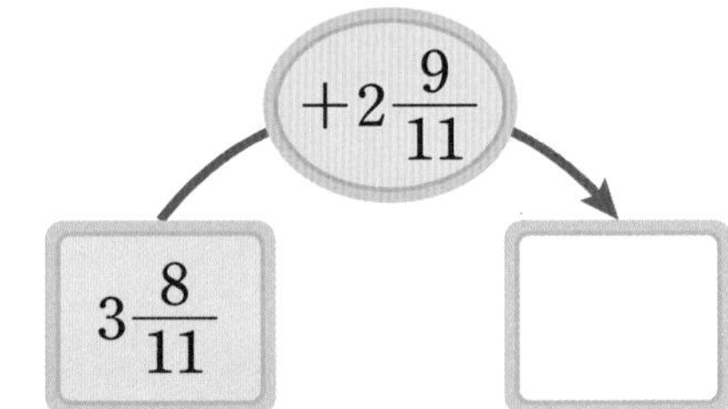

7

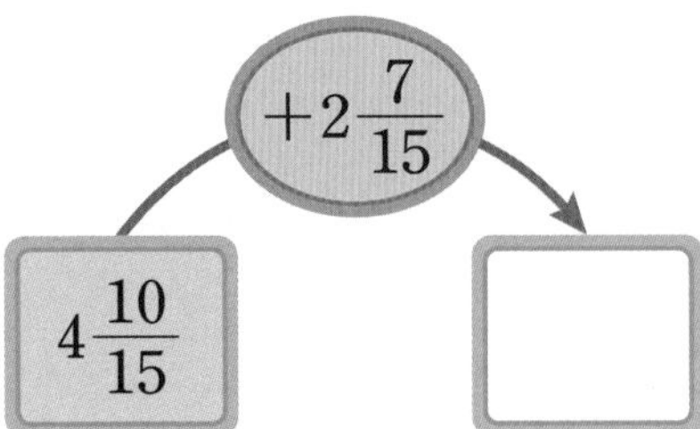

8

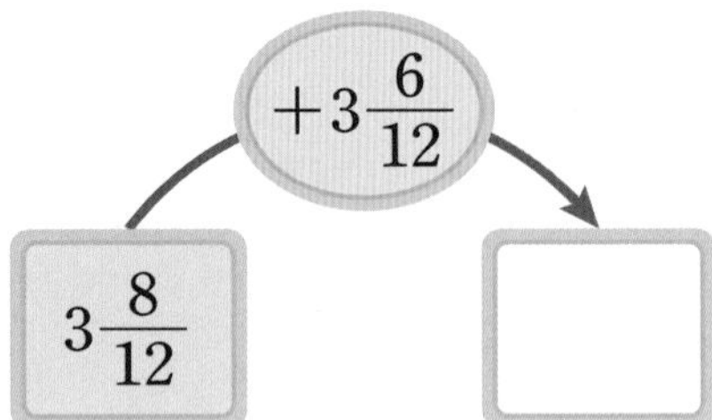

9

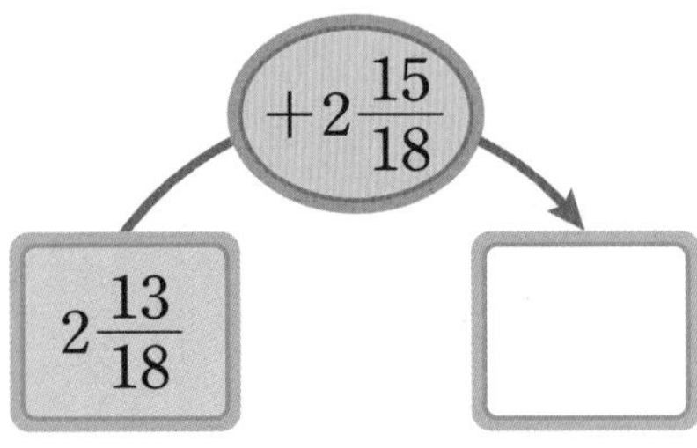

10

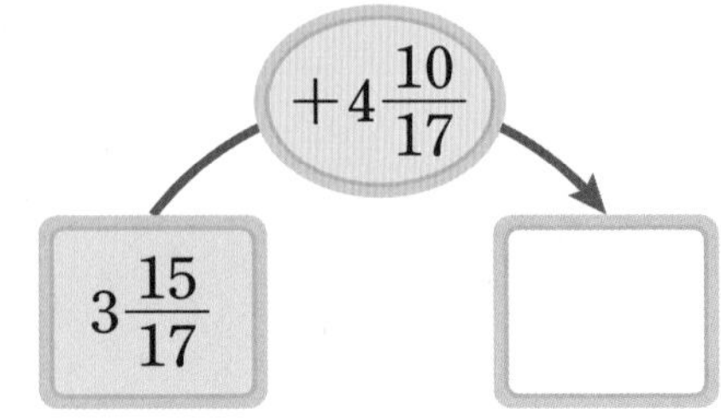

계산은 빠르고 정확하게!

걸린 시간	1~7분	7~10분	10~13분
맞은 개수	18~20개	14~17개	1~13개
평가	참 잘했어요.	잘했어요.	좀더 노력해요.

□ 안에 알맞은 수를 써넣으시오. (11 ~ 20)

11 $2\frac{6}{9}$ → $+1\frac{5}{9}$ → □

12 $3\frac{5}{7}$ → $+2\frac{6}{7}$ → □

13 $3\frac{7}{8}$ → $+3\frac{2}{8}$ → □

14 $2\frac{4}{9}$ → $+2\frac{6}{9}$ → □

15 $4\frac{5}{6}$ → $+3\frac{4}{6}$ → □

16 $2\frac{7}{10}$ → $+3\frac{9}{10}$ → □

17 $3\frac{9}{14}$ → $+4\frac{11}{14}$ → □

18 $2\frac{13}{16}$ → $+3\frac{8}{16}$ → □

19 $1\frac{19}{24}$ → $+7\frac{7}{24}$ → □

20 $3\frac{15}{25}$ → $+2\frac{13}{25}$ → □

5 진분수의 뺄셈(1)

진분수의 뺄셈은 분모는 그대로 쓰고, 분자끼리 뺍니다.

분자끼리 뺍니다.

$$\frac{4}{5}-\frac{2}{5}=\frac{4-2}{5}=\frac{2}{5}$$

분모는 그대로 씁니다.

그림을 보고 □ 안에 알맞은 수를 써넣으시오. (1~4)

1 $\frac{3}{4}-\frac{2}{4}=\frac{\square}{4}$

2 $\frac{3}{5}-\frac{1}{5}=\frac{\square}{5}$

3 $\frac{5}{6}-\frac{3}{6}=\frac{\square}{6}$

4 $\frac{6}{8}-\frac{2}{8}=\frac{\square}{8}$

계산은 빠르고 정확하게!

걸린 시간	1~5분	5~8분	8~10분
맞은 개수	11~12개	9~10개	1~8개
평가	참 잘했어요.	잘했어요.	좀더 노력해요.

□ 안에 알맞은 수를 써넣으시오. (5 ~ 12)

5 $\frac{4}{9}$는 $\frac{1}{9}$이 □개, $\frac{2}{9}$는 $\frac{1}{9}$이 □개

➡ $\frac{4}{9}-\frac{2}{9}$는 $\frac{1}{9}$이 □개

➡ $\frac{4}{9}-\frac{2}{9}=\frac{\square}{9}$

6 $\frac{5}{7}$는 $\frac{1}{7}$이 □개, $\frac{3}{7}$은 $\frac{1}{7}$이 □개

➡ $\frac{5}{7}-\frac{3}{7}$은 $\frac{1}{7}$이 □개

➡ $\frac{5}{7}-\frac{3}{7}=\frac{\square}{7}$

7 $\frac{4}{5}$는 $\frac{1}{5}$이 □개, $\frac{3}{5}$은 $\frac{1}{5}$이 □개

➡ $\frac{4}{5}-\frac{3}{5}$은 $\frac{1}{5}$이 □개

➡ $\frac{4}{5}-\frac{3}{5}=\frac{\square}{5}$

8 $\frac{6}{8}$은 $\frac{1}{8}$이 □개, $\frac{3}{8}$은 $\frac{1}{8}$이 □개

➡ $\frac{6}{8}-\frac{3}{8}$은 $\frac{1}{8}$이 □개

➡ $\frac{6}{8}-\frac{3}{8}=\frac{\square}{8}$

9 $\frac{5}{6}$는 $\frac{1}{6}$이 □개, $\frac{2}{6}$는 $\frac{1}{6}$이 □개

➡ $\frac{5}{6}-\frac{2}{6}$는 $\frac{1}{6}$이 □개

➡ $\frac{5}{6}-\frac{2}{6}=\frac{\square}{6}$

10 $\frac{5}{7}$는 $\frac{1}{7}$이 □개, $\frac{2}{7}$는 $\frac{1}{7}$이 □개

➡ $\frac{5}{7}-\frac{2}{7}$는 $\frac{1}{7}$이 □개

➡ $\frac{5}{7}-\frac{2}{7}=\frac{\square}{7}$

11 $\frac{8}{10}$은 $\frac{1}{10}$이 □개, $\frac{4}{10}$는 $\frac{1}{10}$이 □개

➡ $\frac{8}{10}-\frac{4}{10}$는 $\frac{1}{10}$이 □개

➡ $\frac{8}{10}-\frac{4}{10}=\frac{\square}{10}$

12 $\frac{9}{12}$는 $\frac{1}{12}$이 □개, $\frac{5}{12}$는 $\frac{1}{12}$이 □개

➡ $\frac{9}{12}-\frac{5}{12}$는 $\frac{1}{12}$이 □개

➡ $\frac{9}{12}-\frac{5}{12}=\frac{\square}{12}$

5 진분수의 뺄셈(2)

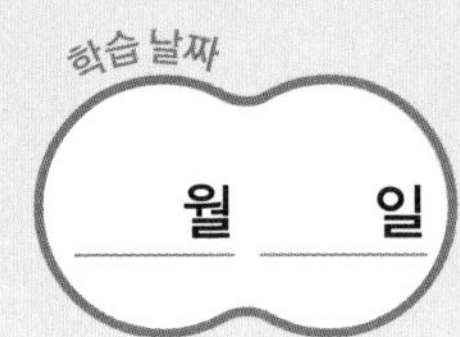

□ 안에 알맞은 수를 써넣으시오. (1~16)

1 $\frac{4}{5}-\frac{3}{5}=\frac{\square-\square}{5}=\frac{\square}{5}$

2 $\frac{5}{7}-\frac{1}{7}=\frac{\square-\square}{7}=\frac{\square}{7}$

3 $\frac{8}{9}-\frac{4}{9}=\frac{\square-\square}{9}=\frac{\square}{9}$

4 $\frac{6}{8}-\frac{3}{8}=\frac{\square-\square}{8}=\frac{\square}{8}$

5 $\frac{7}{10}-\frac{5}{10}=\frac{\square-\square}{10}=\frac{\square}{10}$

6 $\frac{9}{11}-\frac{6}{11}=\frac{\square-\square}{11}=\frac{\square}{11}$

7 $\frac{13}{14}-\frac{7}{14}=\frac{\square-\square}{14}=\frac{\square}{14}$

8 $\frac{10}{15}-\frac{5}{15}=\frac{\square-\square}{15}=\frac{\square}{15}$

9 $\frac{15}{18}-\frac{9}{18}=\frac{\square-\square}{18}=\frac{\square}{18}$

10 $\frac{11}{17}-\frac{7}{17}=\frac{\square-\square}{17}=\frac{\square}{17}$

11 $\frac{10}{12}-\frac{8}{12}=\frac{\square-\square}{12}=\frac{\square}{12}$

12 $\frac{15}{13}-\frac{8}{13}=\frac{\square-\square}{13}=\frac{\square}{13}$

13 $\frac{17}{19}-\frac{10}{19}=\frac{\square-\square}{19}=\frac{\square}{19}$

14 $\frac{19}{20}-\frac{15}{20}=\frac{\square-\square}{20}=\frac{\square}{20}$

15 $\frac{19}{25}-\frac{13}{25}=\frac{\square-\square}{25}=\frac{\square}{25}$

16 $\frac{25}{28}-\frac{14}{28}=\frac{\square-\square}{28}=\frac{\square}{28}$

계산은 빠르고 정확하게!

걸린 시간	1~8분	8~12분	12~16분
맞은 개수	29~32개	23~28개	1~22개
평가	참 잘했어요.	잘했어요.	좀더 노력해요.

계산을 하시오. (17 ~ 32)

17 $\frac{2}{3}-\frac{1}{3}$

18 $\frac{7}{10}-\frac{5}{10}$

19 $\frac{8}{9}-\frac{2}{9}$

20 $\frac{7}{8}-\frac{3}{8}$

21 $\frac{14}{15}-\frac{7}{15}$

22 $\frac{11}{14}-\frac{8}{14}$

23 $\frac{10}{15}-\frac{2}{15}$

24 $\frac{17}{19}-\frac{7}{19}$

25 $\frac{17}{25}-\frac{8}{25}$

26 $\frac{27}{30}-\frac{15}{30}$

27 $\frac{15}{28}-\frac{4}{28}$

28 $\frac{18}{26}-\frac{11}{26}$

29 $\frac{21}{24}-\frac{12}{24}$

30 $\frac{17}{27}-\frac{13}{27}$

31 $\frac{27}{29}-\frac{15}{29}$

32 $\frac{23}{28}-\frac{12}{28}$

5 진분수의 뺄셈(3)

빈 곳에 알맞은 수를 써넣으시오. (1 ~ 10)

1

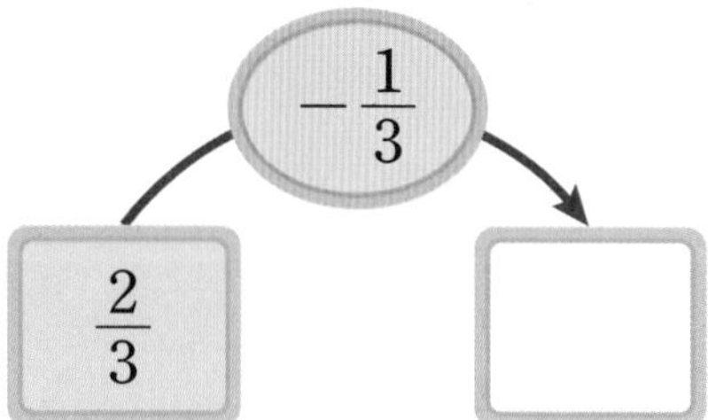

2

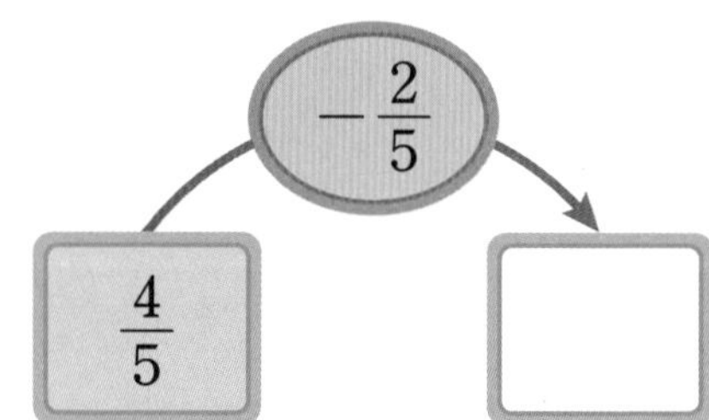

3

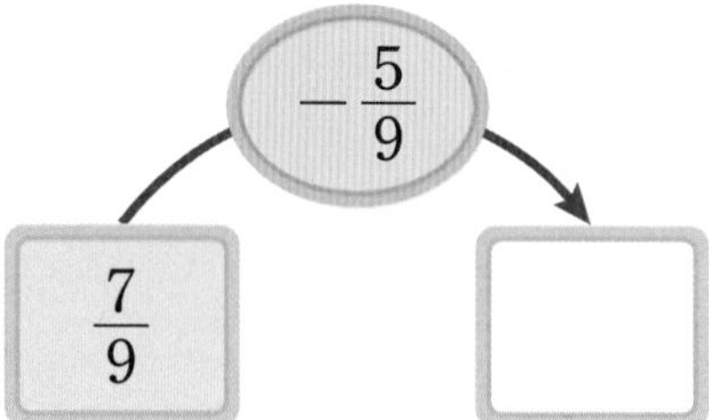

4

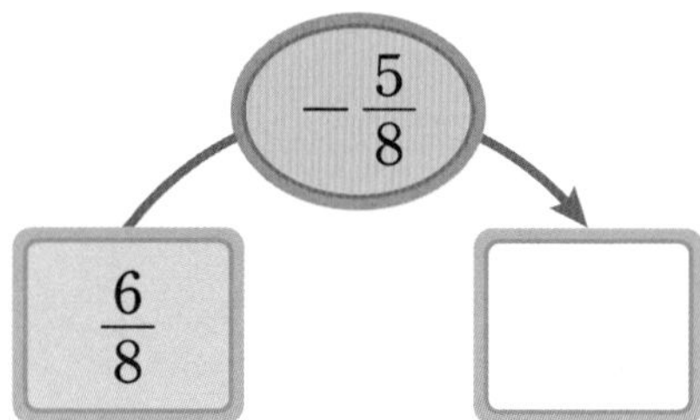

5

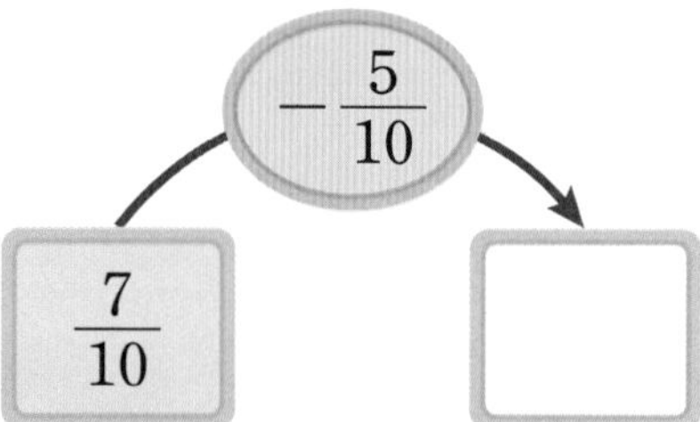

6

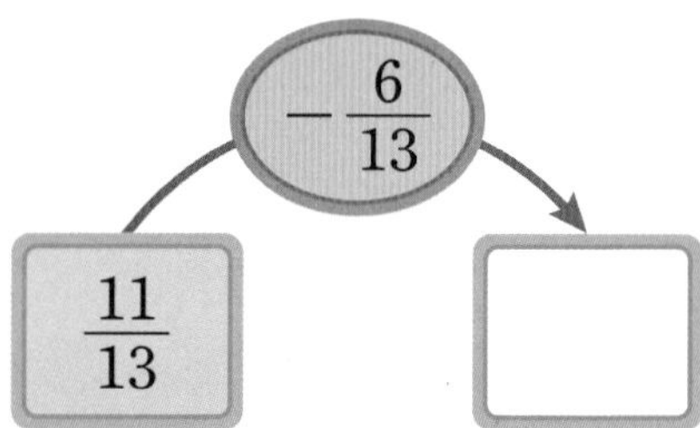

7

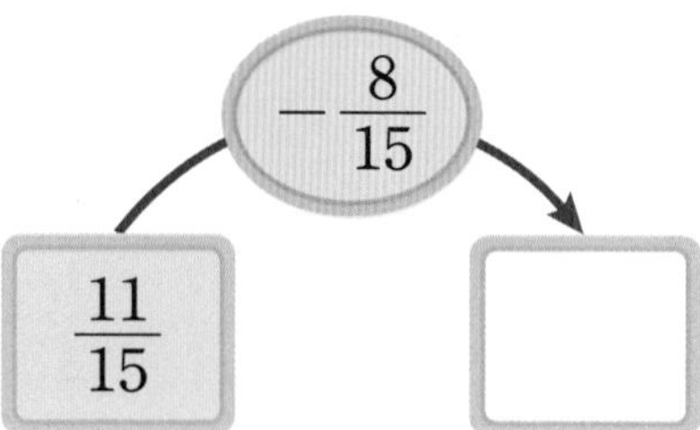

8

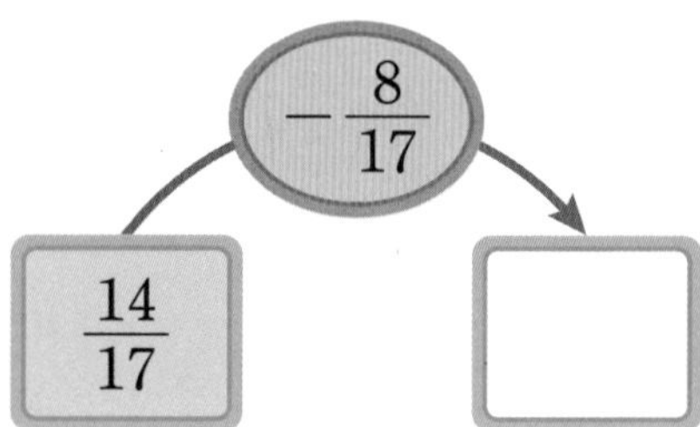

9

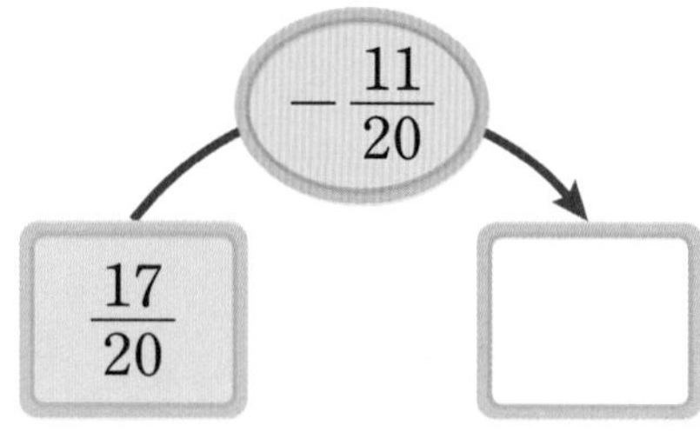

10

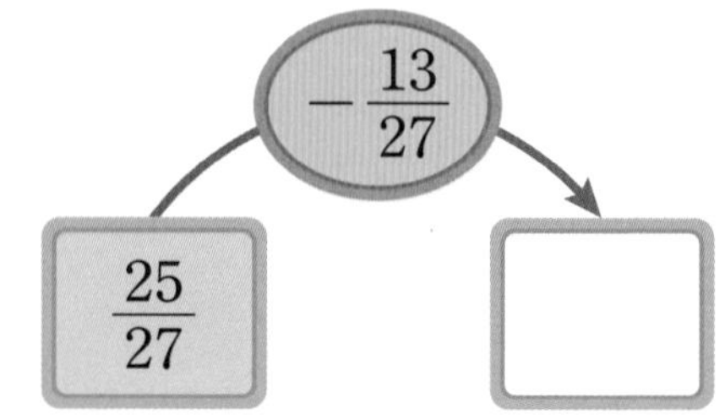

계산은 빠르고 정확하게!

걸린 시간	1~5분	5~8분	8~10분
맞은 개수	19~20개	16~18개	1~15개
평가	참 잘했어요.	잘했어요.	좀더 노력해요.

□ 안에 알맞은 수를 써넣으시오. (11 ~ 20)

11

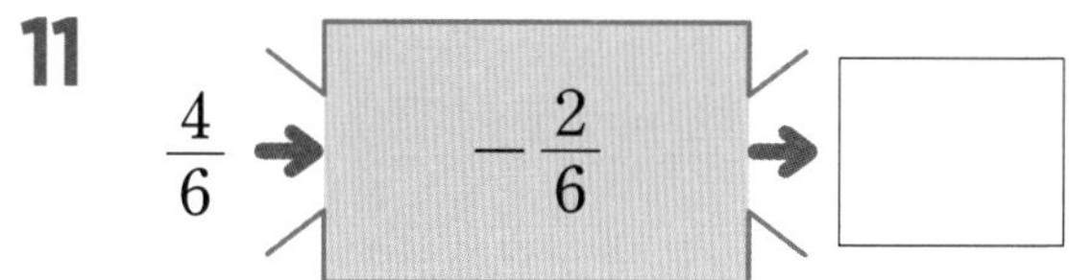

$\frac{4}{6}$ → $-\frac{2}{6}$ → □

12

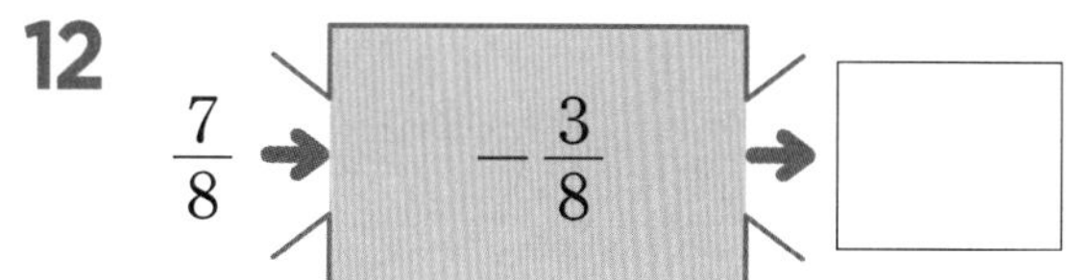

$\frac{7}{8}$ → $-\frac{3}{8}$ → □

13 $\frac{8}{9}$ → $-\frac{4}{9}$ → □

14 $\frac{5}{10}$ → $-\frac{2}{10}$ → □

15 $\frac{9}{11}$ → $-\frac{4}{11}$ → □

16

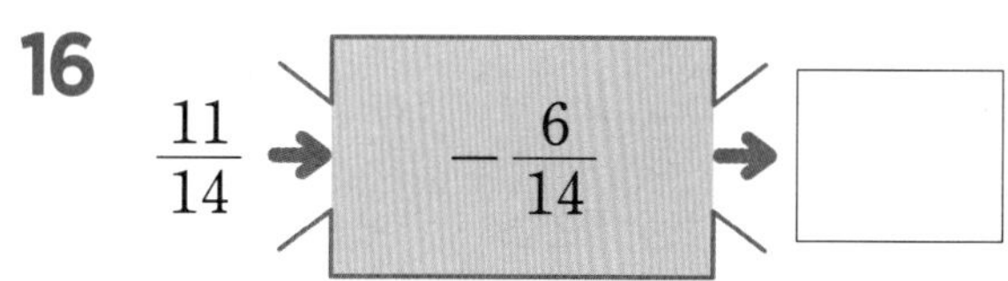

$\frac{11}{14}$ → $-\frac{6}{14}$ → □

17 $\frac{17}{19}$ → $-\frac{7}{19}$ → □

18 $\frac{19}{21}$ → $-\frac{11}{21}$ → □

19 $\frac{16}{18}$ → $-\frac{8}{18}$ → □

20 $\frac{24}{26}$ → $-\frac{15}{26}$ → □

6 받아내림이 없는 대분수의 뺄셈(1)

방법 ① 자연수는 자연수끼리, 분수는 분수끼리 뺍니다.

$$2\frac{4}{5}-1\frac{2}{5}=(2-1)+\left(\frac{4}{5}-\frac{2}{5}\right)=1+\frac{2}{5}=1\frac{2}{5}$$

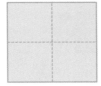

방법 ② 대분수를 가분수로 고쳐서 계산합니다.

$$2\frac{4}{5}-1\frac{2}{5}=\frac{14}{5}-\frac{7}{5}=\frac{7}{5}=1\frac{2}{5}$$

그림을 보고 □ 안에 알맞은 수를 써넣으시오. (1~4)

1

 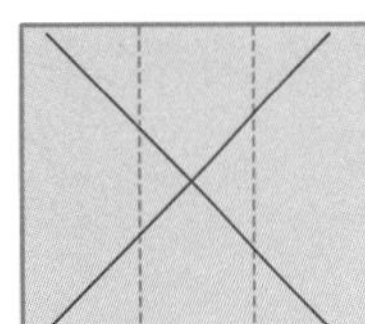 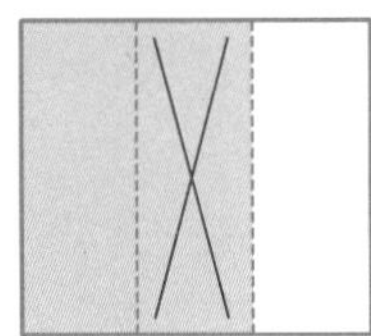

$2\frac{2}{3}-1\frac{1}{3}=$ □

2

 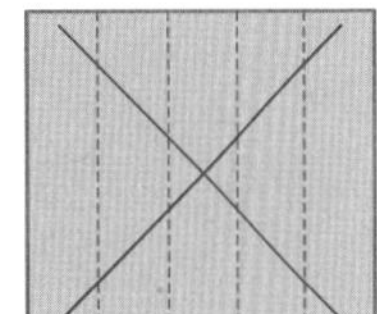 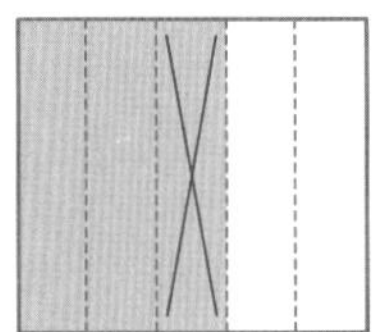

$2\frac{3}{5}-1\frac{1}{5}=$ □

3

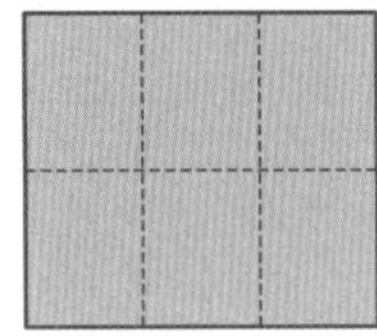 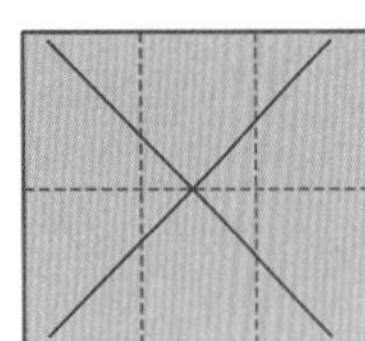 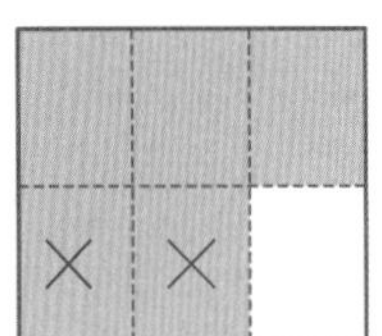

$2\frac{5}{6}-1\frac{2}{6}=$ □

4

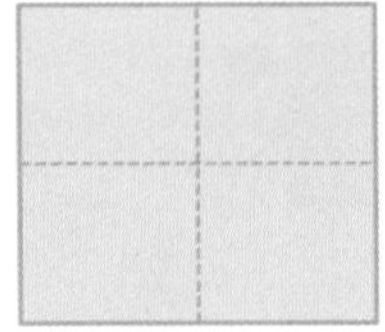 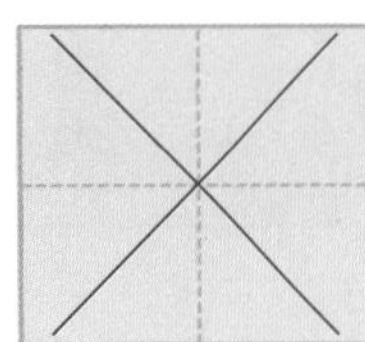 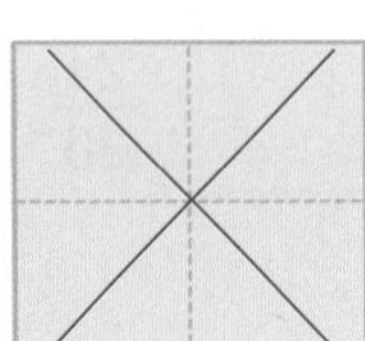 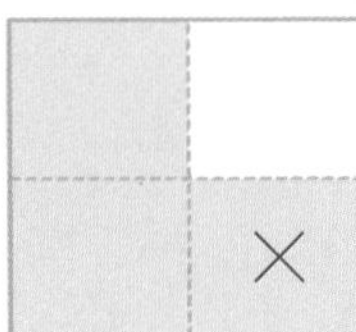

$3\frac{3}{4}-2\frac{1}{4}=$ □

계산은 빠르고 정확하게!

걸린 시간	1~4분	4~6분	6~8분
맞은 개수	9~10개	7~8개	1~6개
평가	참 잘했어요.	잘했어요.	좀더 노력해요.

□ 안에 알맞은 수를 써넣으시오. (5 ~ 10)

5 $2\frac{2}{4}$는 $\frac{1}{4}$이 □개, $1\frac{1}{4}$은 $\frac{1}{4}$이 □개이므로 $2\frac{2}{4}-1\frac{1}{4}$은 $\frac{1}{4}$이 □개입니다.

➡ $2\frac{2}{4}-1\frac{1}{4}=\frac{\square}{4}=\square\frac{\square}{4}$

6 $2\frac{4}{5}$는 $\frac{1}{5}$이 □개, $1\frac{3}{5}$은 $\frac{1}{5}$이 □개이므로 $2\frac{4}{5}-1\frac{3}{5}$은 $\frac{1}{5}$이 □개입니다.

➡ $2\frac{4}{5}-1\frac{3}{5}=\frac{\square}{5}=\square\frac{\square}{5}$

7 $3\frac{2}{3}$는 $\frac{1}{3}$이 □개, $1\frac{1}{3}$은 $\frac{1}{3}$이 □개이므로 $3\frac{2}{3}-1\frac{1}{3}$은 $\frac{1}{3}$이 □개입니다.

➡ $3\frac{2}{3}-1\frac{1}{3}=\frac{\square}{3}=\square\frac{\square}{3}$

8 $4\frac{5}{6}$는 $\frac{1}{6}$이 □개, $2\frac{2}{6}$는 $\frac{1}{6}$이 □개이므로 $4\frac{5}{6}-2\frac{2}{6}$는 $\frac{1}{6}$이 □개입니다.

➡ $4\frac{5}{6}-2\frac{2}{6}=\frac{\square}{6}=\square\frac{\square}{6}$

9 $3\frac{3}{7}$은 $\frac{1}{7}$이 □개, $1\frac{1}{7}$은 $\frac{1}{7}$이 □개이므로 $3\frac{3}{7}-1\frac{1}{7}$은 $\frac{1}{7}$이 □개입니다.

➡ $3\frac{3}{7}-1\frac{1}{7}=\frac{\square}{7}=\square\frac{\square}{7}$

10 $3\frac{5}{8}$는 $\frac{1}{8}$이 □개, $2\frac{3}{8}$은 $\frac{1}{8}$이 □개이므로 $3\frac{5}{8}-2\frac{3}{8}$은 $\frac{1}{8}$이 □개입니다.

➡ $3\frac{5}{8}-2\frac{3}{8}=\frac{\square}{8}=\square\frac{\square}{8}$

6 받아내림이 없는 대분수의 뺄셈(2)

□ 안에 알맞은 수를 써넣으시오. (1~8)

1 $2\frac{5}{6}-1\frac{2}{6}=(\square-\square)+\left(\frac{\square}{6}-\frac{\square}{6}\right)=\square+\frac{\square}{6}=\square\frac{\square}{6}$

2 $5\frac{3}{4}-2\frac{1}{4}=(\square-\square)+\left(\frac{\square}{4}-\frac{\square}{4}\right)=\square+\frac{\square}{4}=\square\frac{\square}{4}$

3 $4\frac{5}{7}-3\frac{3}{7}=(\square-\square)+\left(\frac{\square}{7}-\frac{\square}{7}\right)=\square+\frac{\square}{7}=\square\frac{\square}{7}$

4 $3\frac{7}{8}-1\frac{5}{8}=(\square-\square)+\left(\frac{\square}{8}-\frac{\square}{8}\right)=\square+\frac{\square}{8}=\square\frac{\square}{8}$

5 $2\frac{8}{9}-1\frac{4}{9}=(\square-\square)+\left(\frac{\square}{9}-\frac{\square}{9}\right)=\square+\frac{\square}{9}=\square\frac{\square}{9}$

6 $5\frac{7}{10}-2\frac{4}{10}=(\square-\square)+\left(\frac{\square}{10}-\frac{\square}{10}\right)=\square+\frac{\square}{10}=\square\frac{\square}{10}$

7 $6\frac{9}{12}-4\frac{5}{12}=(\square-\square)+\left(\frac{\square}{12}-\frac{\square}{12}\right)=\square+\frac{\square}{12}=\square\frac{\square}{12}$

8 $3\frac{7}{15}-1\frac{4}{15}=(\square-\square)+\left(\frac{\square}{15}-\frac{\square}{15}\right)=\square+\frac{\square}{15}=\square\frac{\square}{15}$

계산은 빠르고 정확하게!

걸린 시간	1~8분	8~12분	12~16분
맞은 개수	22~24개	17~21개	1~16개
평가	참 잘했어요.	잘했어요.	좀더 노력해요.

계산을 하시오. (9 ~ 24)

9 $2\frac{2}{3}-1\frac{1}{3}$

10 $5\frac{3}{4}-2\frac{2}{4}$

11 $6\frac{4}{7}-2\frac{2}{7}$

12 $5\frac{8}{9}-2\frac{3}{9}$

13 $7\frac{5}{6}-6\frac{3}{6}$

14 $8\frac{4}{8}-2\frac{2}{8}$

15 $4\frac{11}{15}-2\frac{4}{15}$

16 $6\frac{13}{18}-4\frac{10}{18}$

17 $6\frac{21}{22}-4\frac{19}{22}$

18 $5\frac{3}{10}-1\frac{2}{10}$

19 $4\frac{9}{13}-3\frac{5}{13}$

20 $4\frac{17}{22}-3\frac{11}{22}$

21 $5\frac{13}{27}-1\frac{6}{27}$

22 $5\frac{27}{30}-2\frac{16}{30}$

23 $6\frac{14}{15}-3\frac{4}{15}$

24 $8\frac{37}{42}-5\frac{24}{42}$

6 받아내림이 없는 대분수의 뺄셈(3)

□ 안에 알맞은 수를 써넣으시오. (1~8)

1 $3\frac{2}{3}-1\frac{1}{3}=\frac{\square}{3}-\frac{\square}{3}=\frac{\square}{3}=\square\frac{\square}{3}$

2 $2\frac{4}{5}-1\frac{2}{5}=\frac{\square}{5}-\frac{\square}{5}=\frac{\square}{5}=\square\frac{\square}{5}$

3 $3\frac{6}{9}-2\frac{5}{9}=\frac{\square}{9}-\frac{\square}{9}=\frac{\square}{9}=\square\frac{\square}{9}$

4 $2\frac{3}{8}-1\frac{1}{8}=\frac{\square}{8}-\frac{\square}{8}=\frac{\square}{8}=\square\frac{\square}{8}$

5 $4\frac{7}{10}-2\frac{5}{10}=\frac{\square}{10}-\frac{\square}{10}=\frac{\square}{10}=\square\frac{\square}{10}$

6 $5\frac{5}{12}-3\frac{4}{12}=\frac{\square}{12}-\frac{\square}{12}=\frac{\square}{12}=\square\frac{\square}{12}$

7 $6\frac{9}{11}-2\frac{5}{11}=\frac{\square}{11}-\frac{\square}{11}=\frac{\square}{11}=\square\frac{\square}{11}$

8 $5\frac{10}{15}-3\frac{2}{15}=\frac{\square}{15}-\frac{\square}{15}=\frac{\square}{15}=\square\frac{\square}{15}$

계산은 빠르고 정확하게!

걸린 시간	1~8분	8~12분	12~16분
맞은 개수	22~24개	17~21개	1~16개
평가	참 잘했어요.	잘했어요.	좀더 노력해요.

계산을 하시오. (9 ~ 24)

9 $4\frac{3}{5}-2\frac{1}{5}$

10 $5\frac{4}{7}-1\frac{3}{7}$

11 $5\frac{8}{9}-4\frac{3}{9}$

12 $7\frac{4}{8}-5\frac{3}{8}$

13 $6\frac{8}{10}-2\frac{6}{10}$

14 $3\frac{11}{15}-1\frac{8}{15}$

15 $7\frac{9}{13}-2\frac{7}{13}$

16 $3\frac{17}{18}-2\frac{11}{18}$

17 $6\frac{17}{20}-4\frac{8}{20}$

18 $2\frac{7}{25}-1\frac{5}{25}$

19 $3\frac{19}{27}-2\frac{11}{27}$

20 $4\frac{18}{33}-1\frac{13}{33}$

21 $5\frac{21}{42}-2\frac{10}{42}$

22 $2\frac{19}{36}-1\frac{12}{36}$

23 $3\frac{20}{27}-1\frac{14}{27}$

24 $6\frac{17}{21}-3\frac{15}{21}$

6 받아내림이 없는 대분수의 빼기(4)

빈 곳에 알맞은 수를 써넣으시오. (1~12)

1 $6\frac{4}{5}$ → $-2\frac{3}{5}$ → ☐

2 $4\frac{3}{9}$ → $-1\frac{2}{9}$ → ☐

3 $5\frac{4}{7}$ → $-2\frac{1}{7}$ → ☐

4 $5\frac{5}{6}$ → $-3\frac{3}{6}$ → ☐

5 $6\frac{8}{10}$ → $-5\frac{4}{10}$ → ☐

6 $9\frac{7}{13}$ → $-3\frac{5}{13}$ → ☐

7 $9\frac{7}{11}$ → $-6\frac{5}{11}$ → ☐

8 $6\frac{8}{15}$ → $-2\frac{3}{15}$ → ☐

9 $8\frac{17}{20}$ → $-5\frac{8}{20}$ → ☐

10 $8\frac{17}{25}$ → $-3\frac{15}{25}$ → ☐

11 $4\frac{21}{35}$ → $-2\frac{19}{35}$ → ☐

12 $7\frac{27}{30}$ → $-5\frac{21}{30}$ → ☐

계산은 빠르고 정확하게!

걸린 시간	1~6분	6~9분	9~12분
맞은 개수	20~22개	16~19개	1~15개
평가	참 잘했어요.	잘했어요.	좀더 노력해요.

두 수의 차를 빈 곳에 써넣으시오. (13 ~ 22)

13

$6\frac{8}{11}$	$2\frac{7}{11}$

14

$5\frac{5}{8}$	$2\frac{2}{8}$

15

$8\frac{15}{19}$	$3\frac{7}{19}$

16

$5\frac{16}{20}$	$4\frac{9}{20}$

17

$8\frac{17}{25}$	$5\frac{13}{25}$

18

$7\frac{16}{22}$	$4\frac{9}{22}$

19

$9\frac{25}{27}$	$4\frac{16}{27}$

20

$5\frac{20}{28}$	$2\frac{16}{28}$

21

$8\frac{15}{29}$	$5\frac{13}{29}$

22

$9\frac{35}{36}$	$4\frac{22}{36}$

7 (자연수)—(진분수)(1)

방법 ① 자연수에서 1만큼을 분수로 바꾸어 계산합니다.

$$3-\frac{3}{5}=2\frac{5}{5}-\frac{3}{5}=2\frac{2}{5}$$

방법 ② 자연수를 가분수로 고쳐서 계산합니다.

$$3-\frac{3}{5}=\frac{15}{5}-\frac{3}{5}=\frac{12}{5}=2\frac{2}{5}$$

그림을 보고 □ 안에 알맞은 수를 써넣으시오. (1~4)

1

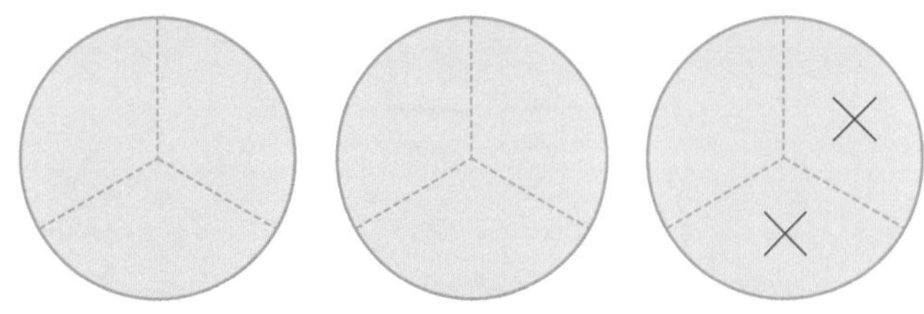

$3-\frac{2}{3}=\square\frac{\square}{3}$

2

$4-\frac{4}{6}=\square\frac{\square}{6}$

3

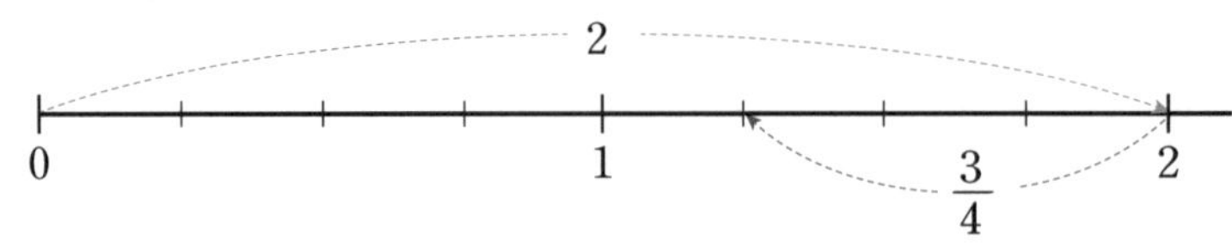

$2-\frac{3}{4}=\square\frac{\square}{4}$

4

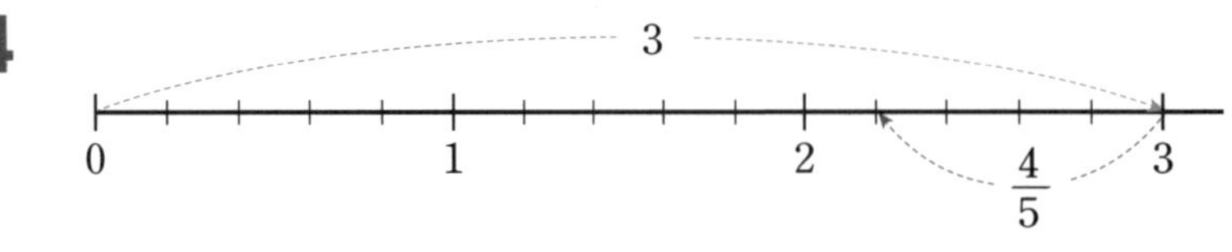

$3-\frac{4}{5}=\square\frac{\square}{5}$

계산은 빠르고 정확하게!

걸린 시간	1~5분	5~8분	8~10분
맞은 개수	11~12개	9~10개	1~8개
평가	참 잘했어요.	잘했어요.	좀더 노력해요.

□ 안에 알맞은 수를 써넣으시오. (5 ~ 12)

5 1은 $\frac{1}{5}$이 □개, $\frac{3}{5}$은 $\frac{1}{5}$이 □개

➡ $1-\frac{3}{5}$은 $\frac{1}{5}$이 □개

➡ $1-\frac{3}{5}=\frac{\square}{5}$

6 1은 $\frac{1}{6}$이 □개, $\frac{2}{6}$는 $\frac{1}{6}$이 □개

➡ $1-\frac{2}{6}$는 $\frac{1}{6}$이 □개

➡ $1-\frac{2}{6}=\frac{\square}{6}$

7 2는 $\frac{1}{4}$이 □개, $\frac{3}{4}$은 $\frac{1}{4}$이 □개

➡ $2-\frac{3}{4}$은 $\frac{1}{4}$이 □개

➡ $2-\frac{3}{4}=\frac{\square}{4}=\square\frac{\square}{4}$

8 2는 $\frac{1}{9}$이 □개, $\frac{5}{9}$는 $\frac{1}{9}$이 □개

➡ $2-\frac{5}{9}$는 $\frac{1}{9}$이 □개

➡ $2-\frac{5}{9}=\frac{\square}{9}=\square\frac{\square}{9}$

9 3은 $\frac{1}{3}$이 □개, $\frac{2}{3}$는 $\frac{1}{3}$이 □개

➡ $3-\frac{2}{3}$는 $\frac{1}{3}$이 □개

➡ $3-\frac{2}{3}=\frac{\square}{3}=\square\frac{\square}{3}$

10 3은 $\frac{1}{7}$이 □개, $\frac{6}{7}$은 $\frac{1}{7}$이 □개

➡ $3-\frac{6}{7}$은 $\frac{1}{7}$이 □개

➡ $3-\frac{6}{7}=\frac{\square}{7}=\square\frac{\square}{7}$

11 4는 $\frac{1}{3}$이 □개, $\frac{2}{3}$는 $\frac{1}{3}$이 □개

➡ $4-\frac{2}{3}$는 $\frac{1}{3}$이 □개

➡ $4-\frac{2}{3}=\frac{\square}{3}=\square\frac{\square}{3}$

12 4는 $\frac{1}{8}$이 □개, $\frac{6}{8}$은 $\frac{1}{8}$이 □개

➡ $4-\frac{6}{8}$은 $\frac{1}{8}$이 □개

➡ $4-\frac{6}{8}=\frac{\square}{8}=\square\frac{\square}{8}$

7 (자연수)—(진분수)(2)

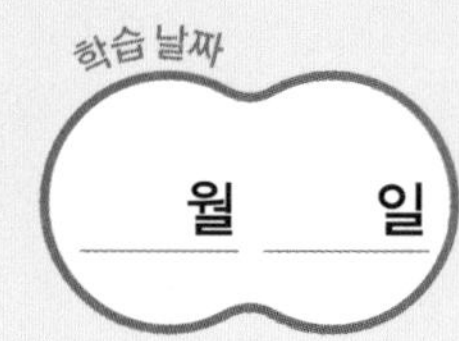

□ 안에 알맞은 수를 써넣으시오. (1~8)

1 $1-\frac{4}{9}=\frac{\square}{9}-\frac{\square}{9}=\frac{\square}{9}$

2 $3-\frac{3}{8}=2\frac{\square}{8}-\frac{\square}{8}=\square\frac{\square}{8}$

3 $5-\frac{5}{7}=4\frac{\square}{7}-\frac{\square}{7}=\square\frac{\square}{7}$

4 $8-\frac{8}{10}=7\frac{\square}{10}-\frac{\square}{10}=\square\frac{\square}{10}$

5 $2-\frac{3}{4}=\frac{\square}{4}-\frac{\square}{4}=\frac{\square}{4}=\square\frac{\square}{4}$

6 $4-\frac{2}{6}=\frac{\square}{6}-\frac{\square}{6}=\frac{\square}{6}=\square\frac{\square}{6}$

7 $5-\frac{7}{12}=\frac{\square}{12}-\frac{\square}{12}=\frac{\square}{12}=\square\frac{\square}{12}$

8 $6-\frac{8}{11}=\frac{\square}{11}-\frac{\square}{11}=\frac{\square}{11}=\square\frac{\square}{11}$

계산은 빠르고 정확하게!

걸린 시간	1~8분	8~12분	12~16분
맞은 개수	22~24개	17~21개	1~16개
평가	참 잘했어요.	잘했어요.	좀더 노력해요.

계산을 하시오. (9 ~ 24)

9 $1-\frac{2}{5}$

10 $1-\frac{7}{14}$

11 $3-\frac{1}{4}$

12 $3-\frac{8}{9}$

13 $7-\frac{5}{6}$

14 $5-\frac{4}{10}$

15 $6-\frac{6}{9}$

16 $5-\frac{8}{13}$

17 $5-\frac{11}{14}$

18 $4-\frac{9}{13}$

19 $8-\frac{12}{18}$

20 $7-\frac{10}{16}$

21 $6-\frac{17}{25}$

22 $5-\frac{19}{28}$

23 $8-\frac{19}{30}$

24 $9-\frac{13}{26}$

7 (자연수)－(진분수)(3)

빈 곳에 알맞은 수를 써넣으시오. (1 ~ 12)

1 3 → $-\frac{4}{7}$ → □

2 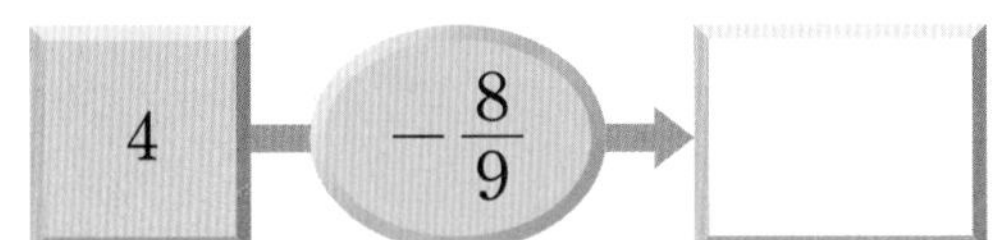
4 → $-\frac{8}{9}$ → □

3 9 → $-\frac{7}{10}$ → □

4 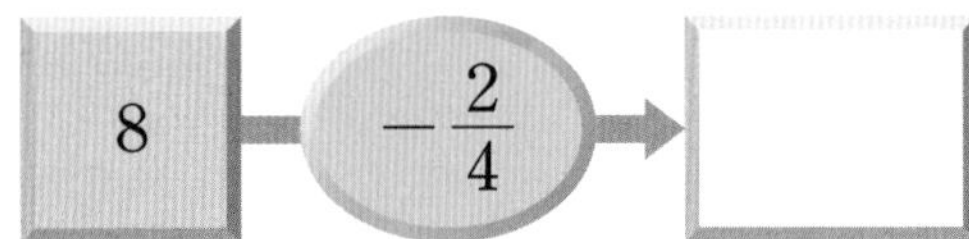
8 → $-\frac{2}{4}$ → □

5 6 → $-\frac{8}{11}$ → □

6 
5 → $-\frac{10}{13}$ → □

7 
7 → $-\frac{11}{18}$ → □

8 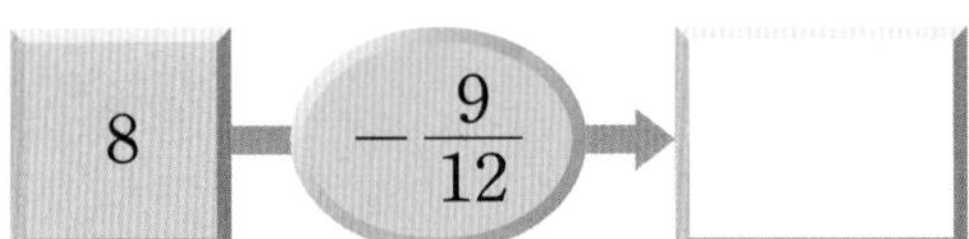
8 → $-\frac{9}{12}$ → □

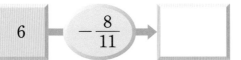

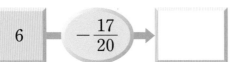

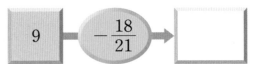

9 6 → $-\frac{17}{20}$ → □

10 9 → $-\frac{18}{21}$ → □

11 10 → $-\frac{13}{15}$ → □

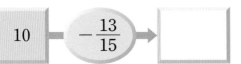

12 12 → $-\frac{13}{14}$ → □

계산은 빠르고 정확하게!

걸린 시간	1~8분	8~12분	12~16분
맞은 개수	17~18개	13~16개	1~12개
평가	참 잘했어요.	잘했어요.	좀더 노력해요.

빈 곳에 알맞은 수를 써넣으시오. (13 ~ 18)

13

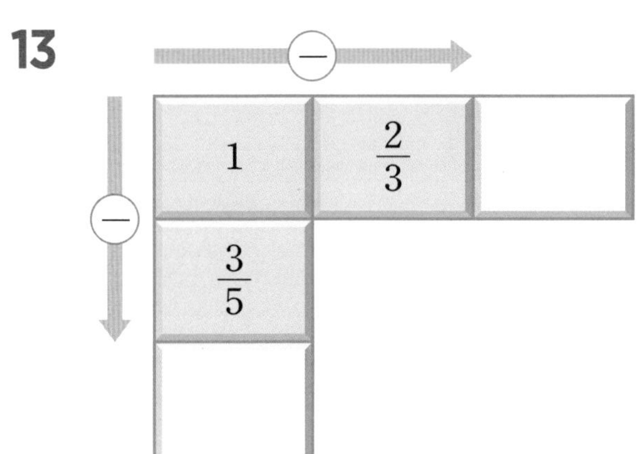

14

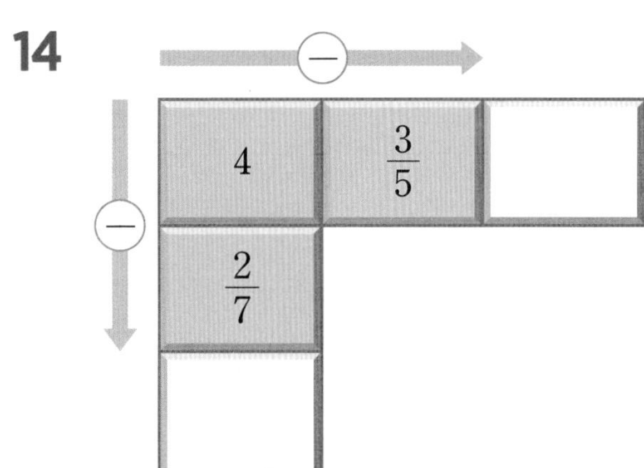

15

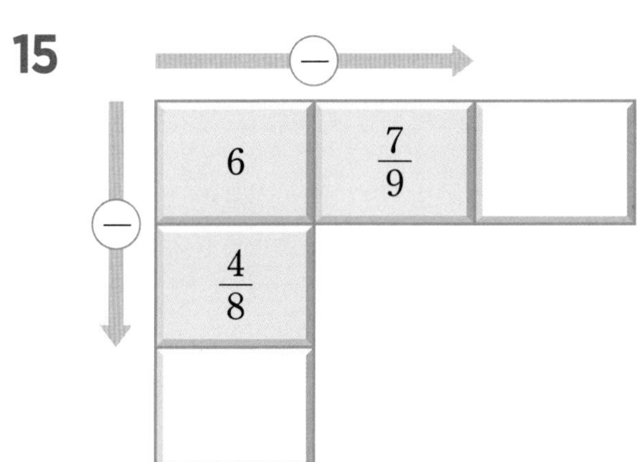

16

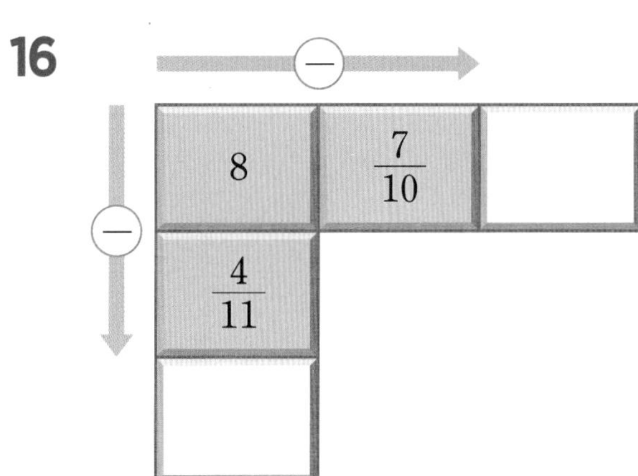

17

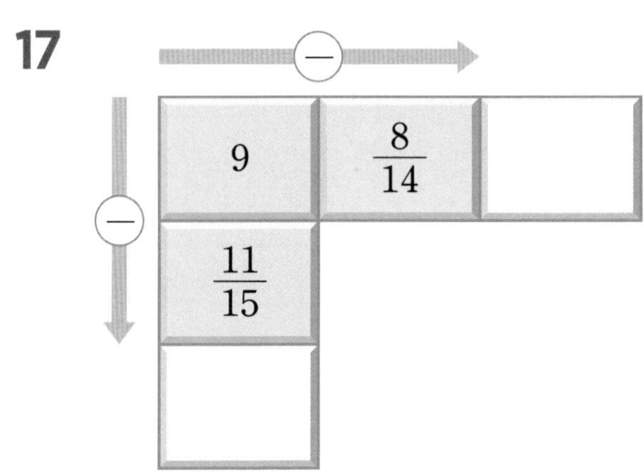

18

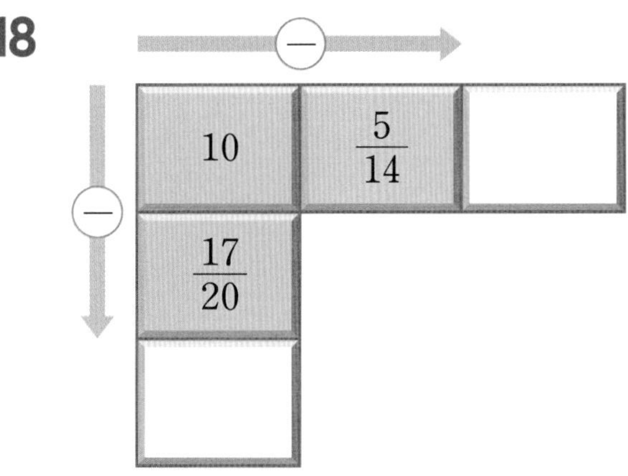

8 (자연수)—(대분수)(1)

방법 ① 자연수에서 1만큼을 분수로 바꾸어 계산합니다.

$$3-1\frac{2}{5}=2\frac{5}{5}-1\frac{2}{5}=(2-1)+\left(\frac{5}{5}-\frac{2}{5}\right)=1\frac{3}{5}$$

방법 ② 자연수를 가분수로 고쳐서 계산합니다.

$$3-1\frac{2}{5}=\frac{15}{5}-\frac{7}{5}=\frac{8}{5}=1\frac{3}{5}$$

그림을 보고 □ 안에 알맞은 수를 써넣으시오. (1~4)

1

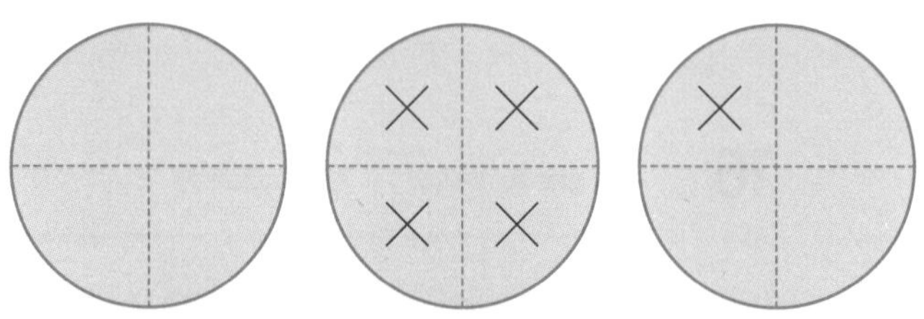

$3-1\frac{1}{4}=$ □

2

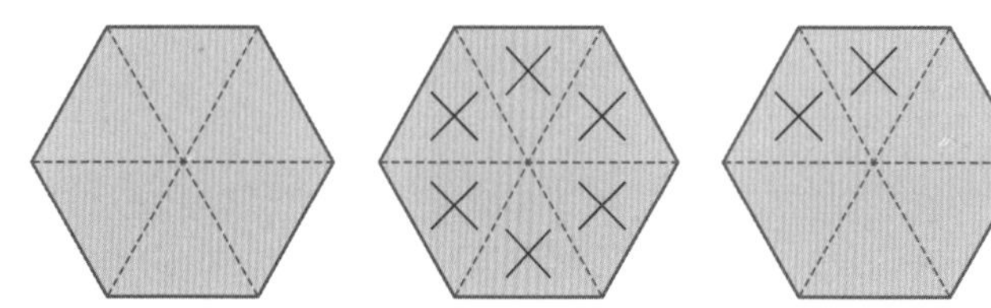

$3-1\frac{2}{6}=$ □

3

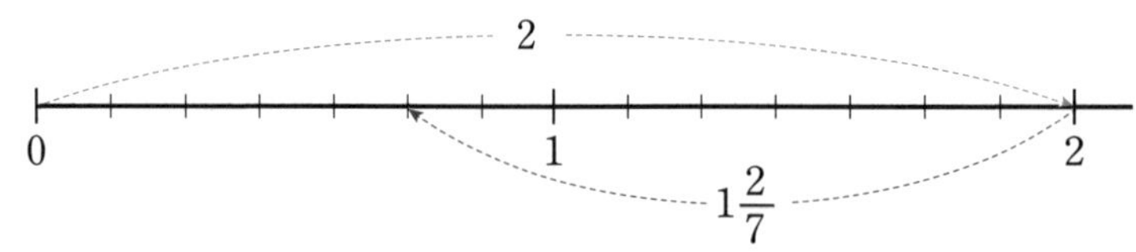

$2-1\frac{2}{7}=$ □

4

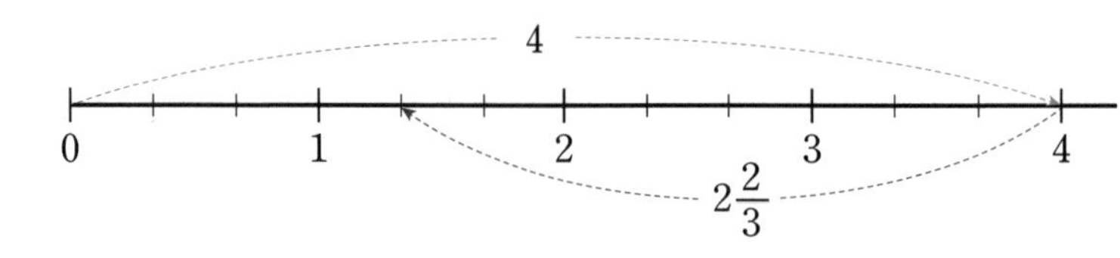

$4-2\frac{2}{3}=$ □

계산은 빠르고 정확하게!

걸린 시간	1~6분	6~9분	9~12분
맞은 개수	11~12개	9~10개	1~8개
평가	참 잘했어요.	잘했어요.	좀더 노력해요.

□ 안에 알맞은 수를 써넣으시오. (5 ~ 12)

5 2는 $\frac{1}{4}$이 □개, $1\frac{2}{4}$는 $\frac{1}{4}$이 □개

➡ $2-1\frac{2}{4}$는 $\frac{1}{4}$이 □개

➡ $2-1\frac{2}{4}=\frac{\square}{4}$

6 2는 $\frac{1}{5}$이 □개, $1\frac{2}{5}$는 $\frac{1}{5}$이 □개

➡ $2-1\frac{2}{5}$는 $\frac{1}{5}$이 □개

➡ $2-1\frac{2}{5}=\frac{\square}{5}$

7 3은 $\frac{1}{3}$이 □개, $1\frac{2}{3}$는 $\frac{1}{3}$이 □개

➡ $3-1\frac{2}{3}$는 $\frac{1}{3}$이 □개

➡ $3-1\frac{2}{3}=\frac{\square}{3}=\square\frac{\square}{3}$

8 3은 $\frac{1}{6}$이 □개, $1\frac{4}{6}$는 $\frac{1}{6}$이 □개

➡ $3-1\frac{4}{6}$는 $\frac{1}{6}$이 □개

➡ $3-1\frac{4}{6}=\frac{\square}{6}=\square\frac{\square}{6}$

9 4는 $\frac{1}{5}$이 □개, $2\frac{4}{5}$는 $\frac{1}{5}$이 □개

➡ $4-2\frac{4}{5}$는 $\frac{1}{5}$이 □개

➡ $4-2\frac{4}{5}=\frac{\square}{5}=\square\frac{\square}{5}$

10 4는 $\frac{1}{7}$이 □개, $1\frac{5}{7}$는 $\frac{1}{7}$이 □개

➡ $4-1\frac{5}{7}$는 $\frac{1}{7}$이 □개

➡ $4-1\frac{5}{7}=\frac{\square}{7}=\square\frac{\square}{7}$

11 5는 $\frac{1}{8}$이 □개, $2\frac{1}{8}$은 $\frac{1}{8}$이 □개

➡ $5-2\frac{1}{8}$는 $\frac{1}{8}$이 □개

➡ $5-2\frac{1}{8}=\frac{\square}{8}=\square\frac{\square}{8}$

12 5는 $\frac{1}{6}$이 □개, $3\frac{4}{6}$는 $\frac{1}{6}$이 □개

➡ $5-3\frac{4}{6}$는 $\frac{1}{6}$이 □개

➡ $5-3\frac{4}{6}=\frac{\square}{6}=\square\frac{\square}{6}$

8 (자연수)—(대분수)(2)

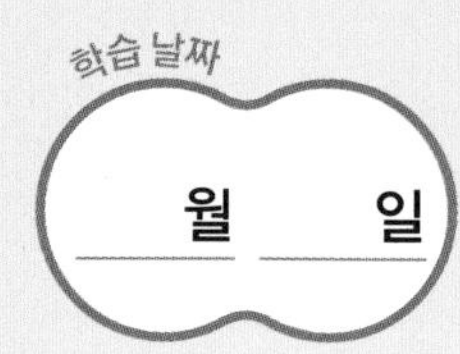

□ 안에 알맞은 수를 써넣으시오. (1~8)

1 $3-1\frac{1}{2}=2\frac{\square}{2}-1\frac{\square}{2}=(\square-\square)+\left(\frac{\square}{2}-\frac{\square}{2}\right)=\square\frac{\square}{2}$

2 $4-1\frac{2}{5}=3\frac{\square}{5}-1\frac{\square}{5}=(\square-\square)+\left(\frac{\square}{5}-\frac{\square}{5}\right)=\square\frac{\square}{5}$

3 $6-3\frac{2}{7}=5\frac{\square}{7}-3\frac{\square}{7}=(\square-\square)+\left(\frac{\square}{7}-\frac{\square}{7}\right)=\square\frac{\square}{7}$

4 $5-2\frac{3}{10}=4\frac{\square}{10}-2\frac{\square}{10}=(\square-\square)+\left(\frac{\square}{10}-\frac{\square}{10}\right)=\square\frac{\square}{10}$

5 $3-1\frac{2}{8}=\frac{\square}{8}-\frac{\square}{8}=\frac{\square}{8}=\square\frac{\square}{8}$

6 $7-2\frac{7}{9}=\frac{\square}{9}-\frac{\square}{9}=\frac{\square}{9}=\square\frac{\square}{9}$

7 $8-5\frac{8}{10}=\frac{\square}{10}-\frac{\square}{10}=\frac{\square}{10}=\square\frac{\square}{10}$

8 $11-4\frac{3}{5}=\frac{\square}{5}-\frac{\square}{5}=\frac{\square}{5}=\square\frac{\square}{5}$

계산은 빠르고 정확하게!

걸린 시간	1~8분	8~12분	12~16분
맞은 개수	22~24개	17~21개	1~16개
평가	참 잘했어요.	잘했어요.	좀더 노력해요.

계산을 하시오. (9 ~ 24)

9 $3-1\frac{7}{9}$

10 $2-1\frac{3}{5}$

11 $8-3\frac{4}{8}$

12 $6-4\frac{7}{10}$

13 $6-2\frac{7}{11}$

14 $5-3\frac{8}{15}$

15 $9-2\frac{9}{13}$

16 $8-1\frac{10}{11}$

17 $7-2\frac{13}{15}$

18 $10-3\frac{14}{16}$

19 $11-9\frac{4}{10}$

20 $12-10\frac{2}{7}$

21 $7-3\frac{15}{18}$

22 $10-7\frac{18}{20}$

23 $9-4\frac{8}{15}$

24 $8-6\frac{25}{29}$

8 (자연수)—(대분수)(3)

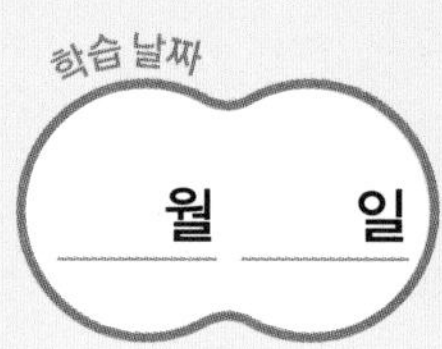

빈 곳에 알맞은 수를 써넣으시오. (1~12)

1 8 → $-3\frac{2}{5}$ → □

2 7 → $-2\frac{4}{5}$ → □

3 9 → $-2\frac{7}{8}$ → □

4 6 → $-3\frac{3}{4}$ → □

5 5 → $-1\frac{4}{9}$ → □

6 4 → $-2\frac{1}{10}$ → □

7 10 → $-2\frac{7}{11}$ → □

8 12 → $-3\frac{7}{14}$ → □

9 13 → $-9\frac{7}{8}$ → □

10 15 → $-5\frac{7}{20}$ → □

11 11 → $-7\frac{9}{15}$ → □

12 14 → $-3\frac{13}{18}$ → □

계산은 빠르고 정확하게!

걸린 시간	1~8분	8~12분	12~16분
맞은 개수	17~18개	13~16개	1~12개
평가	참 잘했어요.	잘했어요.	좀더 노력해요.

빈 곳에 알맞은 수를 써넣으시오. (13 ~ 18)

13
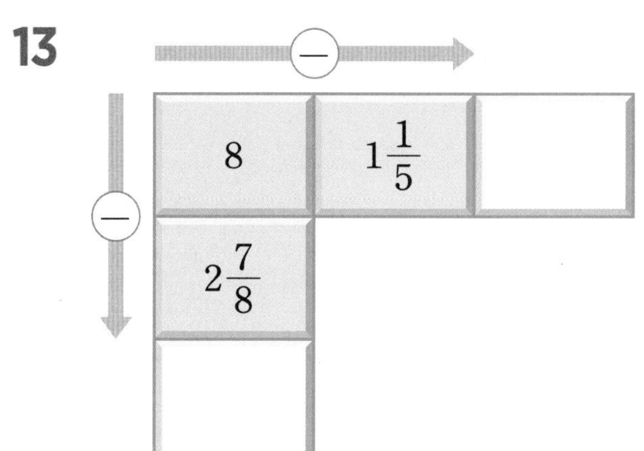

14
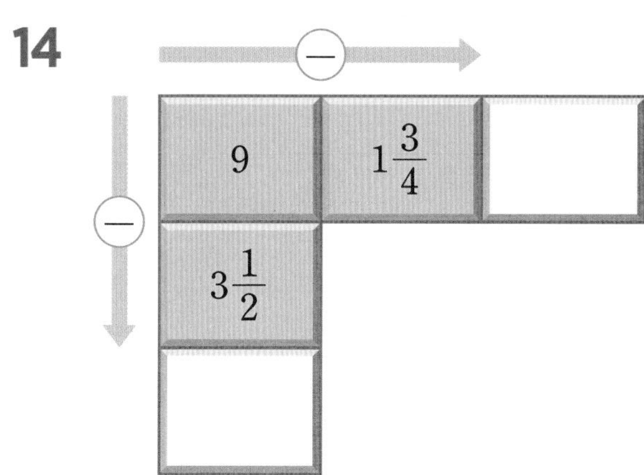

15
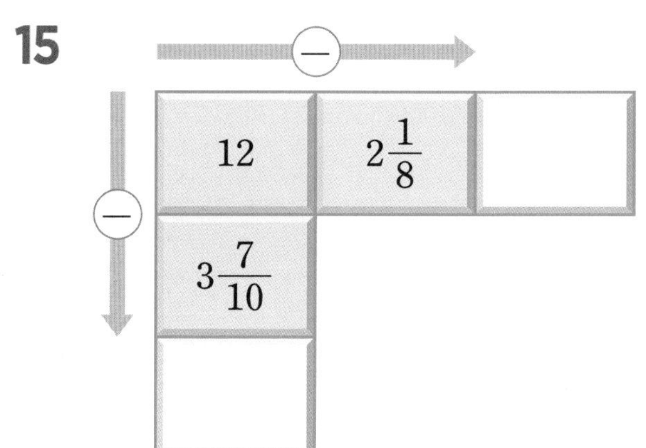

16
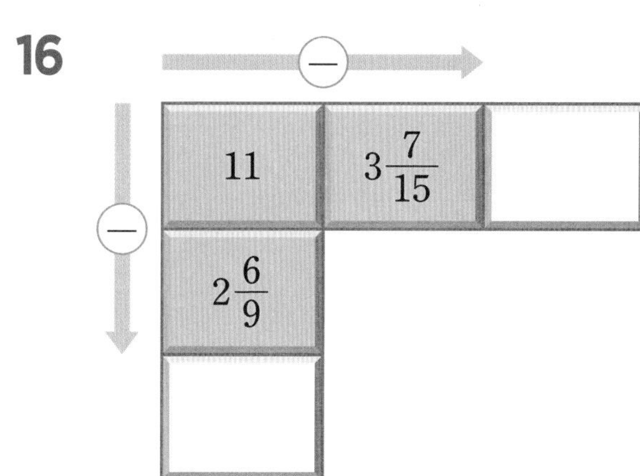

17
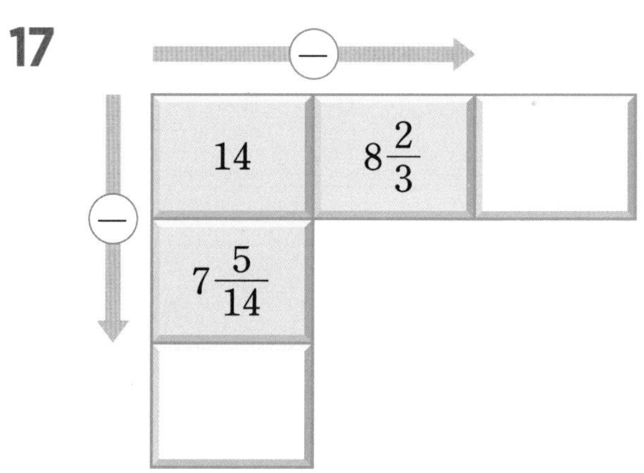

18
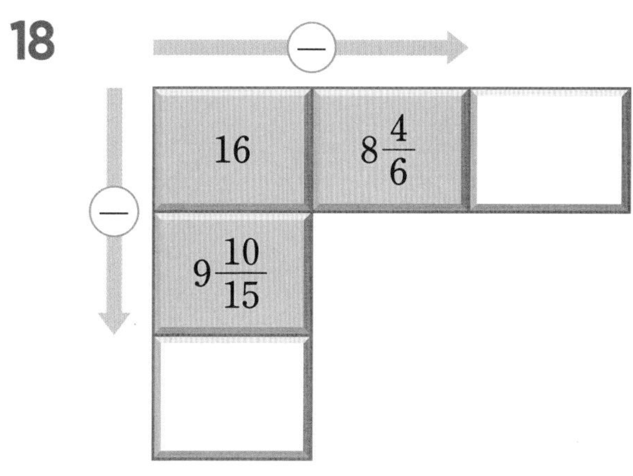

9 받아내림이 있는 대분수의 뺄셈(1)

학습 날짜 월 일

방법 ① 빼지는 분수의 자연수에서 1만큼을 가분수로 고쳐서 계산합니다.

$$3\frac{1}{5}-1\frac{3}{5}=2\frac{6}{5}-1\frac{3}{5}=(2-1)+\left(\frac{6}{5}-\frac{3}{5}\right)=1\frac{3}{5}$$

방법 ② 대분수를 가분수로 고쳐서 계산합니다.

$$3\frac{1}{5}-1\frac{3}{5}=\frac{16}{5}-\frac{8}{5}=\frac{8}{5}=1\frac{3}{5}$$

그림을 보고 □ 안에 알맞은 수를 써넣으시오. (1~4)

1

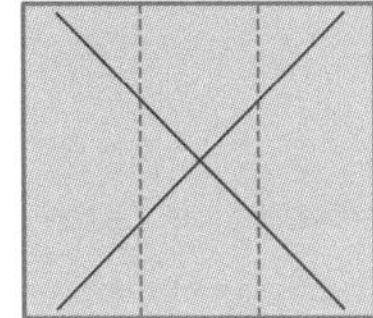 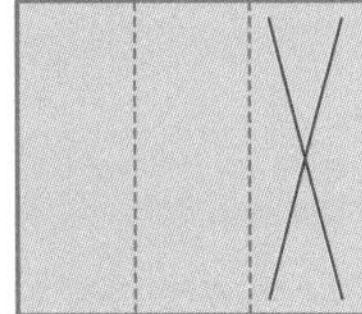 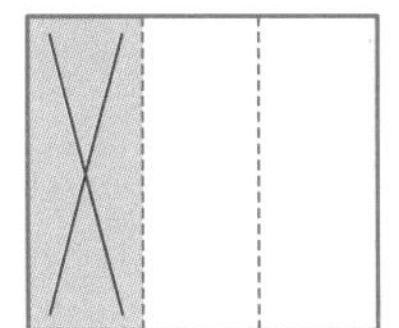

$2\frac{1}{3}-1\frac{2}{3}=$ □

2

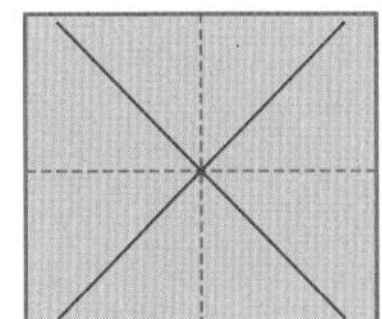  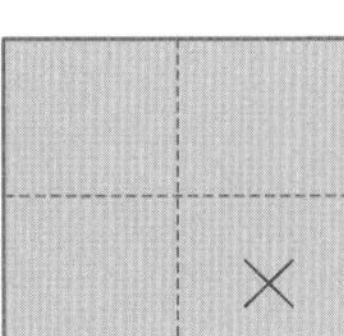 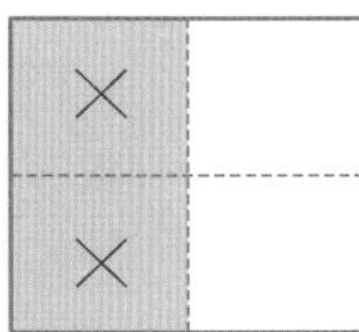

$3\frac{2}{4}-1\frac{3}{4}=$ □

3

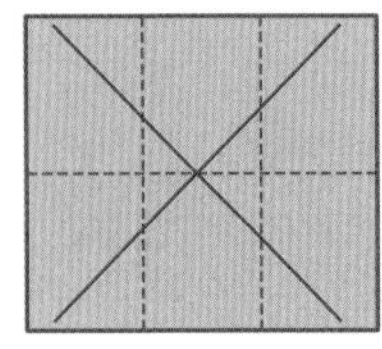 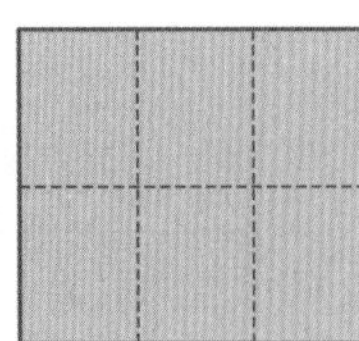 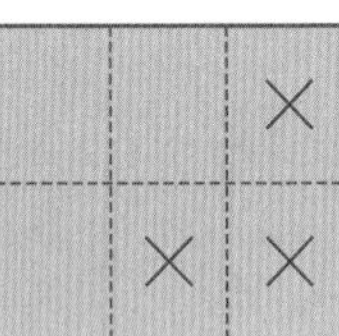 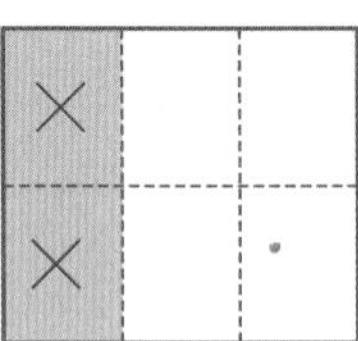

$3\frac{2}{6}-1\frac{5}{6}=$ □

4

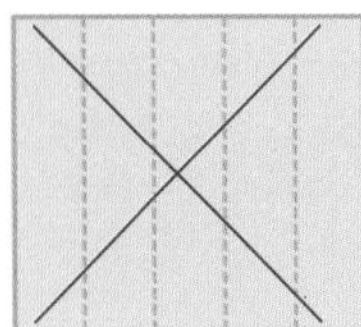 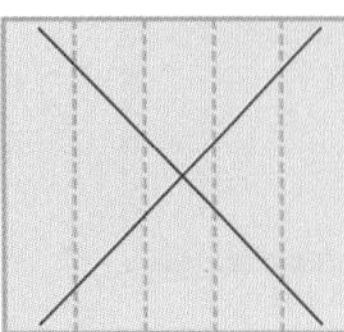 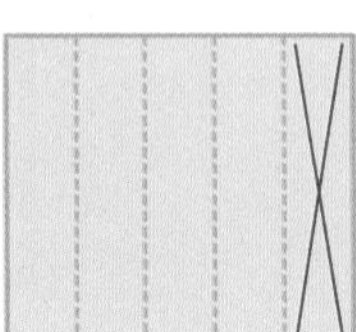 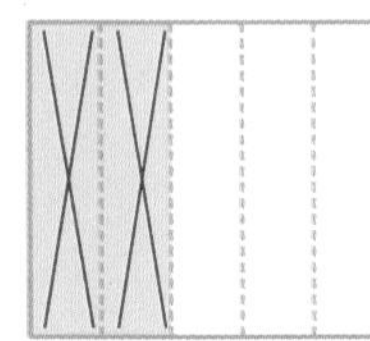

$3\frac{2}{5}-2\frac{3}{5}=$ □

계산은 빠르고 정확하게!

걸린 시간	1~5분	5~8분	8~10분
맞은 개수	9~10개	7~8개	1~6개
평가	참 잘했어요.	잘했어요.	좀더 노력해요.

□ 안에 알맞은 수를 써넣으시오. (5 ~ 10)

5 $2\frac{1}{4}$은 $\frac{1}{4}$이 □개, $1\frac{3}{4}$은 $\frac{1}{4}$이 □개이므로 $2\frac{1}{4}-1\frac{3}{4}$은 $\frac{1}{4}$이 □개입니다.

➡ $2\frac{1}{4}-1\frac{3}{4}=\frac{\square}{4}$

6 $2\frac{2}{5}$는 $\frac{1}{5}$이 □개, $1\frac{3}{5}$은 $\frac{1}{5}$이 □개이므로 $2\frac{2}{5}-1\frac{3}{5}$은 $\frac{1}{5}$이 □개입니다.

➡ $2\frac{2}{5}-1\frac{3}{5}=\frac{\square}{5}$

7 $3\frac{1}{3}$은 $\frac{1}{3}$이 □개, $1\frac{2}{3}$는 $\frac{1}{3}$이 □개이므로 $3\frac{1}{3}-1\frac{2}{3}$는 $\frac{1}{3}$이 □개입니다.

➡ $3\frac{1}{3}-1\frac{2}{3}=\frac{\square}{3}=\square\frac{\square}{3}$

8 $4\frac{2}{6}$는 $\frac{1}{6}$이 □개, $2\frac{3}{6}$은 $\frac{1}{6}$이 □개이므로 $4\frac{2}{6}-2\frac{3}{6}$은 $\frac{1}{6}$이 □개입니다.

➡ $4\frac{2}{6}-2\frac{3}{6}=\frac{\square}{6}=\square\frac{\square}{6}$

9 $5\frac{3}{8}$은 $\frac{1}{8}$이 □개, $2\frac{7}{8}$은 $\frac{1}{8}$이 □개이므로 $5\frac{3}{8}-2\frac{7}{8}$은 $\frac{1}{8}$이 □개입니다.

➡ $5\frac{3}{8}-2\frac{7}{8}=\frac{\square}{8}=\square\frac{\square}{8}$

10 $6\frac{2}{10}$는 $\frac{1}{10}$이 □개, $3\frac{8}{10}$은 $\frac{1}{10}$이 □개이므로 $6\frac{2}{10}-3\frac{8}{10}$은 $\frac{1}{10}$이 □개입니다.

➡ $6\frac{2}{10}-3\frac{8}{10}=\frac{\square}{10}=\square\frac{\square}{10}$

9 받아내림이 있는 대분수의 뺄셈(2)

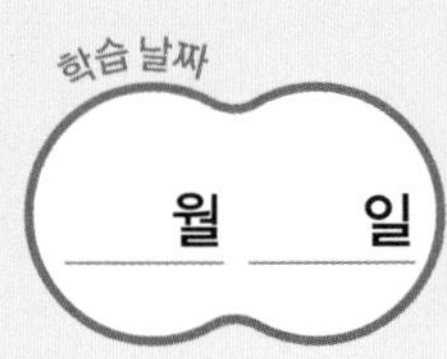

□ 안에 알맞은 수를 써넣으시오. (1~8)

1 $3\frac{1}{3}-1\frac{2}{3}=2\frac{\square}{3}-1\frac{2}{3}=(\square-\square)+\left(\frac{\square}{3}-\frac{\square}{3}\right)=\square\frac{\square}{3}$

2 $5\frac{2}{4}-2\frac{3}{4}=4\frac{\square}{4}-2\frac{3}{4}=(\square-\square)+\left(\frac{\square}{4}-\frac{\square}{4}\right)=\square\frac{\square}{4}$

3 $4\frac{3}{5}-1\frac{4}{5}=3\frac{\square}{5}-1\frac{4}{5}=(\square-\square)+\left(\frac{\square}{5}-\frac{\square}{5}\right)=\square\frac{\square}{5}$

4 $6\frac{2}{7}-3\frac{6}{7}=5\frac{\square}{7}-3\frac{6}{7}=(\square-\square)+\left(\frac{\square}{7}-\frac{\square}{7}\right)=\square\frac{\square}{7}$

5 $7\frac{4}{8}-5\frac{7}{8}=6\frac{\square}{8}-5\frac{7}{8}=(\square-\square)+\left(\frac{\square}{8}-\frac{\square}{8}\right)=\square\frac{\square}{8}$

6 $5\frac{1}{6}-2\frac{4}{6}=4\frac{\square}{6}-2\frac{4}{6}=(\square-\square)+\left(\frac{\square}{6}-\frac{\square}{6}\right)=\square\frac{\square}{6}$

7 $3\frac{7}{10}-1\frac{9}{10}=2\frac{\square}{10}-1\frac{9}{10}=(\square-\square)+\left(\frac{\square}{10}-\frac{\square}{10}\right)=\square\frac{\square}{10}$

8 $4\frac{3}{12}-2\frac{7}{12}=3\frac{\square}{12}-2\frac{7}{12}=(\square-\square)+\left(\frac{\square}{12}-\frac{\square}{12}\right)=\square\frac{\square}{12}$

계산은 빠르고 정확하게!

걸린 시간	1~8분	8~12분	12~16분
맞은 개수	22~24개	17~21개	1~16개
평가	참 잘했어요.	잘했어요.	좀더 노력해요.

계산을 하시오. (9 ~ 24)

9 $5\frac{1}{4}-2\frac{3}{4}$

10 $8\frac{2}{7}-2\frac{5}{7}$

11 $2\frac{2}{5}-1\frac{4}{5}$

12 $6\frac{2}{8}-3\frac{5}{8}$

13 $5\frac{4}{9}-1\frac{6}{9}$

14 $7\frac{2}{6}-5\frac{5}{6}$

15 $6\frac{3}{10}-2\frac{9}{10}$

16 $5\frac{7}{12}-2\frac{10}{12}$

17 $9\frac{2}{17}-6\frac{13}{17}$

18 $8\frac{9}{15}-7\frac{10}{15}$

19 $8\frac{4}{20}-2\frac{19}{20}$

20 $9\frac{19}{30}-4\frac{27}{32}$

21 $9\frac{7}{18}-4\frac{10}{18}$

22 $10\frac{7}{17}-3\frac{10}{17}$

23 $9\frac{14}{25}-6\frac{19}{25}$

24 $7\frac{13}{35}-3\frac{22}{35}$

9 받아내림이 있는 대분수의 뺄셈(3)

□ 안에 알맞은 수를 써넣으시오. (1~8)

1 $2\frac{4}{9}-1\frac{7}{9}=\frac{\square}{9}-\frac{\square}{9}=\frac{\square}{9}$

2 $4\frac{1}{5}-2\frac{3}{5}=\frac{\square}{5}-\frac{\square}{5}=\frac{\square}{5}=\square\frac{\square}{5}$

3 $3\frac{2}{8}-1\frac{5}{8}=\frac{\square}{8}-\frac{\square}{8}=\frac{\square}{8}=\square\frac{\square}{8}$

4 $3\frac{2}{10}-1\frac{4}{10}=\frac{\square}{10}-\frac{\square}{10}=\frac{\square}{10}=\square\frac{\square}{10}$

5 $4\frac{5}{11}-2\frac{7}{11}=\frac{\square}{11}-\frac{\square}{11}=\frac{\square}{11}=\square\frac{\square}{11}$

6 $5\frac{4}{12}-3\frac{8}{12}=\frac{\square}{12}-\frac{\square}{12}=\frac{\square}{12}=\square\frac{\square}{12}$

7 $6\frac{1}{15}-3\frac{10}{15}=\frac{\square}{15}-\frac{\square}{15}=\frac{\square}{15}=\square\frac{\square}{15}$

8 $5\frac{5}{16}-2\frac{13}{16}=\frac{\square}{16}-\frac{\square}{16}=\frac{\square}{16}=\square\frac{\square}{16}$

계산은 빠르고 정확하게!

걸린 시간	1~8분	8~12분	12~16분
맞은 개수	22~24개	17~21개	1~16개
평가	참 잘했어요.	잘했어요.	좀더 노력해요.

계산을 하시오. (9 ~ 24)

9 $2\frac{1}{6}-1\frac{5}{6}$

10 $4\frac{2}{5}-3\frac{3}{5}$

11 $6\frac{4}{8}-2\frac{5}{8}$

12 $5\frac{7}{9}-1\frac{8}{9}$

13 $4\frac{1}{3}-1\frac{2}{3}$

14 $9\frac{1}{4}-2\frac{3}{4}$

15 $7\frac{7}{12}-5\frac{9}{12}$

16 $6\frac{4}{13}-1\frac{9}{13}$

17 $4\frac{3}{15}-2\frac{14}{15}$

18 $7\frac{10}{18}-6\frac{17}{18}$

19 $5\frac{6}{15}-2\frac{12}{15}$

20 $4\frac{12}{30}-1\frac{14}{30}$

21 $4\frac{15}{29}-2\frac{20}{29}$

22 $5\frac{3}{21}-2\frac{11}{21}$

23 $8\frac{4}{17}-2\frac{14}{17}$

24 $9\frac{11}{40}-5\frac{32}{40}$

9 받아내림이 있는 대분수의 뺄셈(4)

빈 곳에 알맞은 수를 써넣으시오. (1 ~ 12)

1 $3\frac{2}{5}$ → $-1\frac{3}{5}$ → □

2 $6\frac{2}{7}$ → $-2\frac{6}{7}$ → □

3 $4\frac{2}{9}$ → $-2\frac{8}{9}$ → □

4 $7\frac{3}{8}$ → $-5\frac{5}{8}$ → □

5 $6\frac{3}{10}$ → $-2\frac{7}{10}$ → □

6 $5\frac{4}{11}$ → $-2\frac{9}{11}$ → □

7 $7\frac{8}{12}$ → $-5\frac{10}{12}$ → □

8 $8\frac{6}{14}$ → $-3\frac{10}{14}$ → □

9 $6\frac{7}{15}$ → $-2\frac{9}{15}$ → □

10 $9\frac{11}{25}$ → $-4\frac{21}{25}$ → □

11 $4\frac{15}{27}$ → $-1\frac{20}{27}$ → □

12 $8\frac{17}{30}$ → $-5\frac{27}{30}$ → □

계산은 빠르고 정확하게!

걸린 시간	1~8분	8~12분	12~16분
맞은 개수	21~22개	16~20개	1~15개
평가	참 잘했어요.	잘했어요.	좀더 노력해요.

두 수의 차를 빈 곳에 써넣으시오. (13 ~ 22)

13

$5\frac{2}{4}$	$3\frac{3}{4}$

14

$4\frac{2}{8}$	$2\frac{5}{8}$

15

$5\frac{6}{11}$	$2\frac{9}{11}$

16

$9\frac{7}{15}$	$5\frac{11}{15}$

17

$8\frac{4}{16}$	$3\frac{9}{16}$

18

$7\frac{13}{35}$	$3\frac{15}{35}$

19

$9\frac{4}{14}$	$5\frac{8}{14}$

20

$6\frac{4}{25}$	$2\frac{11}{25}$

21

$7\frac{8}{29}$	$5\frac{14}{29}$

22

$8\frac{10}{38}$	$3\frac{33}{38}$

10 신기한 연산

보기 의 방법대로 계산해 보시오. (1~5)

보기

$$\frac{1}{5}+\frac{2}{5}+\frac{3}{5}+\frac{4}{5}=2$$

(합 1: $\frac{2}{5}+\frac{3}{5}$, 합 1: $\frac{1}{5}+\frac{4}{5}$)

➡ 짝을 지어 합이 1이 되는 경우가 2번이므로 전체의 합은 2입니다.

1 $\frac{2}{10}+\frac{4}{10}+\frac{6}{10}+\frac{8}{10}$ (　　　　　)

2 $\frac{1}{7}+\frac{2}{7}+\frac{3}{7}+\frac{4}{7}+\frac{5}{7}+\frac{6}{7}$ (　　　　　)

3 $\frac{1}{12}+\frac{3}{12}+\frac{5}{12}+\frac{7}{12}+\frac{9}{12}+\frac{11}{12}$ (　　　　　)

4 $\frac{1}{9}+\frac{2}{9}+\frac{3}{9}+\frac{4}{9}+\frac{5}{9}+\frac{6}{9}+\frac{7}{9}+\frac{8}{9}$ (　　　　　)

5 $\frac{2}{14}+\frac{4}{14}+\frac{6}{14}+\frac{8}{14}+\frac{10}{14}+\frac{12}{14}$ (　　　　　)

걸린 시간	1~6분	6~9분	9~12분
맞은 개수	10~11개	8~9개	1~7개
평가	참 잘했어요.	잘했어요.	좀더 노력해요.

보기 에서 두 수를 골라 □ 안에 써넣어 계산 결과가 가장 큰 뺄셈식을 만들고 풀어 보시오. (6 ~ 8)

6

보기: 1, 3, 5, 7

$5-\square\frac{\square}{8}=\square$

7

보기: 4, 6, 8, 2

$7-\square\frac{\square}{10}=\square$

8

보기: 10, 9, 15, 7

$8-\square\frac{\square}{18}=\square$

보기 에서 두 수를 골라 □ 안에 써넣어 계산 결과가 가장 작은 뺄셈식을 만들고 풀어 보시오. (9 ~ 11)

9

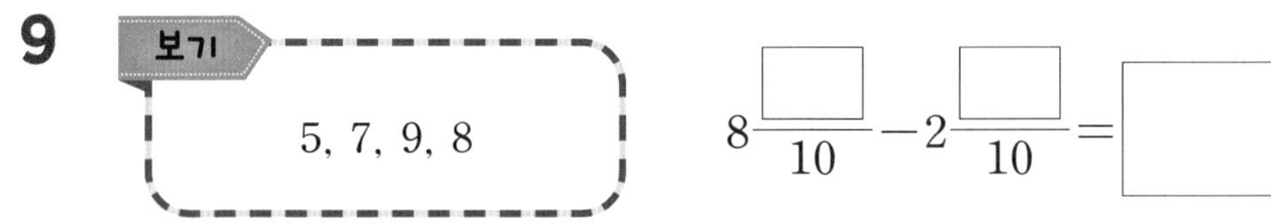

보기: 5, 7, 9, 8

$8\frac{\square}{10}-2\frac{\square}{10}=\square$

10

보기: 9, 4, 7, 10

$7\frac{\square}{15}-3\frac{\square}{15}=\square$

11

보기: 2, 7, 11, 16

$6\frac{\square}{20}-4\frac{\square}{20}=\square$

확인 평가

계산을 하시오. (1~16)

1 $\frac{2}{8}+\frac{4}{8}$

2 $\frac{7}{14}+\frac{3}{14}$

3 $\frac{10}{25}+\frac{11}{25}$

4 $\frac{8}{19}+\frac{10}{19}$

5 $\frac{4}{9}+\frac{7}{9}$

6 $\frac{11}{12}+\frac{9}{12}$

7 $\frac{17}{19}+\frac{15}{19}$

8 $\frac{17}{24}+\frac{15}{24}$

9 $4\frac{5}{8}+2\frac{2}{8}$

10 $3\frac{2}{9}+5\frac{4}{9}$

11 $2\frac{11}{15}+1\frac{3}{15}$

12 $6\frac{4}{16}+4\frac{5}{16}$

13 $4\frac{3}{5}+2\frac{4}{5}$

14 $7\frac{7}{12}+6\frac{10}{12}$

15 $6\frac{17}{24}+3\frac{20}{24}$

16 $5\frac{27}{30}+6\frac{25}{30}$

걸린 시간	1~15분	15~20분	20~25분
맞은 개수	44~48개	34~43개	1~33개
평가	참 잘했어요.	잘했어요.	좀더 노력해요.

계산을 하시오. (17 ~ 32)

17 $\frac{7}{9}-\frac{2}{9}$

18 $\frac{8}{10}-\frac{4}{10}$

19 $\frac{17}{21}-\frac{5}{21}$

20 $\frac{17}{25}-\frac{11}{25}$

21 $8\frac{4}{5}-2\frac{2}{5}$

22 $9\frac{7}{8}-3\frac{5}{8}$

23 $7\frac{11}{15}-6\frac{4}{15}$

24 $8\frac{17}{18}-2\frac{10}{18}$

25 $6\frac{19}{25}-4\frac{11}{25}$

26 $10\frac{15}{17}-4\frac{7}{17}$

27 $9\frac{17}{30}-5\frac{8}{30}$

28 $7\frac{25}{35}-4\frac{13}{35}$

29 $4-\frac{11}{14}$

30 $6-\frac{15}{17}$

31 $8-\frac{7}{19}$

32 $12-\frac{12}{18}$

확인 평가

계산을 하시오. (33 ~ 48)

33 $7-2\frac{4}{5}$

34 $6-3\frac{7}{9}$

35 $10-2\frac{7}{14}$

36 $12-3\frac{14}{15}$

37 $14-7\frac{17}{21}$

38 $15-10\frac{7}{19}$

39 $6\frac{1}{5}-2\frac{3}{5}$

40 $8\frac{2}{7}-5\frac{6}{7}$

41 $8\frac{2}{9}-7\frac{7}{9}$

42 $9\frac{2}{4}-5\frac{3}{4}$

43 $5\frac{6}{14}-3\frac{9}{14}$

44 $6\frac{17}{25}-4\frac{19}{25}$

45 $7\frac{11}{30}-5\frac{27}{30}$

46 $7\frac{19}{42}-3\frac{30}{42}$

47 $9\frac{23}{33}-5\frac{30}{33}$

48 $6\frac{15}{28}-1\frac{25}{28}$

2

소수의 덧셈과 뺄셈

1 소수 두 자리 수(1)

- 분수 $\frac{1}{100}$은 소수로 0.01이라 쓰고, 영 점 영일이라고 읽습니다.
- 분수 $\frac{58}{100}$은 소수로 0.58이라 쓰고, 영 점 오팔이라고 읽습니다.
- 4.58의 자릿값

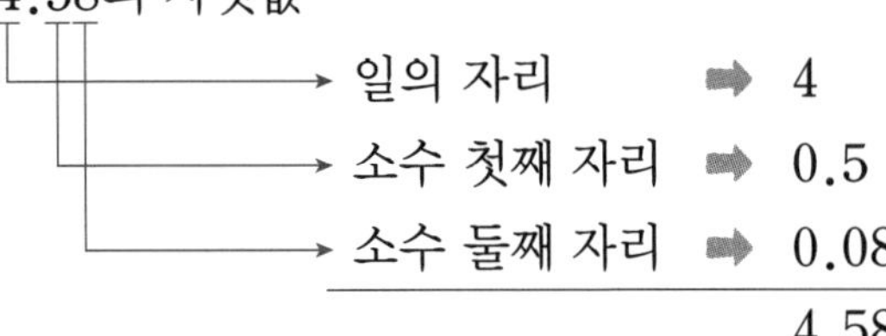

각각의 모눈종이의 크기를 1이라고 할 때 색칠한 부분을 소수로 나타내시오. (1~5)

1
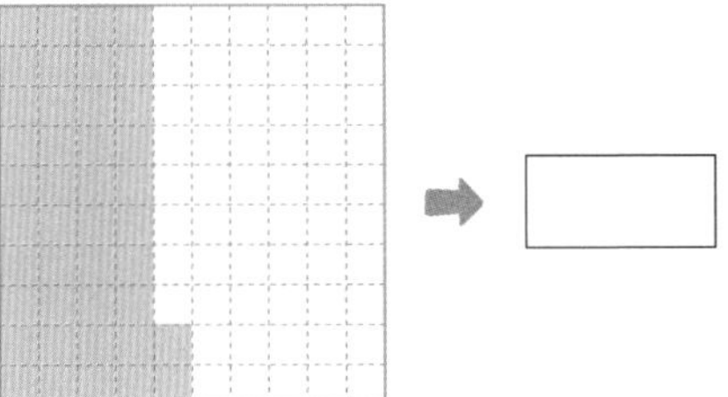

2
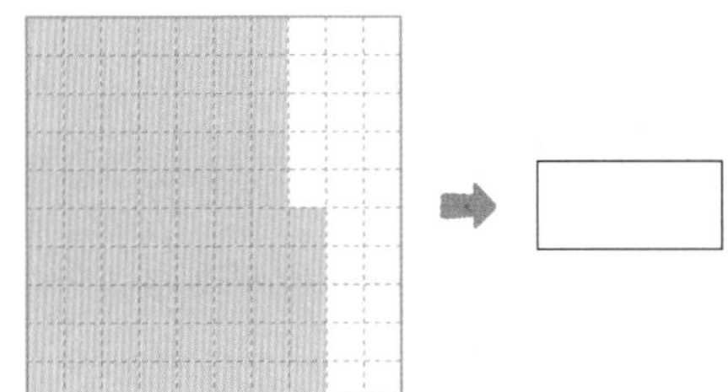

3
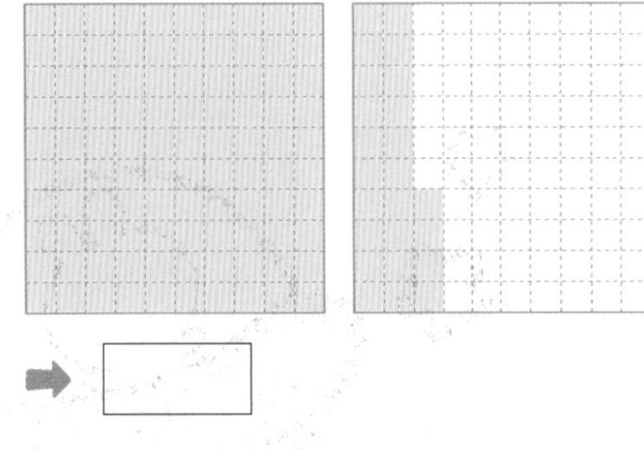

4
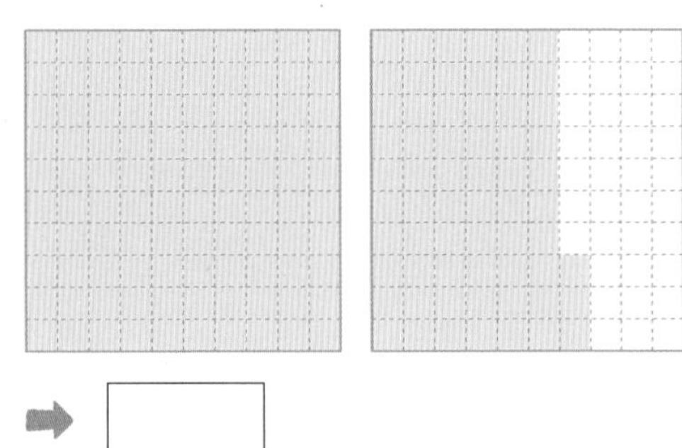

5
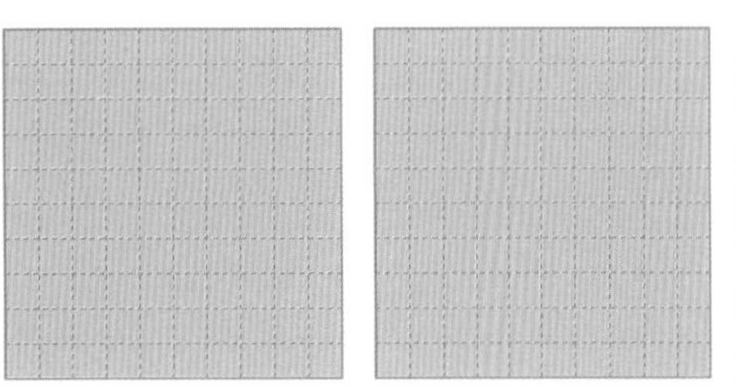
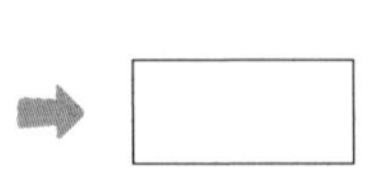

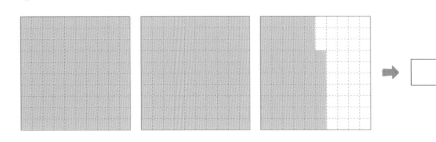

계산은 빠르고 정확하게!

걸린 시간	1~4분	4~6분	6~8분
맞은 개수	11~12개	9~10개	1~8개
평가	참 잘했어요.	잘했어요.	좀더 노력해요.

6

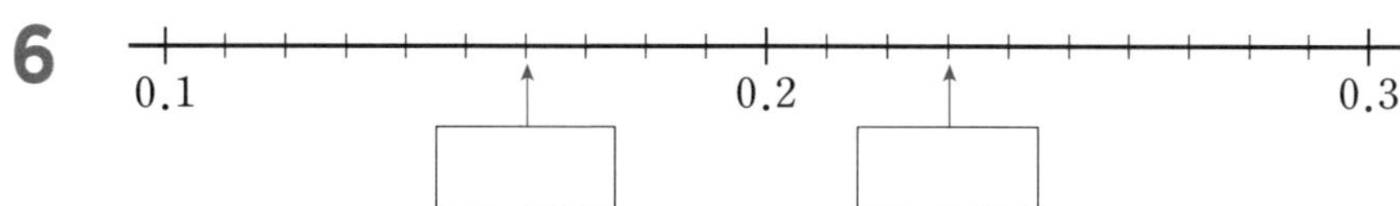

7

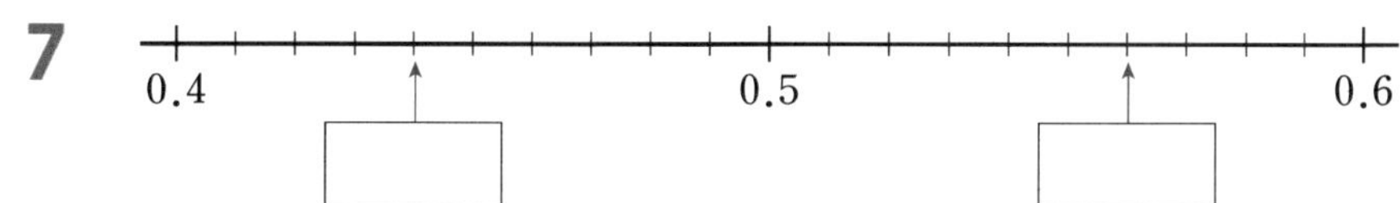

8

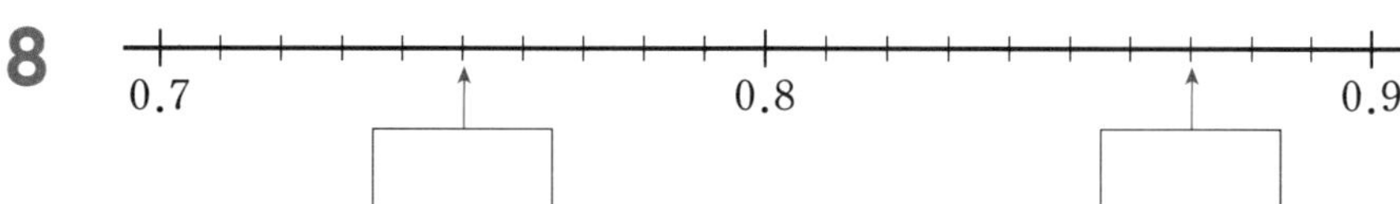

9

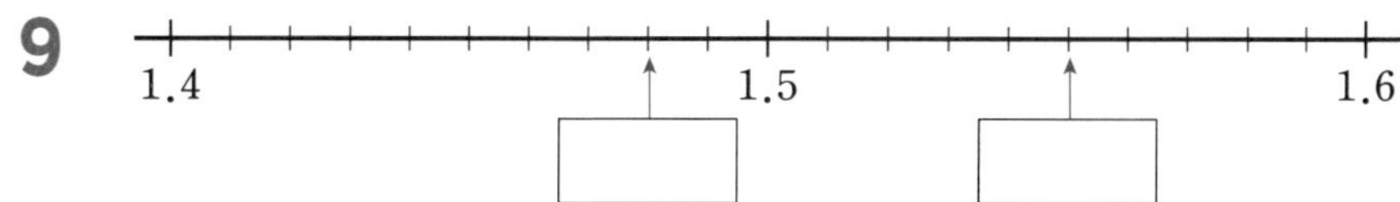

10

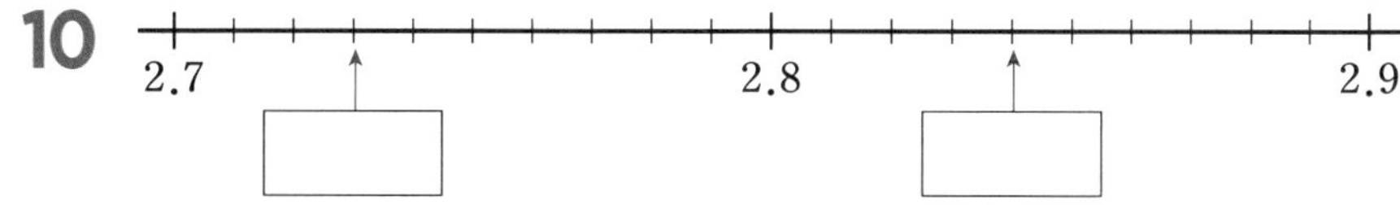

11

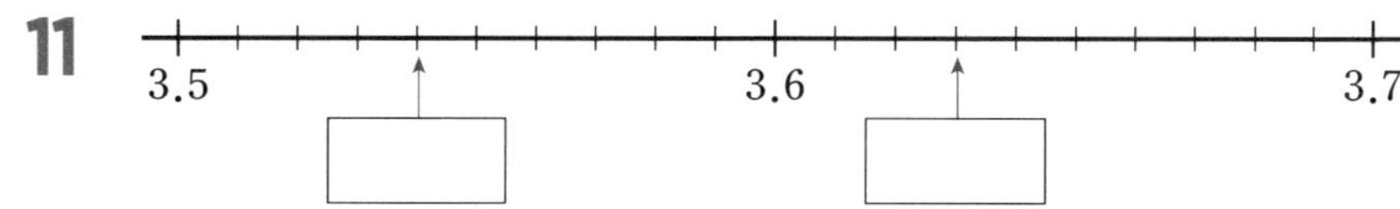

12

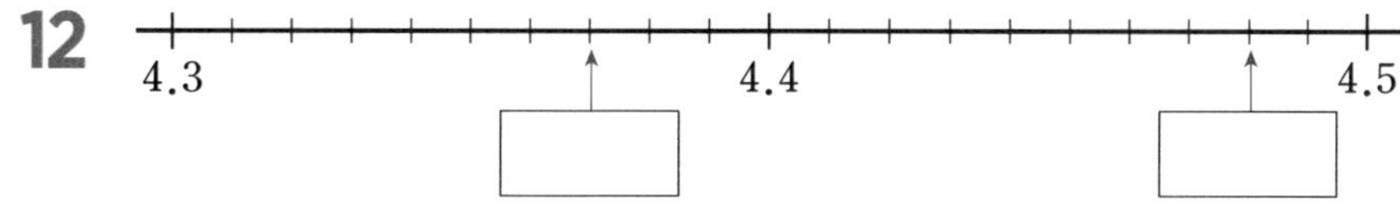

1 소수 두 자리 수 (2)

소수를 읽어 보시오. (1 ~ 20)

1 0.28 ➡ (   )

2 0.49 ➡ (   )

3 0.95 ➡ (   )

4 0.67 ➡ (   )

5 0.76 ➡ (   )

6 0.56 ➡ (   )

7 1.24 ➡ (   )

8 2.02 ➡ (   )

9 4.53 ➡ (   )

10 8.26 ➡ (   )

11 4.27 ➡ (   )

12 9.61 ➡ (   )

13 4.15 ➡ (   )

14 6.29 ➡ (   )

15 9.78 ➡ (   )

16 8.01 ➡ (   )

17 12.35 ➡ (   )

18 24.57 ➡ (   )

19 20.89 ➡ (   )

20 31.15 ➡ (   )

걸린 시간	1~8분	8~12분	12~16분
맞은 개수	36~40개	28~35개	1~27개
평가	참 잘했어요.	잘했어요.	좀더 노력해요.

소수로 나타내시오. (21 ~ 40)

21 영 점 이칠 ➡ (　　　　　)

22 영 점 사팔 ➡ (　　　　　)

23 영 점 일사 ➡ (　　　　　)

24 영 점 칠삼 ➡ (　　　　　)

25 영 점 구일 ➡ (　　　　　)

26 영 점 일육 ➡ (　　　　　)

27 이 점 영구 ➡ (　　　　　)

28 오 점 사팔 ➡ (　　　　　)

29 삼 점 영일 ➡ (　　　　　)

30 구 점 칠육 ➡ (　　　　　)

31 팔 점 구사 ➡ (　　　　　)

32 십 점 칠오 ➡ (　　　　　)

33 칠 점 일구 ➡ (　　　　　)

34 오 점 육팔 ➡ (　　　　　)

35 이 점 팔팔 ➡ (　　　　　)

36 구 점 칠이 ➡ (　　　　　)

37 십일 점 영팔 ➡ (　　　　　)

38 십구 점 오사 ➡ (　　　　　)

39 사십칠 점 구육 ➡ (　　　　　)

40 삼십이 점 육오 ➡ (　　　　　)

1 소수 두 자리 수(3)

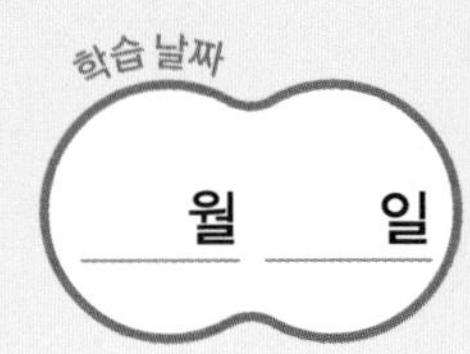

□ 안에 알맞은 수를 써넣으시오. (1~20)

1 0.47 ➡ 0.01이 □개인 수

2 0.01이 23개인 수 ➡ □

3 0.59 ➡ 0.01이 □개인 수

4 0.01이 16개인 수 ➡ □

5 4.29 ➡ 0.01이 □개인 수

6 0.01이 32개인 수 ➡ □

7 5.03 ➡ 0.01이 □개인 수

8 0.01이 25개인 수 ➡ □

9 6.21 ➡ 0.01이 □개인 수

10 0.01이 8개인 수 ➡ □

11 0.05 ➡ 0.01이 □개인 수

12 0.01이 48개인 수 ➡ □

13 1.26 ➡ 0.01이 □개인 수

14 0.01이 92개인 수 ➡ □

15 2.52 ➡ 0.01이 □개인 수

16 0.01이 125개인 수 ➡ □

17 1.06 ➡ 0.01이 □개인 수

18 0.01이 753개인 수 ➡ □

19 3.14 ➡ 0.01이 □개인 수

20 0.01이 804개인 수 ➡ □

계산은 빠르고 정확하게!

걸린 시간	1~6분	6~9분	9~12분
맞은 개수	23~25개	18~22개	1~17개
평가	참 잘했어요.	잘했어요.	좀더 노력해요.

□ 안에 알맞은 수를 써넣으시오. (21 ~ 25)

21

7.25에서
- 7은 일의 자리 숫자이고 □을 나타냅니다.
- 2는 소수 첫째 자리 숫자이고 □를 나타냅니다.
- 5는 소수 둘째 자리 숫자이고 □를 나타냅니다.

22

4.69에서
- 4는 일의 자리 숫자이고 □를 나타냅니다.
- 6은 소수 첫째 자리 숫자이고 □을 나타냅니다.
- 9는 소수 둘째 자리 숫자이고 □를 나타냅니다.

23

2.78에서
- 2는 일의 자리 숫자이고 □를 나타냅니다.
- 7은 소수 첫째 자리 숫자이고 □을 나타냅니다.
- 8은 소수 둘째 자리 숫자이고 □을 나타냅니다.

24

3.24에서
- 3은 일의 자리 숫자이고 □을 나타냅니다.
- 2는 소수 첫째 자리 숫자이고 □를 나타냅니다.
- 4는 소수 둘째 자리 숫자이고 □를 나타냅니다.

25

9.82에서
- 9는 일의 자리 숫자이고 □를 나타냅니다.
- 8은 소수 첫째 자리 숫자이고 □을 나타냅니다.
- 2는 소수 둘째 자리 숫자이고 □를 나타냅니다.

1 소수 두 자리 수(4)

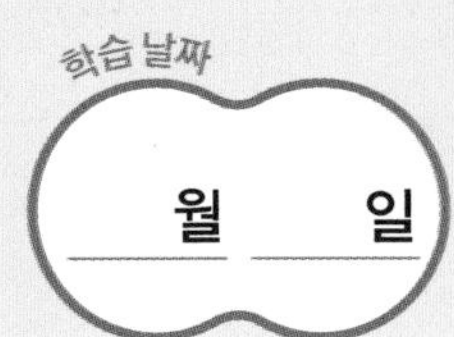

□ 안에 알맞은 수를 써넣으시오. (1~10)

1 1이 4개, 0.1이 5개, 0.01이 6개 이면 □

2 1이 5개, 0.1이 6개, 0.01이 9개 이면 □

3 1이 6개, 0.1이 0개, 0.01이 4개 이면 □

4 1이 9개, 0.1이 4개, 0.01이 5개 이면 □

5 1이 8개, 0.1이 2개, 0.01이 6개 이면 □

6 1이 4개, 0.1이 6개, 0.01이 9개 이면 □

7 1이 7개, 0.1이 6개, 0.01이 9개 이면 □

8 1이 5개, 0.1이 9개, 0.01이 1개 이면 □

9 1이 4개, 0.1이 8개, 0.01이 2개 이면 □

10 1이 7개, 0.1이 2개, 0.01이 3개 이면 □

계산은 빠르고 정확하게!

걸린 시간	1~4분	4~6분	6~8분
맞은 개수	18~20개	14~17개	1~13개
평가	참 잘했어요.	잘했어요.	좀더 노력해요.

□ 안에 알맞은 수를 써넣으시오. (11 ~ 20)

11 2.74는 — 1이 □개, 0.1이 □개, 0.01이 □개

12 4.68은 — 1이 □개, 0.1이 □개, 0.01이 □개

13 6.09는 — 1이 □개, 0.1이 □개, 0.01이 □개

14 5.62는 — 1이 □개, 0.1이 □개, 0.01이 □개

15 7.14는 — 1이 □개, 0.1이 □개, 0.01이 □개

16 8.81은 — 1이 □개, 0.1이 □개, 0.01이 □개

17 5.12는 — 1이 □개, 0.1이 □개, 0.01이 □개

18 3.65는 — 1이 □개, 0.1이 □개, 0.01이 □개

19 9.45는 — 1이 □개, 0.1이 □개, 0.01이 □개

20 5.03은 — 1이 □개, 0.1이 □개, 0.01이 □개

2 소수 세 자리 수(1)

- 분수 $\frac{1}{1000}$은 소수로 0.001이라 쓰고, 영 점 영영일이라고 읽습니다.
- 분수 $\frac{375}{1000}$는 소수로 0.375라 쓰고, 영 점 삼칠오라고 읽습니다.
- 5.248의 자릿값

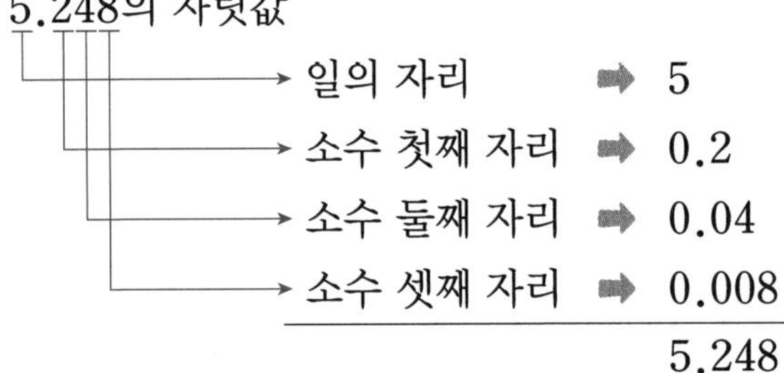

□ 안에 알맞은 수를 써넣으시오. (1~4)

1
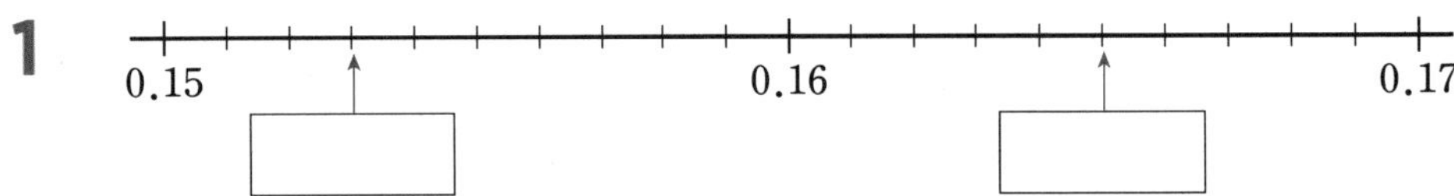

2
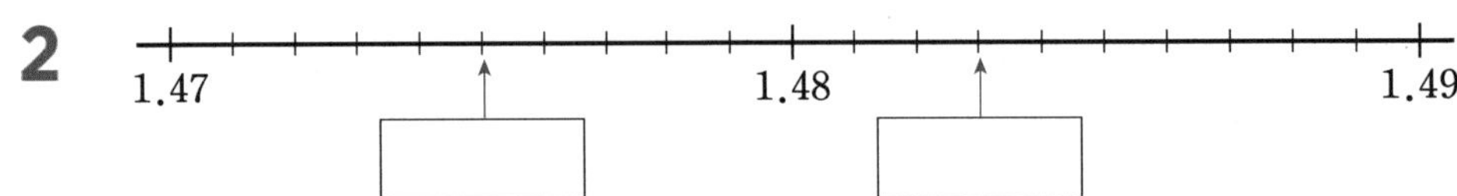

3
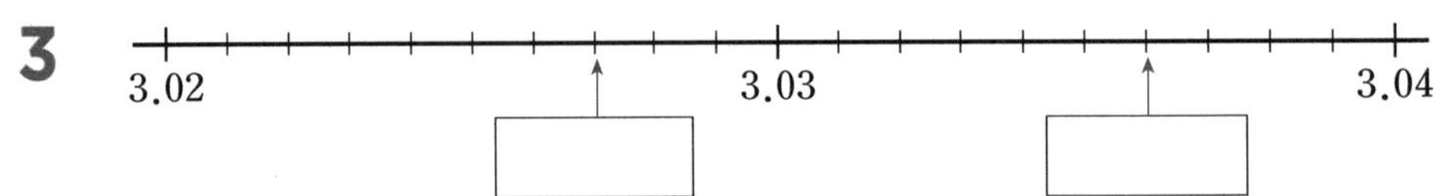

4
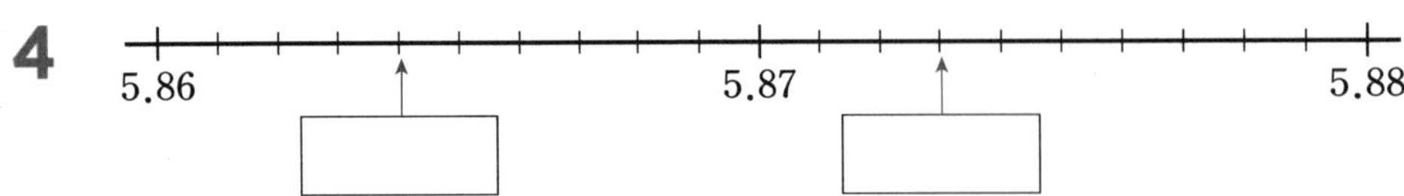

계산은 빠르고 정확하게!

걸린 시간	1~6분	6~9분	9~12분
맞은 개수	22~24개	17~21개	1~16개
평가	참 잘했어요.	잘했어요.	좀더 노력해요.

□ 안에 알맞은 수를 써넣으시오. (5 ~ 24)

5 0.258 ➡ 0.001이 □개인 수

6 0.001이 123개인 수 ➡ □

7 0.729 ➡ 0.001이 □개인 수

8 0.001이 248개인 수 ➡ □

9 2.048 ➡ 0.001이 □개인 수

10 0.001이 308개인 수 ➡ □

11 8.395 ➡ 0.001이 □개인 수

12 0.001이 52개인 수 ➡ □

13 5.602 ➡ 0.001이 □개인 수

14 0.001이 9개인 수 ➡ □

15 6.027 ➡ 0.001이 □개인 수

16 0.001이 96개인 수 ➡ □

17 3.005 ➡ 0.001이 □개인 수

18 0.001이 427개인 수 ➡ □

19 0.042 ➡ 0.001이 □개인 수

20 0.001이 1359개인 수 ➡ □

21 0.703 ➡ 0.001이 □개인 수

22 0.001이 6028개인 수 ➡ □

23 0.007 ➡ 0.001이 □개인 수

24 0.001이 2461개인 수 ➡ □

2 소수 세 자리 수(2)

소수를 읽어 보시오. (1~20)

1 0.125 ➡ ( )

2 0.523 ➡ ( )

3 0.409 ➡ ( )

4 0.598 ➡ ( )

5 1.234 ➡ ( )

6 2.106 ➡ ( )

7 6.427 ➡ ( )

8 5.132 ➡ ( )

9 4.278 ➡ ( )

10 9.961 ➡ ( )

11 2.146 ➡ ( )

12 8.702 ➡ ( )

13 9.276 ➡ ( )

14 7.063 ➡ ( )

15 4.615 ➡ ( )

16 6.258 ➡ ( )

17 3.621 ➡ ( )

18 2.794 ➡ ( )

19 9.886 ➡ ( )

20 8.103 ➡ ( )

계산은 빠르고 정확하게!

걸린 시간	1~8분	8~12분	12~16분
맞은 개수	36~40개	28~35개	1~27개
평가	참 잘했어요.	잘했어요.	좀더 노력해요.

소수로 나타내시오. (21 ~ 40)

21 영 점 영이칠 ➡ (   )

22 영 점 사구칠 ➡ (   )

23 영 점 오사이 ➡ (   )

24 영 점 오칠삼 ➡ (   )

25 오 점 이구삼 ➡ (   )

26 구 점 칠육오 ➡ (   )

27 삼 점 오사일 ➡ (   )

28 팔 점 영칠육 ➡ (   )

29 이 점 칠칠사 ➡ (   )

30 십이 점 사칠오 ➡ (   )

31 사 점 삼이일 ➡ (   )

32 삼 점 구오삼 ➡ (   )

33 칠 점 구영이 ➡ (   )

34 팔 점 오오칠 ➡ (   )

35 구 점 사영일 ➡ (   )

36 육 점 팔영사 ➡ (   )

37 사 점 사사오 ➡ (   )

38 십 점 구칠오 ➡ (   )

39 십육 점 영칠이 ➡ (   )

40 이십 점 일오칠 ➡ (   )

2 소수 세 자리 수(3)

소수에서 밑줄 친 숫자가 나타내는 값을 쓰시오. (1~14)

1 $2.1\underline{4}8$

(　　　　　　　　　　)

2 $5.\underline{1}27$

(　　　　　　　　　　)

3 $7.62\underline{5}$

(　　　　　　　　　　)

4 $\underline{4}.103$

(　　　　　　　　　　)

5 $9.1\underline{7}8$

(　　　　　　　　　　)

6 $5.47\underline{2}$

(　　　　　　　　　　)

7 $\underline{6}.972$

(　　　　　　　　　　)

8 $9.\underline{6}58$

(　　　　　　　　　　)

9 $12.74\underline{5}$

(　　　　　　　　　　)

10 $21.0\underline{7}3$

(　　　　　　　　　　)

11 $30.4\underline{9}7$

(　　　　　　　　　　)

12 $21.\underline{9}64$

(　　　　　　　　　　)

13 $19.\underline{4}72$

(　　　　　　　　　　)

14 $36.79\underline{8}$

(　　　　　　　　　　)

계산은 빠르고 정확하게!

걸린 시간	1~5분	5~8분	8~10분
맞은 개수	18~19개	14~17개	1~13개
평가	참 잘했어요.	잘했어요.	좀더 노력해요.

☐ 안에 알맞은 수를 써넣으시오. (15 ~ 19)

15

6.254에서
- 6은 일의 자리 숫자이고 ☐을 나타냅니다.
- 2는 소수 첫째 자리 숫자이고 ☐를 나타냅니다.
- 5는 소수 둘째 자리 숫자이고 ☐를 나타냅니다.
- 4는 소수 셋째 자리 숫자이고 ☐를 나타냅니다.

16

2.129에서
- 2는 일의 자리 숫자이고 ☐를 나타냅니다.
- 1은 소수 첫째 자리 숫자이고 ☐을 나타냅니다.
- 2는 소수 둘째 자리 숫자이고 ☐를 나타냅니다.
- 9는 소수 셋째 자리 숫자이고 ☐를 나타냅니다.

17

5.347에서
- 5는 일의 자리 숫자이고 ☐를 나타냅니다.
- 3은 소수 첫째 자리 숫자이고 ☐을 나타냅니다.
- 4는 소수 둘째 자리 숫자이고 ☐를 나타냅니다.
- 7은 소수 셋째 자리 숫자이고 ☐을 나타냅니다.

18

3.248에서
- 3은 일의 자리 숫자이고 ☐을 나타냅니다.
- 2는 소수 첫째 자리 숫자이고 ☐를 나타냅니다.
- 4는 소수 둘째 자리 숫자이고 ☐를 나타냅니다.
- 8은 소수 셋째 자리 숫자이고 ☐을 나타냅니다.

19

4.931에서
- 4는 일의 자리 숫자이고 ☐를 나타냅니다.
- 9는 소수 첫째 자리 숫자이고 ☐를 나타냅니다.
- 3은 소수 둘째 자리 숫자이고 ☐을 나타냅니다.
- 1은 소수 셋째 자리 숫자이고 ☐을 나타냅니다.

2 소수 세 자리 수(4)

□ 안에 알맞은 수를 써넣으시오. (1~10)

1
1이 4개, 0.1이 3개, 0.01이 2개, 0.001이 5개 이면 □

2
1이 6개, 0.1이 2개, 0.01이 5개, 0.001이 1개 이면 □

3
1이 5개, 0.1이 0개, 0.01이 2개, 0.001이 9개 이면 □

4
1이 3개, 0.1이 6개, 0.01이 4개, 0.001이 8개 이면 □

5
1이 2개, 0.1이 7개, 0.01이 6개, 0.001이 4개 이면 □

6
1이 7개, 0.1이 3개, 0.01이 9개, 0.001이 1개 이면 □

7
1이 1개, 0.1이 8개, 0.01이 3개, 0.001이 6개 이면 □

8
1이 8개, 0.1이 5개, 0.01이 6개, 0.001이 7개 이면 □

9
1이 4개, 0.1이 6개, 0.01이 8개, 0.001이 2개 이면 □

10
1이 6개, 0.1이 1개, 0.01이 5개, 0.001이 9개 이면 □

계산은 빠르고 정확하게!

걸린 시간	1~5분	5~8분	8~10분
맞은 개수	18~20개	14~17개	1~13개
평가	참 잘했어요.	잘했어요.	좀더 노력해요.

□ 안에 알맞은 수를 써넣으시오. (11 ~ 20)

11

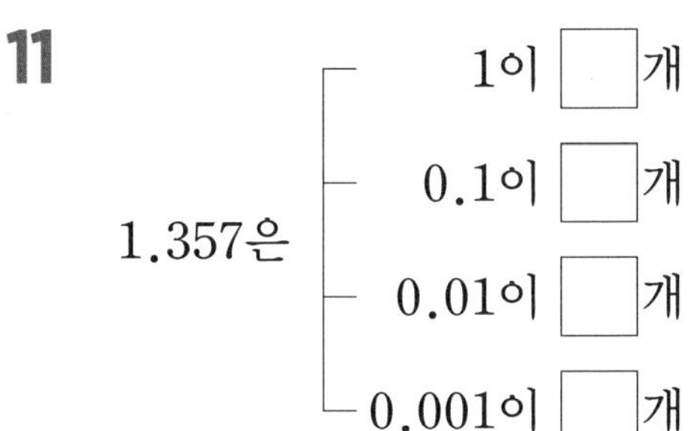

12

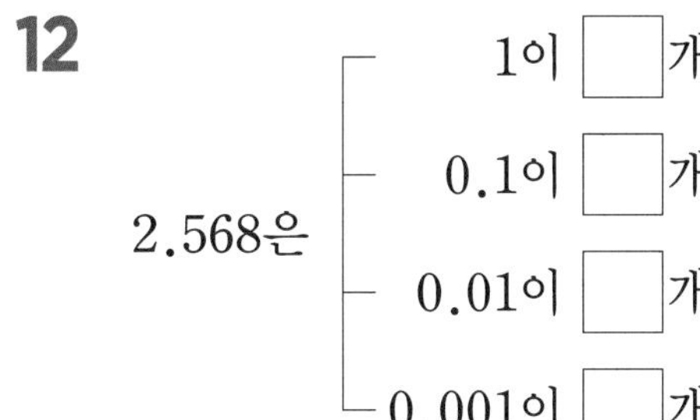

13

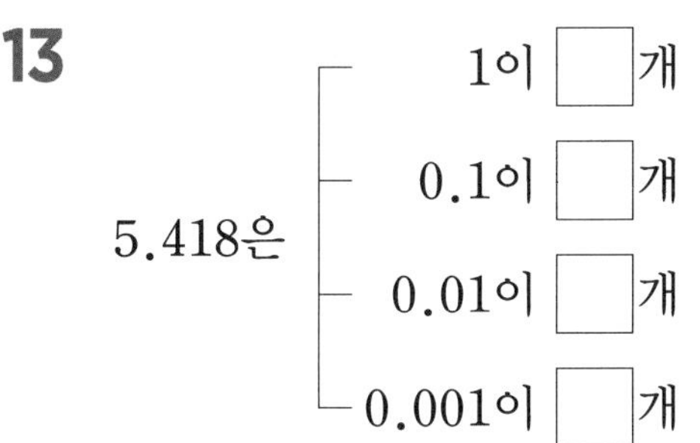

14

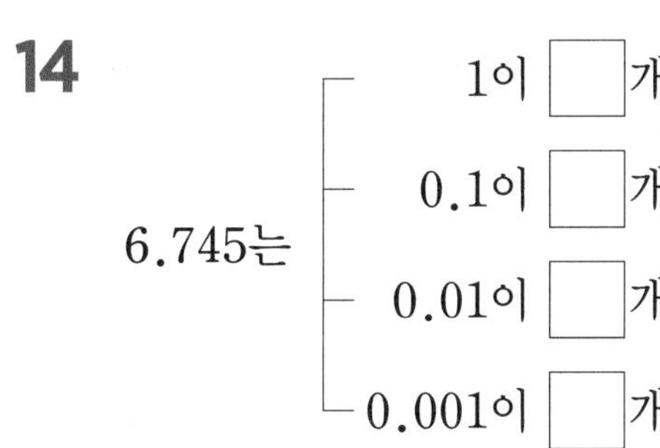

15

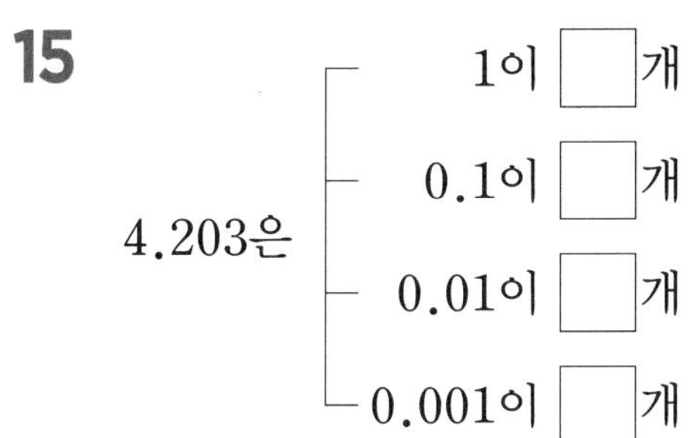

16

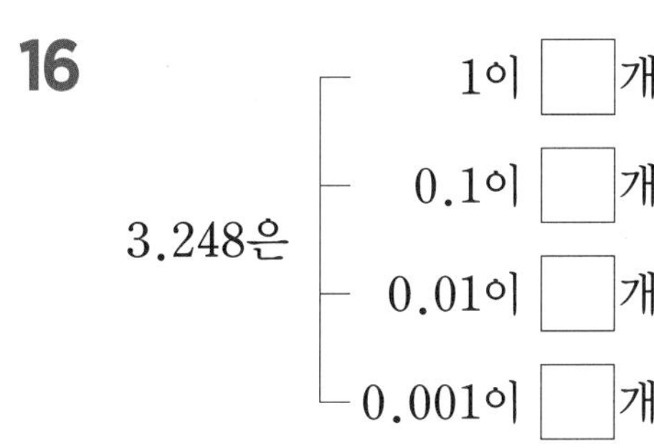

17

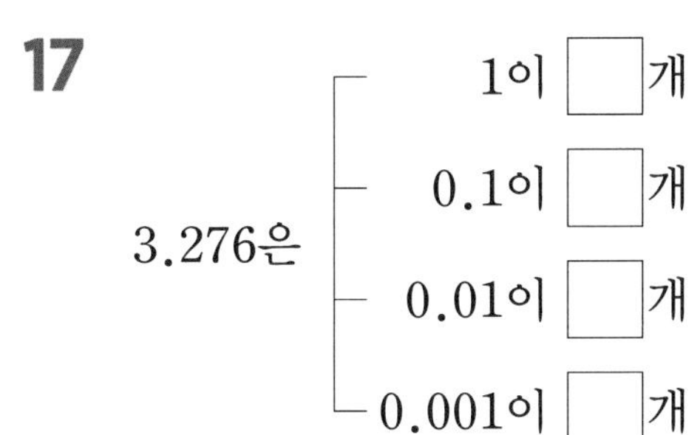

18

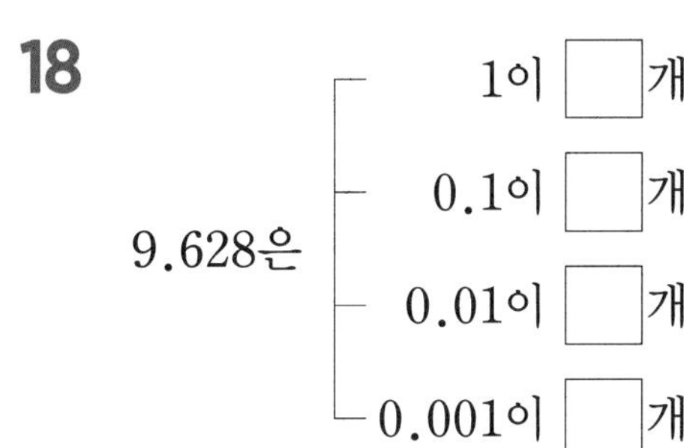

19

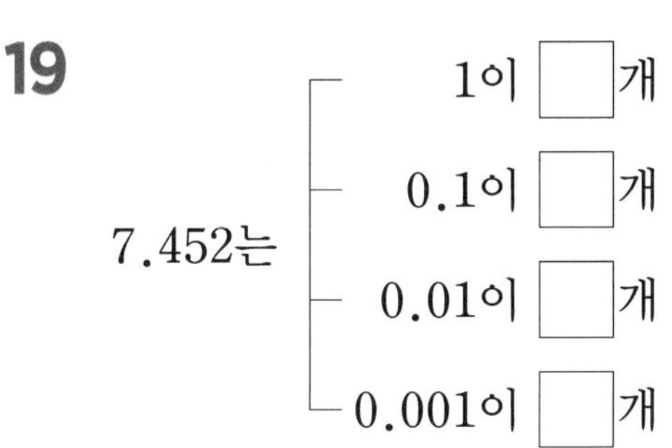

20

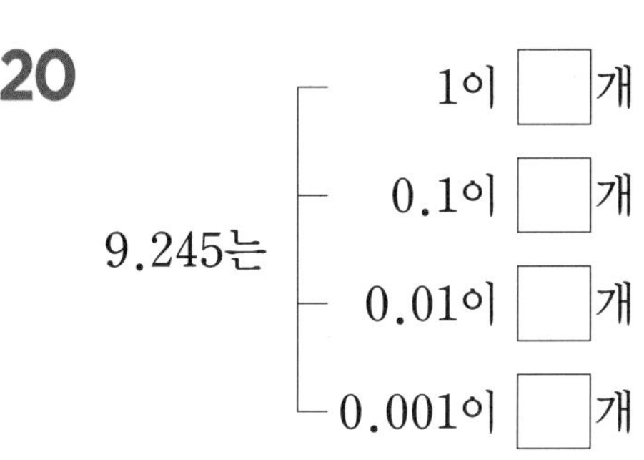

3 소수의 크기 비교(1)

• 소수는 필요한 경우 오른쪽 끝자리에 0을 붙여 나타낼 수 있습니다.

0.2=0.20　　　0.75=0.750

• 소수의 크기 비교하기

① 자연수 부분의 크기를 비교합니다.

② 자연수 부분의 크기가 같으면 소수 첫째 자리, 소수 둘째 자리, 소수 셋째 자리의 크기를 차례로 비교합니다.

왼쪽의 수와 같은 수를 찾아 ○표 하시오. (1~5)

1 2.8 ➡ 2.08　0.28　2.80　20.8

2 7.1 ➡ 7.10　7.01　0.71　0.701

3 3.62 ➡ 36.2　3.620　3.062　0.362

4 4.79 ➡ 4.079　4.709　4.790　0.479

5 6.25 ➡ 62.05　0.625　62.50　6.250

계산은 빠르고 정확하게!

걸린 시간	1~3분	3~5분	5~7분
맞은 개수	12~13개	10~11개	1~9개
평가	참 잘했어요.	잘했어요.	좀더 노력해요.

생략할 수 있는 0이 있는 소수를 모두 찾아 ○표 하시오. (6 ~ 13)

6

0.07   5.40   2.104   0.729   8.070

7

6.50   7.003   1.502   4.720   10.48

8

5.401   9.07   10.03   1.070   6.10

9

14.07   25.70   8.06   11.78   6.960

10

8.70   6.009   5.720   10.072   6.490

11

4.902   5.001   0.720   14.80   6.204

12

3.650   4.071   6.047   5.870   16.092

13

10.46   2.070   9.604   14.20   41.703

3 소수의 크기 비교(2)

각각의 모눈종이의 크기를 1이라고 할 때, 주어진 소수만큼 색칠하고 ○ 안에 >, <를 알맞게 써넣으시오. (1~8)

1

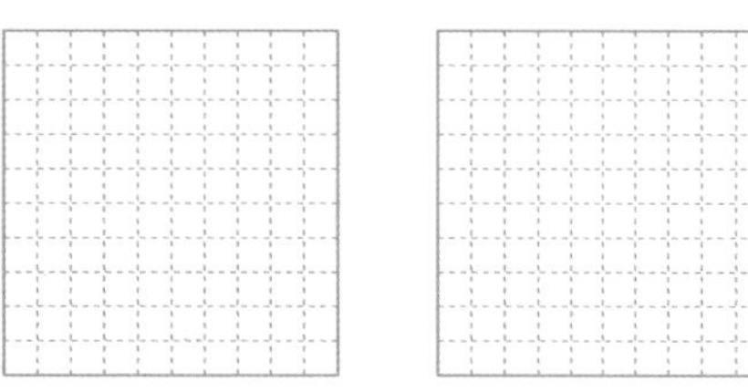
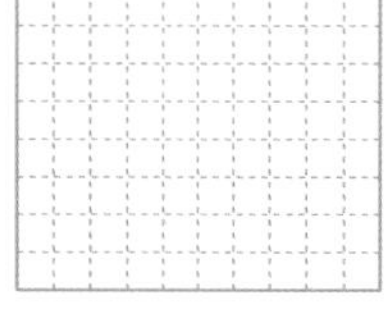

0.27 ○ 0.36

2

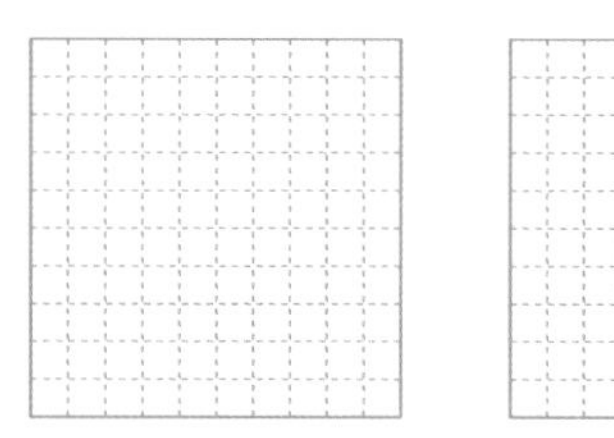

0.55 ○ 0.47

3

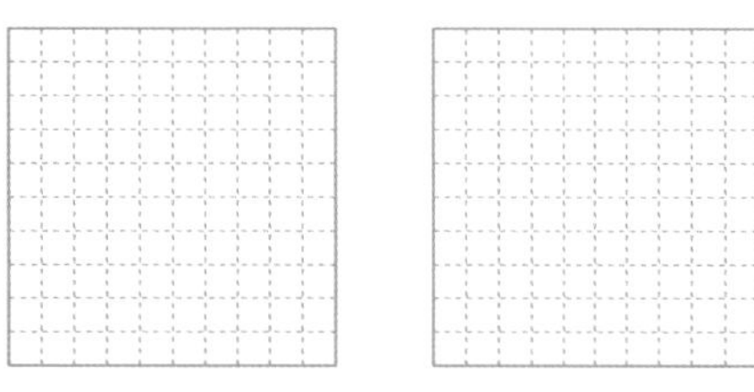

0.65 ○ 0.52

4

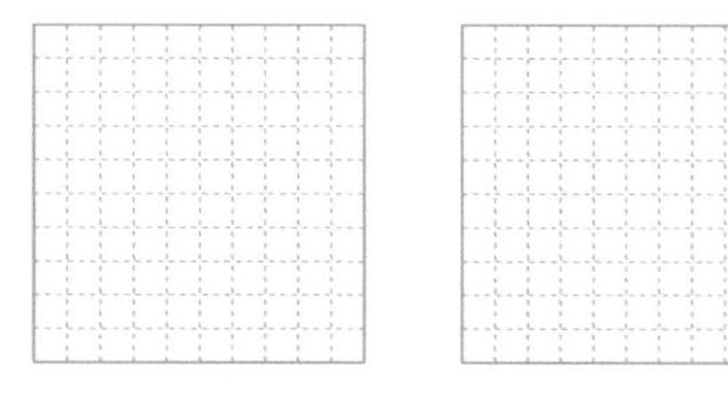

0.17 ○ 0.25

5

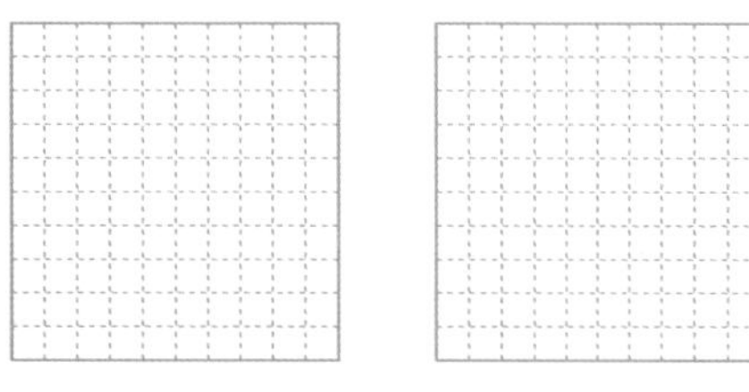

0.46 ○ 0.54

6

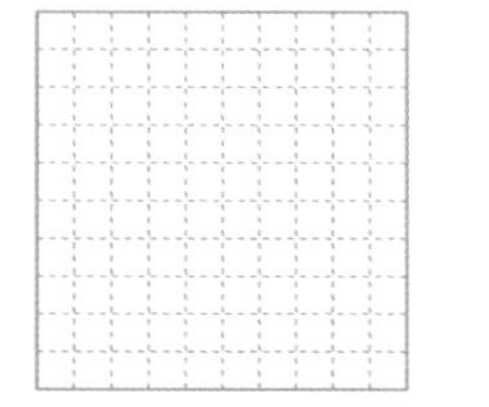

0.81 ○ 0.76

7

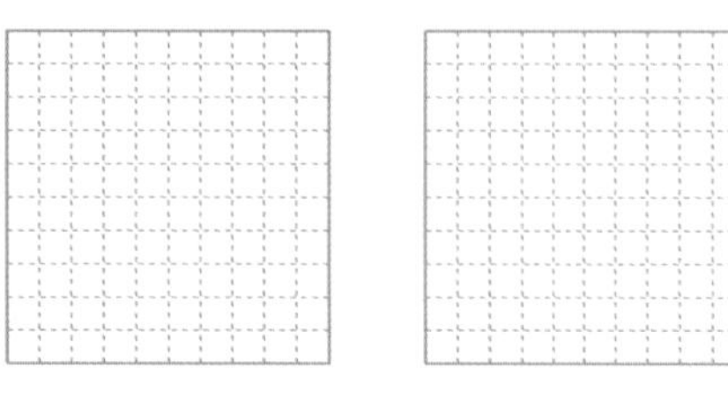

0.95 ○ 0.94

8

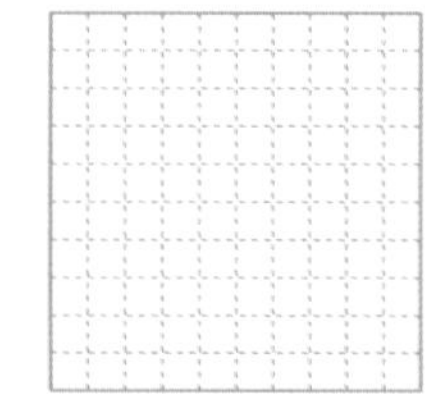
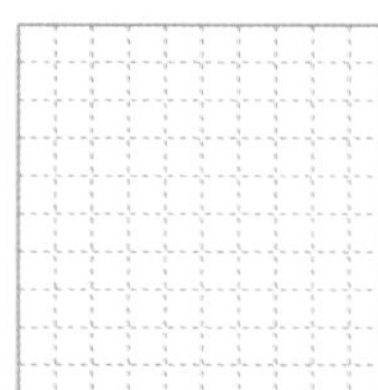

0.77 ○ 0.88

계산은 빠르고 정확하게!

걸린 시간	1~10분	10~15분	15~20분
맞은 개수	12~13개	10~11개	1~9개
평가	참 잘했어요.	잘했어요.	좀더 노력해요.

수직선을 보고 두 소수의 크기를 비교하여 ○ 안에 >, <를 알맞게 써넣으시오. (9~13)

9

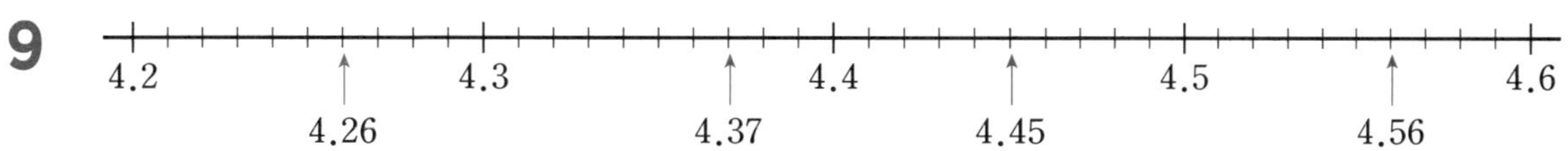

(1) 4.37 ○ 4.56 (2) 4.45 ○ 4.26

10

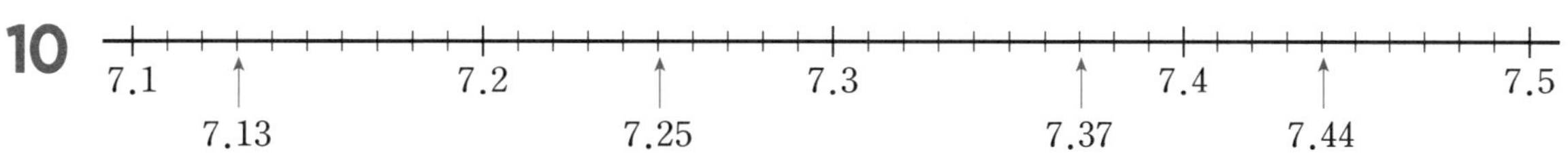

(1) 7.44 ○ 7.13 (2) 7.37 ○ 7.25

11

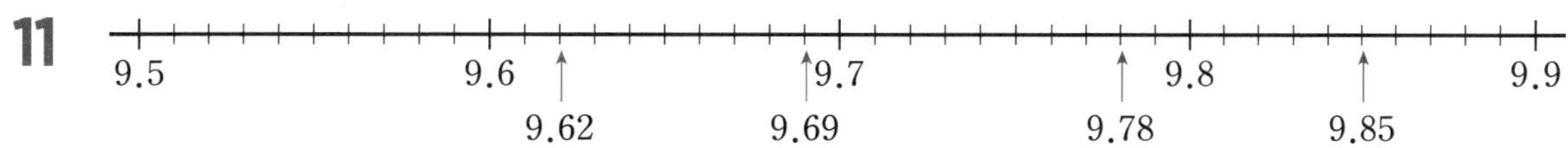

(1) 9.62 ○ 9.69 (2) 9.85 ○ 9.78

12

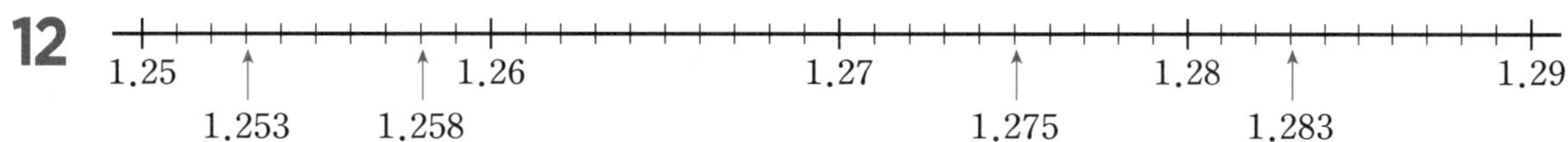

(1) 1.253 ○ 1.275 (2) 1.258 ○ 1.283

13

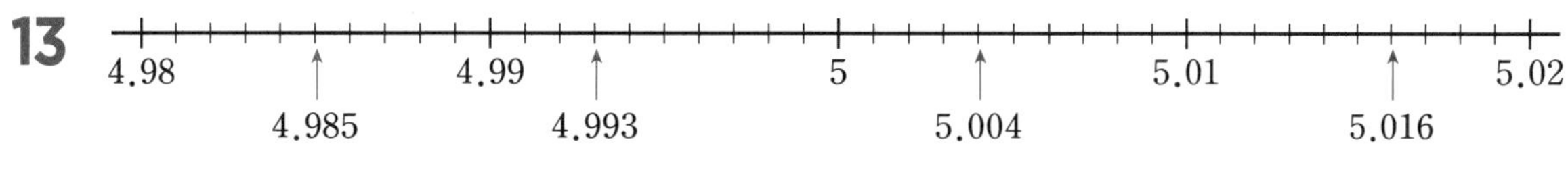

(1) 4.985 ○ 5.004 (2) 5.016 ○ 4.993

3 소수의 크기 비교(3)

○ 안에 >, <를 알맞게 써넣으시오. (1~14)

1 5.67 ○ 4.92
5 ○ 4

2 6.23 ○ 6.31
2 ○ 3

3 7.48 ○ 7.49
8 ○ 9

4 8.97 ○ 8.04
9 ○ 0

5 1.76 ○ 2.07
1 ○ 2

6 7.48 ○ 7.42
8 ○ 2

7 5.42 ○ 5.39
4 ○ 3

8 6.24 ○ 6.27
4 ○ 7

9 1.472 ○ 1.468
7 ○ 6

10 2.984 ○ 3.142
2 ○ 3

11 9.432 ○ 9.438
2 ○ 8

12 5.496 ○ 5.314
4 ○ 3

13 4.092 ○ 4.084
9 ○ 8

14 7.142 ○ 7.803
1 ○ 8

계산은 빠르고 정확하게!

걸린 시간	1~6분	6~9분	9~12분
맞은 개수	31~34개	24~30개	1~23개
평가	참 잘했어요.	잘했어요.	좀더 노력해요.

○ 안에 >, <를 알맞게 써넣으시오. (15 ~ 34)

15 0.92 ○ 0.78

16 0.47 ○ 0.49

17 2.47 ○ 1.95

18 3.65 ○ 3.64

19 4.92 ○ 4.98

20 8.43 ○ 8.51

21 12.74 ○ 12.69

22 14.29 ○ 14.31

23 27.42 ○ 27.59

24 32.65 ○ 33.65

25 1.472 ○ 1.483

26 6.024 ○ 6.128

27 3.574 ○ 2.937

28 4.147 ○ 4.138

29 5.104 ○ 5.108

30 6.124 ○ 6.241

31 1.019 ○ 1.009

32 9.438 ○ 9.426

33 5.125 ○ 5.248

34 6.192 ○ 6.189

3 소수의 크기 비교(4)

○ 안에 >, <를 알맞게 써넣으시오. (1~10)

1 0.1이 15개인 수 ○ 0.01이 127개인 수

2 0.1이 142개인 수 ○ 0.01이 598개인 수

3 0.01이 429개인 수 ○ 0.1이 43개인 수

4 0.01이 607개인 수 ○ 0.1이 59개인 수

5 0.01이 423개인 수 ○ 0.001이 4238개인 수

6 0.01이 578개인 수 ○ 0.001이 5624개인 수

7 0.01이 369개인 수 ○ 0.001이 3609개인 수

8 0.001이 976개인 수 ○ 0.01이 124개인 수

9 0.001이 4623개인 수 ○ 0.01이 423개인 수

10 0.001이 2468개인 수 ○ 0.01이 248개인 수

계산은 빠르고 정확하게!

걸린 시간	1~8분	8~12분	12~16분
맞은 개수	15~16개	12~14개	1~11개
평가	참 잘했어요.	잘했어요.	좀더 노력해요.

가장 큰 소수부터 차례로 써 보시오. (11~16)

11

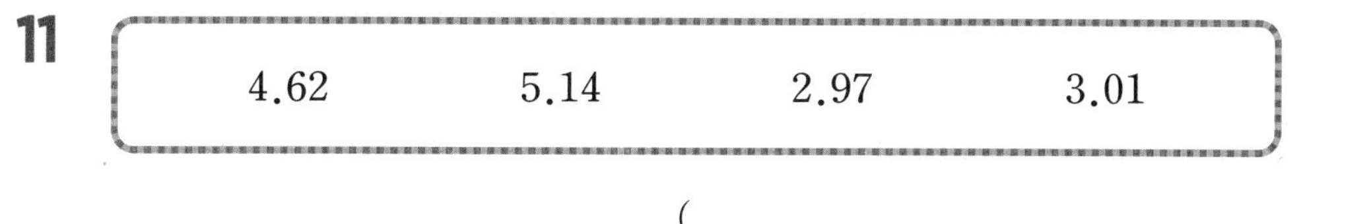

4.62　　5.14　　2.97　　3.01

(　　　　　　　　　　　　　　)

12

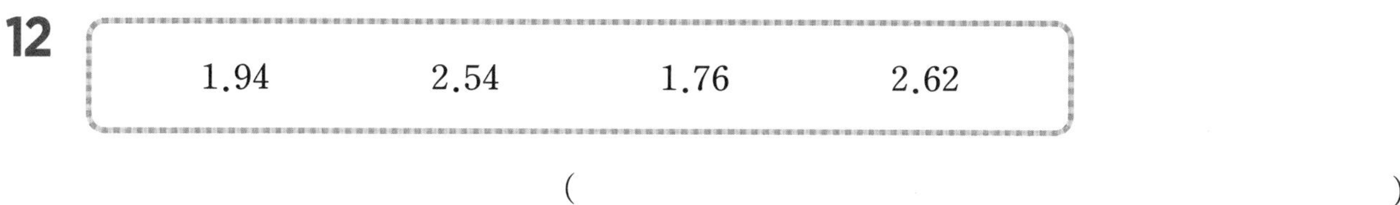

1.94　　2.54　　1.76　　2.62

(　　　　　　　　　　　　　　)

13

4.84　　3.76　　3.79　　4.26

(　　　　　　　　　　　　　　)

14

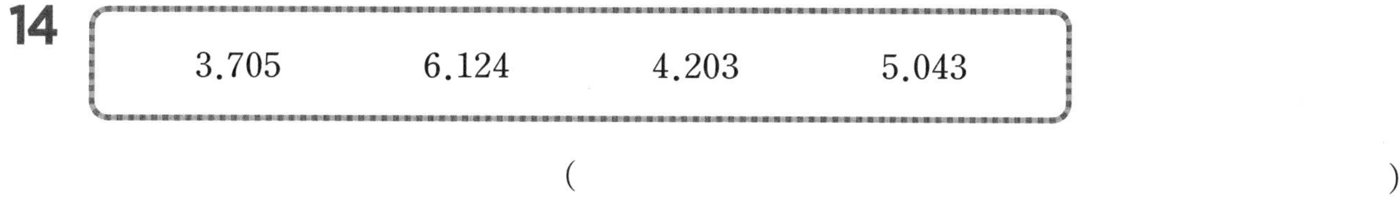

3.705　　6.124　　4.203　　5.043

(　　　　　　　　　　　　　　)

15

4.347　　4.417　　4.429　　4.352

(　　　　　　　　　　　　　　)

16

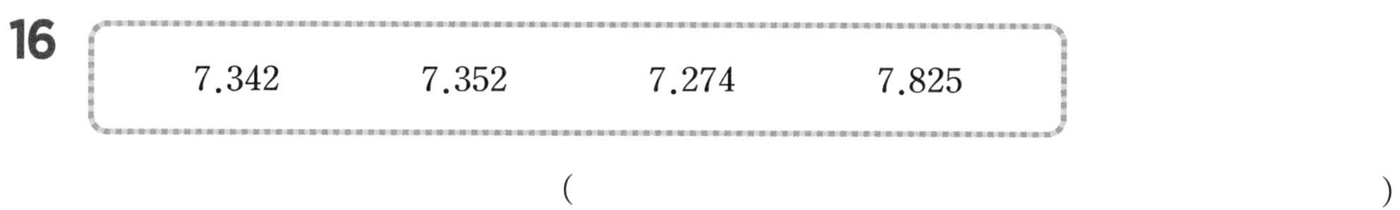

7.342　　7.352　　7.274　　7.825

(　　　　　　　　　　　　　　)

4 소수 사이의 관계(1)

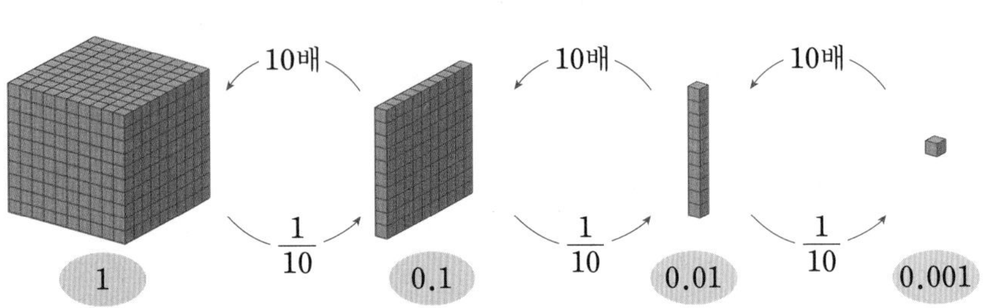

어떤 소수의 10배는 소수점이 오른쪽으로 한 자리 이동하고, 어떤 소수의 $\frac{1}{10}$은 소수점이 왼쪽으로 한 자리 이동합니다.

빈 곳에 알맞은 수를 써넣으시오. (1~6)

1

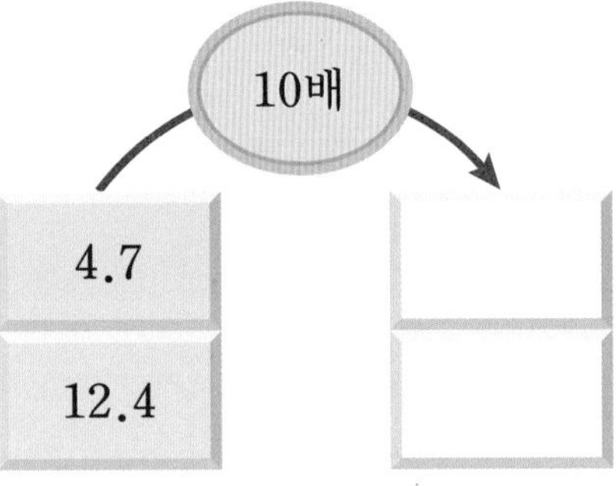

2

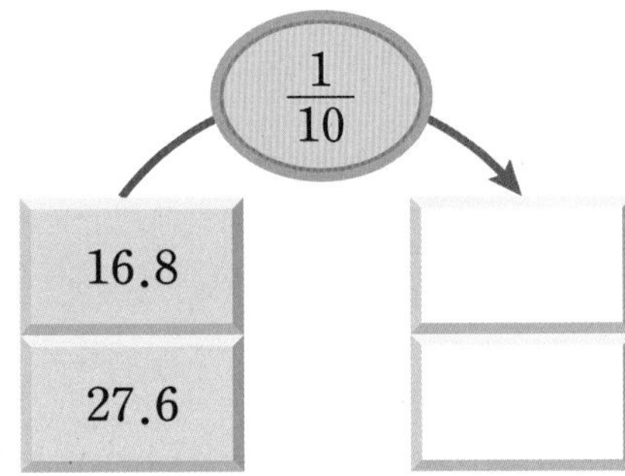

3

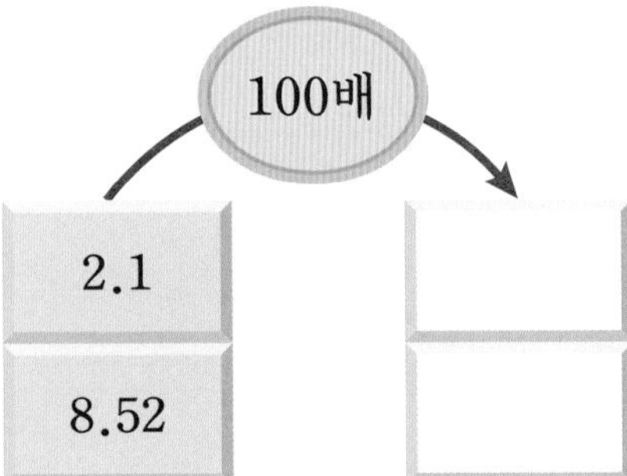

4

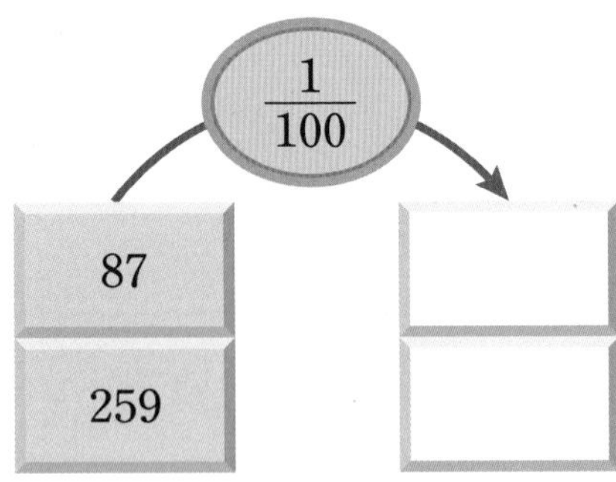

5

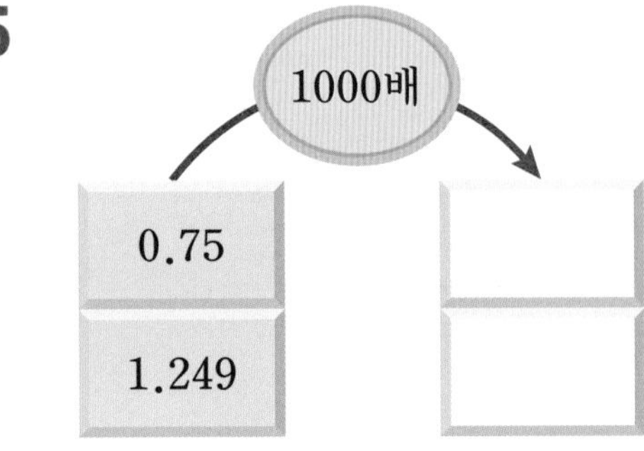

6

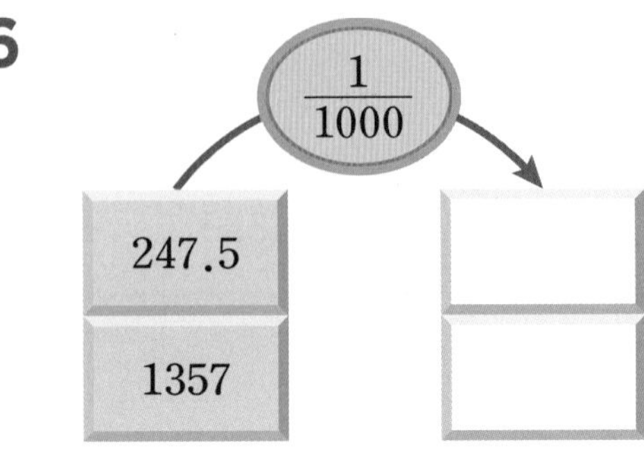

계산은 빠르고 정확하게!

걸린 시간	1~4분	4~6분	6~8분
맞은 개수	10~11개	8~9개	1~7개
평가	참 잘했어요.	잘했어요.	좀더 노력해요.

빈 곳에 알맞은 수를 써넣으시오. (7 ~ 11)

7

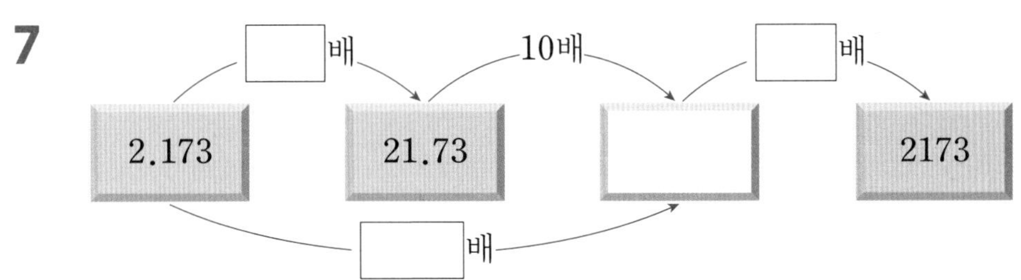

8

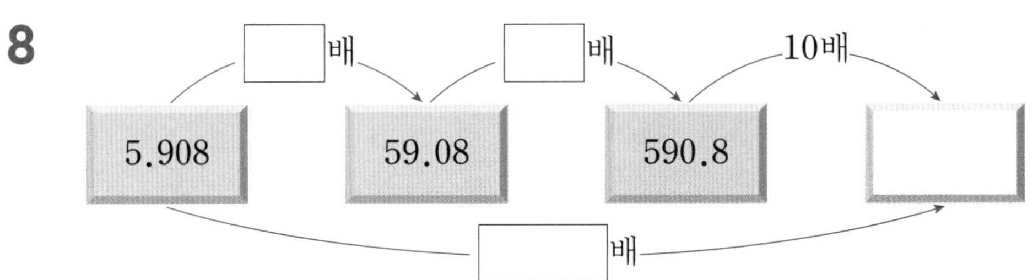

9

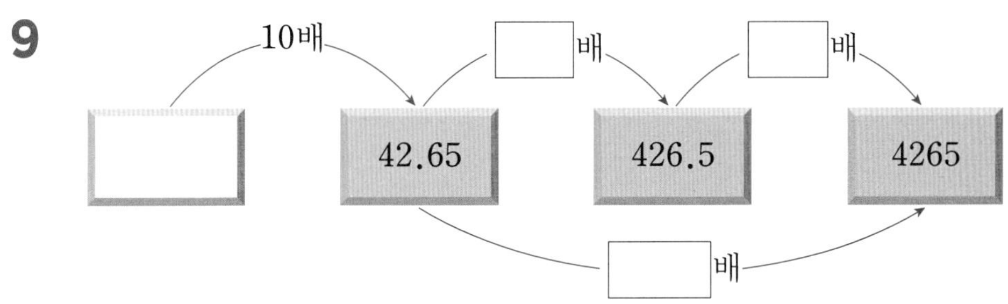

10

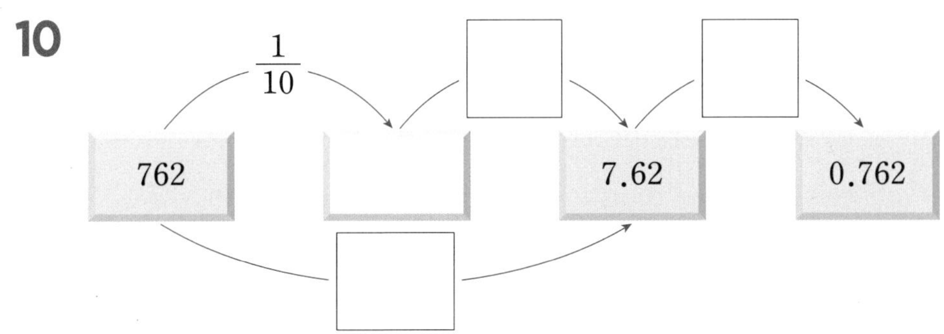

11

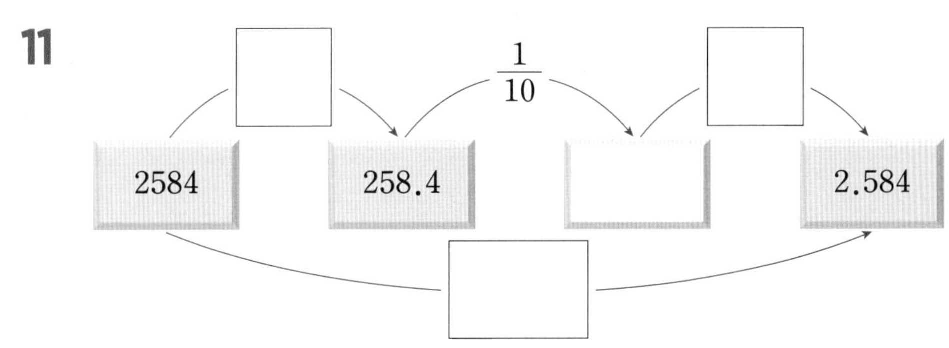

4 소수 사이의 관계(2)

□ 안에 알맞은 수를 써넣으시오. (1~10)

1 0.62의 10배는 □이고, 0.62의 100배는 □입니다.

2 1.84의 10배는 □이고, 1.84의 100배는 □입니다.

3 5.675의 10배는 □이고, 5.675의 100배는 □입니다.

4 9.081의 10배는 □이고, 9.081의 100배는 □입니다.

5 12.73의 10배는 □이고, 12.73의 100배는 □입니다.

6 0.972의 100배는 □이고, 0.972의 1000배는 □입니다.

7 5.43의 100배는 □이고, 5.43의 1000배는 □입니다.

8 4.256의 100배는 □이고, 4.256의 1000배는 □입니다.

9 19.04의 100배는 □이고, 19.04의 1000배는 □입니다.

10 3.008의 100배는 □이고, 3.008의 1000배는 □입니다.

계산은 빠르고 정확하게!

걸린 시간	1~6분	6~9분	9~12분
맞은 개수	18~20개	14~17개	1~13개
평가	참 잘했어요.	잘했어요.	좀더 노력해요.

□ 안에 알맞은 수를 써넣으시오. (11 ~ 20)

11 257의 $\frac{1}{10}$은 □이고, 257의 $\frac{1}{100}$은 □입니다.

12 923의 $\frac{1}{10}$은 □이고, 923의 $\frac{1}{100}$은 □입니다.

13 1574의 $\frac{1}{10}$은 □이고, 1574의 $\frac{1}{100}$은 □입니다.

14 62.5의 $\frac{1}{10}$은 □이고, 62.5의 $\frac{1}{100}$은 □입니다.

15 198.4의 $\frac{1}{10}$은 □이고, 198.4의 $\frac{1}{100}$은 □입니다.

16 1357의 $\frac{1}{100}$은 □이고, 1357의 $\frac{1}{1000}$은 □입니다.

17 2984의 $\frac{1}{100}$은 □이고, 2984의 $\frac{1}{1000}$은 □입니다.

18 397의 $\frac{1}{100}$은 □이고, 397의 $\frac{1}{1000}$은 □입니다.

19 594.6의 $\frac{1}{100}$은 □이고, 594.6의 $\frac{1}{1000}$은 □입니다.

20 46.57의 $\frac{1}{100}$은 □이고, 46.57의 $\frac{1}{1000}$은 □입니다.

4 소수 사이의 관계(3)

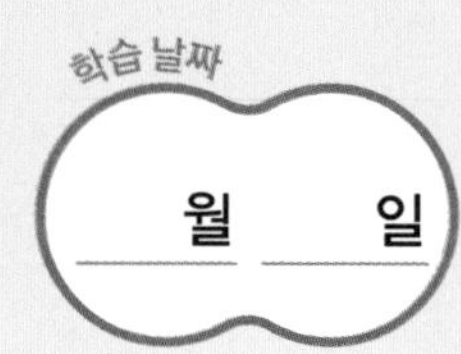

□ 안에 알맞은 수를 써넣으시오. (1~20)

1 28 mm=□ cm

2 3.8 cm=□ mm

3 187 mm=□ cm

4 5.27 cm=□ mm

5 478 cm=□ m

6 12.3 m=□ cm

7 6042 cm=□ m

8 64.78 m=□ cm

9 567 m=□ km

10 1.074 km=□ m

11 3692 m=□ km

12 24.8 km=□ m

13 1357 g=□ kg

14 1.8 kg=□ g

15 46278 g=□ kg

16 35.72 kg=□ g

17 247 mL=□ L

18 3.94 L=□ mL

19 2058 mL=□ L

20 9.423 L=□ mL

계산은 빠르고 정확하게!

걸린 시간	1~8분	8~12분	12~16분
맞은 개수	24~26개	19~23개	1~18개
평가	참 잘했어요.	잘했어요.	좀더 노력해요.

빈 곳에 알맞은 수를 써넣으시오. (21 ~ 26)

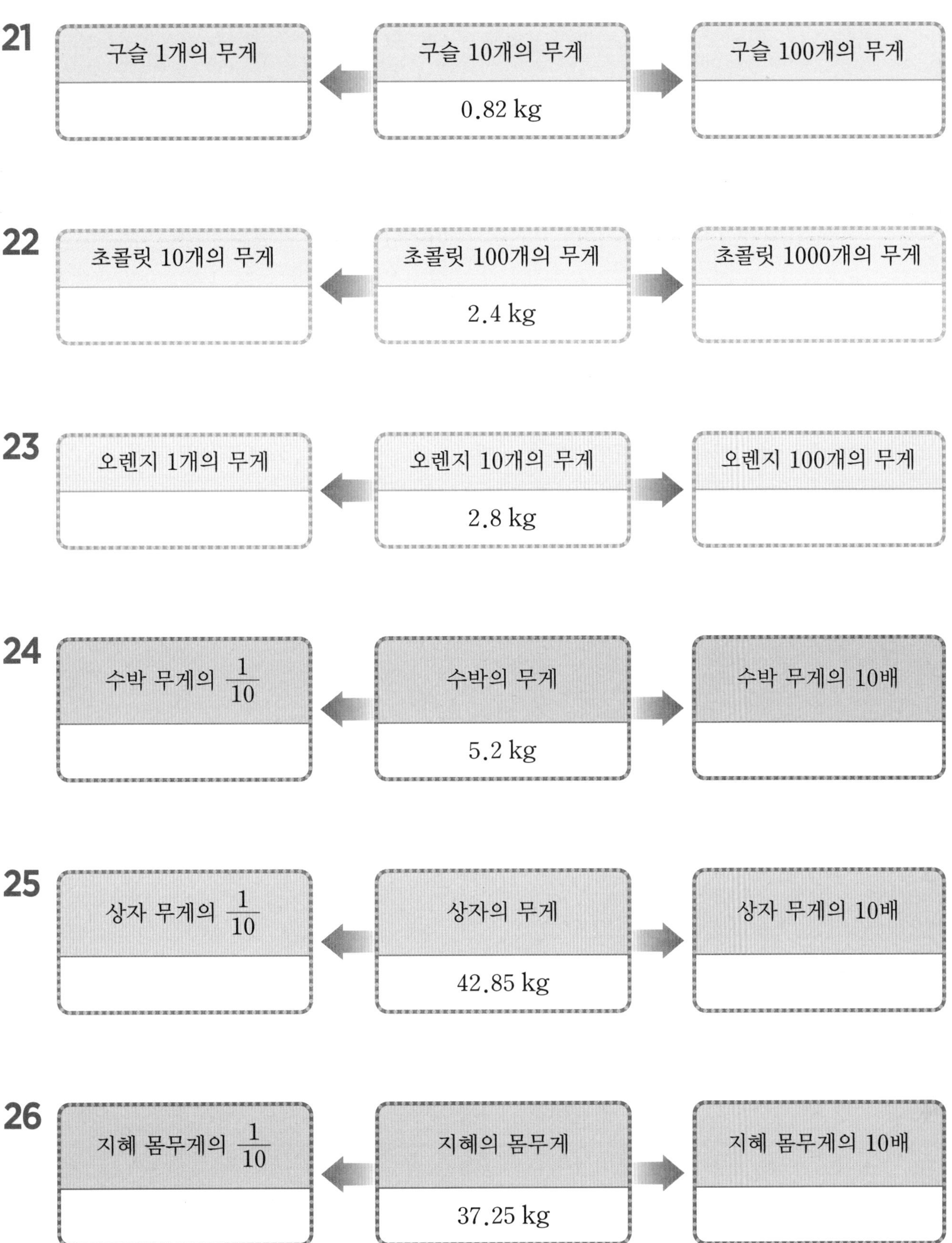

5 소수 한 자리 수의 덧셈(1)

소수점끼리 맞추어 세로로 쓰고 소수 첫째 자리, 일의 자리 순서로 더합니다.

$1.4+1.8=3.2$ ➡ $\begin{array}{r} ^{1}\ \ \ \\ 1.4 \\ +\ 1.8 \\ \hline 3.2 \end{array}$

└→ $4+8=12$
└→ $1+1+1=3$

□ 안에 알맞은 수를 써넣으시오. (1~4)

1 $\begin{array}{r} 0.4 \\ +\ 0.5 \\ \hline \end{array}$ ➡ $\begin{array}{r} 0.4 \rightarrow 0.1이\ \square개 \\ +\ 0.5 \rightarrow 0.1이\ \square개 \\ \hline 0.1이\ \square개 \end{array}$ ➡ $\begin{array}{r} 0.4 \\ +\ 0.5 \\ \hline \square \end{array}$

2 $\begin{array}{r} 0.7 \\ +\ 0.6 \\ \hline \end{array}$ ➡ $\begin{array}{r} 0.7 \rightarrow 0.1이\ \square개 \\ +\ 0.6 \rightarrow 0.1이\ \square개 \\ \hline 0.1이\ \square개 \end{array}$ ➡ $\begin{array}{r} 0.7 \\ +\ 0.6 \\ \hline \square \end{array}$

3 $\begin{array}{r} 1.9 \\ +\ 1.2 \\ \hline \end{array}$ ➡ $\begin{array}{r} 1.9 \rightarrow 0.1이\ \square개 \\ +\ 1.2 \rightarrow 0.1이\ \square개 \\ \hline 0.1이\ \square개 \end{array}$ ➡ $\begin{array}{r} 1.9 \\ +\ 1.2 \\ \hline \square \end{array}$

4 $\begin{array}{r} 2.8 \\ +\ 1.7 \\ \hline \end{array}$ ➡ $\begin{array}{r} 2.8 \rightarrow 0.1이\ \square개 \\ +\ 1.7 \rightarrow 0.1이\ \square개 \\ \hline 0.1이\ \square개 \end{array}$ ➡ $\begin{array}{r} 2.8 \\ +\ 1.7 \\ \hline \square \end{array}$

계산은 빠르고 정확하게!

걸린 시간	1~6분	6~9분	9~12분
맞은 개수	11~12개	9~10개	1~8개
평가	참 잘했어요.	잘했어요.	좀더 노력해요.

□ 안에 알맞은 수를 써넣으시오. (5 ~ 12)

5 0.9는 0.1이 □개

0.2는 0.1이 □개

➡ 0.9+0.2는 0.1이 □개

➡ 0.9+0.2=□

6 0.8은 0.1이 □개

0.7은 0.1이 □개

➡ 0.8+0.7은 0.1이 □개

➡ 0.8+0.7=□

7 1.2는 0.1이 □개

1.6은 0.1이 □개

➡ 1.2+1.6은 0.1이 □개

➡ 1.2+1.6=□

8 2.1은 0.1이 □개

3.7은 0.1이 □개

➡ 2.1+3.7은 0.1이 □개

➡ 2.1+3.7=□

9 2.8은 0.1이 □개

1.9는 0.1이 □개

➡ 2.8+1.9는 0.1이 □개

➡ 2.8+1.9=□

10 4.6은 0.1이 □개

3.5는 0.1이 □개

➡ 4.6+3.5는 0.1이 □개

➡ 4.6+3.5=□

11 7.2는 0.1이 □개

4.1은 0.1이 □개

➡ 7.2+4.1은 0.1이 □개

➡ 7.2+4.1=□

12 3.9는 0.1이 □개

9.4는 0.1이 □개

➡ 3.9+9.4는 0.1이 □개

➡ 3.9+9.4=□

5 소수 한 자리 수의 덧셈(2)

계산을 하시오. (1 ~ 21)

1 $\begin{array}{r} 0.2 \\ +\ 0.3 \\ \hline \end{array}$

2 $\begin{array}{r} 0.4 \\ +\ 0.7 \\ \hline \end{array}$

3 $\begin{array}{r} 0.6 \\ +\ 0.6 \\ \hline \end{array}$

4 $\begin{array}{r} 1.4 \\ +\ 0.2 \\ \hline \end{array}$

5 $\begin{array}{r} 1.7 \\ +\ 0.8 \\ \hline \end{array}$

6 $\begin{array}{r} 2.4 \\ +\ 0.5 \\ \hline \end{array}$

7 $\begin{array}{r} 0.6 \\ +\ 2.3 \\ \hline \end{array}$

8 $\begin{array}{r} 0.8 \\ +\ 1.8 \\ \hline \end{array}$

9 $\begin{array}{r} 0.5 \\ +\ 4.7 \\ \hline \end{array}$

10 $\begin{array}{r} 1.4 \\ +\ 2.3 \\ \hline \end{array}$

11 $\begin{array}{r} 5.7 \\ +\ 2.4 \\ \hline \end{array}$

12 $\begin{array}{r} 3.8 \\ +\ 3.5 \\ \hline \end{array}$

13 $\begin{array}{r} 5.2 \\ +\ 1.1 \\ \hline \end{array}$

14 $\begin{array}{r} 2.3 \\ +\ 1.5 \\ \hline \end{array}$

15 $\begin{array}{r} 4.9 \\ +\ 9.4 \\ \hline \end{array}$

16 $\begin{array}{r} 3.9 \\ +\ 4.8 \\ \hline \end{array}$

17 $\begin{array}{r} 6.5 \\ +\ 5.9 \\ \hline \end{array}$

18 $\begin{array}{r} 8.4 \\ +\ 8.7 \\ \hline \end{array}$

19 $\begin{array}{r} 4.1 \\ +\ 9.6 \\ \hline \end{array}$

20 $\begin{array}{r} 7.6 \\ +\ 8.8 \\ \hline \end{array}$

21 $\begin{array}{r} 6.9 \\ +\ 9.6 \\ \hline \end{array}$

걸린 시간	1~8분	8~12분	12~16분
맞은 개수	37~41개	29~36개	1~28개
평가	참 잘했어요.	잘했어요.	좀더 노력해요.

계산을 하시오. (22 ~ 41)

22 0.4+0.9

23 0.8+0.8

24 1.5+0.6

25 2.7+0.4

26 0.9+3.2

27 0.8+5.7

28 1.2+5.3

29 4.6+2.4

30 5.2+1.7

31 9.3+1.2

32 6.2+3.6

33 4.4+2.3

34 5.8+7.4

35 5.8+4.7

36 6.2+2.9

37 5.3+4.5

38 6.7+9.2

39 8.4+7.8

40 8.2+5.9

41 6.7+7.8

5 소수 한 자리 수의 덧셈(3)

□ 안에 알맞은 수를 써넣으시오. (1~10)

1
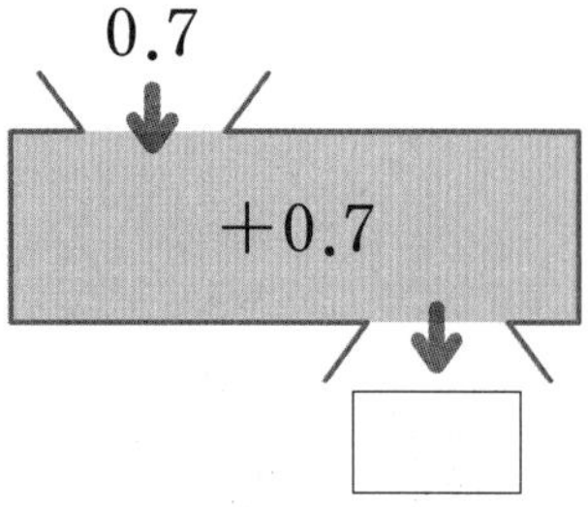

2
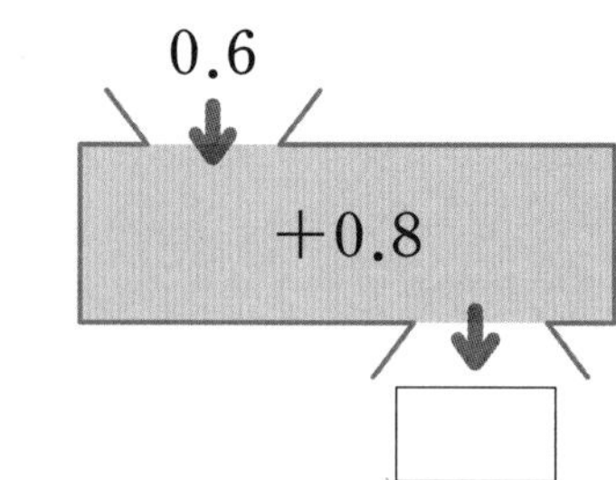

3
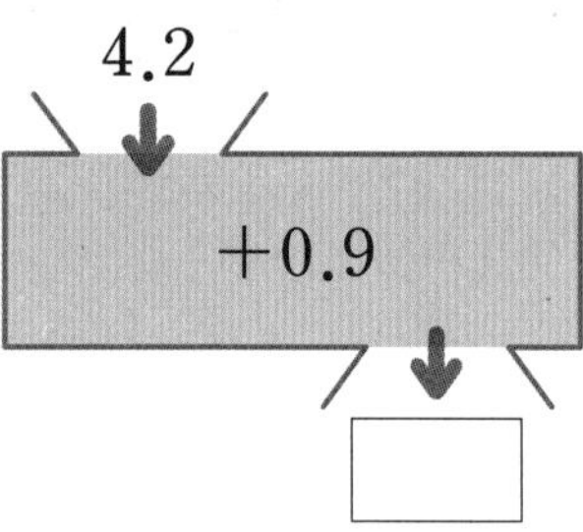

4
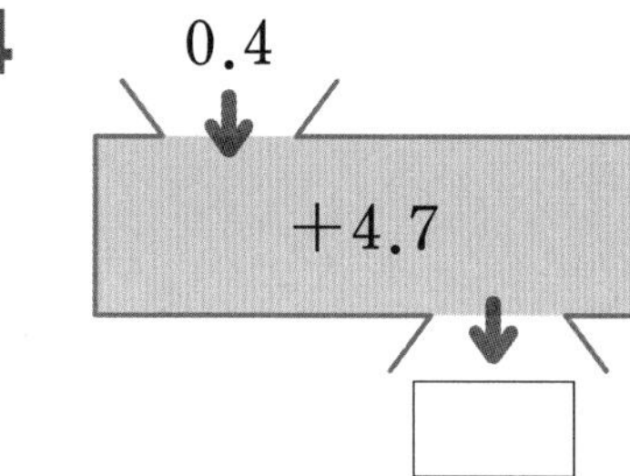

5
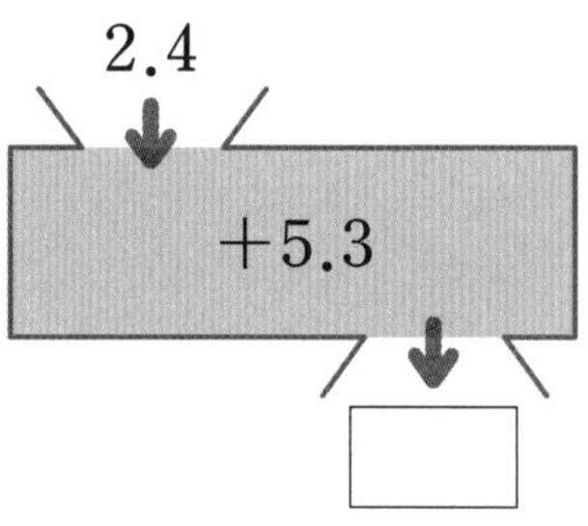

6
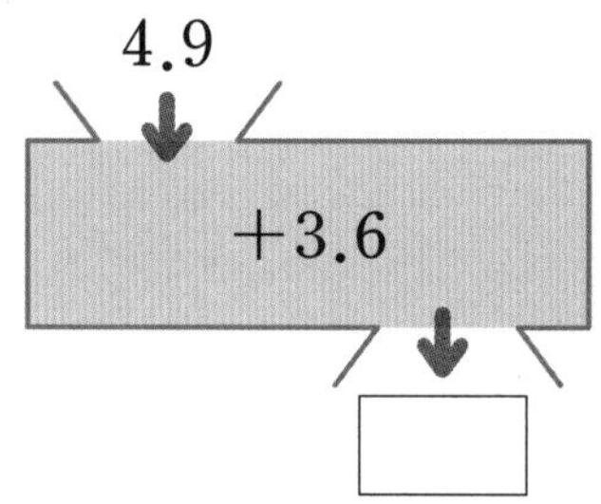

7
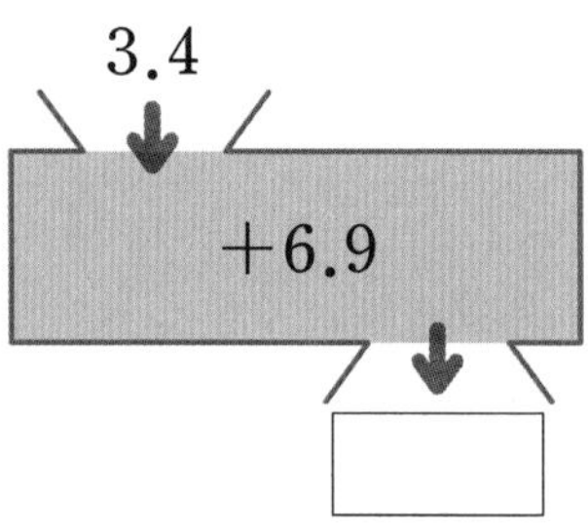

8
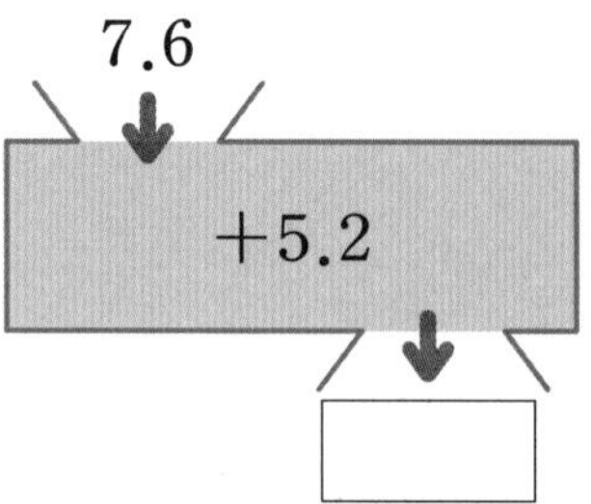

9
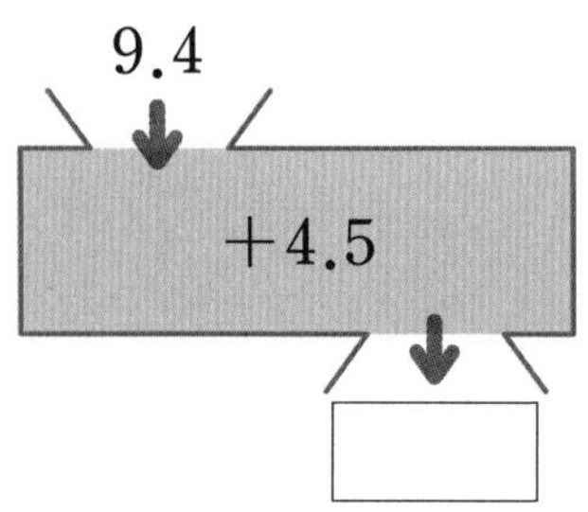

10
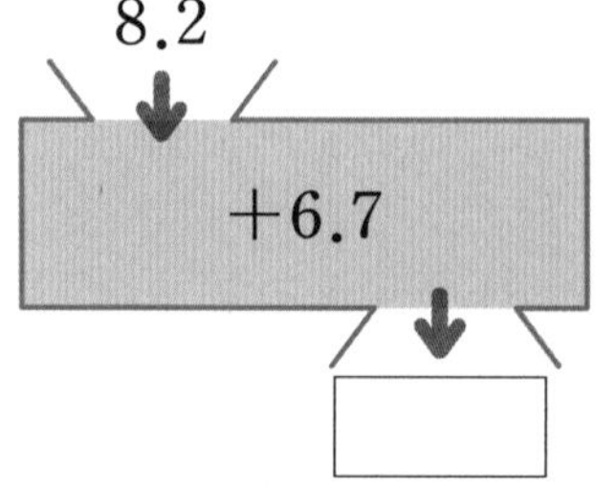

계산은 빠르고 정확하게!

걸린 시간	1~5분	5~8분	8~10분
맞은 개수	18~20개	14~17개	1~13개
평가	참 잘했어요.	잘했어요.	좀더 노력해요.

두 수의 합을 빈 곳을 써넣으시오. (11 ~ 20)

11
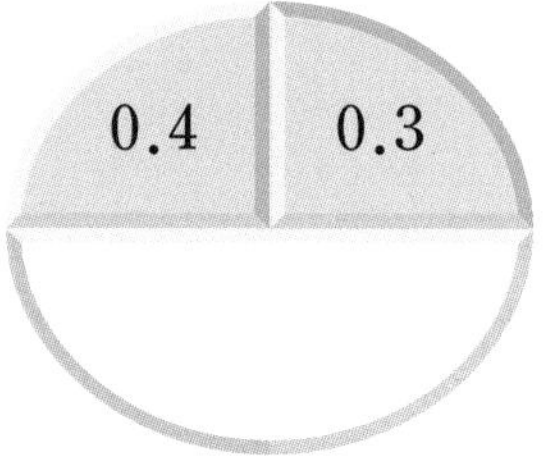

12
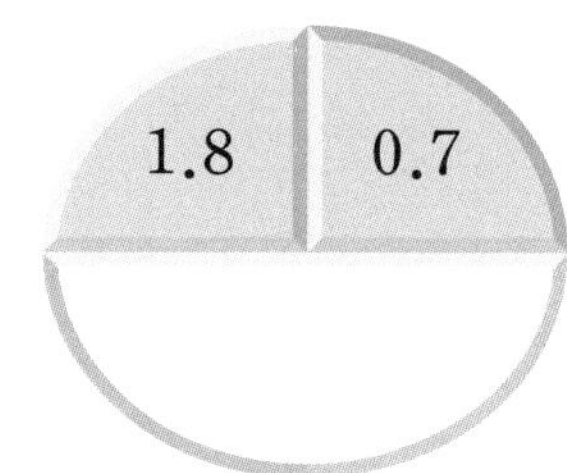

13
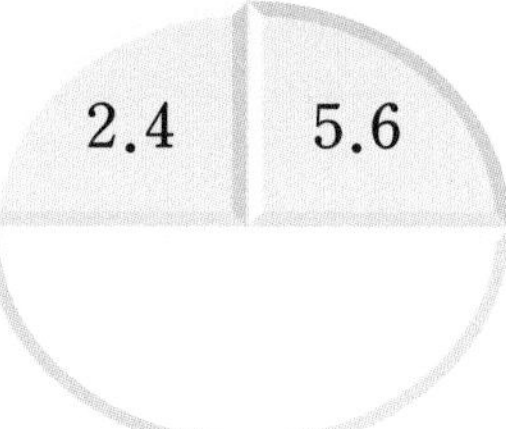

14
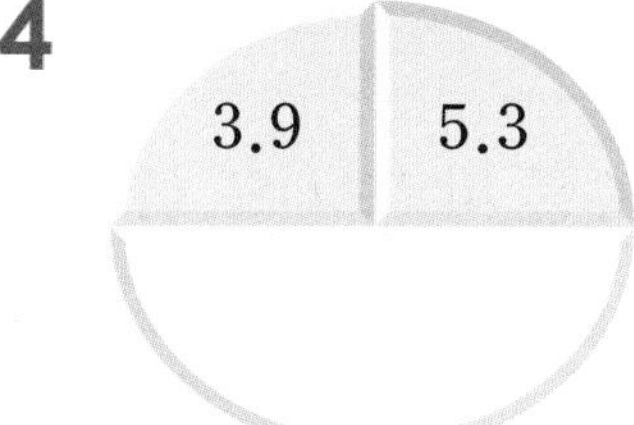

15
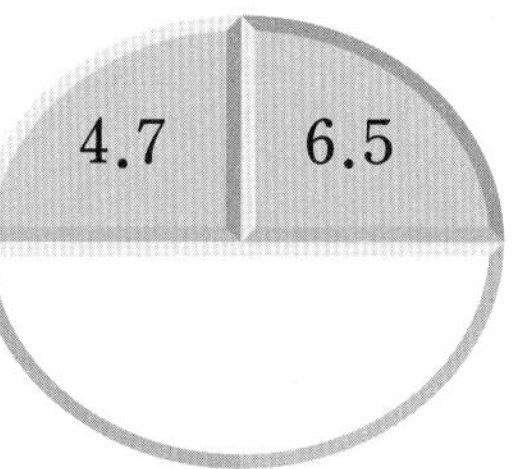

16
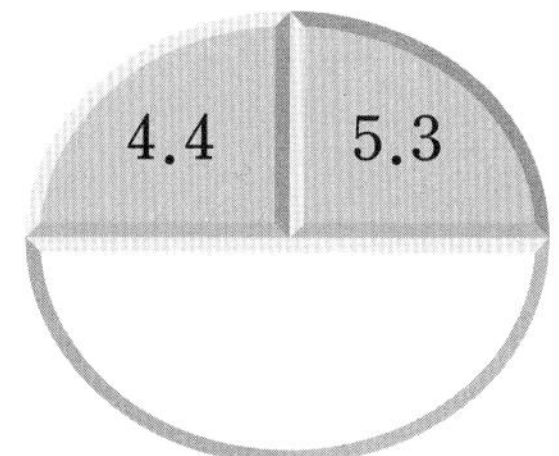

17
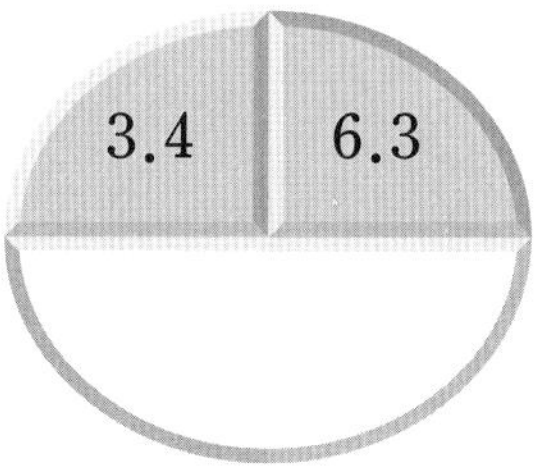

18
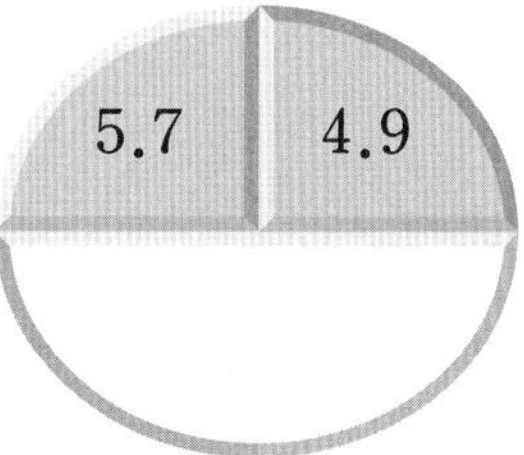

19
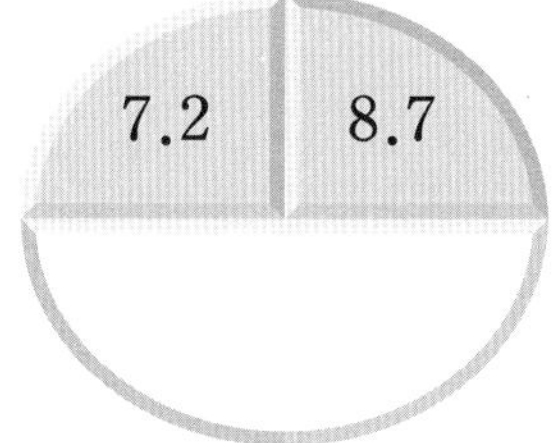

20
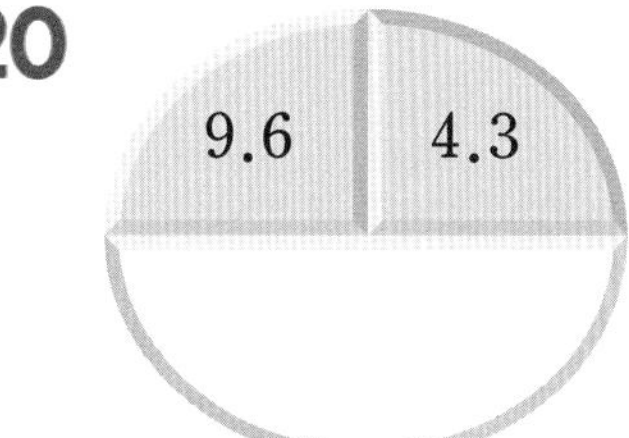

6 소수 두 자리 수의 덧셈(1)

소수점끼리 맞추어 세로로 쓰고 같은 자리 숫자끼리로 더합니다.

$$1.45+2.87=4.32 \Rightarrow \begin{array}{r} {\scriptstyle 1\ 1\ } \\ 1.45 \\ +\ 2.87 \\ \hline 4.32 \end{array}$$

- 5+7=12
- 1+4+8=13
- 1+1+2=4

□ 안에 알맞은 수를 써넣으시오. (1~4)

1

$$\begin{array}{r} 0.42 \\ +\ 0.57 \\ \hline \end{array} \Rightarrow \begin{array}{r} 0.42 \rightarrow 0.01이\ \square개 \\ +\ 0.57 \rightarrow 0.01이\ \square개 \\ \hline 0.01이\ \square개 \end{array} \Rightarrow \begin{array}{r} 0.42 \\ +\ 0.57 \\ \hline \square \end{array}$$

2

$$\begin{array}{r} 1.24 \\ +\ 0.62 \\ \hline \end{array} \Rightarrow \begin{array}{r} 1.24 \rightarrow 0.01이\ \square개 \\ +\ 0.62 \rightarrow 0.01이\ \square개 \\ \hline 0.01이\ \square개 \end{array} \Rightarrow \begin{array}{r} 1.24 \\ +\ 0.62 \\ \hline \square \end{array}$$

3

$$\begin{array}{r} 0.86 \\ +\ 1.78 \\ \hline \end{array} \Rightarrow \begin{array}{r} 0.86 \rightarrow 0.01이\ \square개 \\ +\ 1.78 \rightarrow 0.01이\ \square개 \\ \hline 0.01이\ \square개 \end{array} \Rightarrow \begin{array}{r} 0.86 \\ +\ 1.78 \\ \hline \square \end{array}$$

4

$$\begin{array}{r} 3.65 \\ +\ 2.47 \\ \hline \end{array} \Rightarrow \begin{array}{r} 3.65 \rightarrow 0.01이\ \square개 \\ +\ 2.47 \rightarrow 0.01이\ \square개 \\ \hline 0.01이\ \square개 \end{array} \Rightarrow \begin{array}{r} 3.65 \\ +\ 2.47 \\ \hline \square \end{array}$$

계산은 빠르고 정확하게!

걸린 시간	1~5분	5~8분	8~10분
맞은 개수	11~12개	9~10개	1~8개
평가	참 잘했어요.	잘했어요.	좀더 노력해요.

□ 안에 알맞은 수를 써넣으시오. (5 ~ 12)

5 0.27은 0.01이 □개

0.42는 0.01이 □개

➡ 0.27+0.42는 0.01이 □개

➡ 0.27+0.42=□

6 0.84는 0.01이 □개

0.49는 0.01이 □개

➡ 0.84+0.49는 0.01이 □개

➡ 0.84+0.49=□

7 1.84는 0.01이 □개

0.75는 0.01이 □개

➡ 1.84+0.75는 0.01이 □개

➡ 1.84+0.75=□

8 3.06은 0.01이 □개

0.98은 0.01이 □개

➡ 3.06+0.98은 0.01이 □개

➡ 3.06+0.98=□

9 0.72는 0.01이 □개

1.51은 0.01이 □개

➡ 0.72+1.51은 0.01이 □개

➡ 0.72+1.51=□

10 0.34는 0.01이 □개

4.59는 0.01이 □개

➡ 0.34+4.59는 0.01이 □개

➡ 0.34+4.59=□

11 4.26은 0.01이 □개

3.52는 0.01이 □개

➡ 4.26+3.52는 0.01이 □개

➡ 4.26+3.52=□

12 2.97은 0.01이 □개

1.56은 0.01이 □개

➡ 2.97+1.56은 0.01이 □개

➡ 2.97+1.56=□

6 소수 두 자리 수의 덧셈(2)

계산을 하시오. (1~21)

1
$$\begin{array}{r} 0.87 \\ +\ 0.12 \\ \hline \end{array}$$

2
$$\begin{array}{r} 0.94 \\ +\ 0.52 \\ \hline \end{array}$$

3
$$\begin{array}{r} 0.88 \\ +\ 0.14 \\ \hline \end{array}$$

4
$$\begin{array}{r} 2.04 \\ +\ 0.45 \\ \hline \end{array}$$

5
$$\begin{array}{r} 1.94 \\ +\ 0.87 \\ \hline \end{array}$$

6
$$\begin{array}{r} 3.86 \\ +\ 0.29 \\ \hline \end{array}$$

7
$$\begin{array}{r} 0.77 \\ +\ 2.48 \\ \hline \end{array}$$

8
$$\begin{array}{r} 0.46 \\ +\ 5.72 \\ \hline \end{array}$$

9
$$\begin{array}{r} 0.62 \\ +\ 3.95 \\ \hline \end{array}$$

10
$$\begin{array}{r} 2.42 \\ +\ 3.59 \\ \hline \end{array}$$

11
$$\begin{array}{r} 3.84 \\ +\ 1.59 \\ \hline \end{array}$$

12
$$\begin{array}{r} 8.24 \\ +\ 1.58 \\ \hline \end{array}$$

13
$$\begin{array}{r} 4.27 \\ +\ 3.08 \\ \hline \end{array}$$

14
$$\begin{array}{r} 7.56 \\ +\ 1.24 \\ \hline \end{array}$$

15
$$\begin{array}{r} 4.12 \\ +\ 5.63 \\ \hline \end{array}$$

16
$$\begin{array}{r} 2.43 \\ +\ 5.27 \\ \hline \end{array}$$

17
$$\begin{array}{r} 5.86 \\ +\ 3.25 \\ \hline \end{array}$$

18
$$\begin{array}{r} 3.97 \\ +\ 6.24 \\ \hline \end{array}$$

19
$$\begin{array}{r} 4.91 \\ +\ 5.36 \\ \hline \end{array}$$

20
$$\begin{array}{r} 6.54 \\ +\ 7.18 \\ \hline \end{array}$$

21
$$\begin{array}{r} 8.47 \\ +\ 9.54 \\ \hline \end{array}$$

계산은 빠르고 정확하게!

걸린 시간	1~10분	10~15분	15~20분
맞은 개수	37~41개	29~36개	1~28개
평가	참 잘했어요.	잘했어요.	좀더 노력해요.

계산을 하시오. (22 ~ 41)

22 $0.72+0.98$

23 $0.46+0.72$

24 $1.56+0.19$

25 $4.65+0.56$

26 $0.24+3.25$

27 $0.69+5.72$

28 $3.24+1.59$

29 $4.85+1.72$

30 $4.14+5.08$

31 $3.82+5.27$

32 $6.24+1.96$

33 $6.29+3.63$

34 $5.74+2.97$

35 $8.27+4.95$

36 $6.52+3.75$

37 $7.42+2.03$

38 $4.35+7.21$

39 $6.29+5.48$

40 $5.65+2.93$

41 $9.24+8.57$

6 소수 두 자리 수의 덧셈(3)

□ 안에 알맞은 수를 써넣으시오. (1~10)

1
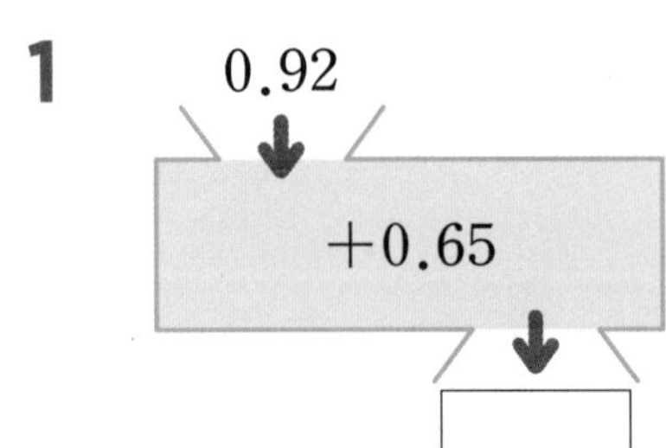

2
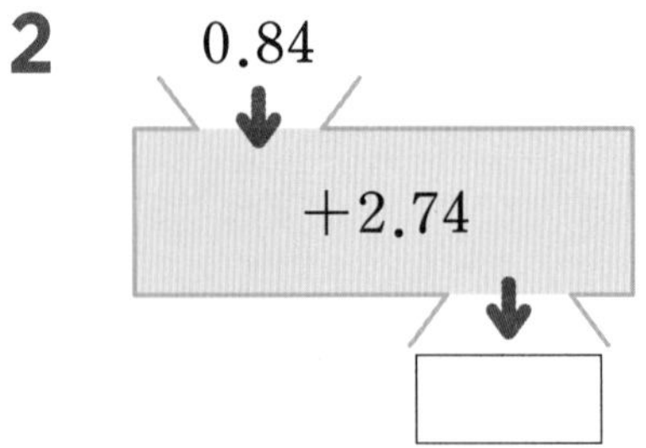

3
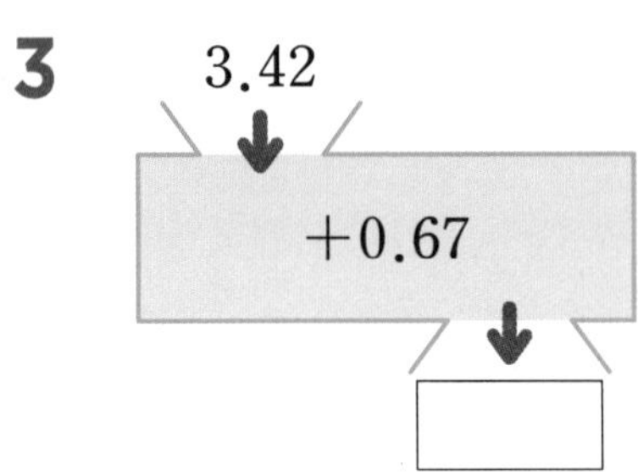

4
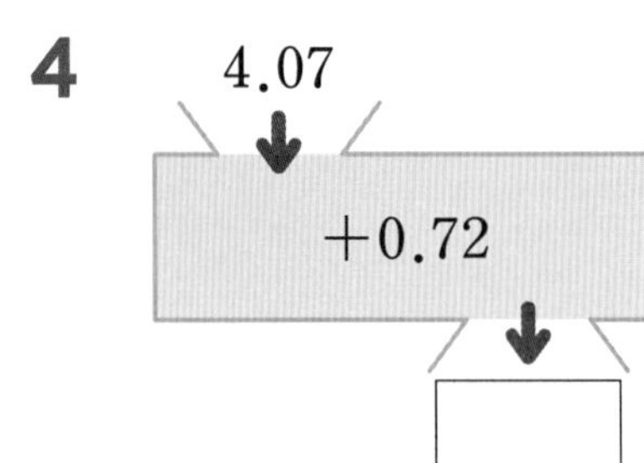

5
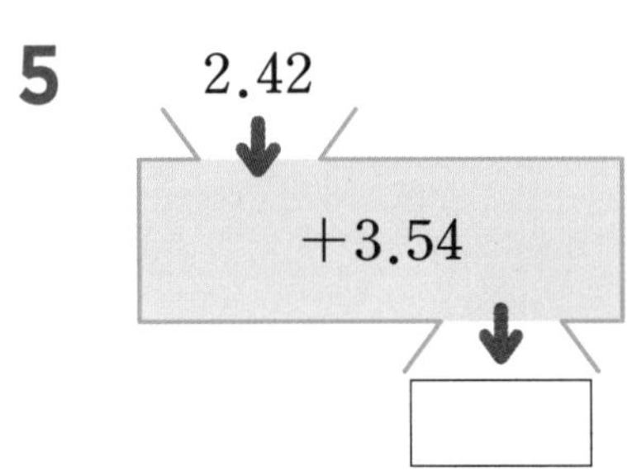

6
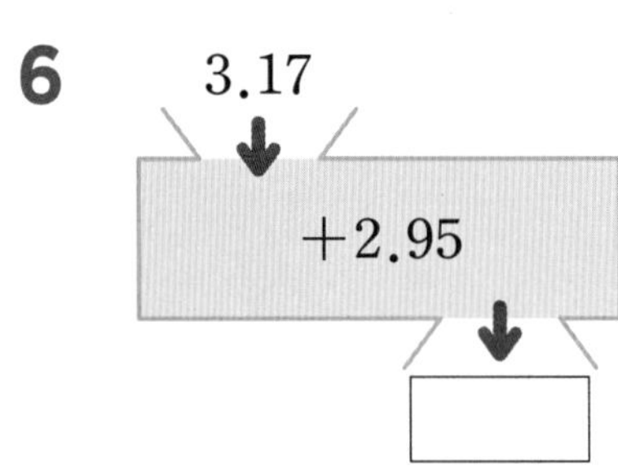

7
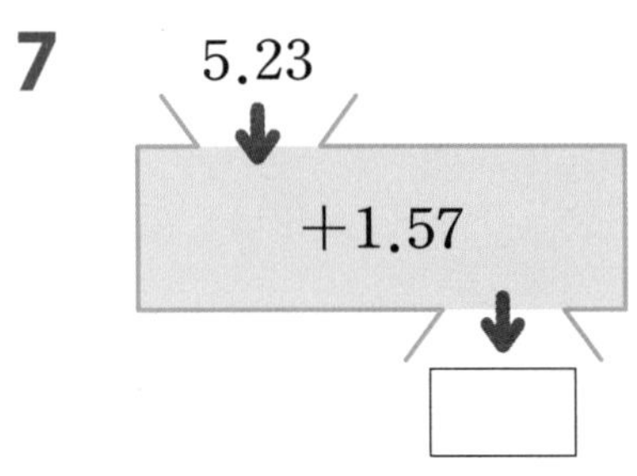

8
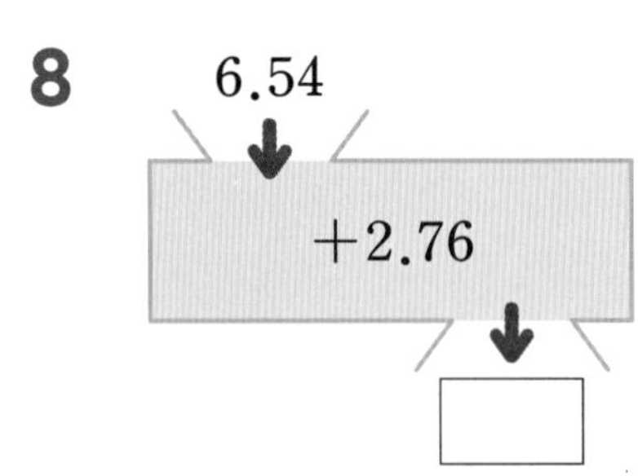

9
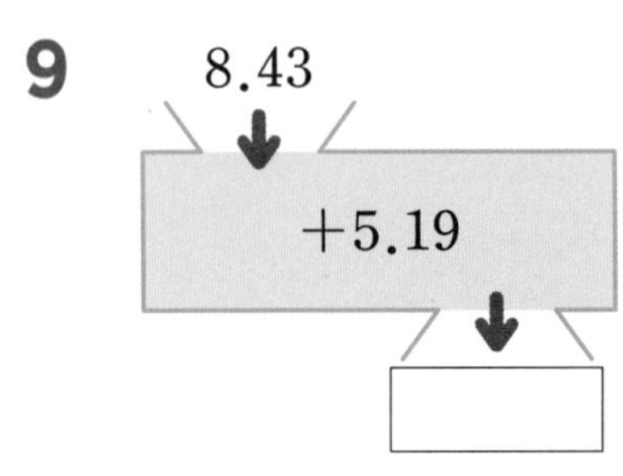

10
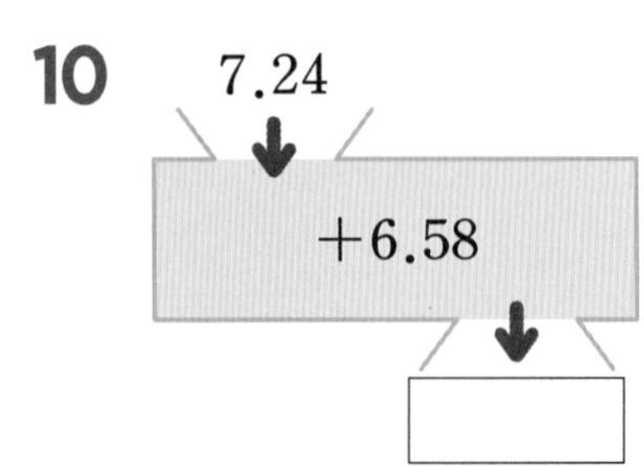

계산은 빠르고 정확하게!

걸린 시간	1~5분	5~8분	8~10분
맞은 개수	18~20개	14~17개	1~13개
평가	참 잘했어요.	잘했어요.	좀더 노력해요.

두 수의 합을 빈 곳에 써넣으시오. (11 ~ 20)

11
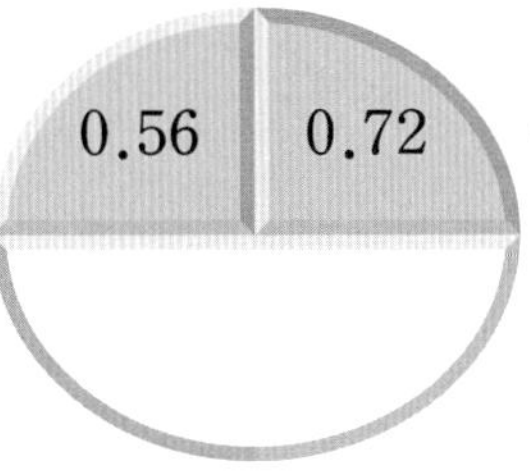

12
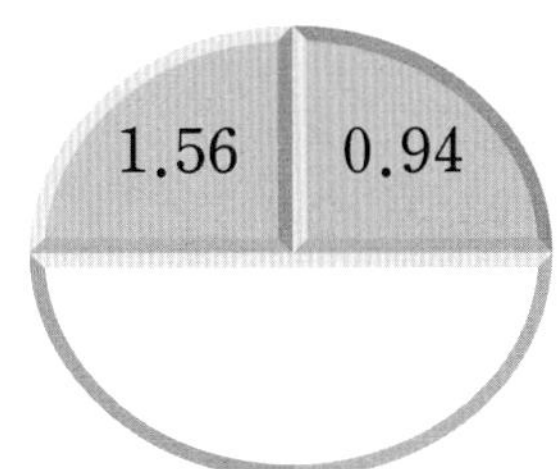

13
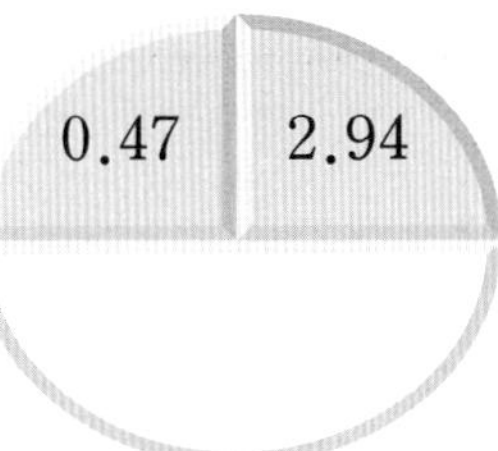

14
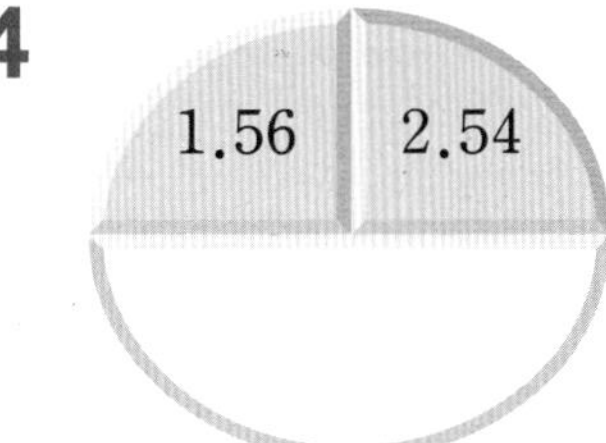

15
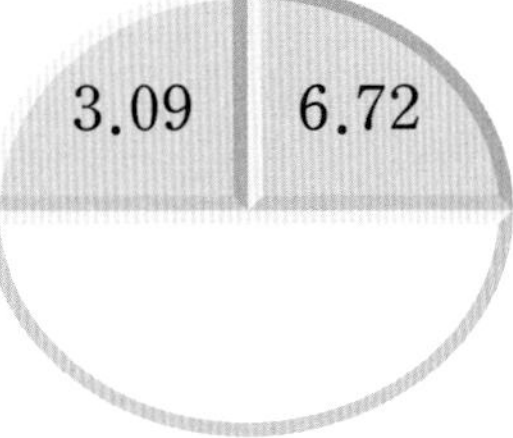

16
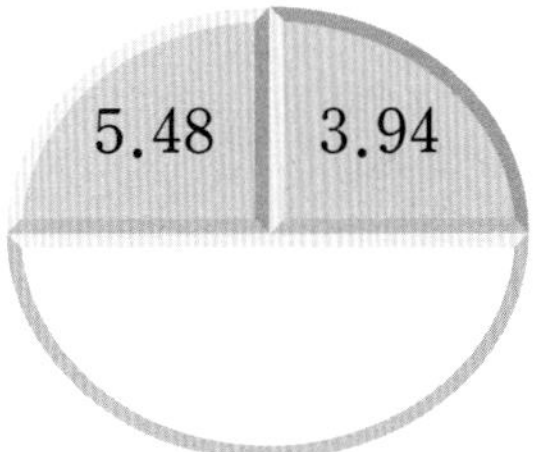

17
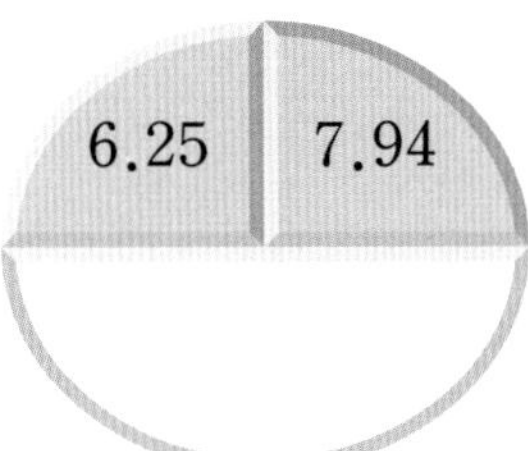

18
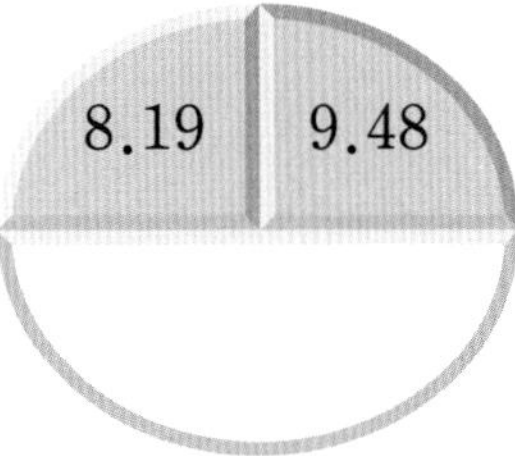

19
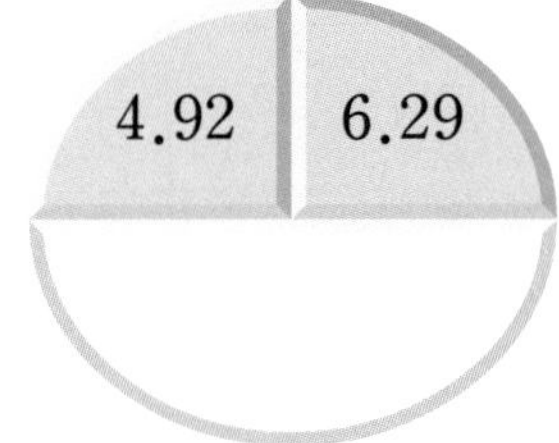

20
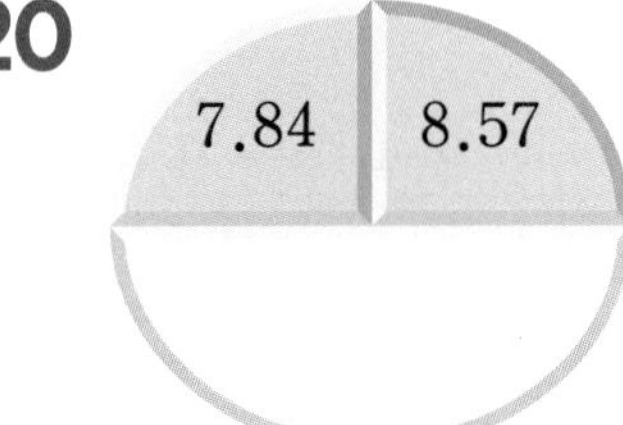

7 자릿수가 다른 소수의 덧셈(1)

소수점 아래 자릿수가 다른 소수의 덧셈을 할 때에는 오른쪽 끝자리 뒤에 0이 있는 것으로 생각하여 소수점의 자리를 맞추어 더합니다.

$$1.89+1.3=3.19 \Rightarrow \begin{array}{r} {}^{1} \\ 1.89 \\ +\ 1.30 \\ \hline 3.19 \end{array}$$

→ 9+0=9
→ 8+3=11
→ 1+1+1=3

□ 안에 알맞은 수를 써넣으시오. (1~4)

1

$$\begin{array}{r} 2.74 \\ +\ 0.5 \\ \hline \end{array} \Rightarrow \begin{array}{r} 2.74 \\ +\ 0.50 \\ \hline \end{array}$$

2.74 → 0.01이 □개
0.50 → 0.01이 □개
0.01이 □개

$$\Rightarrow \begin{array}{r} 2.74 \\ +\ 0.5 \\ \hline \square \end{array}$$

2

$$\begin{array}{r} 3.65 \\ +\ 1.2 \\ \hline \end{array} \Rightarrow \begin{array}{r} 3.65 \\ +\ 1.20 \\ \hline \end{array}$$

3.65 → 0.01이 □개
1.20 → 0.01이 □개
0.01이 □개

$$\Rightarrow \begin{array}{r} 3.65 \\ +\ 1.2 \\ \hline \square \end{array}$$

3

$$\begin{array}{r} 0.7 \\ +\ 3.18 \\ \hline \end{array} \Rightarrow \begin{array}{r} 0.70 \\ +\ 3.18 \\ \hline \end{array}$$

0.70 → 0.01이 □개
3.18 → 0.01이 □개
0.01이 □개

$$\Rightarrow \begin{array}{r} 0.7 \\ +\ 3.18 \\ \hline \square \end{array}$$

4

$$\begin{array}{r} 2.4 \\ +\ 2.96 \\ \hline \end{array} \Rightarrow \begin{array}{r} 2.40 \\ +\ 2.96 \\ \hline \end{array}$$

2.40 → 0.01이 □개
2.96 → 0.01이 □개
0.01이 □개

$$\Rightarrow \begin{array}{r} 2.4 \\ +\ 2.96 \\ \hline \square \end{array}$$

계산은 빠르고 정확하게!

걸린 시간	1~6분	6~9분	9~12분
맞은 개수	11~12개	9~10개	1~8개
평가	참 잘했어요.	잘했어요.	좀더 노력해요.

□ 안에 알맞은 수를 써넣으시오. (5 ~ 12)

5 1.58은 0.01이 □개

3.4는 0.01이 □개

➡ 1.58+3.4는 0.01이 □개

➡ 1.58+3.4=□

6 2.74는 0.01이 □개

1.4는 0.01이 □개

➡ 2.74+1.4는 0.01이 □개

➡ 2.74+1.4=□

7 3.62는 0.01이 □개

4.7은 0.01이 □개

➡ 3.62+4.7은 0.01이 □개

➡ 3.62+4.7=□

8 2.04는 0.01이 □개

5.6은 0.01이 □개

➡ 2.04+5.6은 0.01이 □개

➡ 2.04+5.6=□

9 1.7은 0.01이 □개

2.26은 0.01이 □개

➡ 1.7+2.26은 0.01이 □개

➡ 1.7+2.26=□

10 6.3은 0.01이 □개

3.59는 0.01이 □개

➡ 6.3+3.59는 0.01이 □개

➡ 6.3+3.59=□

11 4.2는 0.01이 □개

1.96은 0.01이 □개

➡ 4.2+1.96은 0.01이 □개

➡ 4.2+1.96=□

12 5.8은 0.01이 □개

4.95는 0.01이 □개

➡ 5.8+4.95는 0.01이 □개

➡ 5.8+4.95=□

7 자릿수가 다른 소수의 덧셈(2)

계산을 하시오. (1~21)

1 $\begin{array}{r} 1.58 \\ +\ 0.4 \\ \hline \end{array}$

2 $\begin{array}{r} 6.52 \\ +\ 1.7 \\ \hline \end{array}$

3 $\begin{array}{r} 4.04 \\ +\ 2.8 \\ \hline \end{array}$

4 $\begin{array}{r} 2.97 \\ +\ 5.2 \\ \hline \end{array}$

5 $\begin{array}{r} 3.94 \\ +\ 5.8 \\ \hline \end{array}$

6 $\begin{array}{r} 6.29 \\ +\ 3.1 \\ \hline \end{array}$

7 $\begin{array}{r} 5.42 \\ +\ 3.6 \\ \hline \end{array}$

8 $\begin{array}{r} 8.47 \\ +\ 2.9 \\ \hline \end{array}$

9 $\begin{array}{r} 9.24 \\ +\ 7.8 \\ \hline \end{array}$

10 $\begin{array}{r} 4.6 \\ +\ 3.25 \\ \hline \end{array}$

11 $\begin{array}{r} 9.2 \\ +\ 3.72 \\ \hline \end{array}$

12 $\begin{array}{r} 3.4 \\ +\ 5.97 \\ \hline \end{array}$

13 $\begin{array}{r} 8.8 \\ +\ 2.54 \\ \hline \end{array}$

14 $\begin{array}{r} 7.7 \\ +\ 2.98 \\ \hline \end{array}$

15 $\begin{array}{r} 5.4 \\ +\ 7.04 \\ \hline \end{array}$

16 $\begin{array}{r} 4.2 \\ +\ 5.19 \\ \hline \end{array}$

17 $\begin{array}{r} 8.7 \\ +\ 3.24 \\ \hline \end{array}$

18 $\begin{array}{r} 6.9 \\ +\ 4.13 \\ \hline \end{array}$

19 $\begin{array}{r} 4.732 \\ +\ 5.14 \\ \hline \end{array}$

20 $\begin{array}{r} 6.294 \\ +\ 3.87 \\ \hline \end{array}$

21 $\begin{array}{r} 5.472 \\ +\ 8.56 \\ \hline \end{array}$

계산은 빠르고 정확하게!

걸린 시간	1~10분	10~15분	15~20분
맞은 개수	37~41개	29~36개	1~28개
평가	참 잘했어요.	잘했어요.	좀더 노력해요.

계산을 하시오. (22 ~ 41)

22 $2.54+1.6$

23 $4.6+5.17$

24 $4.07+2.8$

25 $9.4+0.24$

26 $3.42+2.7$

27 $7.8+4.37$

28 $5.94+7.1$

29 $8.4+2.98$

30 $9.73+5.6$

31 $4.7+9.94$

32 $7.62+8.4$

33 $7.9+8.25$

34 $6.742+3.4$

35 $8.7+2.786$

36 $4.948+6.7$

37 $9.2+3.751$

38 $8.542+6.74$

39 $4.83+2.735$

40 $9.102+3.67$

41 $5.75+3.921$

7 자릿수가 다른 소수의 덧셈(3)

□ 안에 알맞은 수를 써넣으시오. (1~10)

1
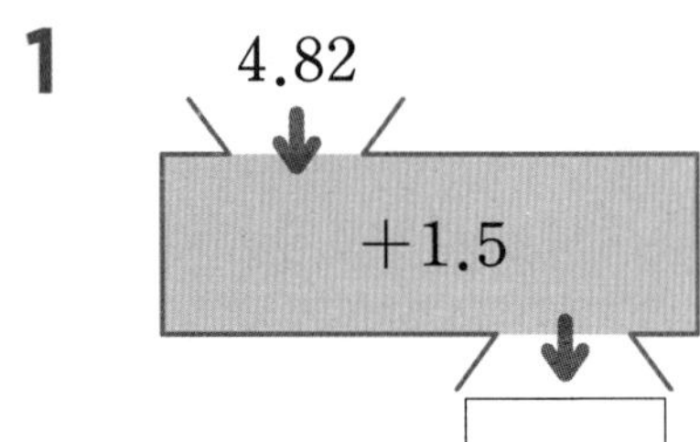

2
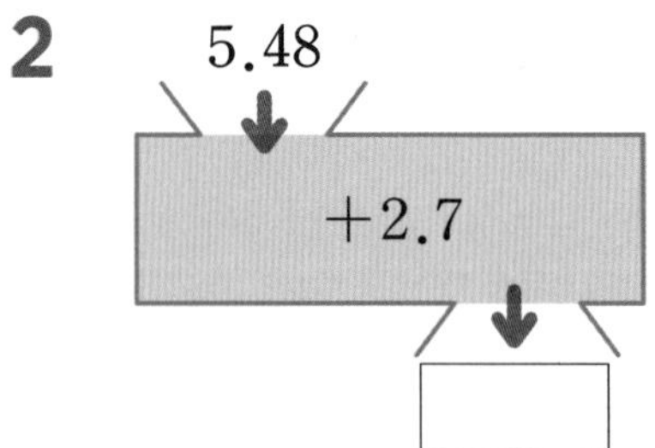

3
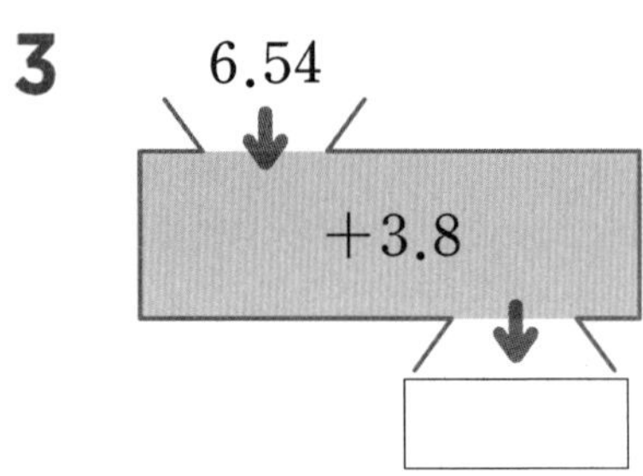

4
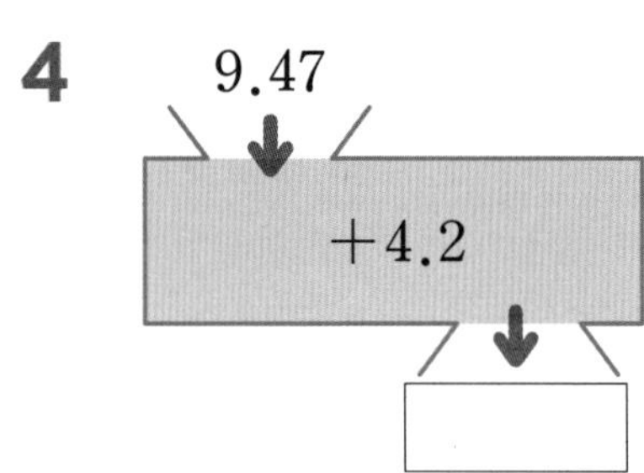

5
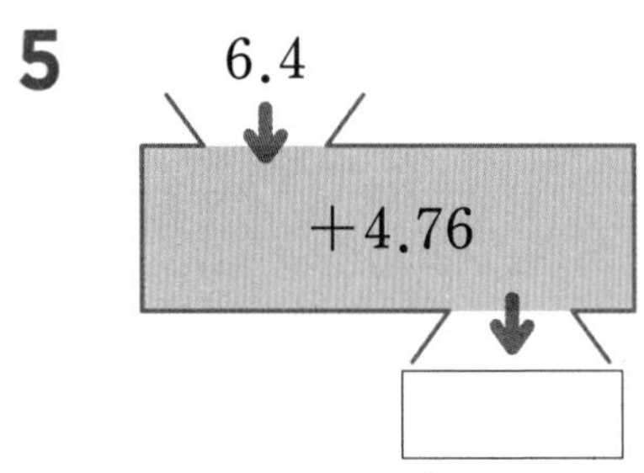

6
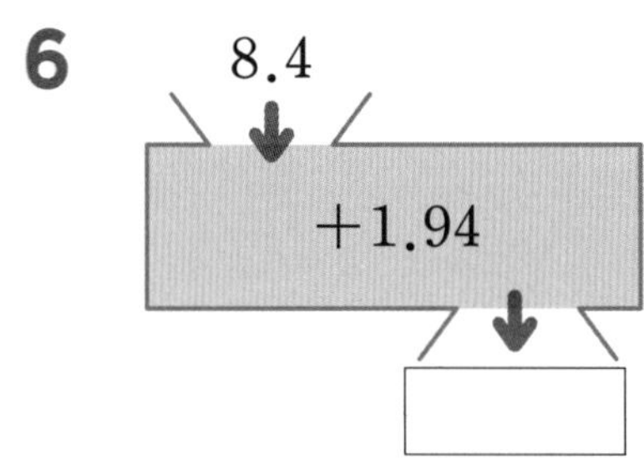

7
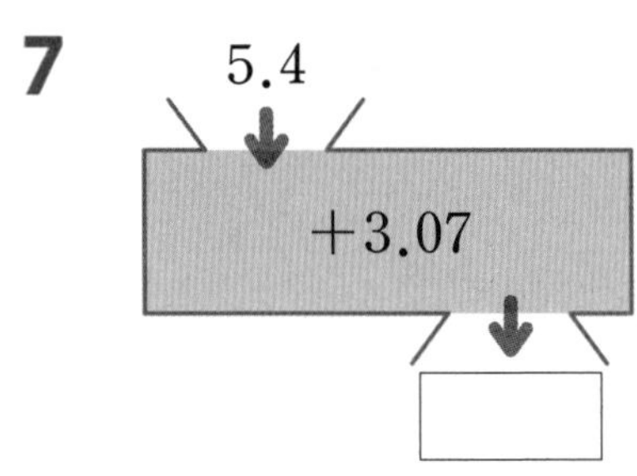

8
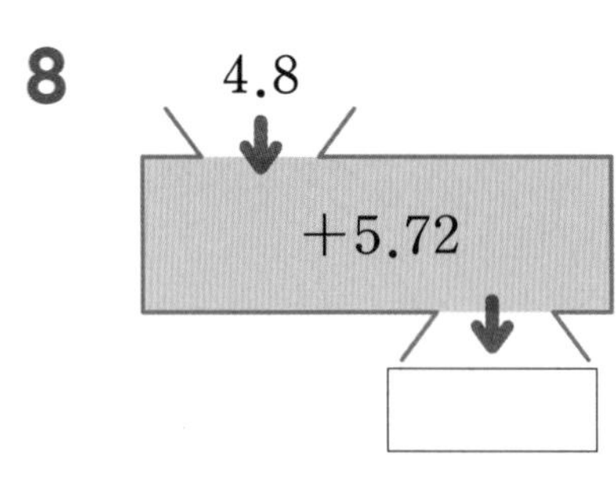

9
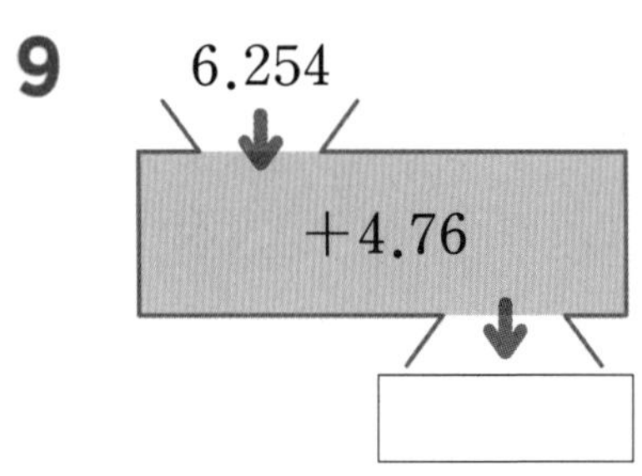

10
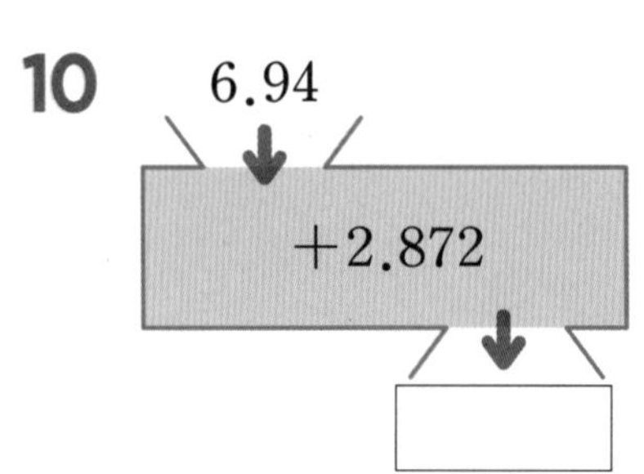

계산은 빠르고 정확하게!

걸린 시간	1~6분	6~9분	9~12분
맞은 개수	18~20개	14~17개	1~13개
평가	참 잘했어요.	잘했어요.	좀더 노력해요.

두 수의 합을 빈 곳을 써넣으시오. (11 ~ 20)

11

12

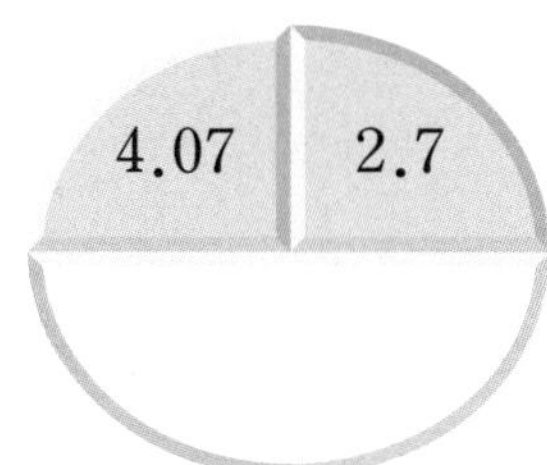

13

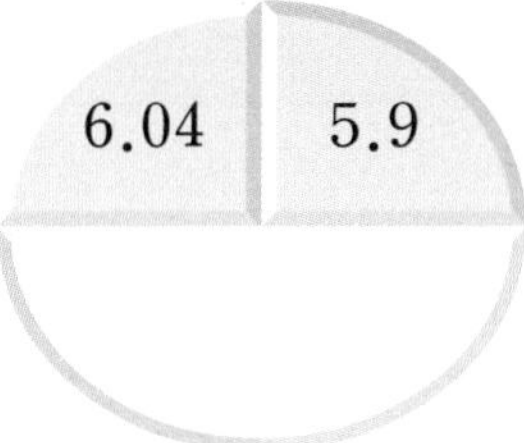

14

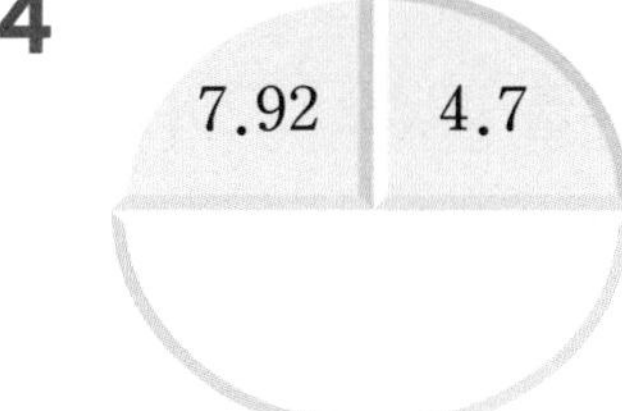

15

16

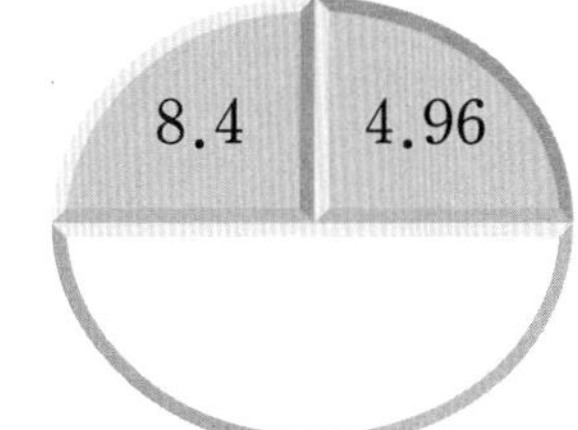

17

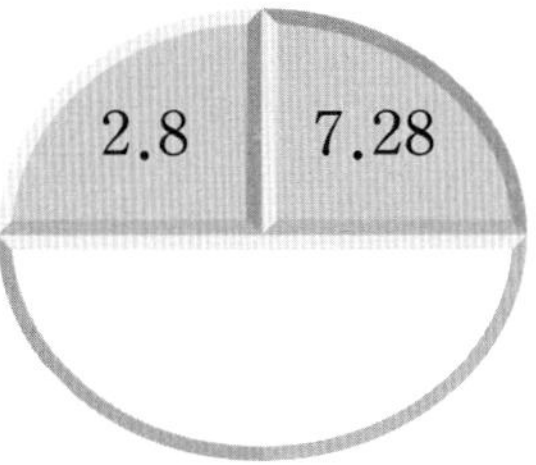

18

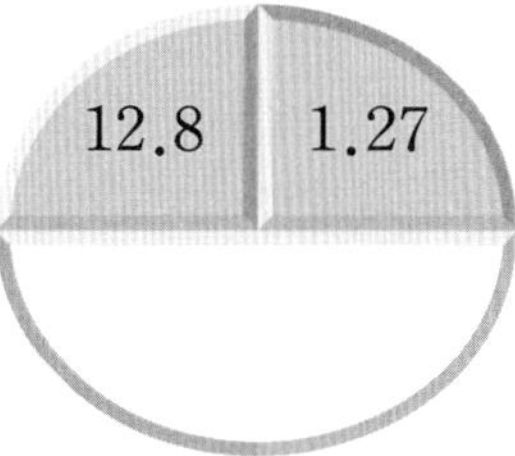

19

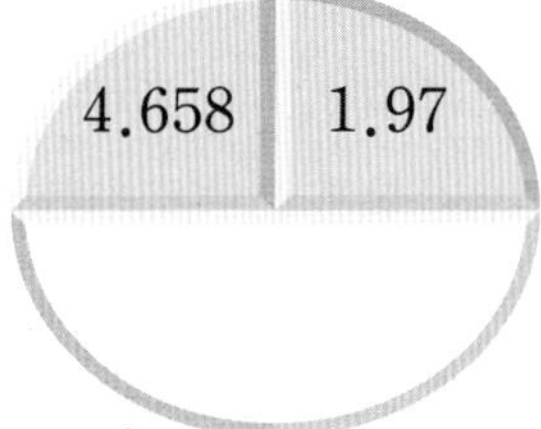

20

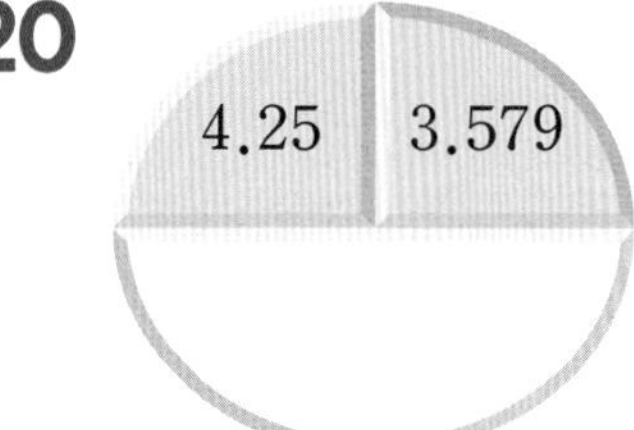

8 소수 한 자리 수의 뺄셈(1)

소수점끼리 맞추어 세로로 쓰고 소수 첫째 자리, 일의 자리 순서로 뺍니다.

$4.6-1.8=2.8$ ➡

```
  3 10
  4̸.6
- 1.8
-----
  2.8
```

(소수 첫째 자리) $10+6-8=8$

(일의 자리) $4-1-1=2$

□ 안에 알맞은 수를 써넣으시오. (1~4)

1

$\begin{array}{r} 0.9 \\ -\ 0.4 \\ \hline \end{array}$ ➡ 0.9 → 0.1이 □개, − 0.4 → 0.1이 □개, 0.1이 □개 ➡ $\begin{array}{r} 0.9 \\ -\ 0.4 \\ \hline \square \end{array}$

2

$\begin{array}{r} 2.7 \\ -\ 0.9 \\ \hline \end{array}$ ➡ 2.7 → 0.1이 □개, − 0.9 → 0.1이 □개, 0.1이 □개 ➡ $\begin{array}{r} 2.7 \\ -\ 0.9 \\ \hline \square \end{array}$

3

$\begin{array}{r} 4.6 \\ -\ 1.5 \\ \hline \end{array}$ ➡ 4.6 → 0.1이 □개, − 1.5 → 0.1이 □개, 0.1이 □개 ➡ $\begin{array}{r} 4.6 \\ -\ 1.5 \\ \hline \square \end{array}$

4

$\begin{array}{r} 5.1 \\ -\ 2.6 \\ \hline \end{array}$ ➡ 5.1 → 0.1이 □개, − 2.6 → 0.1이 □개, 0.1이 □개 ➡ $\begin{array}{r} 5.1 \\ -\ 2.6 \\ \hline \square \end{array}$

계산은 빠르고 정확하게!

걸린 시간	1~6분	6~9분	9~12분
맞은 개수	11~12개	9~10개	1~8개
평가	참 잘했어요.	잘했어요.	좀더 노력해요.

□ 안에 알맞은 수를 써넣으시오. (5 ~ 12)

5 0.7은 0.1이 □개
0.2는 0.1이 □개
➡ 0.7−0.2는 0.1이 □개
➡ 0.7−0.2=□

6 1.7은 0.1이 □개
0.4는 0.1이 □개
➡ 1.7−0.4는 0.1이 □개
➡ 1.7−0.4=□

7 4.1은 0.1이 □개
2.4는 0.1이 □개
➡ 4.1−2.4는 0.1이 □개
➡ 4.1−2.4=□

8 5.7은 0.1이 □개
1.9는 0.1이 □개
➡ 5.7−1.9는 0.1이 □개
➡ 5.7−1.9=□

9 3.6은 0.1이 □개
2.8은 0.1이 □개
➡ 3.6−2.8은 0.1이 □개
➡ 3.6−2.8=□

10 6.1은 0.1이 □개
2.3은 0.1이 □개
➡ 6.1−2.3은 0.1이 □개
➡ 6.1−2.3=□

11 5.9는 0.1이 □개
2.5는 0.1이 □개
➡ 5.9−2.5는 0.1이 □개
➡ 5.9−2.5=□

12 9.2는 0.1이 □개
3.7은 0.1이 □개
➡ 9.2−3.7은 0.1이 □개
➡ 9.2−3.7=□

8 소수 한 자리 수의 뺄셈(2)

계산을 하시오. (1 ~ 21)

1 $\begin{array}{r} 0.8 \\ -\ 0.3 \\ \hline \end{array}$

2 $\begin{array}{r} 0.9 \\ -\ 0.6 \\ \hline \end{array}$

3 $\begin{array}{r} 0.7 \\ -\ 0.5 \\ \hline \end{array}$

4 $\begin{array}{r} 1.7 \\ -\ 0.8 \\ \hline \end{array}$

5 $\begin{array}{r} 2.4 \\ -\ 0.6 \\ \hline \end{array}$

6 $\begin{array}{r} 1.2 \\ -\ 0.5 \\ \hline \end{array}$

7 $\begin{array}{r} 4.2 \\ -\ 2.4 \\ \hline \end{array}$

8 $\begin{array}{r} 5.4 \\ -\ 3.5 \\ \hline \end{array}$

9 $\begin{array}{r} 4.9 \\ -\ 3.7 \\ \hline \end{array}$

10 $\begin{array}{r} 6.2 \\ -\ 2.6 \\ \hline \end{array}$

11 $\begin{array}{r} 4.7 \\ -\ 1.8 \\ \hline \end{array}$

12 $\begin{array}{r} 6.2 \\ -\ 5.8 \\ \hline \end{array}$

13 $\begin{array}{r} 9.2 \\ -\ 5.4 \\ \hline \end{array}$

14 $\begin{array}{r} 7.4 \\ -\ 5.1 \\ \hline \end{array}$

15 $\begin{array}{r} 8.6 \\ -\ 2.8 \\ \hline \end{array}$

16 $\begin{array}{r} 6.5 \\ -\ 3.7 \\ \hline \end{array}$

17 $\begin{array}{r} 4.9 \\ -\ 2.7 \\ \hline \end{array}$

18 $\begin{array}{r} 5.4 \\ -\ 1.8 \\ \hline \end{array}$

19 $\begin{array}{r} 36.4 \\ -\ \ \ 1.6 \\ \hline \end{array}$

20 $\begin{array}{r} 27.1 \\ -\ \ \ 2.4 \\ \hline \end{array}$

21 $\begin{array}{r} 15.4 \\ -\ \ \ 2.6 \\ \hline \end{array}$

계산은 빠르고 정확하게!

걸린 시간	1~8분	8~12분	12~16분
맞은 개수	37~41개	29~36개	1~28개
평가	참 잘했어요.	잘했어요.	좀더 노력해요.

계산을 하시오. (22 ~ 41)

22 $0.4-0.1$

23 $1.6-0.7$

24 $4.9-3.2$

25 $6.5-5.9$

26 $3.1-1.8$

27 $5.4-3.6$

28 $5.2-2.7$

29 $4.6-3.4$

30 $9.7-2.5$

31 $7.6-2.9$

32 $7.5-3.7$

33 $2.7-1.4$

34 $8.2-4.6$

35 $6.3-2.5$

36 $6.8-3.6$

37 $8.4-3.4$

38 $14.7-5.2$

39 $19.7-8.4$

40 $21.5-9.8$

41 $32.4-11.5$

8 소수 한 자리 수의 뺄셈(3)

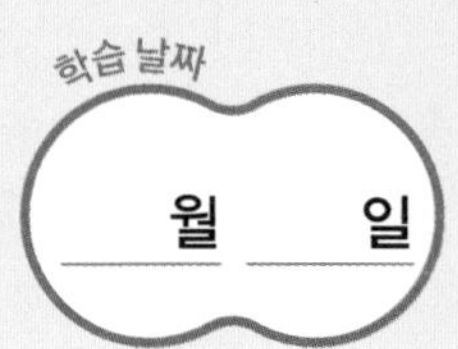

□ 안에 알맞은 수를 써넣으시오. (1~10)

1
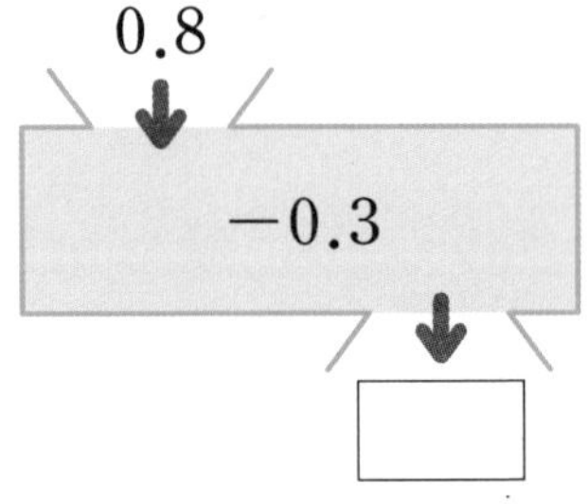

2
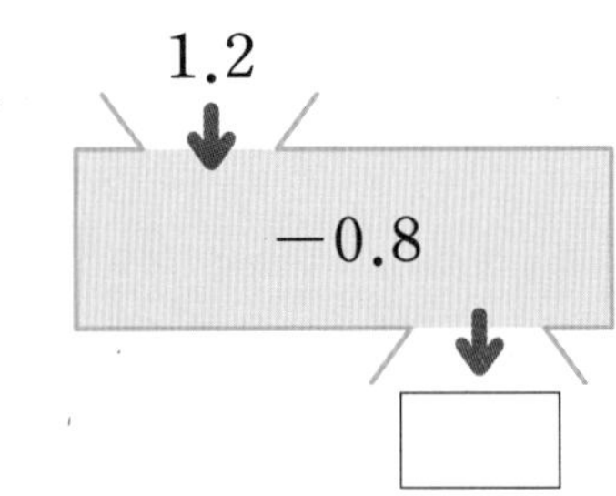

3
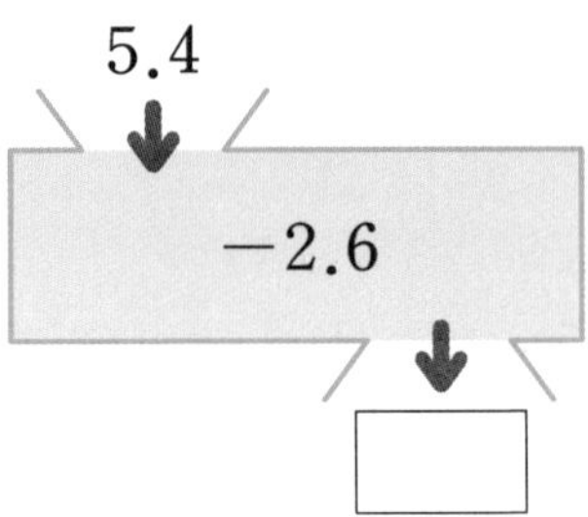

4
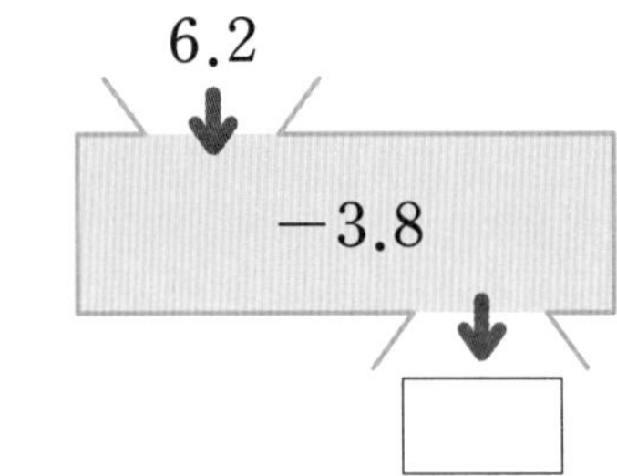

5
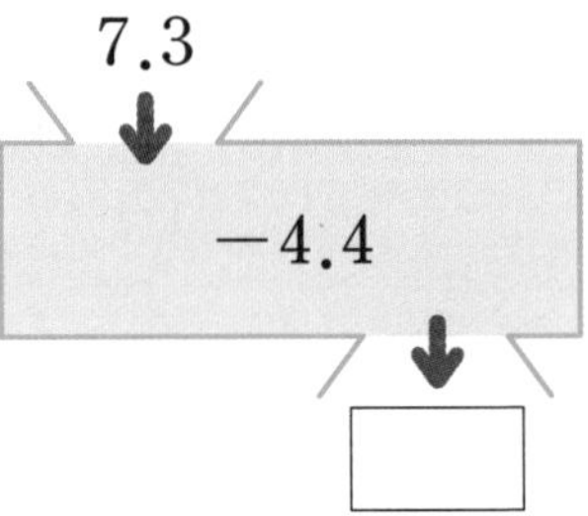

6
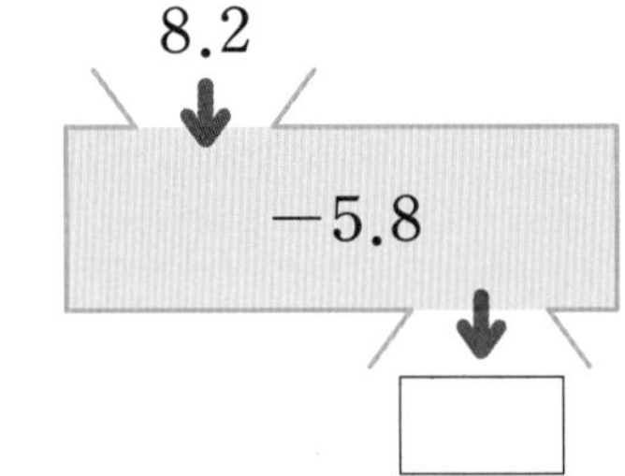

7
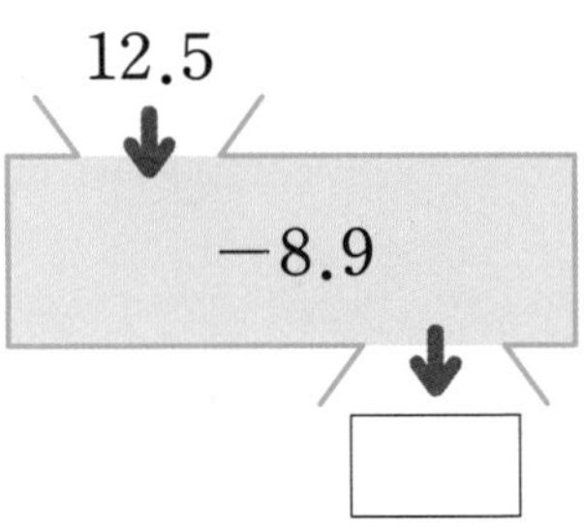

8
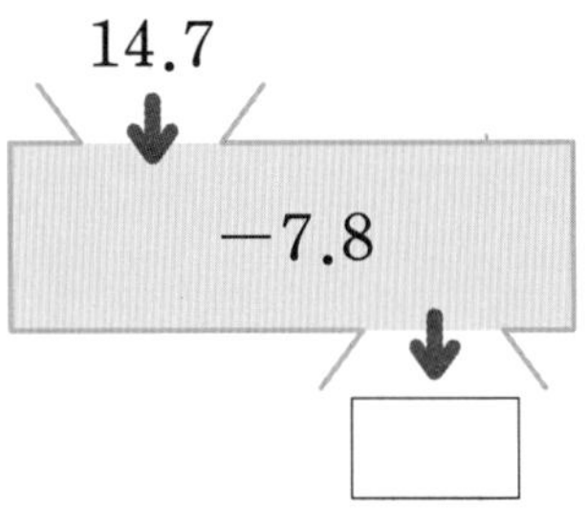

9
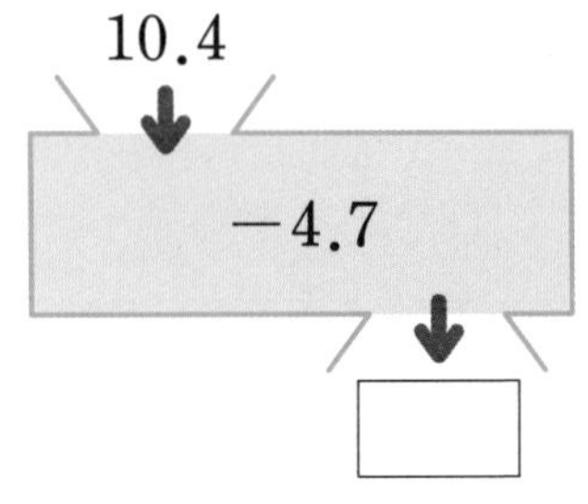

10
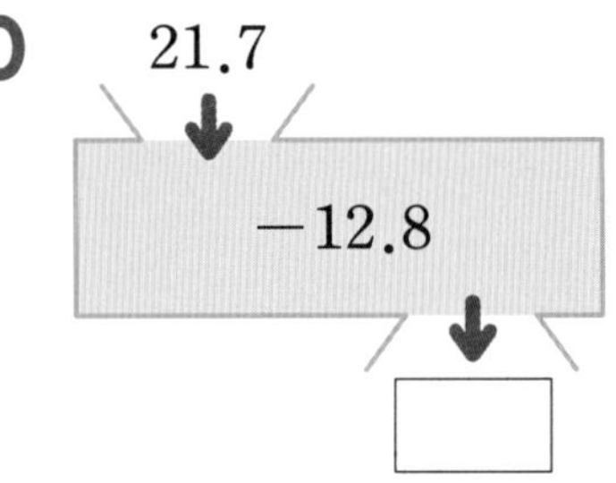

걸린 시간	1~5분	5~8분	8~10분
맞은 개수	18~20개	14~17개	1~13개
평가	참 잘했어요.	잘했어요.	좀더 노력해요.

두 수의 차를 빈 곳에 써넣으시오. (11 ~ 20)

11

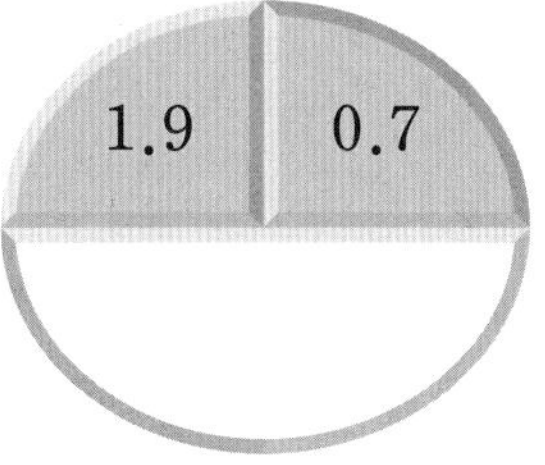

12

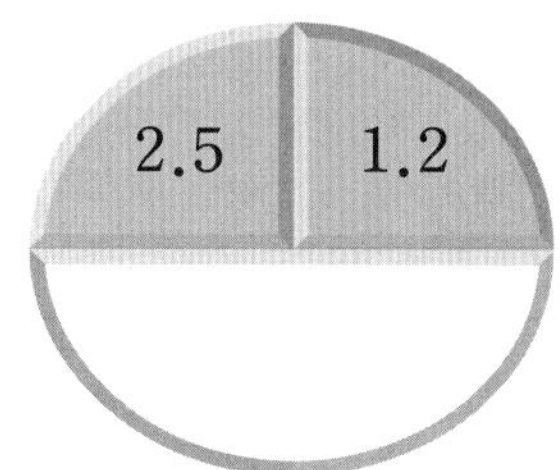

13

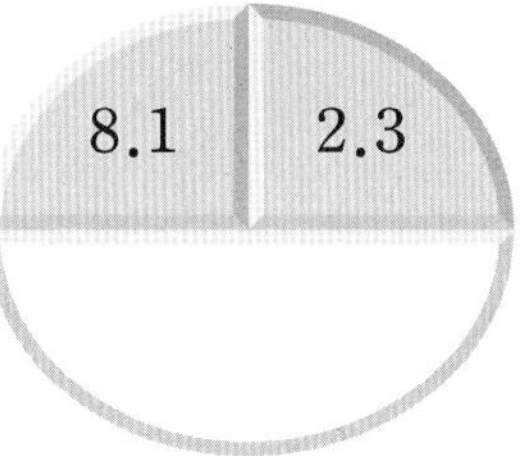

14

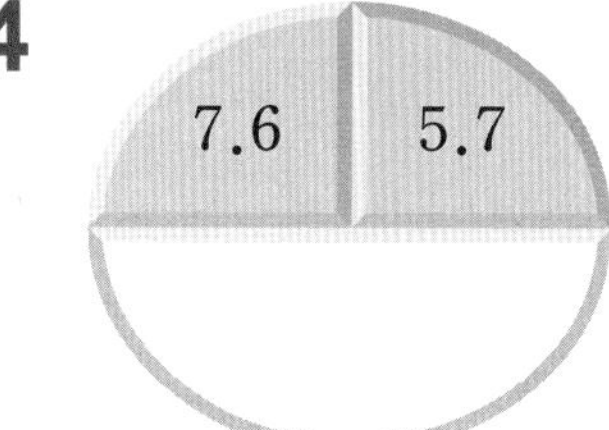

15

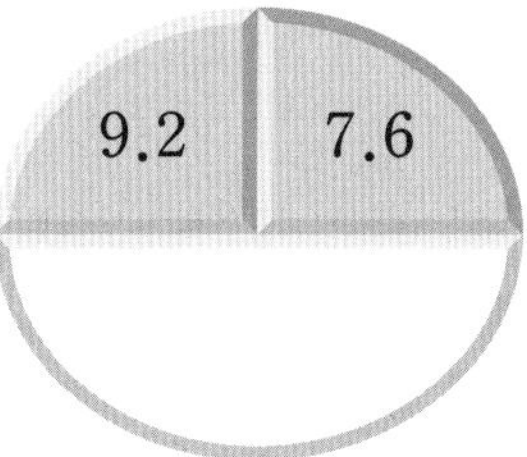

16

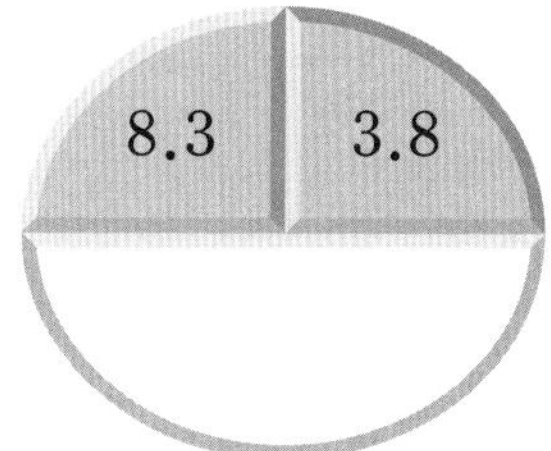

17

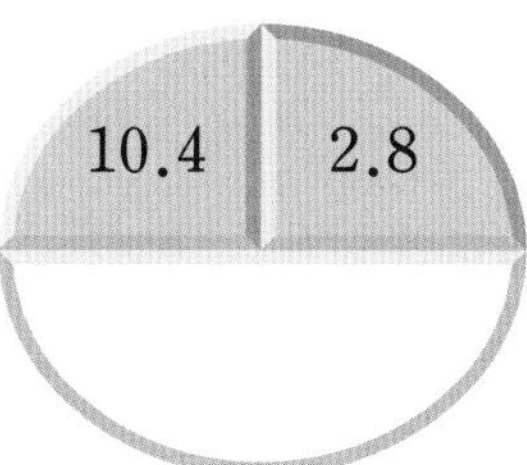

18

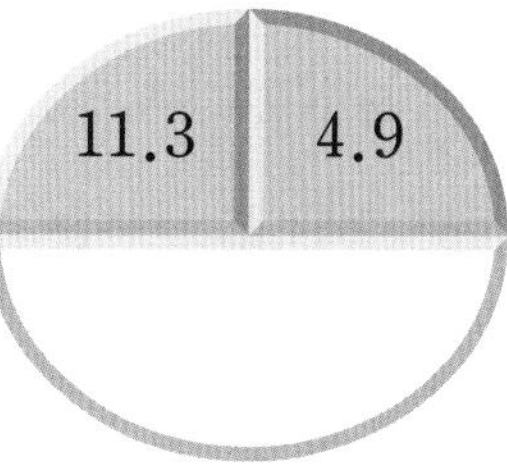

19

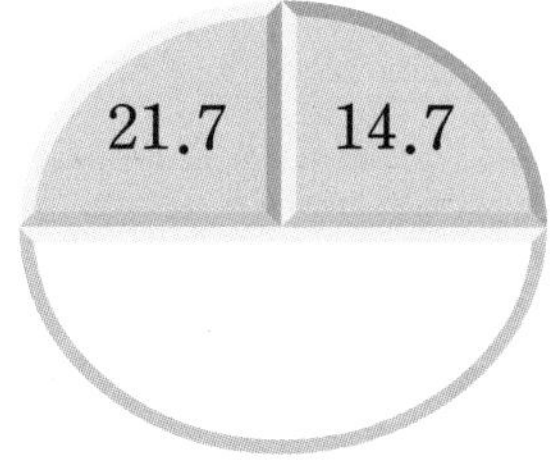

20

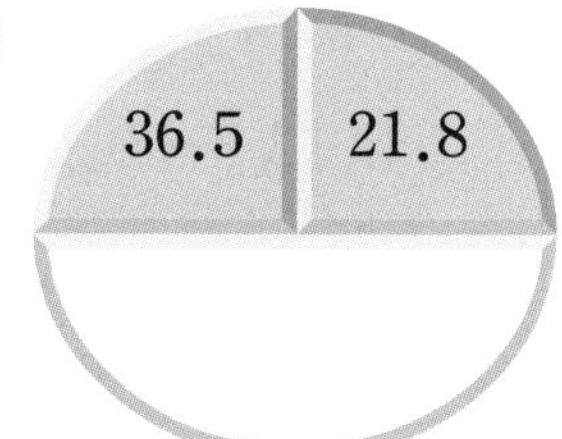

9 소수 두 자리 수의 뺄셈(1)

소수점끼리 맞추어 세로로 쓰고 소수 둘째 자리, 소수 첫째 자리, 일의 자리 순서로 뺍니다.

$3.47-1.52=1.95$ ➡

```
  2 10
  3.47
− 1.52
──────
  1.95
```

- 7−2=5
- 10+4−5=9
- 3−1−1=1

□ 안에 알맞은 수를 써넣으시오. (1~4)

1

$\begin{array}{r} 0.94 \\ -\ 0.57 \\ \hline \end{array}$ ➡ 0.94 → 0.01이 □개, − 0.57 → 0.01이 □개, 0.01이 □개 ➡ $\begin{array}{r} 0.94 \\ -\ 0.57 \\ \hline \square \end{array}$

2

$\begin{array}{r} 1.46 \\ -\ 0.29 \\ \hline \end{array}$ ➡ 1.46 → 0.01이 □개, − 0.29 → 0.01이 □개, 0.01이 □개 ➡ $\begin{array}{r} 1.46 \\ -\ 0.29 \\ \hline \square \end{array}$

3

$\begin{array}{r} 4.56 \\ -\ 2.75 \\ \hline \end{array}$ ➡ 4.56 → 0.01이 □개, − 2.75 → 0.01이 □개, 0.01이 □개 ➡ $\begin{array}{r} 4.56 \\ -\ 2.75 \\ \hline \square \end{array}$

4

$\begin{array}{r} 5.12 \\ -\ 3.74 \\ \hline \end{array}$ ➡ 5.12 → 0.01이 □개, − 3.74 → 0.01이 □개, 0.01이 □개 ➡ $\begin{array}{r} 5.12 \\ -\ 3.74 \\ \hline \square \end{array}$

걸린 시간	1~6분	6~9분	9~12분
맞은 개수	11~12개	9~10개	1~8개
평가	참 잘했어요.	잘했어요.	좀더 노력해요.

□ 안에 알맞은 수를 써넣으시오. (5 ~ 12)

5 0.76은 0.01이 □개
0.28은 0.01이 □개
➡ 0.76−0.28은 0.01이 □개
➡ 0.76−0.28=□

6 0.82는 0.01이 □개
0.18은 0.01이 □개
➡ 0.82−0.18은 0.01이 □개
➡ 0.82−0.18=□

7 1.54는 0.01이 □개
0.75는 0.01이 □개
➡ 1.54−0.75는 0.01이 □개
➡ 1.54−0.75=□

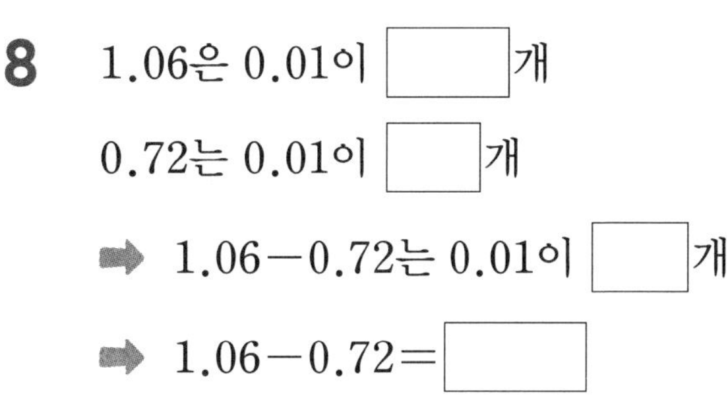

8 1.06은 0.01이 □개
0.72는 0.01이 □개
➡ 1.06−0.72는 0.01이 □개
➡ 1.06−0.72=□

9 3.25는 0.01이 □개
1.94는 0.01이 □개
➡ 3.25−1.94는 0.01이 □개
➡ 3.25−1.94=□

10 4.13은 0.01이 □개
2.51은 0.01이 □개
➡ 4.13−2.51은 0.01이 □개
➡ 4.13−2.51=□

11 7.19는 0.01이 □개
5.42는 0.01이 □개
➡ 7.19−5.42는 0.01이 □개
➡ 7.19−5.42=□

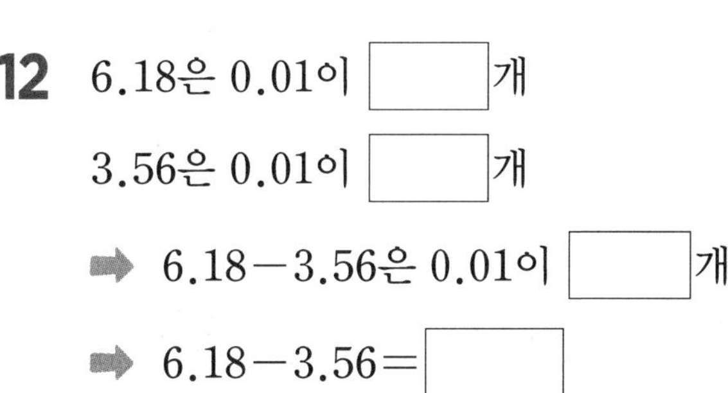

12 6.18은 0.01이 □개
3.56은 0.01이 □개
➡ 6.18−3.56은 0.01이 □개
➡ 6.18−3.56=□

9 소수 두 자리 수의 뺄셈(2)

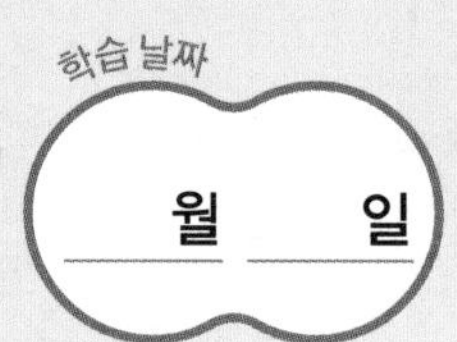

계산을 하시오. (1~21)

1 $\begin{array}{r} 0.48 \\ -\ 0.23 \\ \hline \end{array}$

2 $\begin{array}{r} 0.94 \\ -\ 0.72 \\ \hline \end{array}$

3 $\begin{array}{r} 0.81 \\ -\ 0.17 \\ \hline \end{array}$

4 $\begin{array}{r} 1.48 \\ -\ 0.87 \\ \hline \end{array}$

5 $\begin{array}{r} 1.25 \\ -\ 0.14 \\ \hline \end{array}$

6 $\begin{array}{r} 2.62 \\ -\ 0.49 \\ \hline \end{array}$

7 $\begin{array}{r} 2.45 \\ -\ 1.54 \\ \hline \end{array}$

8 $\begin{array}{r} 4.82 \\ -\ 1.94 \\ \hline \end{array}$

9 $\begin{array}{r} 5.04 \\ -\ 3.25 \\ \hline \end{array}$

10 $\begin{array}{r} 6.25 \\ -\ 3.15 \\ \hline \end{array}$

11 $\begin{array}{r} 7.72 \\ -\ 4.24 \\ \hline \end{array}$

12 $\begin{array}{r} 8.28 \\ -\ 5.49 \\ \hline \end{array}$

13 $\begin{array}{r} 9.25 \\ -\ 2.72 \\ \hline \end{array}$

14 $\begin{array}{r} 8.64 \\ -\ 5.17 \\ \hline \end{array}$

15 $\begin{array}{r} 6.43 \\ -\ 5.79 \\ \hline \end{array}$

16 $\begin{array}{r} 8.88 \\ -\ 5.14 \\ \hline \end{array}$

17 $\begin{array}{r} 4.95 \\ -\ 1.78 \\ \hline \end{array}$

18 $\begin{array}{r} 9.84 \\ -\ 6.98 \\ \hline \end{array}$

19 $\begin{array}{r} 12.78 \\ -\ 5.42 \\ \hline \end{array}$

20 $\begin{array}{r} 32.57 \\ -\ 9.49 \\ \hline \end{array}$

21 $\begin{array}{r} 27.58 \\ -\ 15.72 \\ \hline \end{array}$

걸린 시간	1~10분	10~15분	15~20분
맞은 개수	37~41개	29~36개	1~28개
평가	참 잘했어요.	잘했어요.	좀더 노력해요.

계산을 하시오. (22 ~ 41)

22 $0.69-0.57$

23 $0.92-0.24$

24 $1.67-0.95$

25 $1.43-0.58$

26 $4.72-1.54$

27 $5.84-2.92$

28 $7.25-3.95$

29 $8.02-5.78$

30 $6.25-2.56$

31 $7.48-2.07$

32 $9.05-2.43$

33 $8.46-5.64$

34 $7.21-2.75$

35 $5.96-2.78$

36 $8.74-1.91$

37 $6.27-3.57$

38 $11.48-6.27$

39 $14.58-9.17$

40 $27.56-19.84$

41 $36.57-15.84$

9 소수 두 자리 수의 뺄셈(3)

□ 안에 알맞은 수를 써넣으시오. (1~10)

1
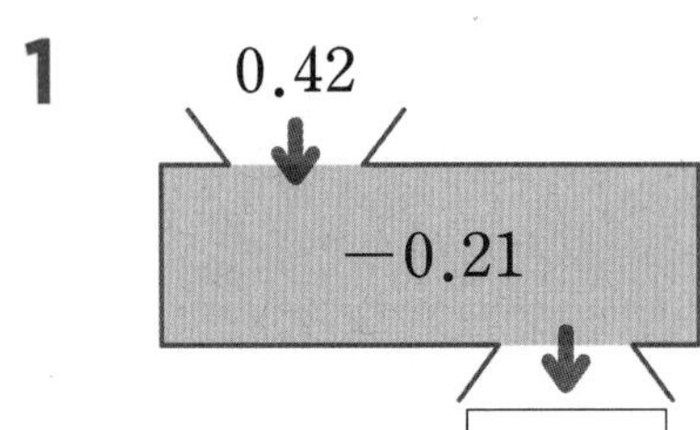

2
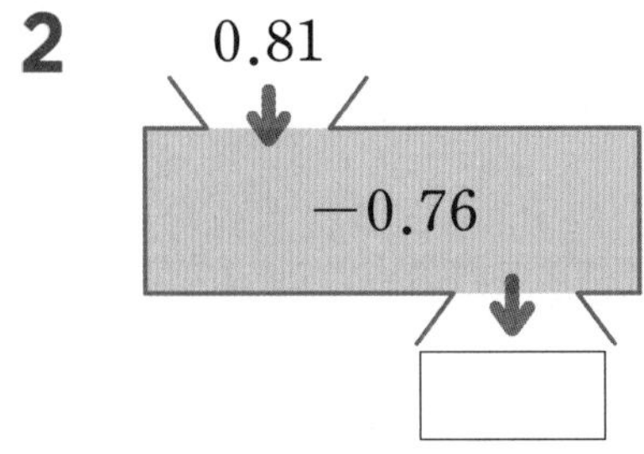

3
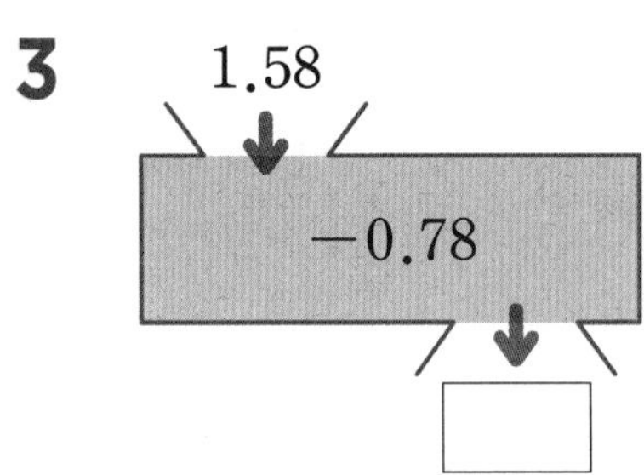

4
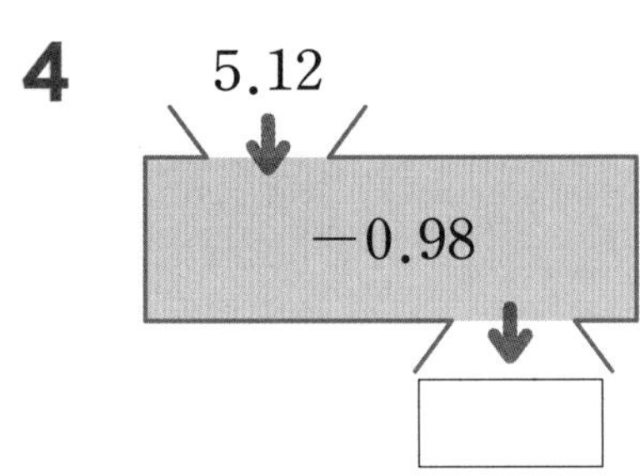

5
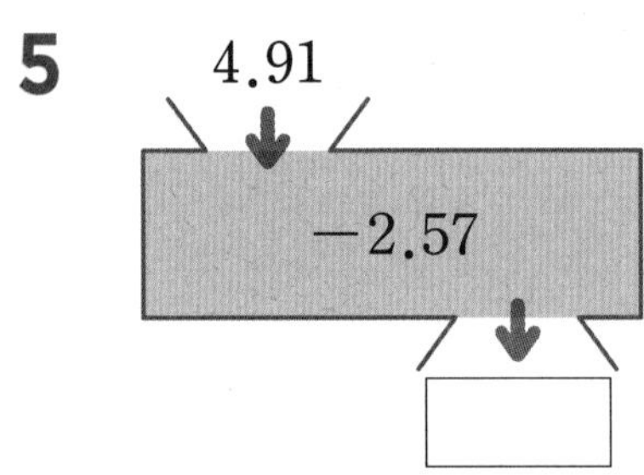

6
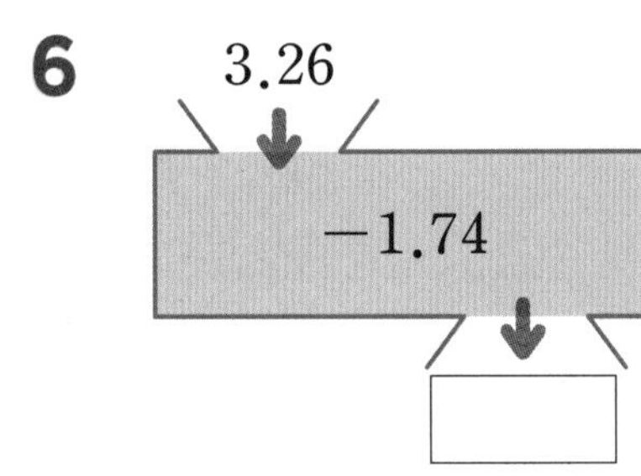

7
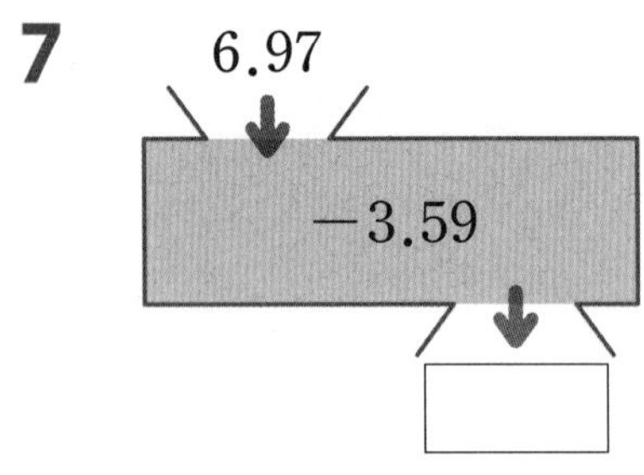

8
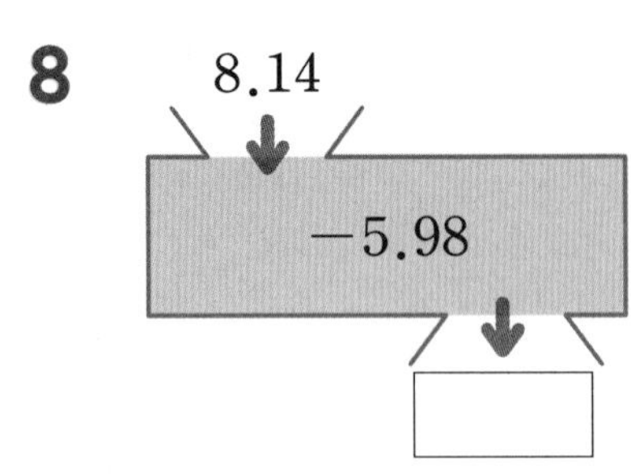

9
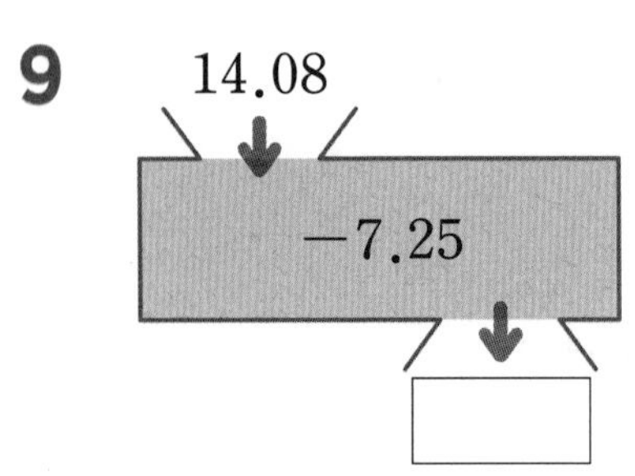

10
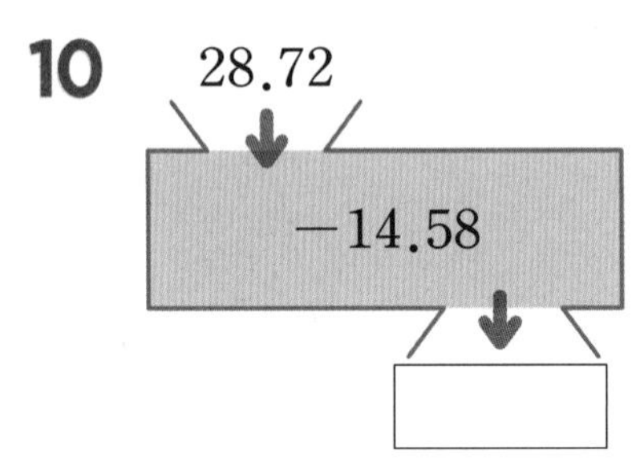

계산은 빠르고 정확하게!

걸린 시간	1~6분	6~9분	9~12분
맞은 개수	18~20개	14~17개	1~13개
평가	참 잘했어요.	잘했어요.	좀더 노력해요.

두 수의 차를 빈 곳을 써넣으시오. (11 ~ 20)

11
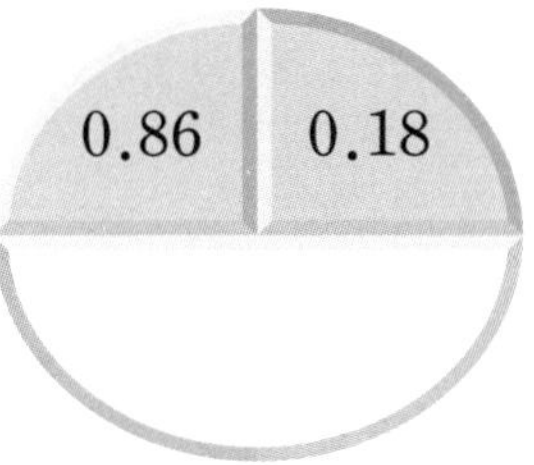

12
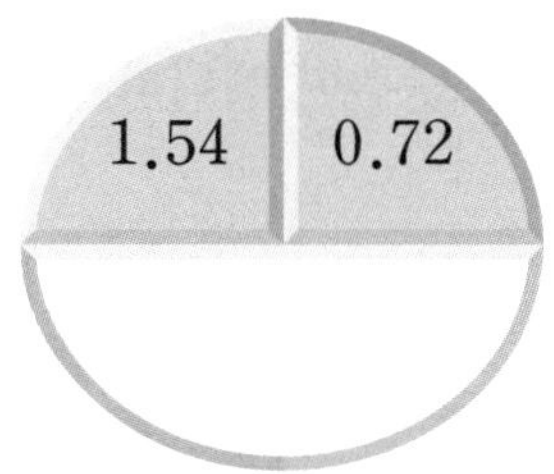

13
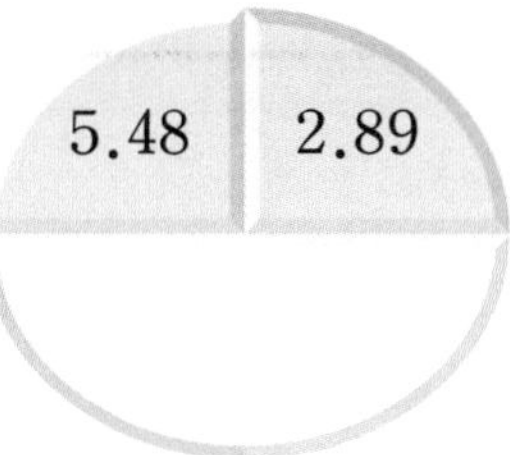

14
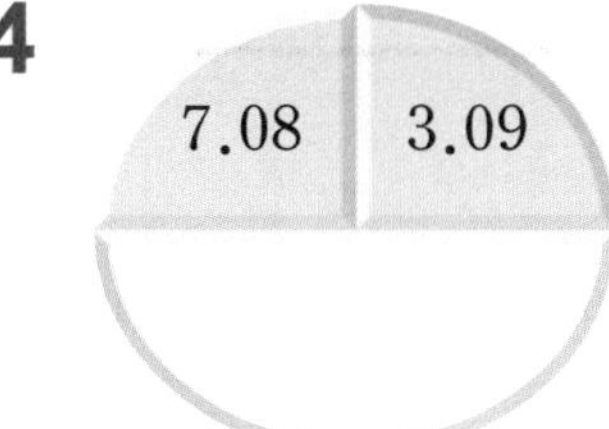

15
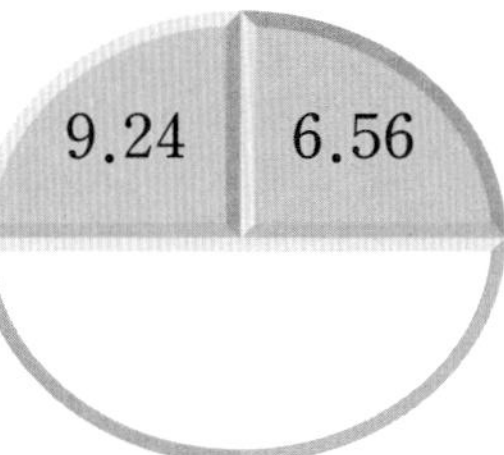

16
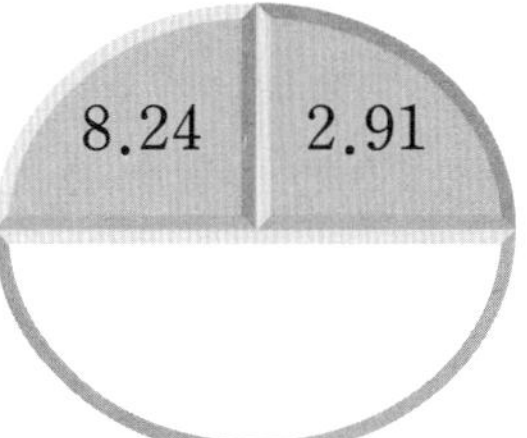

17
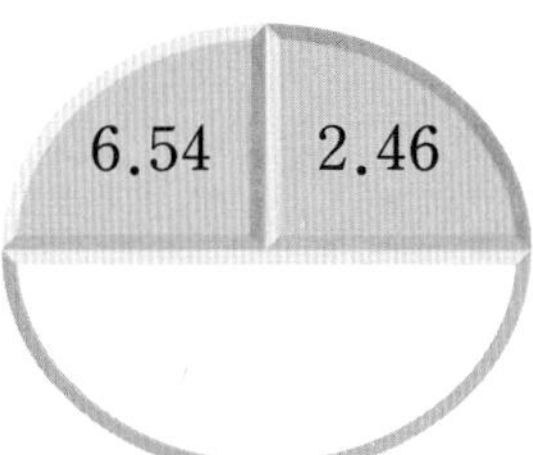

18
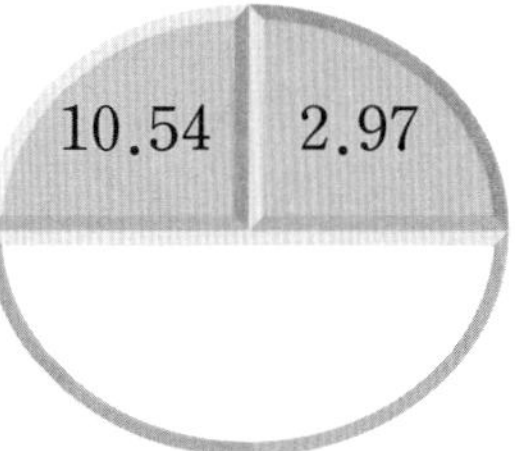

19
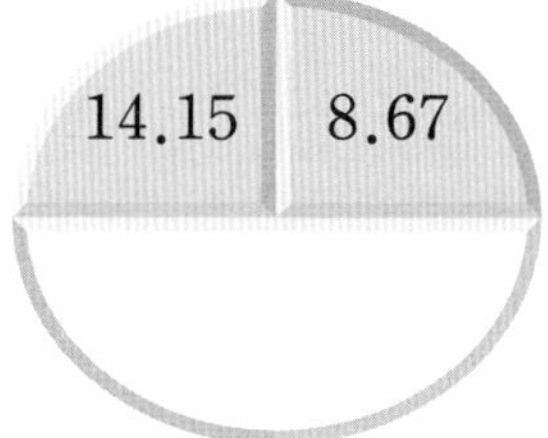

20
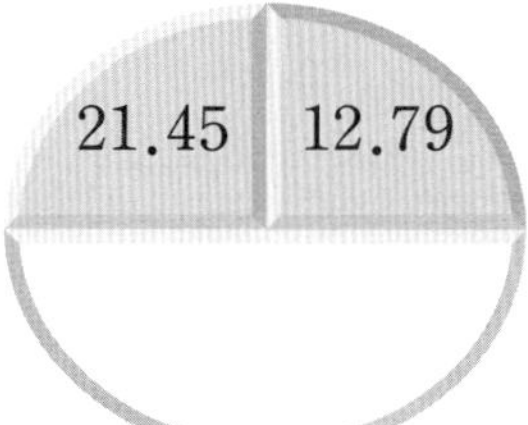

10 자릿수가 다른 소수의 뺄셈(1)

소수점 아래 자릿수가 다른 소수의 뺄셈을 할 때에는 오른쪽 끝자리 뒤에 0이 있는 것으로 생각하여 소수점의 자리를 맞추어 뺍니다.

$$3.24-1.5=1.74 \Rightarrow \begin{array}{r} \overset{2\ 10}{\cancel{3}.24} \\ -\ 1.50 \\ \hline 1.74 \end{array}$$

→ 4−0=4
→ 10+2−5=7
→ 3−1−1=1

□ 안에 알맞은 수를 써넣으시오. (1~4)

1
$\begin{array}{r} 2.15 \\ -\ 0.9 \\ \hline \end{array}$ ➡ 2.15 → 0.01이 □개, − 0.90 → 0.01이 □개, 0.01이 □개 ➡ $\begin{array}{r} 2.15 \\ -\ 0.9 \\ \hline \square \end{array}$

2
$\begin{array}{r} 4.75 \\ -\ 1.8 \\ \hline \end{array}$ ➡ 4.75 → 0.01이 □개, − 1.80 → 0.01이 □개, 0.01이 □개 ➡ $\begin{array}{r} 4.75 \\ -\ 1.8 \\ \hline \square \end{array}$

3
$\begin{array}{r} 3.6 \\ -\ 1.75 \\ \hline \end{array}$ ➡ 3.60 → 0.01이 □개, − 1.75 → 0.01이 □개, 0.01이 □개 ➡ $\begin{array}{r} 3.6 \\ -\ 1.75 \\ \hline \square \end{array}$

4
$\begin{array}{r} 8.2 \\ -\ 2.94 \\ \hline \end{array}$ ➡ 8.20 → 0.01이 □개, − 2.94 → 0.01이 □개, 0.01이 □개 ➡ $\begin{array}{r} 8.2 \\ -\ 2.94 \\ \hline \square \end{array}$

계산은 빠르고 정확하게!

걸린 시간	1~6분	6~9분	9~12분
맞은 개수	11~12개	9~10개	1~8개
평가	참 잘했어요.	잘했어요.	좀더 노력해요.

□ 안에 알맞은 수를 써넣으시오. (5 ~ 12)

5 3.06은 0.01이 □개

0.8은 0.01이 □개

➡ 3.06−0.8은 0.01이 □개

➡ 3.06−0.8=□

6 4.57은 0.01이 □개

0.7은 0.01이 □개

➡ 4.57−0.7은 0.01이 □개

➡ 4.57−0.7=□

7 6.29는 0.01이 □개

3.5는 0.01이 □개

➡ 6.29−3.5는 0.01이 □개

➡ 6.29−3.5=□

8 5.83은 0.01이 □개

2.9는 0.01이 □개

➡ 5.83−2.9는 0.01이 □개

➡ 5.83−2.9=□

9 2.7은 0.01이 □개

1.24는 0.01이 □개

➡ 2.7−1.24는 0.01이 □개

➡ 2.7−1.24=□

10 6.2는 0.01이 □개

2.97은 0.01이 □개

➡ 6.2−2.97은 0.01이 □개

➡ 6.2−2.97=□

11 9.4는 0.01이 □개

5.16은 0.01이 □개

➡ 9.4−5.16은 0.01이 □개

➡ 9.4−5.16=□

12 8.1은 0.01이 □개

3.65는 0.01이 □개

➡ 8.1−3.65는 0.01이 □개

➡ 8.1−3.65=□

10 자릿수가 다른 소수의 뺄셈(2)

계산을 하시오. (1 ~ 21)

1
$$\begin{array}{r} 0.57 \\ -\ 0.4 \\ \hline \end{array}$$

2
$$\begin{array}{r} 0.98 \\ -\ 0.4 \\ \hline \end{array}$$

3
$$\begin{array}{r} 1.58 \\ -\ 0.7 \\ \hline \end{array}$$

4
$$\begin{array}{r} 5.72 \\ -\ 1.5 \\ \hline \end{array}$$

5
$$\begin{array}{r} 6.54 \\ -\ 3.9 \\ \hline \end{array}$$

6
$$\begin{array}{r} 7.23 \\ -\ 5.8 \\ \hline \end{array}$$

7
$$\begin{array}{r} 6.74 \\ -\ 5.1 \\ \hline \end{array}$$

8
$$\begin{array}{r} 2.14 \\ -\ 1.7 \\ \hline \end{array}$$

9
$$\begin{array}{r} 8.64 \\ -\ 6.9 \\ \hline \end{array}$$

10
$$\begin{array}{r} 14.76 \\ -\ 8.4 \\ \hline \end{array}$$

11
$$\begin{array}{r} 12.05 \\ -\ 9.7 \\ \hline \end{array}$$

12
$$\begin{array}{r} 18.75 \\ -\ 10.8 \\ \hline \end{array}$$

13
$$\begin{array}{r} 4.6 \\ -\ 1.72 \\ \hline \end{array}$$

14
$$\begin{array}{r} 5.8 \\ -\ 4.92 \\ \hline \end{array}$$

15
$$\begin{array}{r} 7.6 \\ -\ 4.38 \\ \hline \end{array}$$

16
$$\begin{array}{r} 8.4 \\ -\ 2.96 \\ \hline \end{array}$$

17
$$\begin{array}{r} 9.6 \\ -\ 8.17 \\ \hline \end{array}$$

18
$$\begin{array}{r} 6.5 \\ -\ 1.79 \\ \hline \end{array}$$

19
$$\begin{array}{r} 9.48 \\ -\ 2.573 \\ \hline \end{array}$$

20
$$\begin{array}{r} 7.58 \\ -\ 4.276 \\ \hline \end{array}$$

21
$$\begin{array}{r} 12.92 \\ -\ 5.473 \\ \hline \end{array}$$

계산은 빠르고 정확하게!

걸린 시간	1~10분	10~15분	15~20분
맞은 개수	37~41개	29~36개	1~28개
평가	참 잘했어요.	잘했어요.	좀더 노력해요.

계산을 하시오. (22 ~ 41)

22 $0.88-0.2$

23 $0.92-0.7$

24 $1.48-0.6$

25 $2.76-1.2$

26 $5.82-4.2$

27 $6.84-2.9$

28 $12.74-3.6$

29 $15.84-7.9$

30 $4.574-2.98$

31 $6.254-3.78$

32 $6.4-2.76$

33 $8.7-2.92$

34 $9.5-2.74$

35 $7.2-2.91$

36 $11.4-5.21$

37 $19.8-5.74$

38 $6.98-2.546$

39 $7.25-3.123$

40 $17.48-8.572$

41 $19.84-11.752$

자릿수가 다른 소수의 뺄셈(3)

□ 안에 알맞은 수를 써넣으시오. (1~10)

1

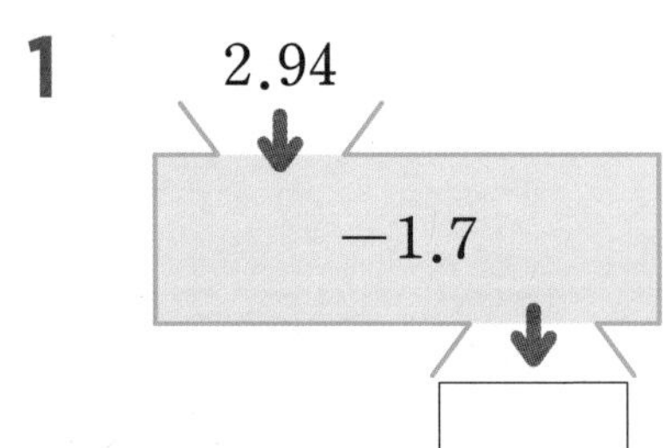

2

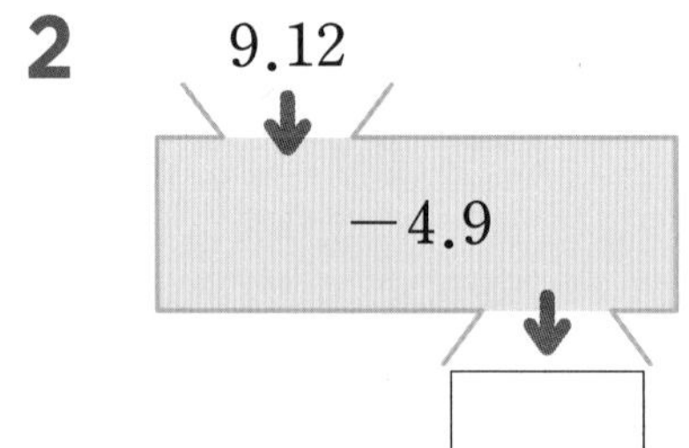

3

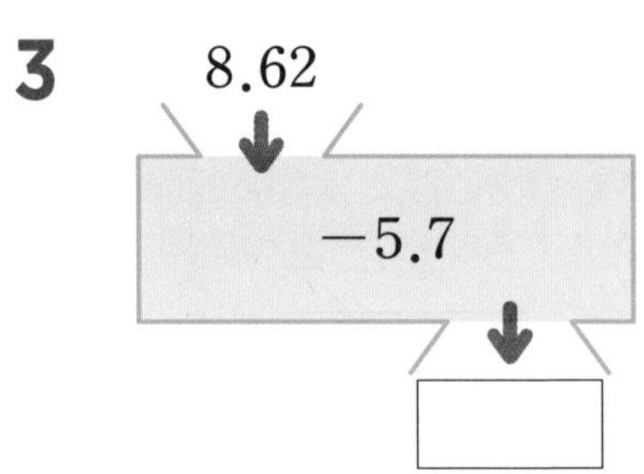

4

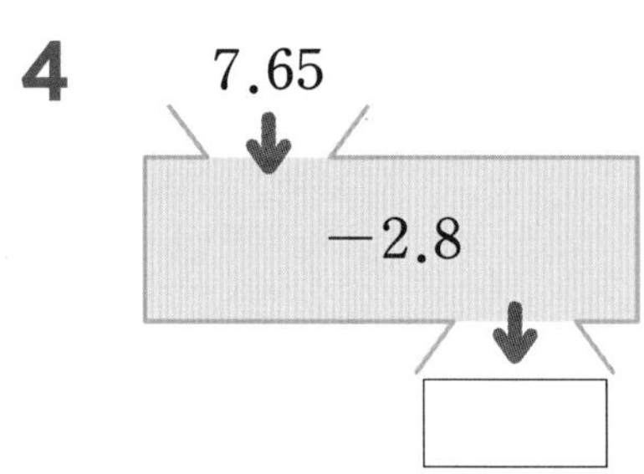

5

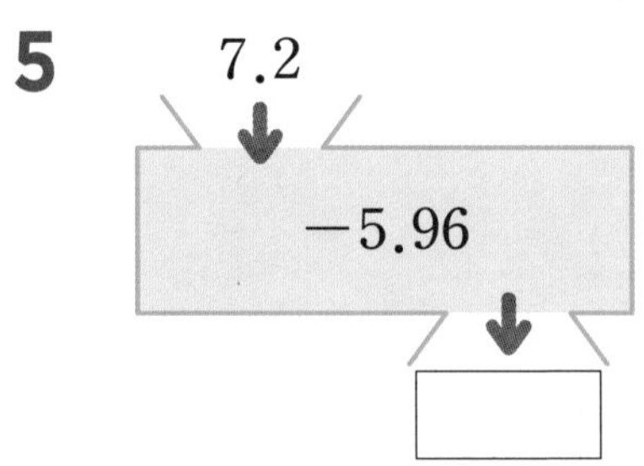

6

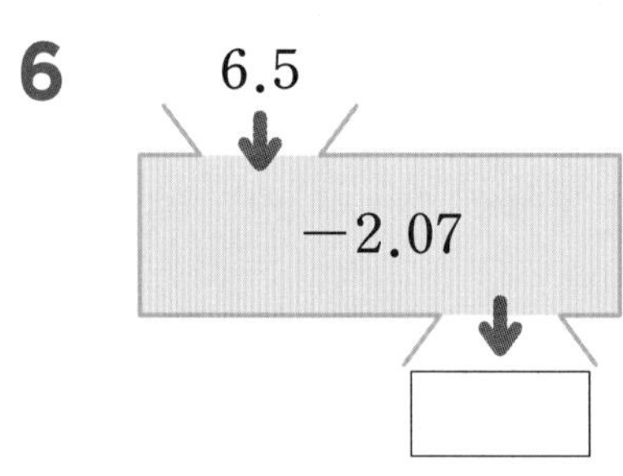

7

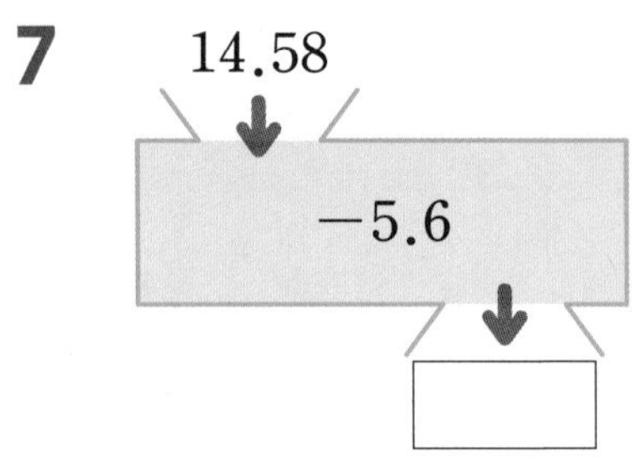

8

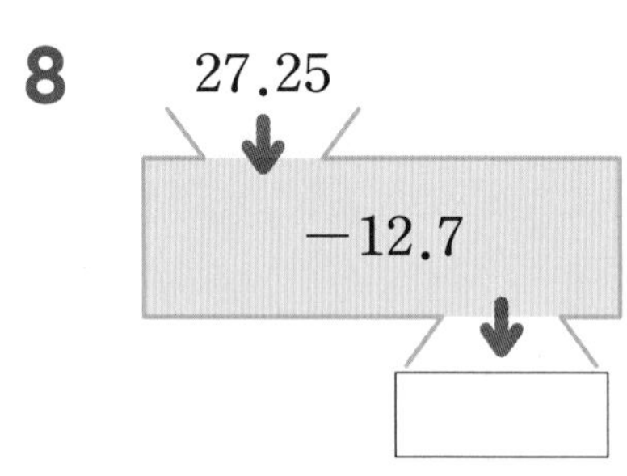

9

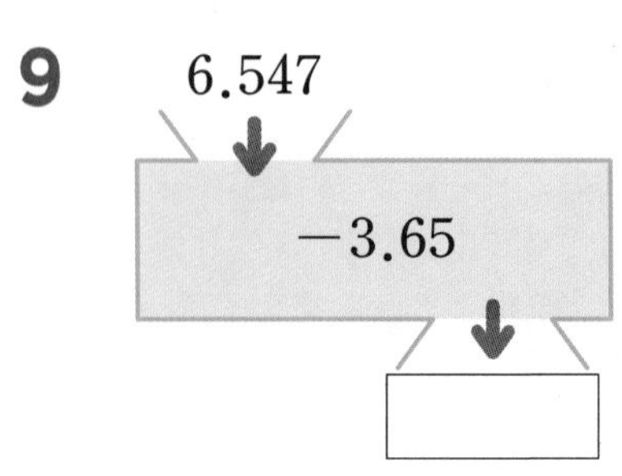

10

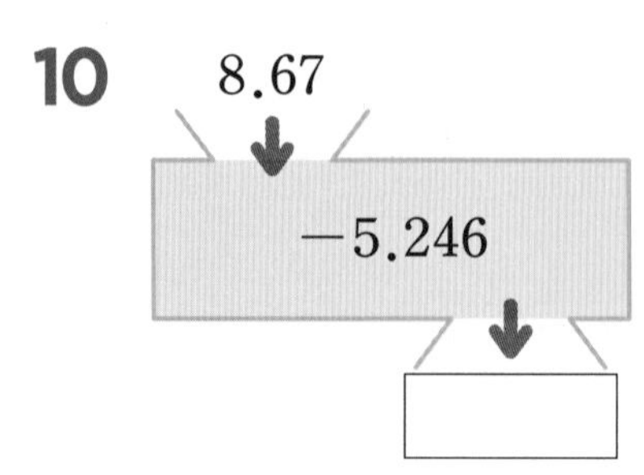

걸린 시간	1~6분	6~9분	9~12분
맞은 개수	18~20개	14~17개	1~13개
평가	참 잘했어요.	잘했어요.	좀더 노력해요.

두 수의 차를 빈 곳에 써넣으시오. (11 ~ 20)

11

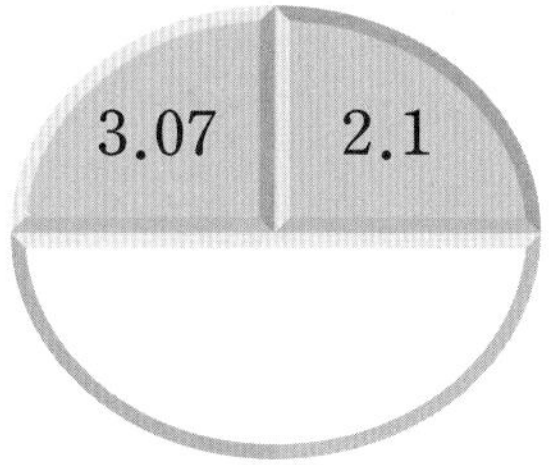

12

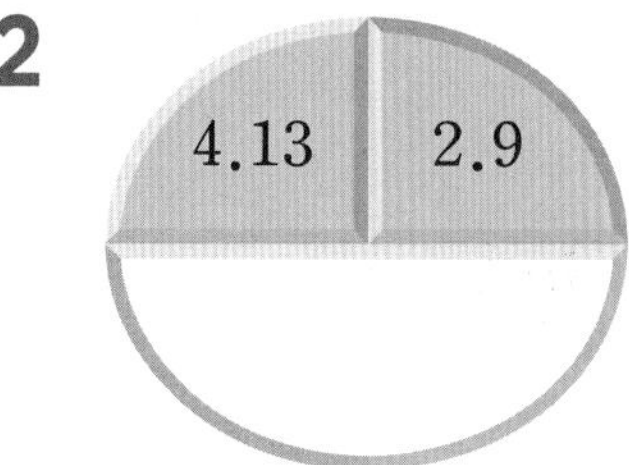

13

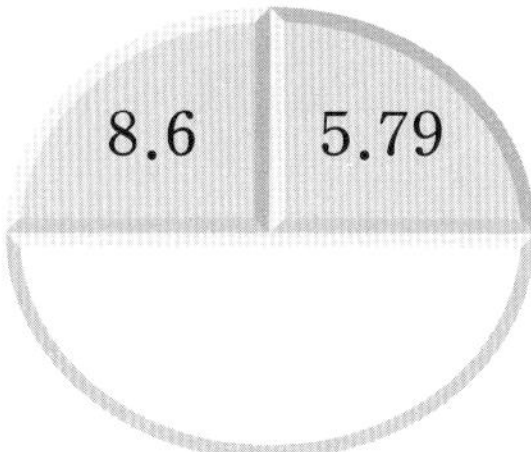

14

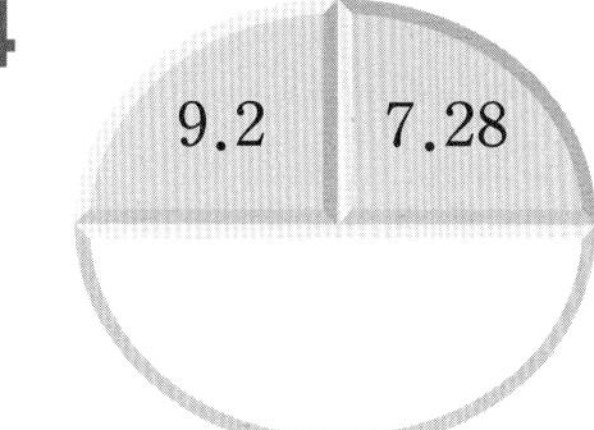

15

16

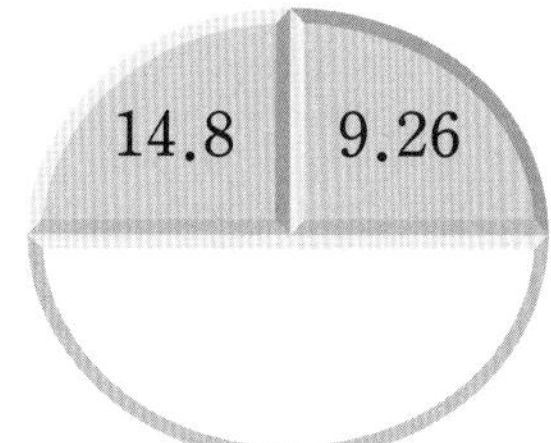

17

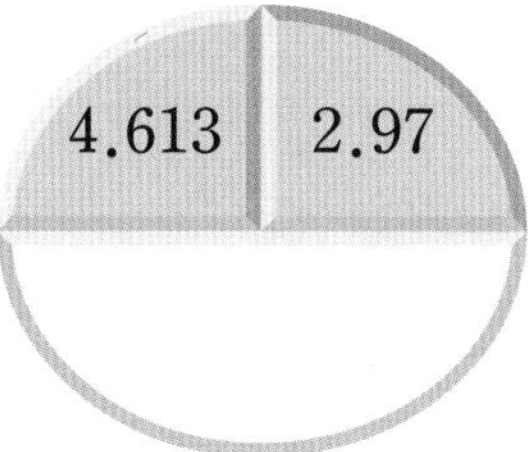

18

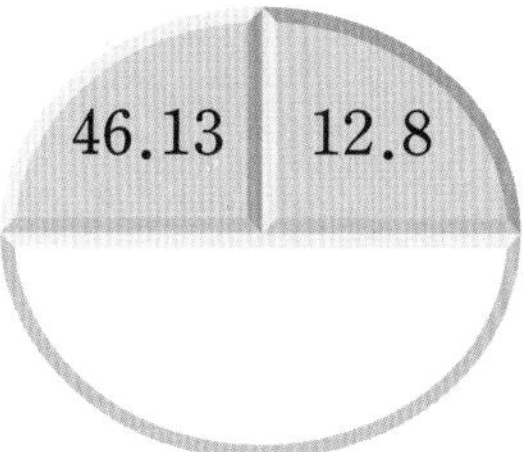

19

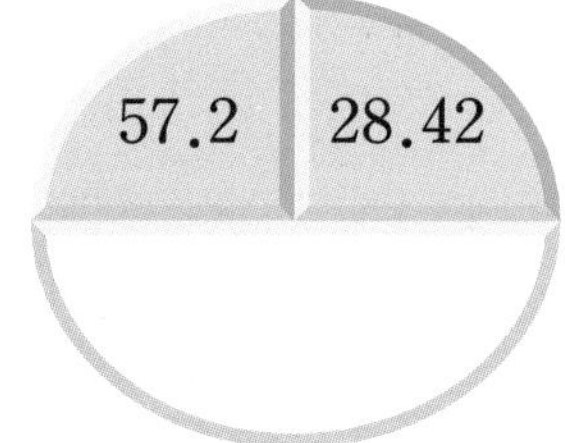

20

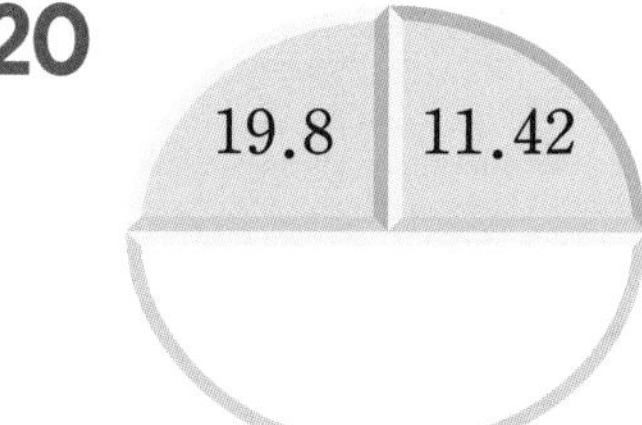

11 신기한 연산

화살표가 다음과 같은 규칙을 가지고 있습니다. 규칙에 맞게 빈칸에 알맞은 수를 써넣으시오. (1~4)

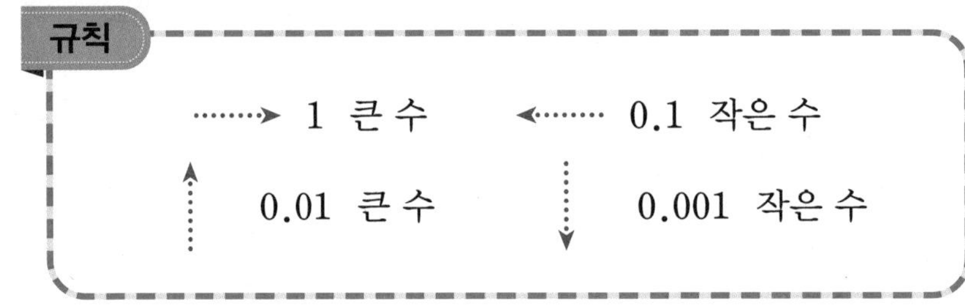

규칙
1 큰 수
0.1 작은 수
0.01 큰 수
0.001 작은 수

1

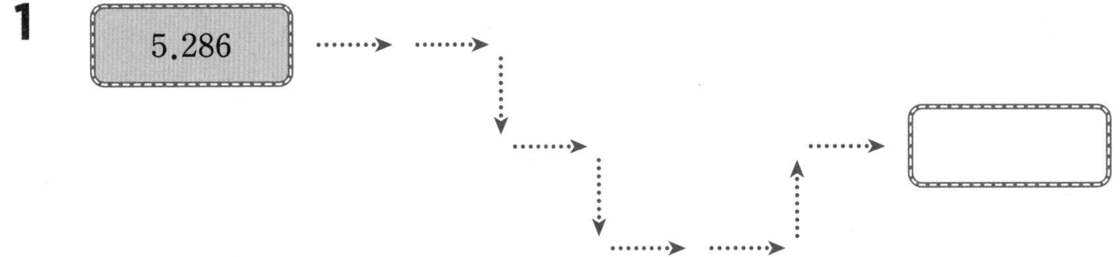

2

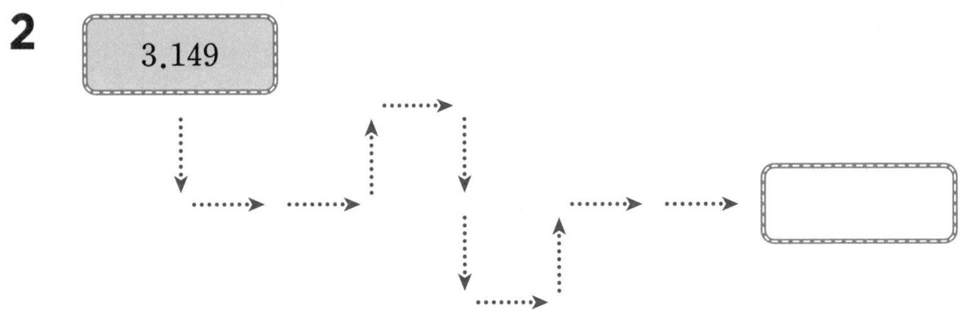

3

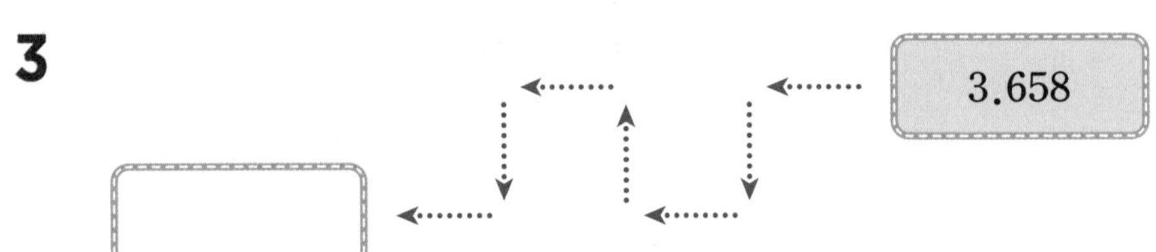

4

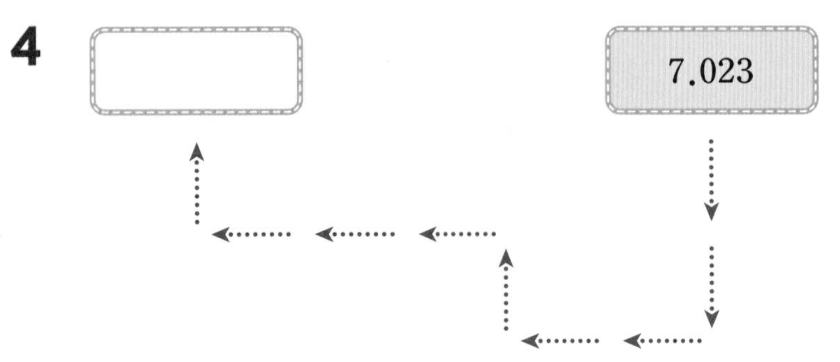

걸린 시간	1~10분	10~15분	15~20분
맞은 개수	8개	6~7개	1~5개
평가	참 잘했어요.	잘했어요.	좀더 노력해요.

가로 방향의 세 수의 합은 세로 방향의 세 수의 합과 같습니다. 보기 를 참고하여 나와 다의 차는 얼마인지 구하시오. (5~8)

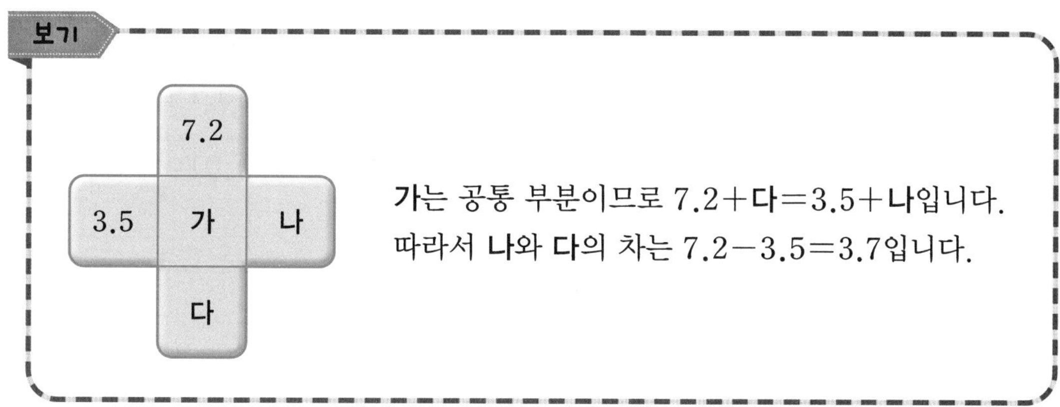

보기
7.2
3.5
가
나
다
가는 공통 부분이므로 7.2+다=3.5+나입니다.
따라서 나와 다의 차는 7.2−3.5=3.7입니다.

5

	나	
9.8	가	다
	5.4	

( )

6

	4.23	
나	가	2.94
	다	

( )

7

	4.5	
7.23	가	다
	나	

( )

8

	다	
1.72	가	나
	3.6	

( )

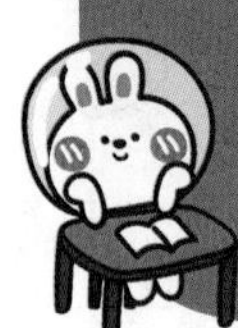

확인 평가

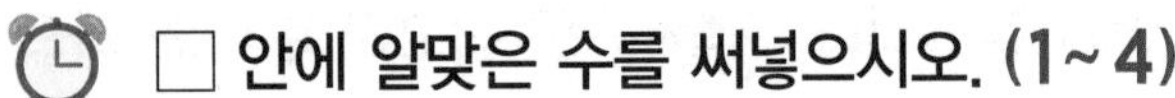

□ 안에 알맞은 수를 써넣으시오. (1~4)

1

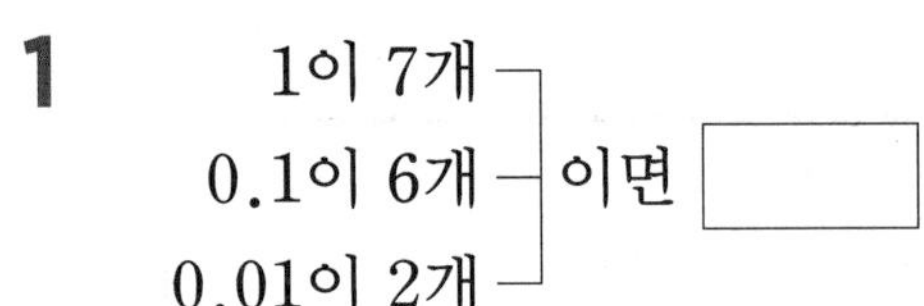

1이 7개, 0.1이 6개, 0.01이 2개 이면 □

2

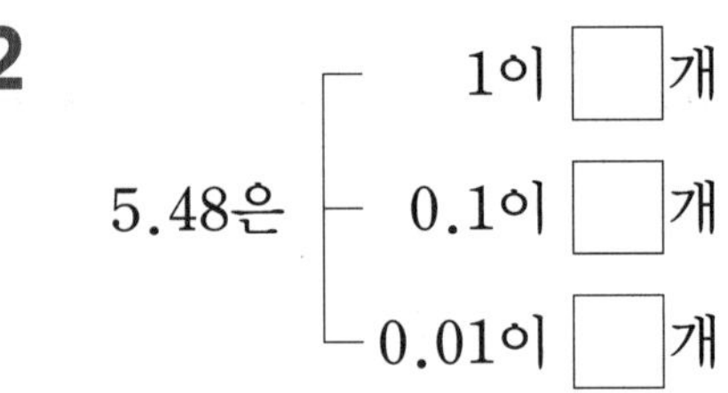

5.48은 1이 □개, 0.1이 □개, 0.01이 □개

3

1이 3개, 0.1이 4개, 0.01이 5개, 0.001이 7개 이면 □

4

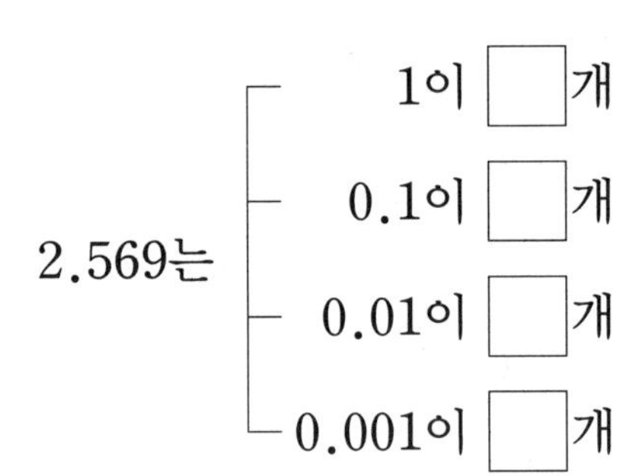

2.569는 1이 □개, 0.1이 □개, 0.01이 □개, 0.001이 □개

○ 안에 >, <를 알맞게 써넣으시오. (5~10)

5 6.54 ○ 7.25

6 9.29 ○ 9.24

7 2.754 ○ 2.761

8 3.054 ○ 3.062

9 6.192 ○ 6.187

10 7.654 ○ 7.58

□ 안에 알맞은 수를 써넣으시오. (11~12)

11 5.847의 10배는 □이고, 5.847의 1000배는 □입니다.

12 1584의 $\frac{1}{100}$은 □이고, 1584의 $\frac{1}{1000}$은 □입니다.

걸린 시간	1~15분	15~20분	20~25분
맞은 개수	47~52개	37~46개	1~36개
평가	참 잘했어요.	잘했어요.	좀더 노력해요.

계산을 하시오. (13 ~ 32)

13
$$\begin{array}{r} 0.7 \\ +\ 0.4 \\ \hline \end{array}$$

14
$$\begin{array}{r} 2.8 \\ +\ 5.9 \\ \hline \end{array}$$

15
$$\begin{array}{r} 12.7 \\ +\ \ 4.2 \\ \hline \end{array}$$

16
$$\begin{array}{r} 1.54 \\ +\ 0.27 \\ \hline \end{array}$$

17
$$\begin{array}{r} 5.62 \\ +\ 4.98 \\ \hline \end{array}$$

18
$$\begin{array}{r} 9.64 \\ +\ 7.57 \\ \hline \end{array}$$

19
$$\begin{array}{l} \ \ \ 6.25 \\ +\ 1.8 \\ \hline \end{array}$$

20
$$\begin{array}{l} \ \ \ 8.74 \\ +\ 5.6 \\ \hline \end{array}$$

21
$$\begin{array}{l} \ \ \ 5.48 \\ +\ 7.2 \\ \hline \end{array}$$

22
$$\begin{array}{l} \ \ \ 5.428 \\ +\ 1.27 \\ \hline \end{array}$$

23
$$\begin{array}{l} \ \ \ 6.294 \\ +\ 5.48 \\ \hline \end{array}$$

24
$$\begin{array}{l} \ \ \ 6.215 \\ +\ 2.87 \\ \hline \end{array}$$

25 4.8+5.6

26 12.7+8.6

27 14.25+7.12

28 5.48+10.27

29 6.49+5.3

30 11.7+8.14

31 5.214+2.76

32 8.72+5.149

확인 평가

계산을 하시오. (33 ~ 52)

33 $\begin{array}{r} 1.2 \\ -\ 0.7 \\ \hline \end{array}$

34 $\begin{array}{r} 5.4 \\ -\ 2.7 \\ \hline \end{array}$

35 $\begin{array}{r} 8.6 \\ -\ 5.8 \\ \hline \end{array}$

36 $\begin{array}{r} 2.98 \\ -\ 1.24 \\ \hline \end{array}$

37 $\begin{array}{r} 5.62 \\ -\ 3.54 \\ \hline \end{array}$

38 $\begin{array}{r} 5.08 \\ -\ 1.92 \\ \hline \end{array}$

39 $\begin{array}{r} 4.65 \\ -\ 2.7 \\ \hline \end{array}$

40 $\begin{array}{r} 5.4 \\ -\ 1.76 \\ \hline \end{array}$

41 $\begin{array}{r} 12.7 \\ -\ 4.83 \\ \hline \end{array}$

42 $\begin{array}{r} 5.472 \\ -\ 2.58 \\ \hline \end{array}$

43 $\begin{array}{r} 6.948 \\ -\ 2.76 \\ \hline \end{array}$

44 $\begin{array}{r} 7.58 \\ -\ 3.248 \\ \hline \end{array}$

45 $8.4-1.9$

46 $13.6-8.8$

47 $9.42-5.72$

48 $12.75-7.56$

49 $10.48-5.9$

50 $21.7-15.72$

51 $9.847-5.65$

52 $14.72-9.657$

3

각도 구하기

1 수선에서 각도 구하기

2 사각형에서 각도 구하기

3 다각형에서 각도 구하기

4 신기한 연산

확인 평가

1 수선에서 각도 구하기 (1)

• 한 직선이 다른 직선에 대한 수선이면 두 직선이 만나서 이루는 각은 90°입니다.
• 일직선이 이루는 각의 크기는 180°입니다.

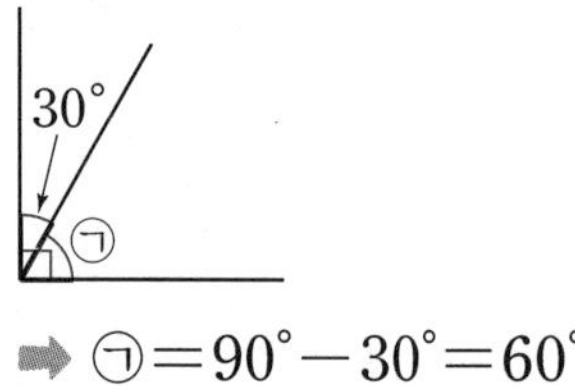

➡ ㉠ $=90° - 30° = 60°$

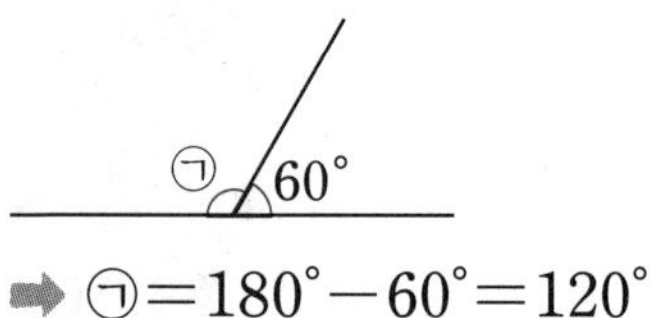

➡ ㉠ $=180° - 60° = 120°$

직선 가와 나가 서로 수직일 때 ㉠의 각도를 구하시오. (1~6)

1

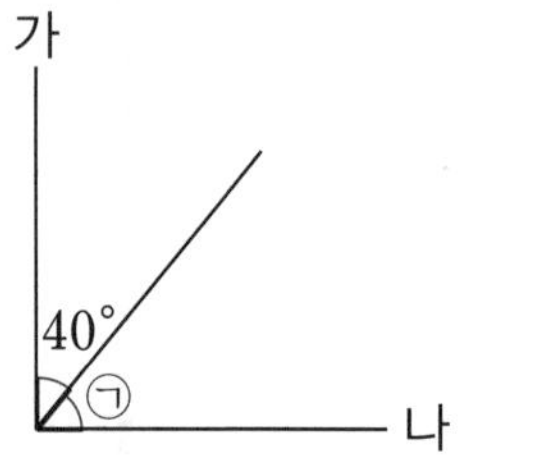

㉠ = □°

2

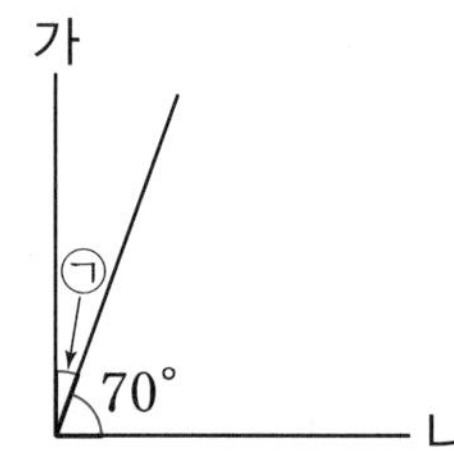

㉠ = □°

3

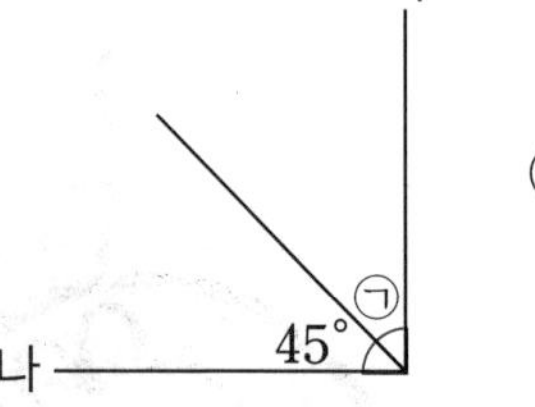

㉠ = □°

4

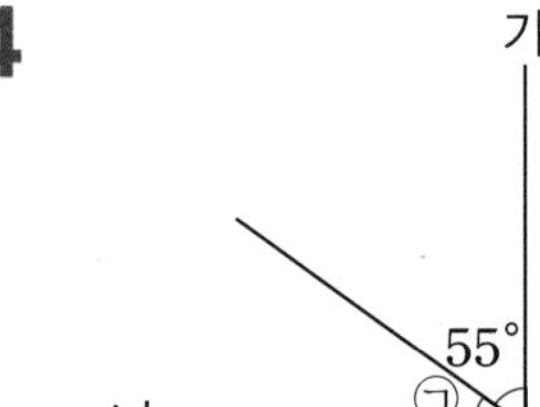

㉠ = □°

5

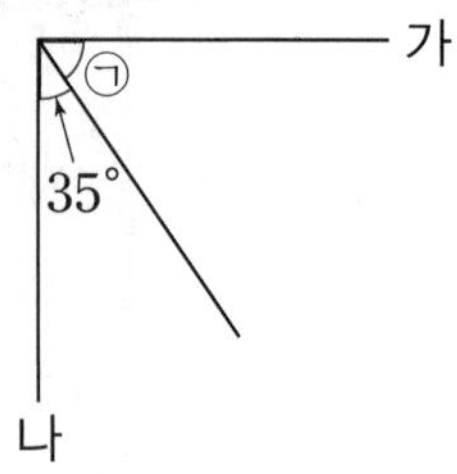

㉠ = □°

6

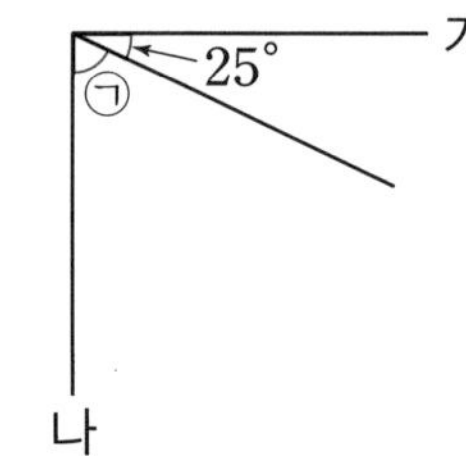

㉠ = □°

계산은 빠르고 정확하게!

걸린 시간	1~4분	4~6분	6~8분
맞은 개수	15~16개	12~14개	1~11개
평가	참 잘했어요.	잘했어요.	좀더 노력해요.

직선 나가 직선 가에 대한 수선일 때 □ 안에 알맞은 수를 써넣으시오. (7 ~ 16)

7

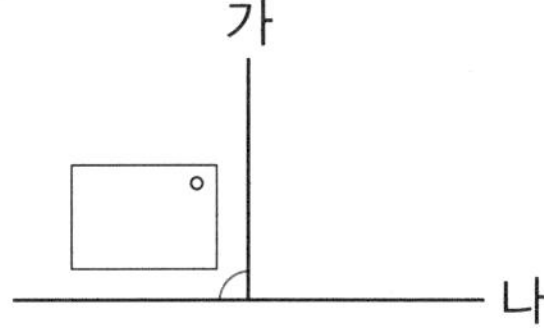

8

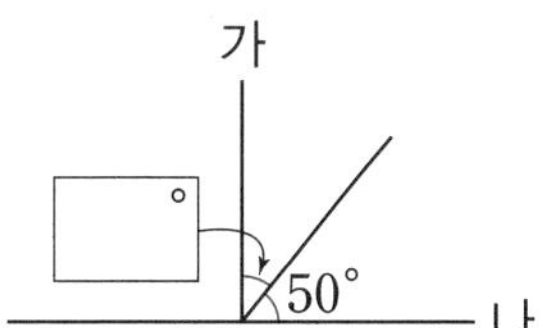

9

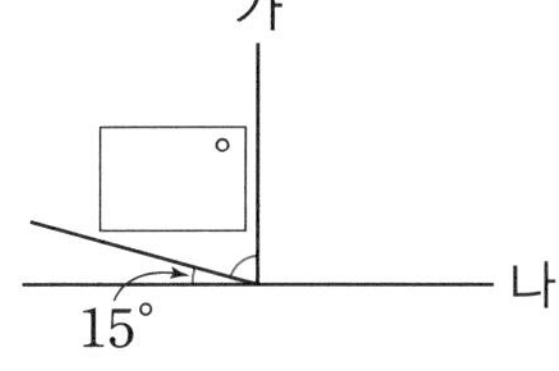

10

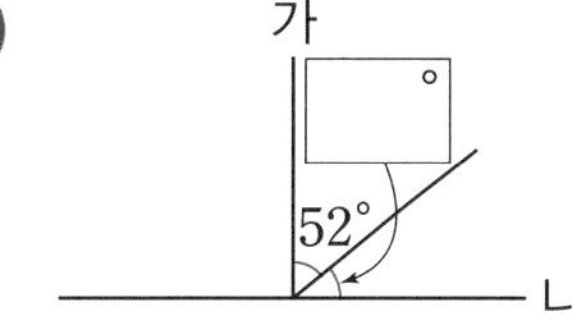

11

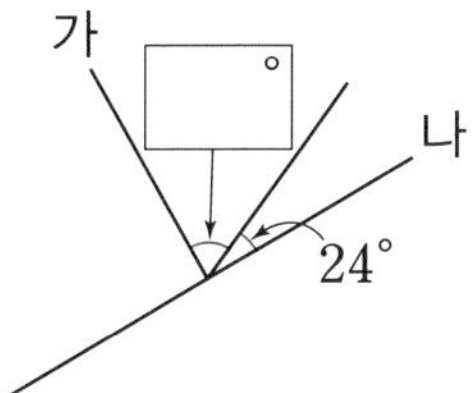

12

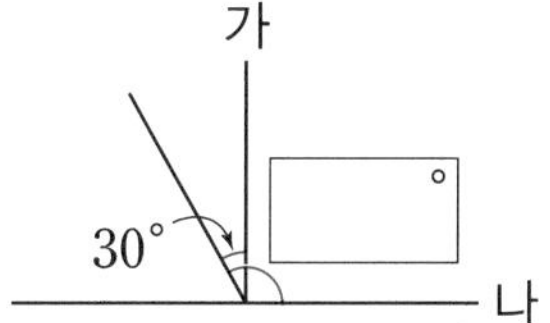

13

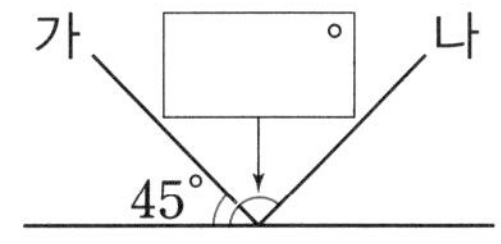

14

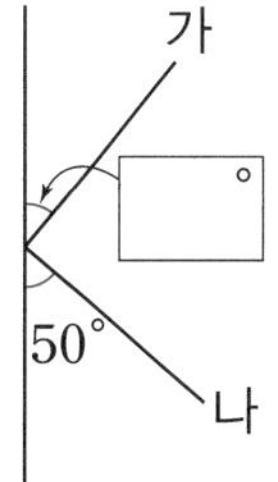

15

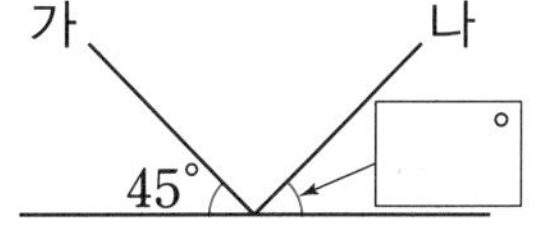

16

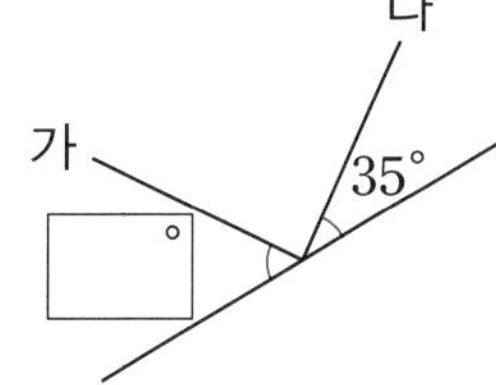

1 수선에서 각도 구하기(2)

㉠의 각도를 구하시오. (1~8)

1

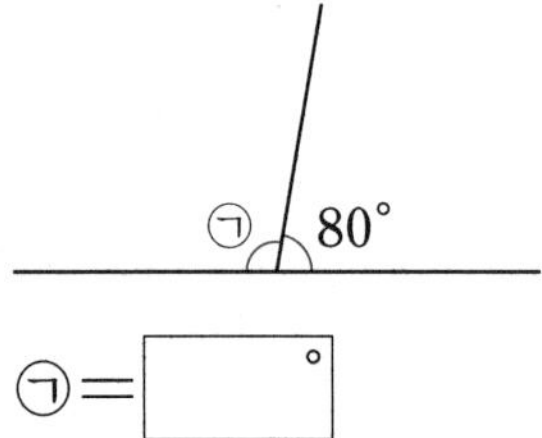

㉠= □°

2

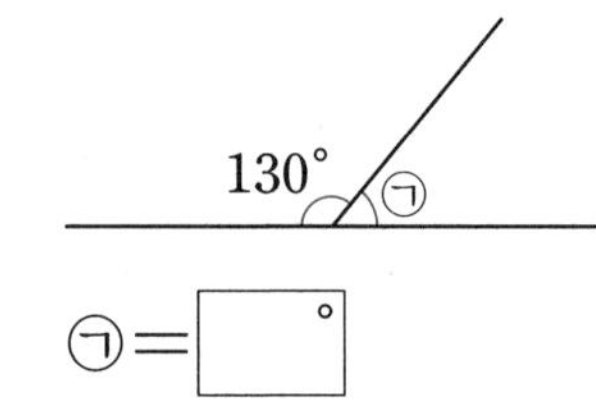

㉠= □°

3

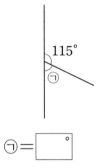

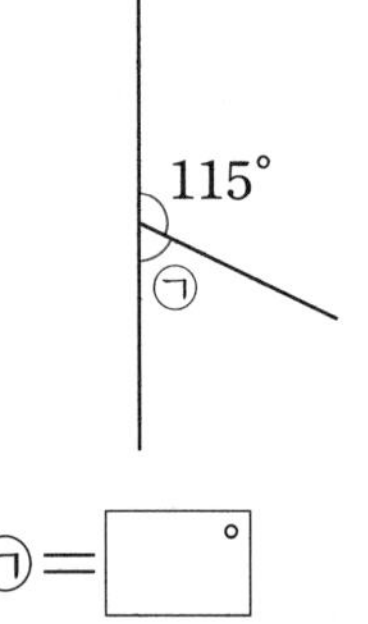

㉠= □°

4

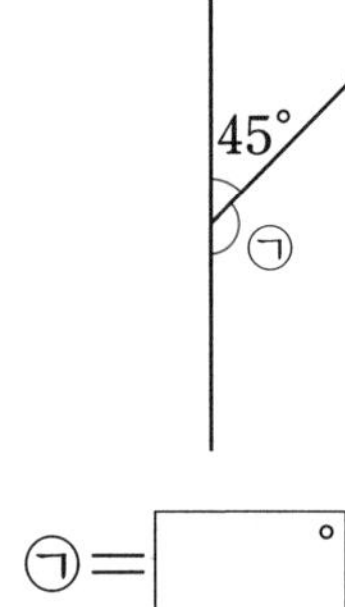

㉠= □°

5

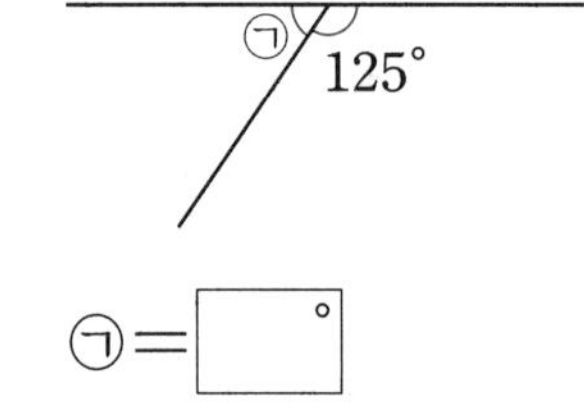

㉠= □°

6

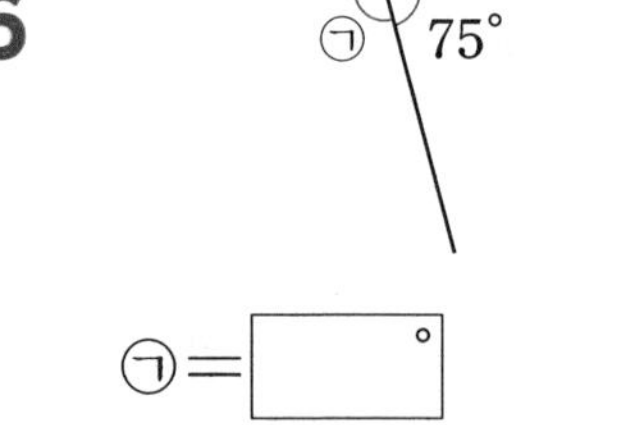

㉠= □°

7

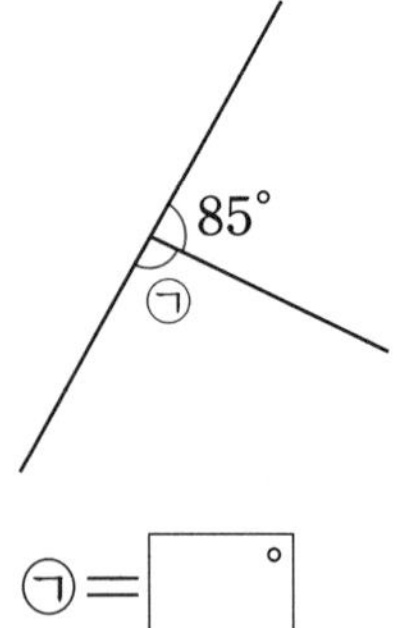

㉠= □°

8

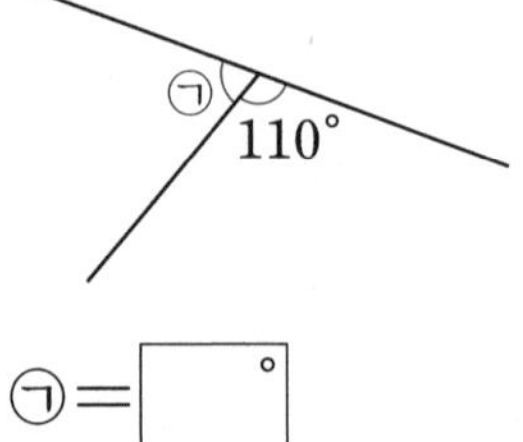

㉠= □°

걸린 시간	1~4분	4~6분	6~8분
맞은 개수	12~16개	12~14개	1~11개
평가	참 잘했어요.	잘했어요.	좀더 노력해요.

㉠의 각도를 구하시오. (9 ~ 16)

9

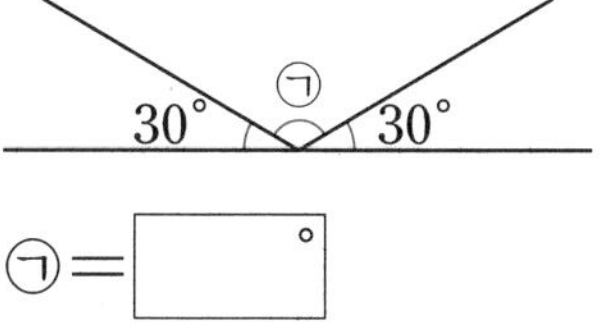

㉠= □°

10

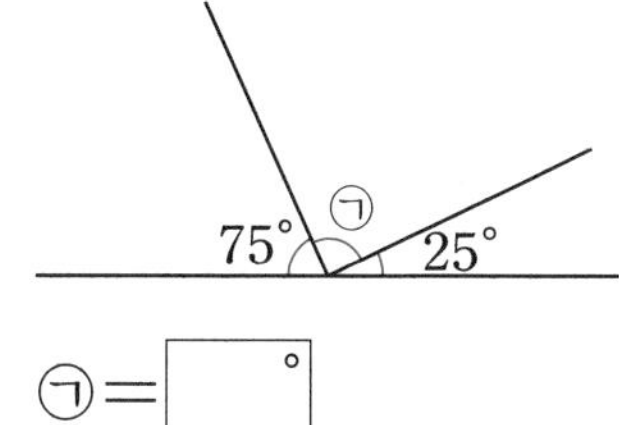

㉠= □°

11

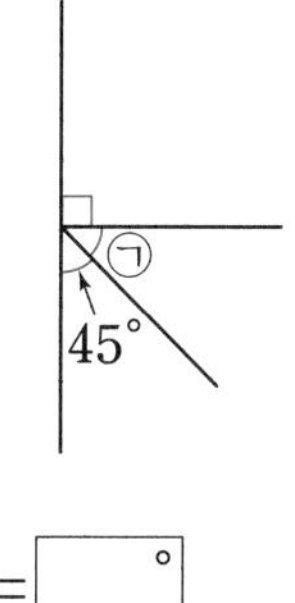

㉠= □°

12

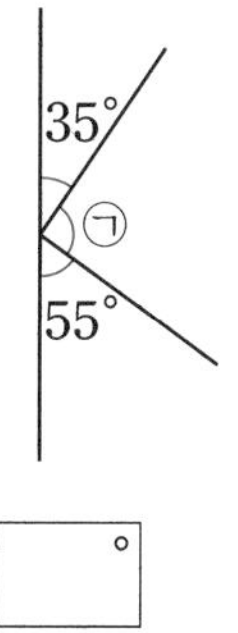

㉠= □°

13

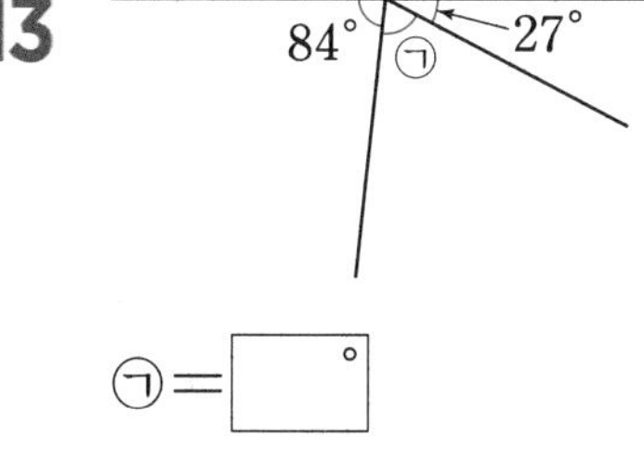

㉠= □°

14

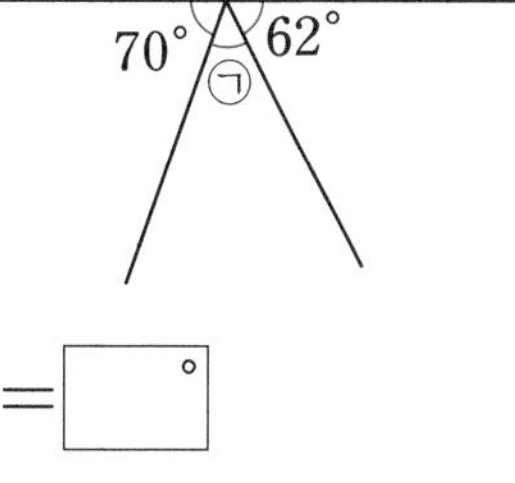

㉠= □°

15

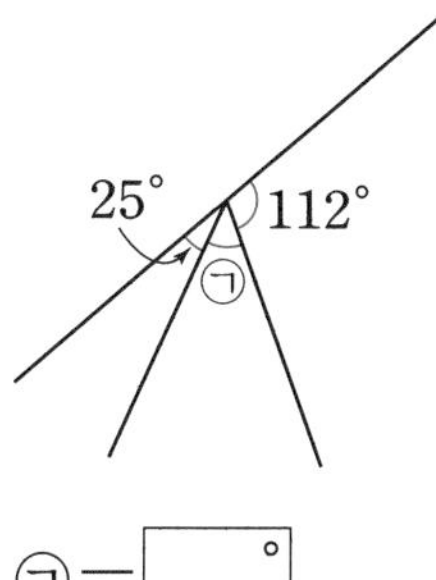

㉠= □°

16

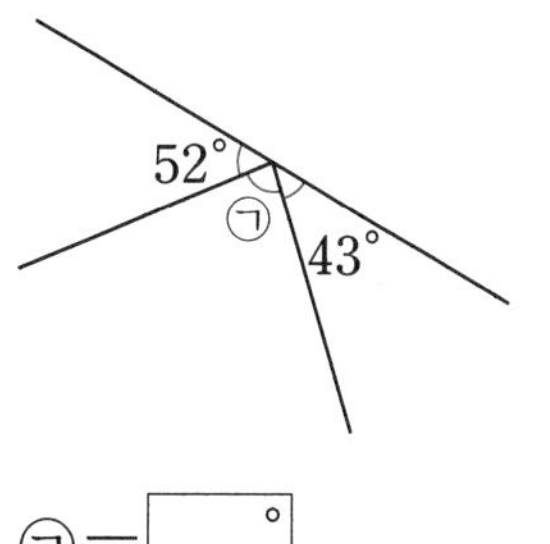

㉠= □°

2 사각형에서 각도 구하기(1)

(1) 평행사변형에서
- 마주 보는 두 각의 크기가 같습니다.
- 이웃한 두 각의 크기의 합은 180°입니다.

(2) 마름모에서
- 마주 보는 두 각의 크기가 같습니다.
- 이웃한 두 각의 크기의 합은 180°입니다.

도형은 평행사변형입니다. ㉠과 ㉡의 각도를 각각 구하시오. (1~4)

1

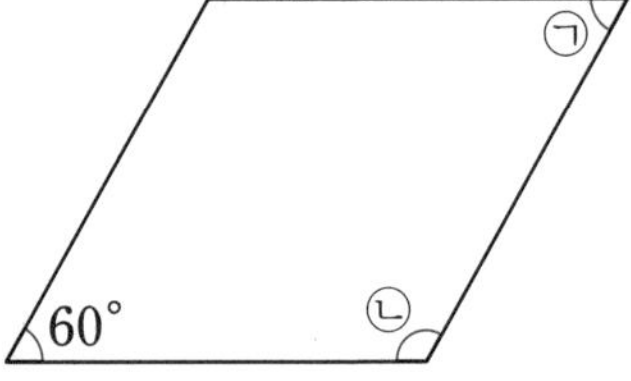

㉠=□°

㉡=180°−□°=□°

2

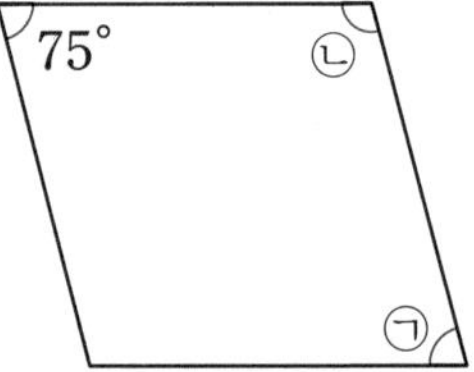

㉠=□°

㉡=180°−□°=□°

3

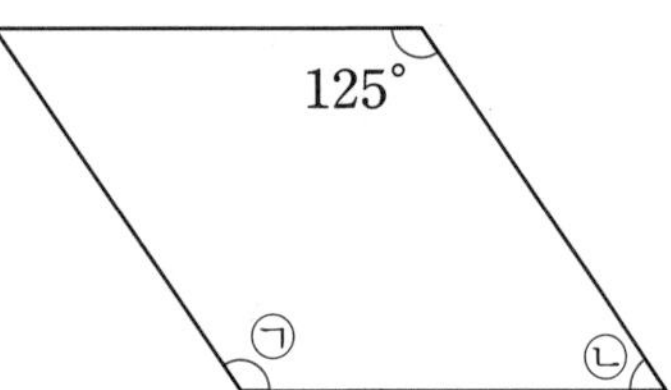

㉠=□°

㉡=180°−□°=□°

4

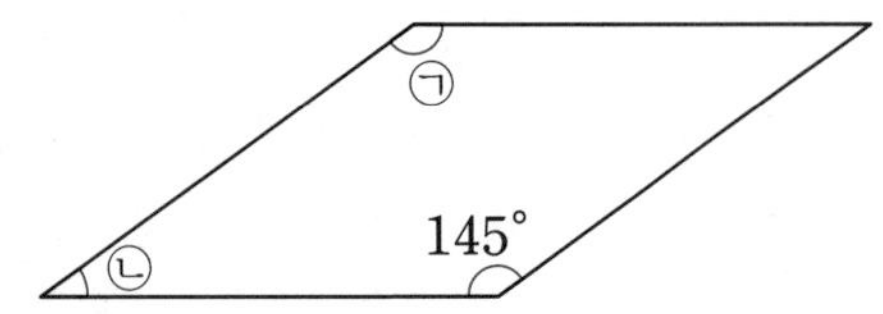

㉠=□°

㉡=180°−□°=□°

계산은 빠르고 정확하게!

걸린 시간	1~3분	3~5분	5~7분
맞은 개수	8~9개	6~7개	1~5개
평가	참 잘했어요.	잘했어요.	좀더 노력해요.

도형은 마름모입니다. ㉠과 ㉡의 각도를 각각 구하시오. (5 ~ 9)

5

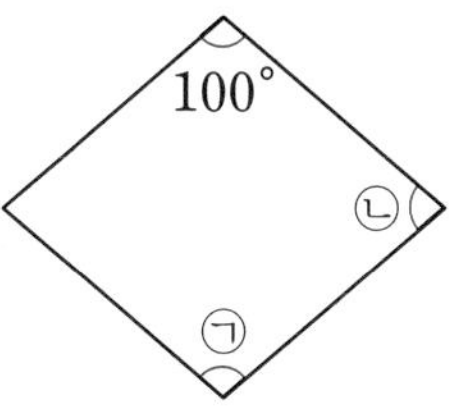

㉠=□°

㉡=180°−□°=□°

6

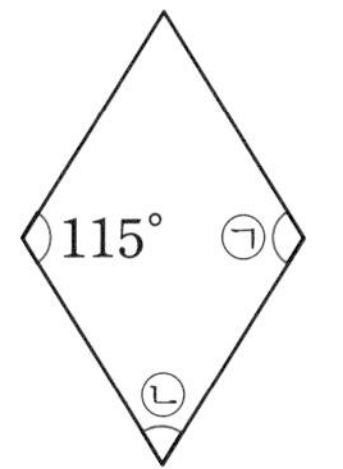

㉠=□°

㉡=180°−□°=□°

7

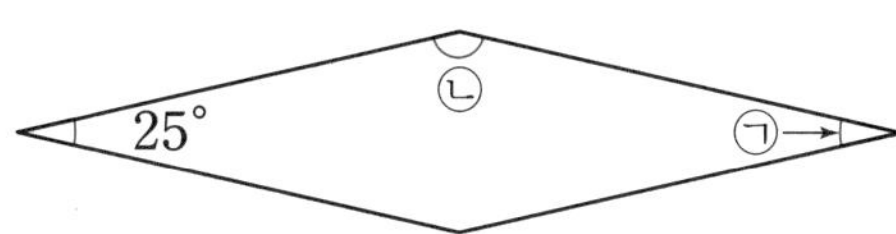

㉠=□°

㉡=180°−□°=□°

8

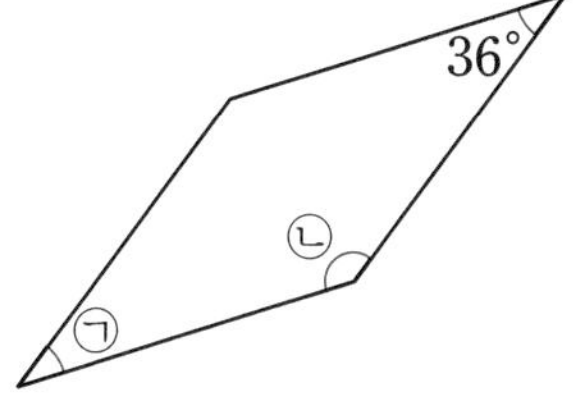

㉠=□°

㉡=180°−□°=□°

9

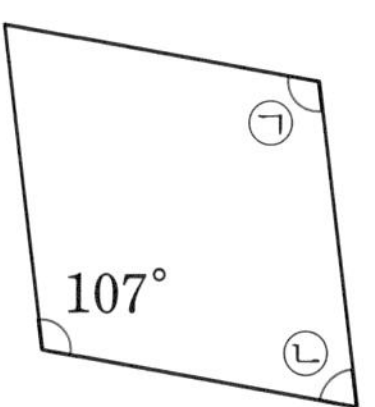

㉠=□°

㉡=180°−□°=□°

2 사각형에서 각도 구하기(2)

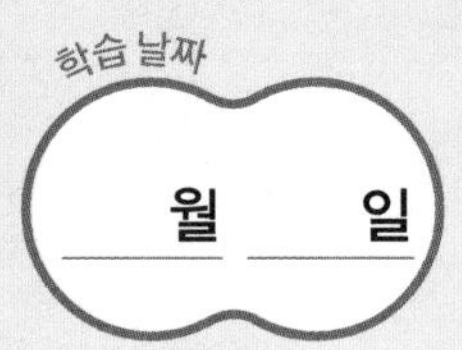

도형은 평행사변형입니다. □ 안에 알맞은 수를 써넣으시오. (1~10)

1

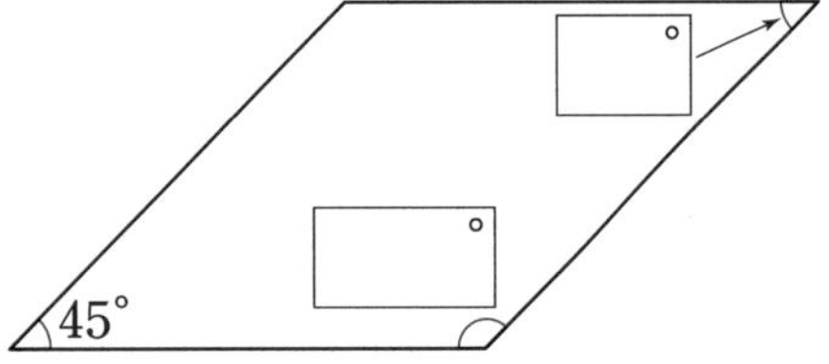

2

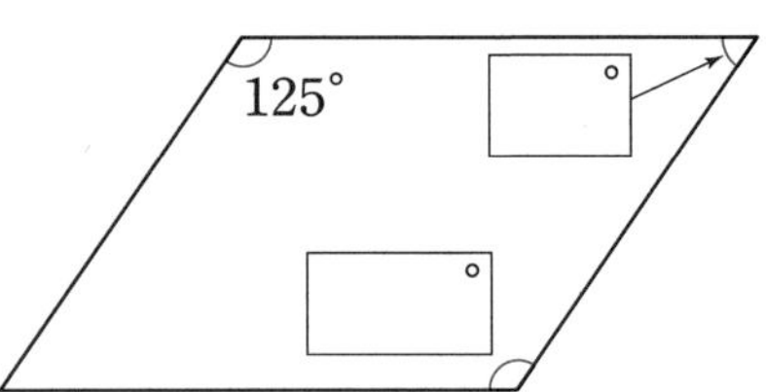

3

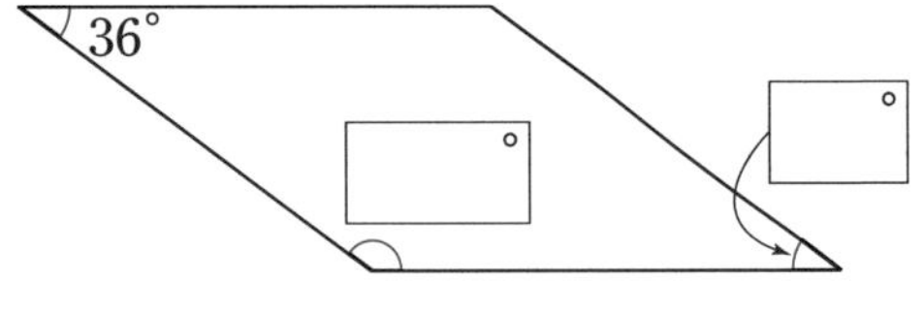

4

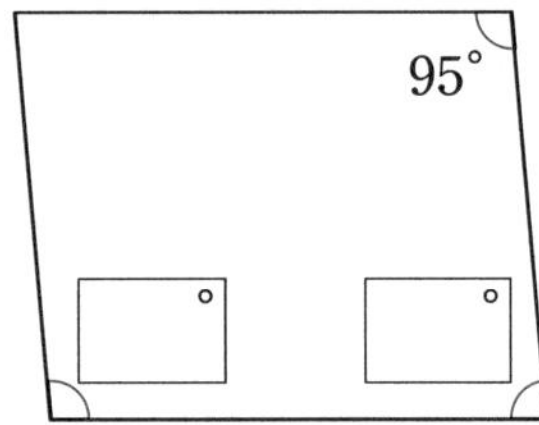

5

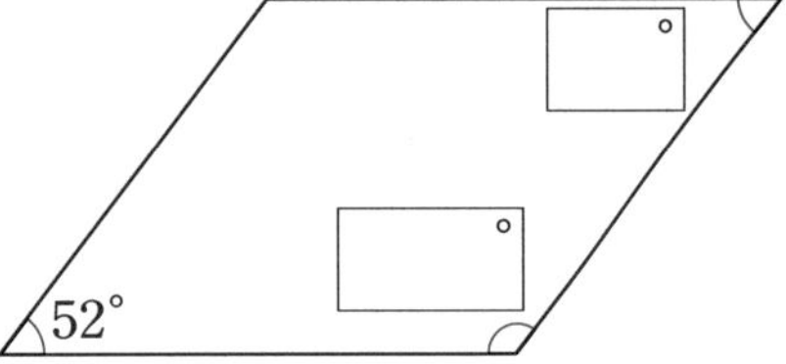

6

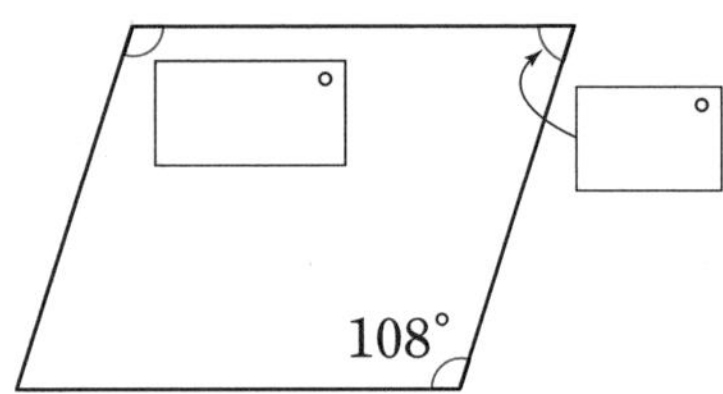

7

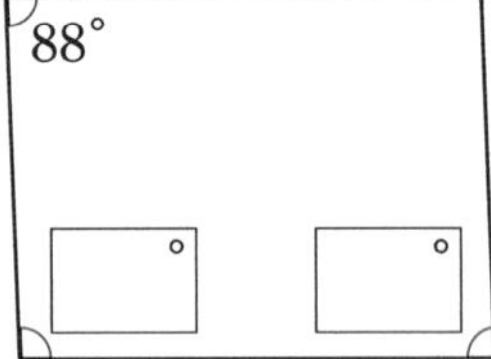

8

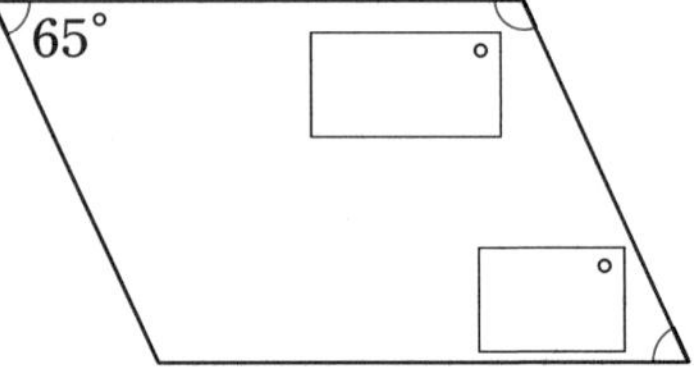

9

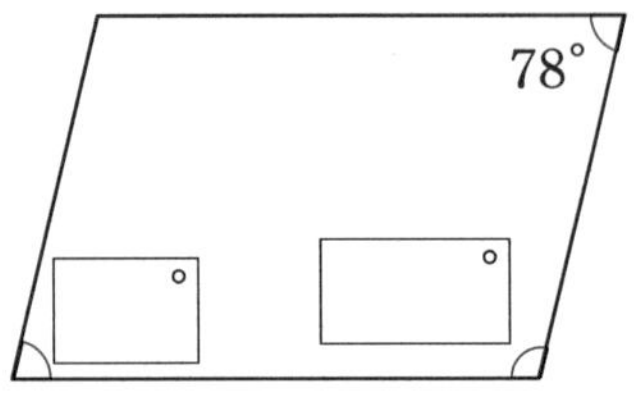

10

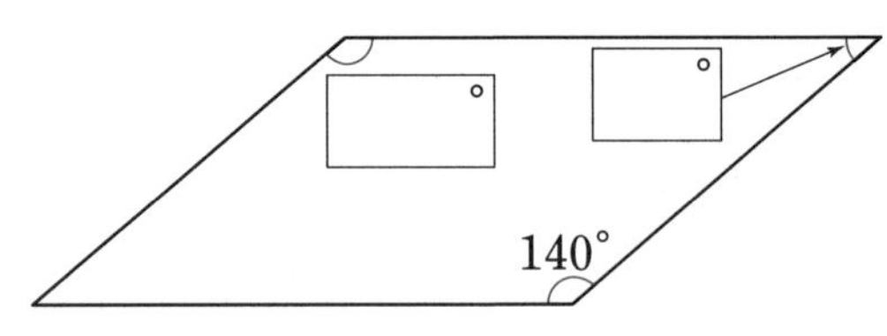

계산은 빠르고 정확하게!

걸린 시간	1~5분	5~8분	8~10분
맞은 개수	18~20개	14~17개	1~13개
평가	참 잘했어요.	잘했어요.	좀더 노력해요.

도형은 마름모입니다. □ 안에 알맞은 수를 써넣으시오. (11 ~ 20)

11

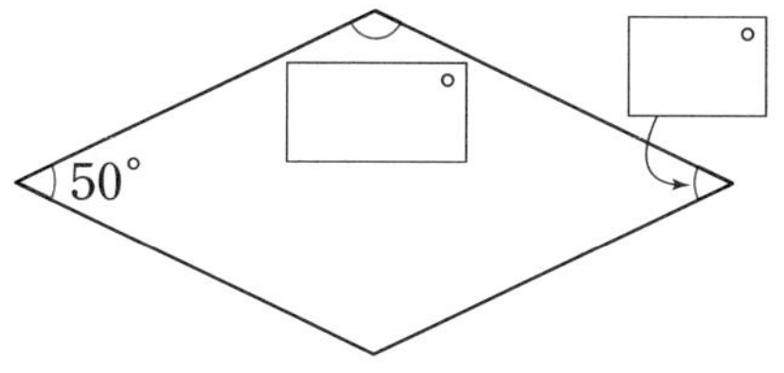

12

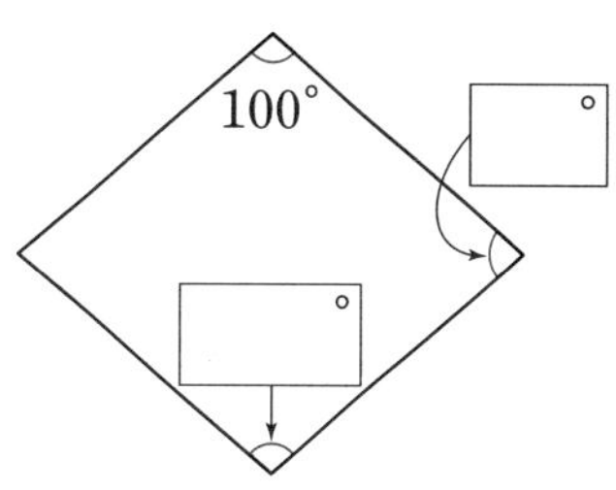

13

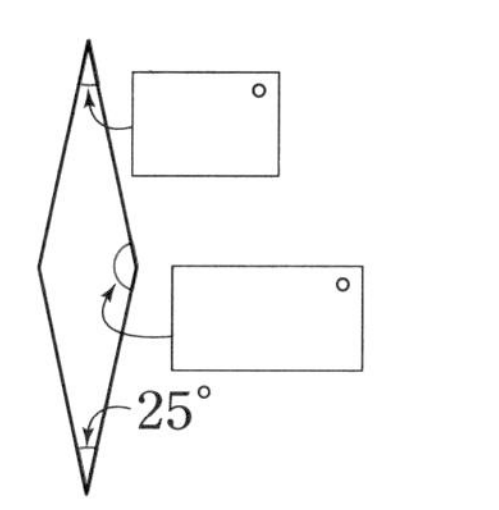

14

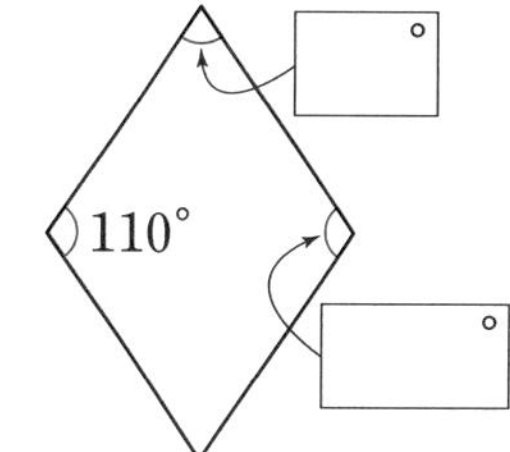

15

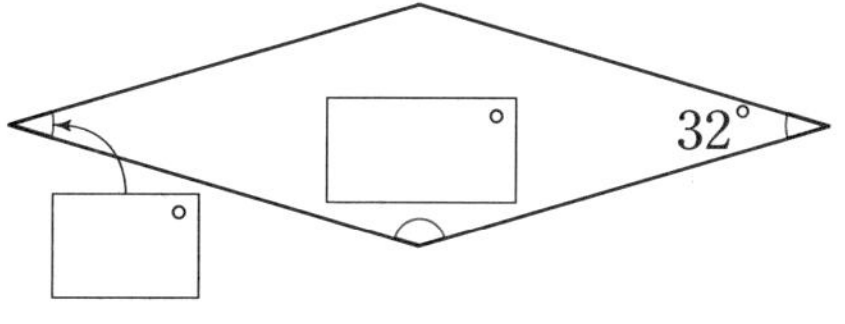

16

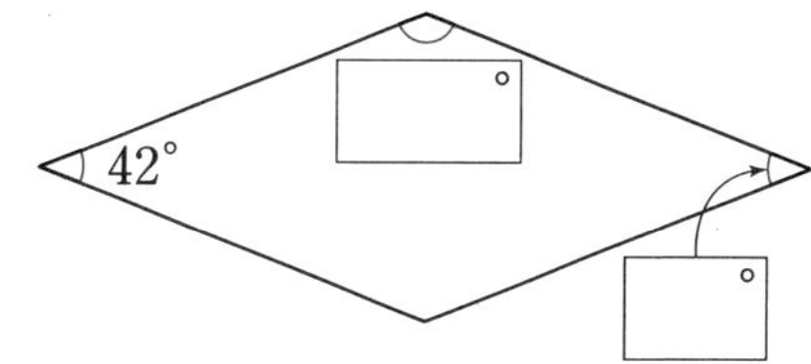

17

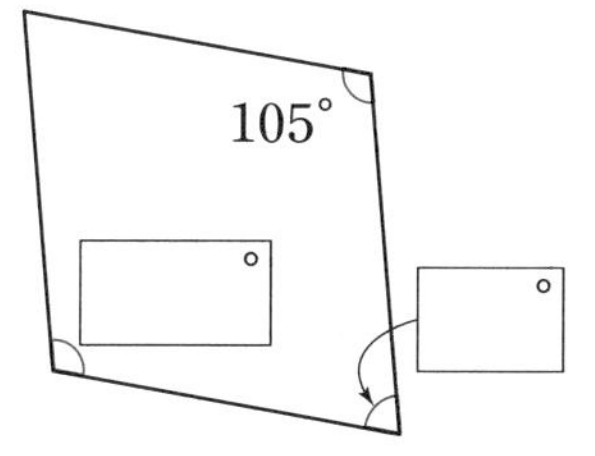

18

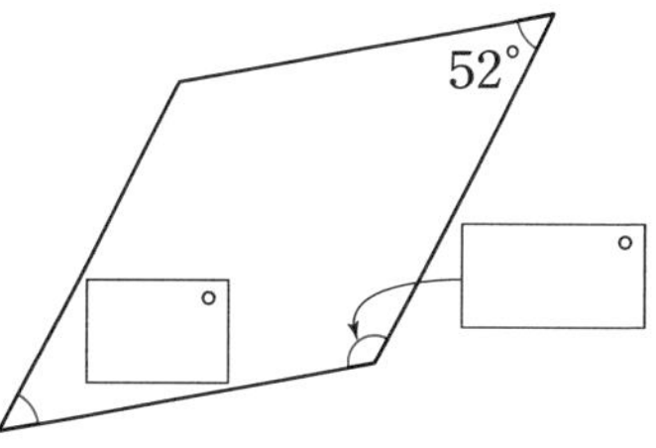

19

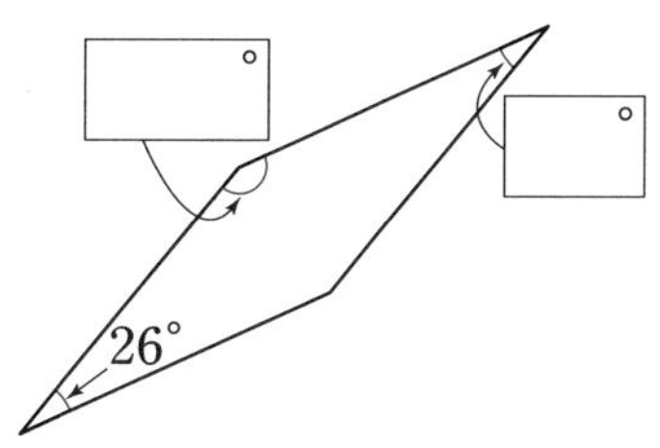

20

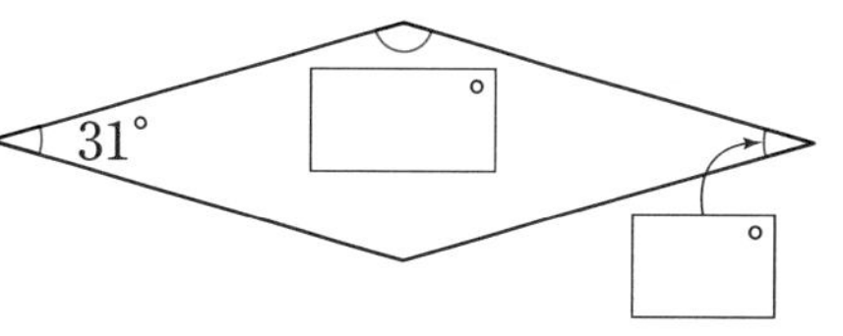

2 사각형에서 각도 구하기(3)

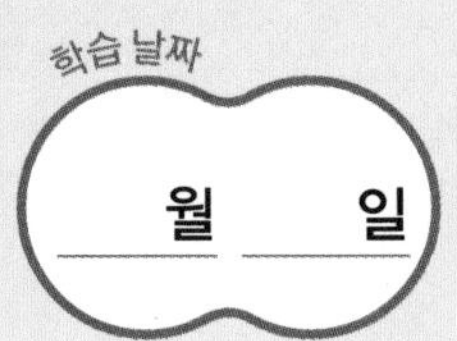

도형은 평행사변형입니다. □ 안에 알맞은 수를 써넣으시오. (1~10)

1

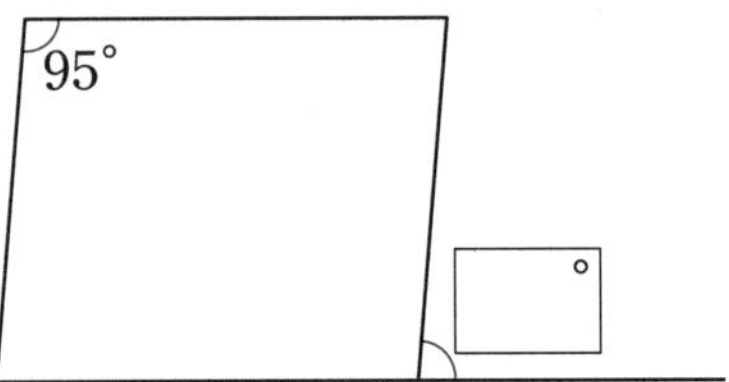

2

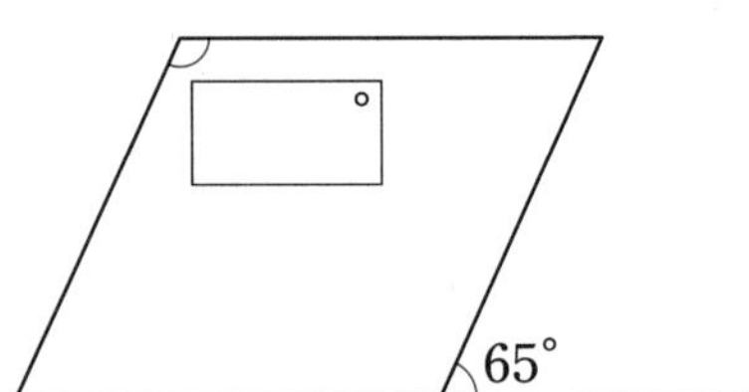

3

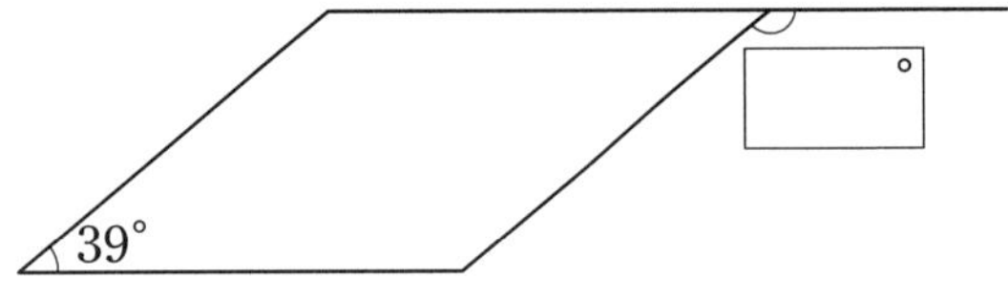

4

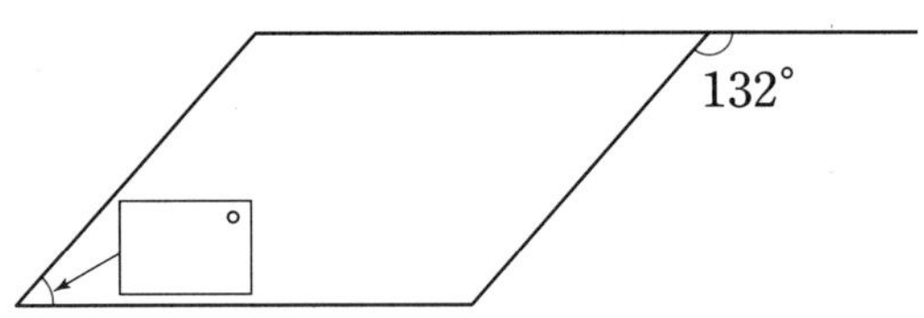

5

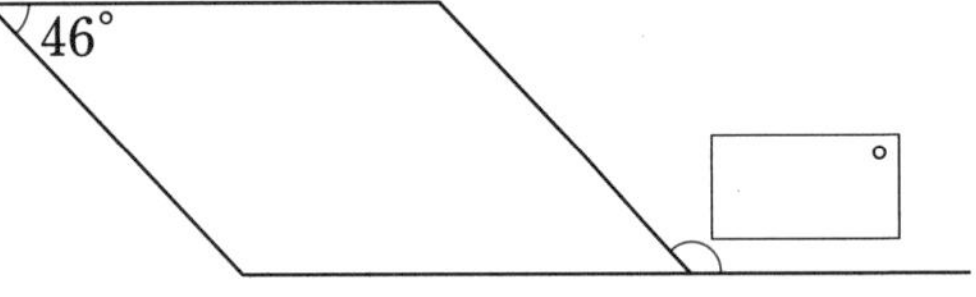

6

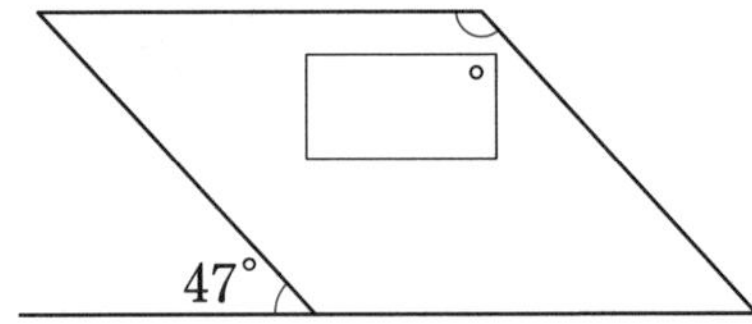

7

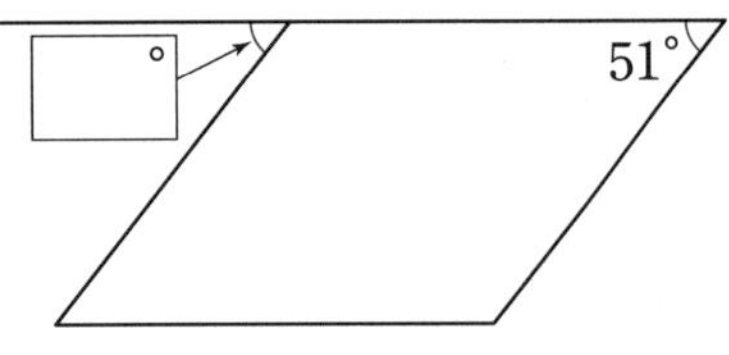

8

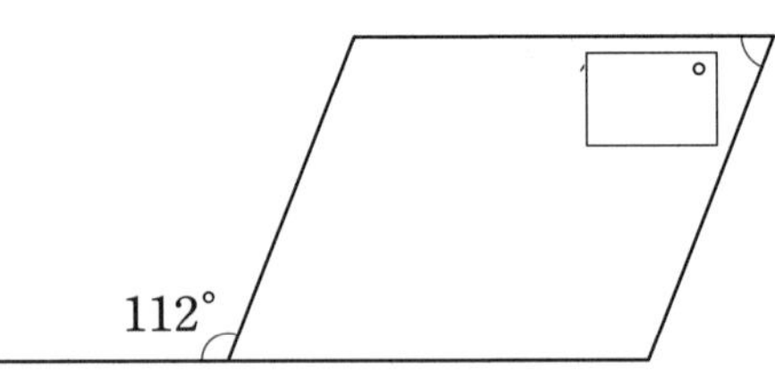

9

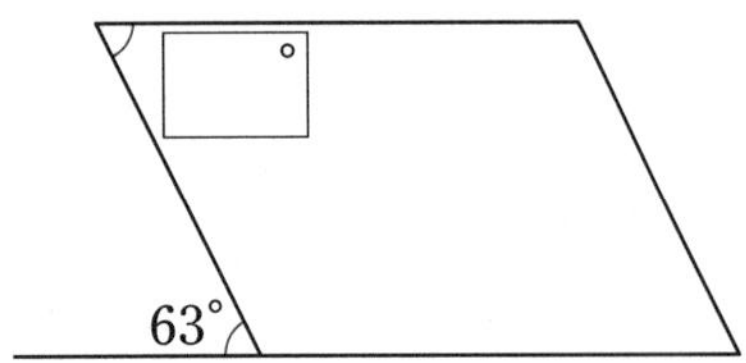

10

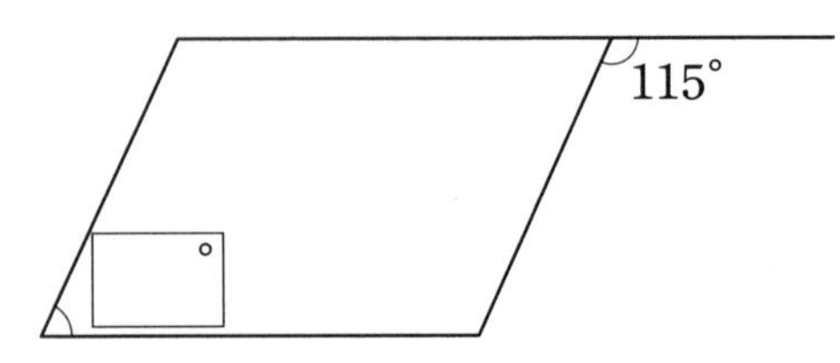

계산은 빠르고 정확하게!

걸린 시간	1~5분	5~8분	8~10분
맞은 개수	18~20개	14~17개	1~13개
평가	참 잘했어요.	잘했어요.	좀더 노력해요.

도형은 마름모입니다. □ 안에 알맞은 수를 써넣으시오. (11 ~ 20)

11

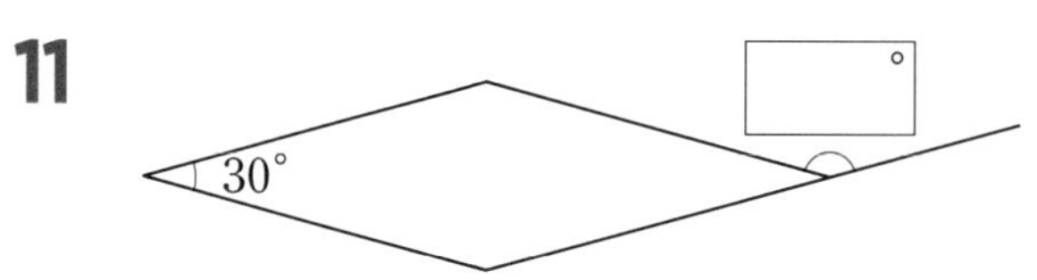

12

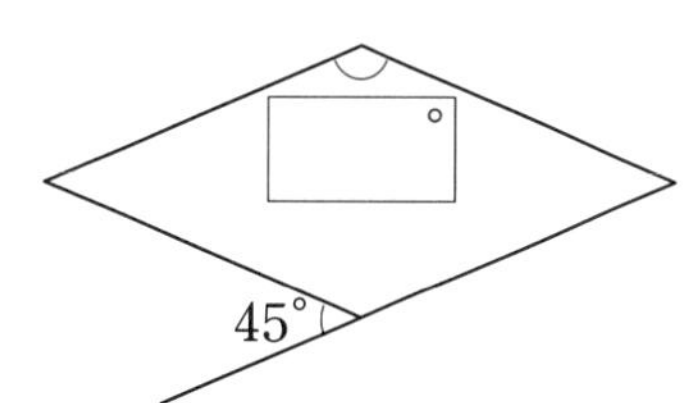

13

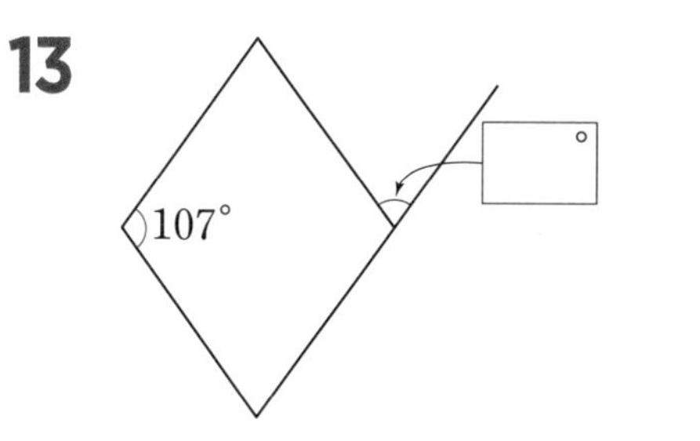

14

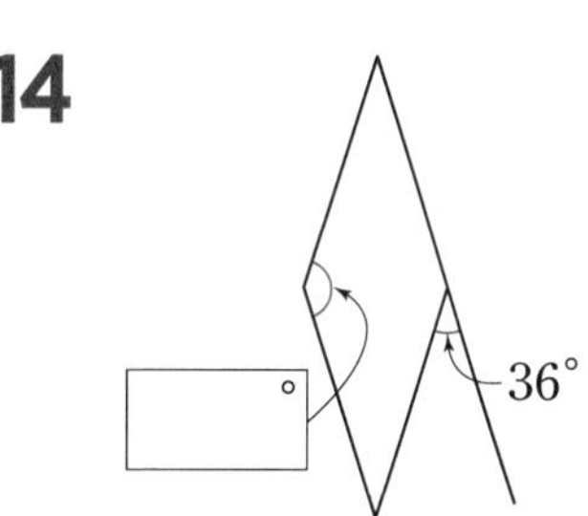

15

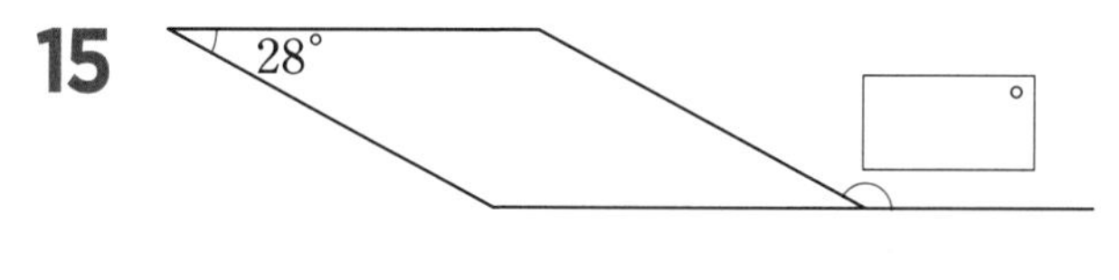

16

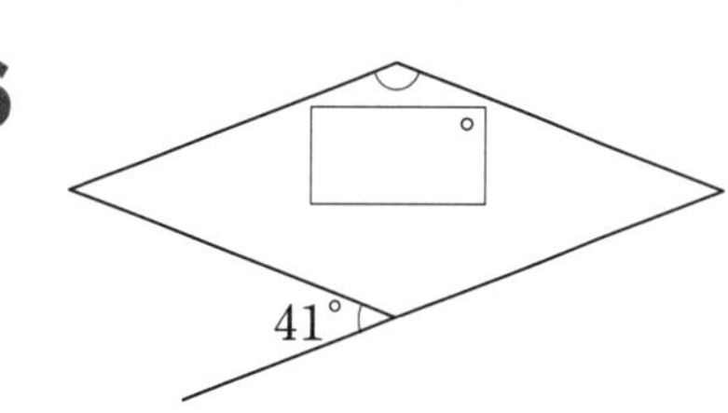

17

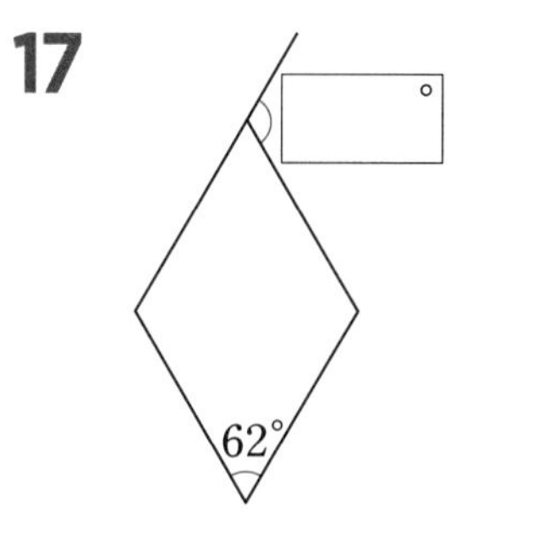

18

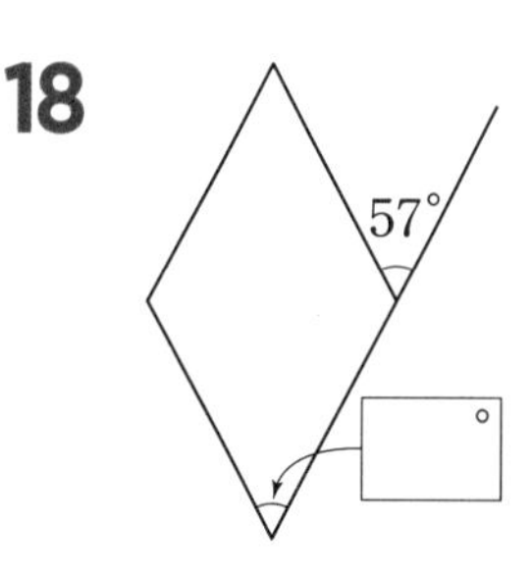

19

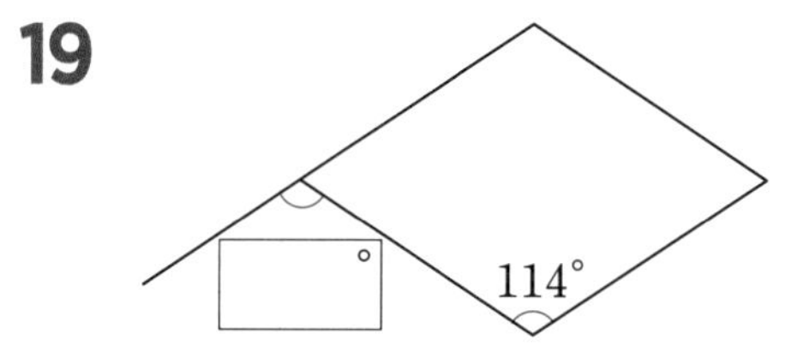

20

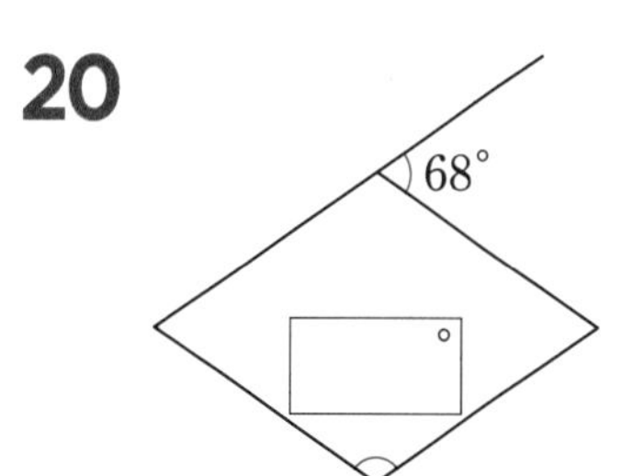

3 다각형에서 각도 구하기(1)

- 선분으로만 둘러싸인 도형을 다각형이라고 합니다.
- 다각형은 변의 수에 따라 변이 3개이면 삼각형, 변이 4개이면 사각형, 변이 5개이면 오각형, 변이 6개이면 육각형, 변이 7개이면 칠각형, … 등으로 부릅니다.
- 변의 길이가 모두 같고, 각의 크기가 모두 같은 다각형을 정다각형이라고 합니다.
- 다각형에서 이웃하지 않는 두 꼭짓점을 이은 선분을 대각선이라고 합니다.

다음 도형의 변의 개수를 알아보고 다각형의 이름을 쓰시오. (1~9)

1

변의 개수: □개

도형의 이름: □

2

변의 개수: □개

도형의 이름: □

3

변의 개수: □개

도형의 이름: □

4

변의 개수: □개

도형의 이름: □

5

변의 개수: □개

도형의 이름: □

6

변의 개수: □개

도형의 이름: □

7

변의 개수: □개

도형의 이름: □

8

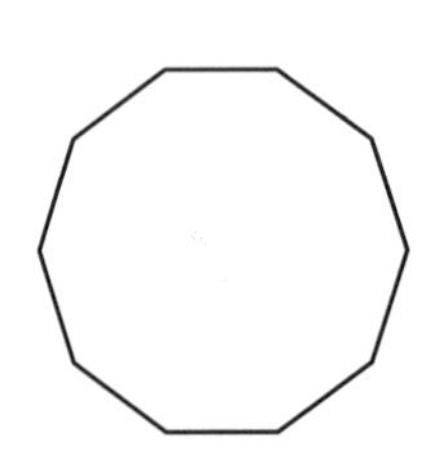

변의 개수: □개

도형의 이름: □

9

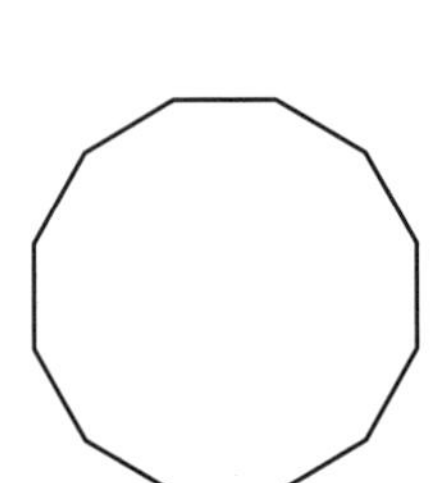

변의 개수: □개

도형의 이름: □

계산은 빠르고 정확하게!

걸린 시간	1~4분	4~7분	7~10분
맞은 개수	16~17개	13~15개	1~12개
평가	참 잘했어요.	잘했어요.	좀더 노력해요.

다음 도형의 한 꼭짓점에서 그을 수 있는 대각선의 개수와 도형에서 그을 수 있는 대각선의 총 개수를 구하시오. (10 ~ 17)

10

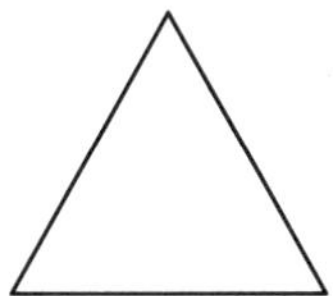

• 한 꼭짓점에서 그을 수 있는 대각선의 개수: □개

• 대각선의 총 개수: □개

11

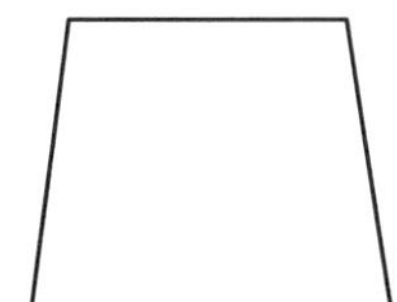

• 한 꼭짓점에서 그을 수 있는 대각선의 개수: □개

• 대각선의 총 개수: □개

12

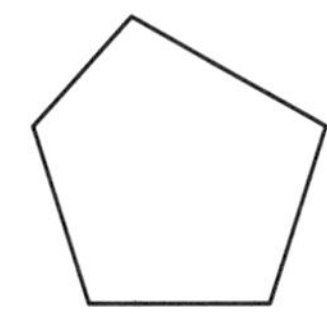

• 한 꼭짓점에서 그을 수 있는 대각선의 개수: □개

• 대각선의 총 개수: □개

13

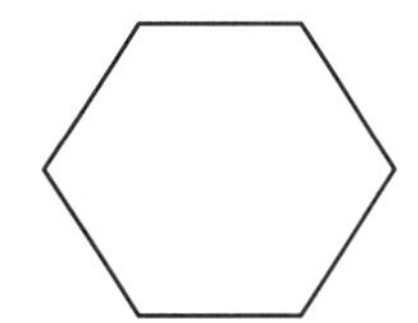

• 한 꼭짓점에서 그을 수 있는 대각선의 개수: □개

• 대각선의 총 개수: □개

14

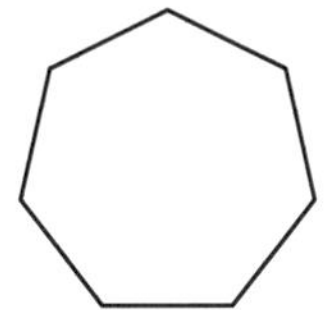

• 한 꼭짓점에서 그을 수 있는 대각선의 개수: □개

• 대각선의 총 개수: □개

15

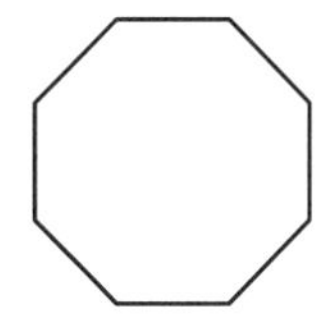

• 한 꼭짓점에서 그을 수 있는 대각선의 개수: □개

• 대각선의 총 개수: □개

16

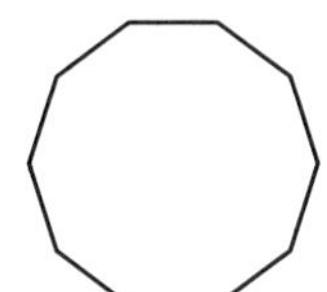

• 한 꼭짓점에서 그을 수 있는 대각선의 개수: □개

• 대각선의 총 개수: □개

17

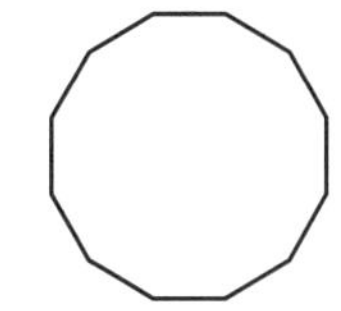

• 한 꼭짓점에서 그을 수 있는 대각선의 개수: □개

• 대각선의 총 개수: □개

3 다각형에서 각도 구하기(2)

다음은 모두 정다각형입니다. □ 안에 알맞은 수를 써넣으시오. (1~6)

1

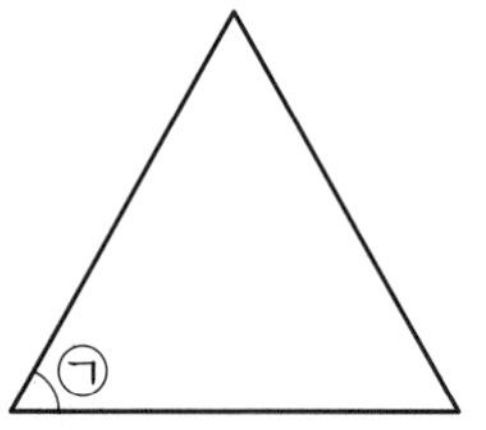

㉠$=180° \div 3=$ □°

2

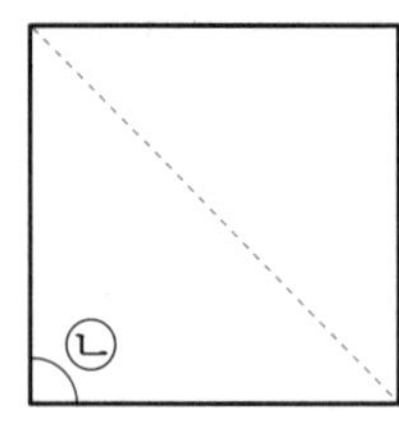

㉡$=180° \times 2 \div 4=$ □°

3

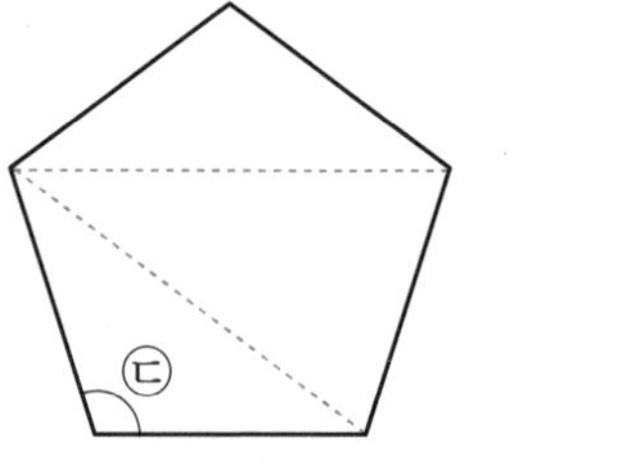

㉢$=180° \times$ □ $\div$ □ $=$ □°

4

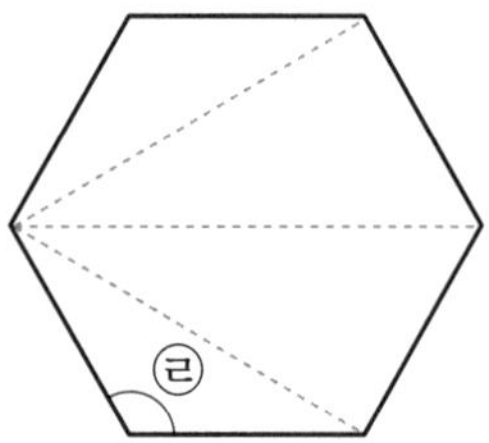

㉣$=180° \times$ □ $\div$ □ $=$ □°

5

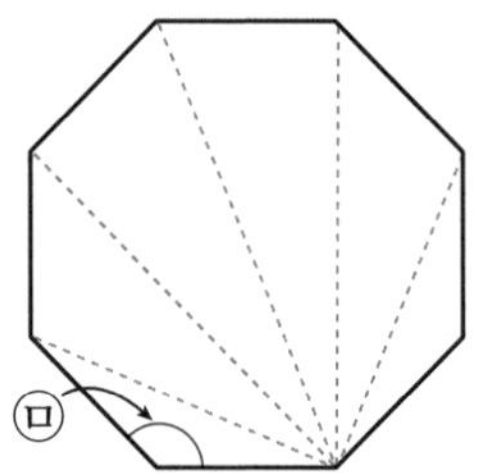

㉤$=180° \times$ □ $\div$ □ $=$ □°

6

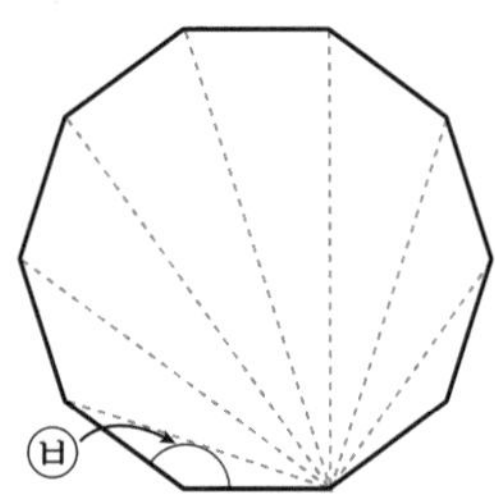

㉥$=180° \times$ □ $\div$ □ $=$ □°

계산은 빠르고 정확하게!

걸린 시간	1~5분	5~8분	8~10분
맞은 개수	11~12개	8~10개	1~7개
평가	참 잘했어요.	잘했어요.	좀더 노력해요.

다음은 모두 정다각형입니다. □ 안에 알맞은 수를 써넣으시오. (7 ~ 12)

7

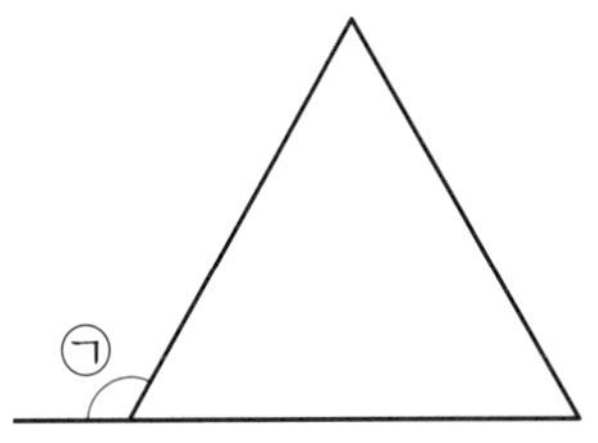

㉠$=180^\circ-(180^\circ\div3)=$ □$^\circ$

8

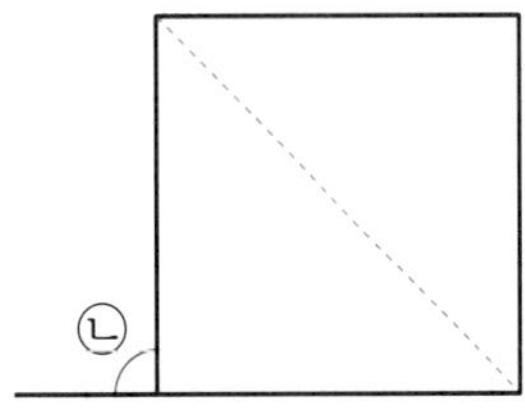

㉡$=180^\circ-(180^\circ\times2\div4)=$ □$^\circ$

9

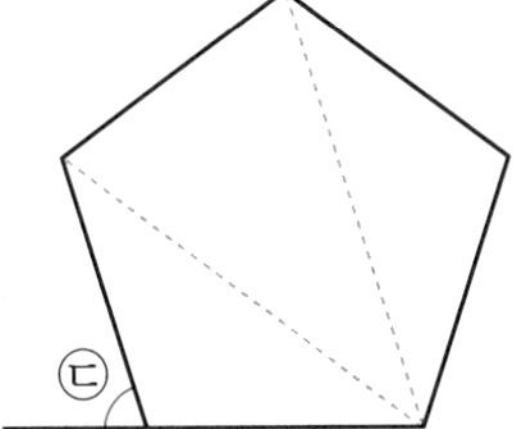

㉢$=180^\circ-(180^\circ\times$ □ $\div$ □$)$

$=$ □$^\circ$

10

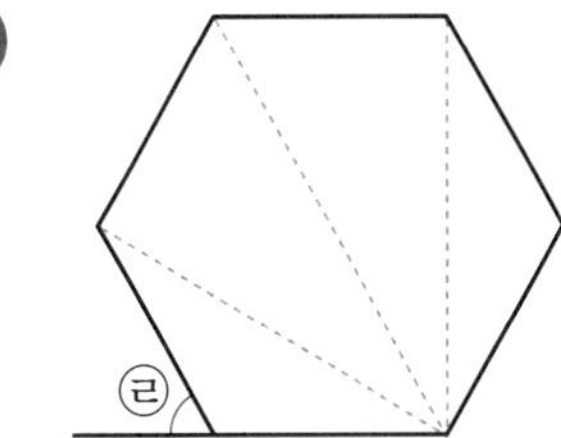

㉣$=180^\circ-(180^\circ\times$ □ $\div$ □$)$

$=$ □$^\circ$

11

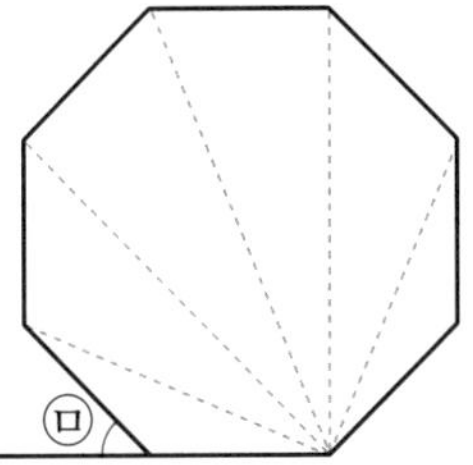

㉤$=180^\circ-(180^\circ\times$ □ $\div$ □$)$

$=$ □$^\circ$

12

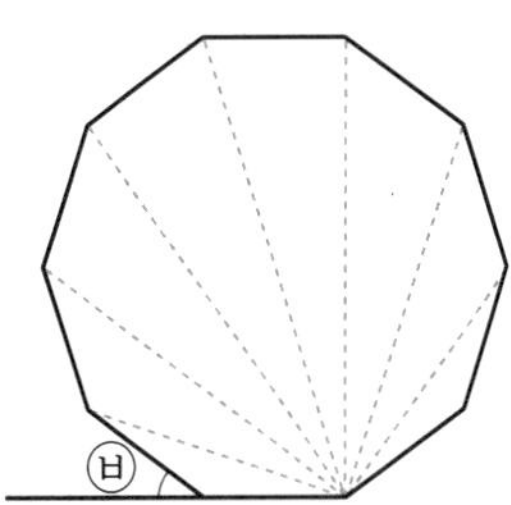

㉥$=180^\circ-(180^\circ\times$ □ $\div$ □$)$

$=$ □$^\circ$

4 신기한 연산

보기 를 참고하여 □ 안에 알맞은 수를 써넣으시오. (1~6)

보기

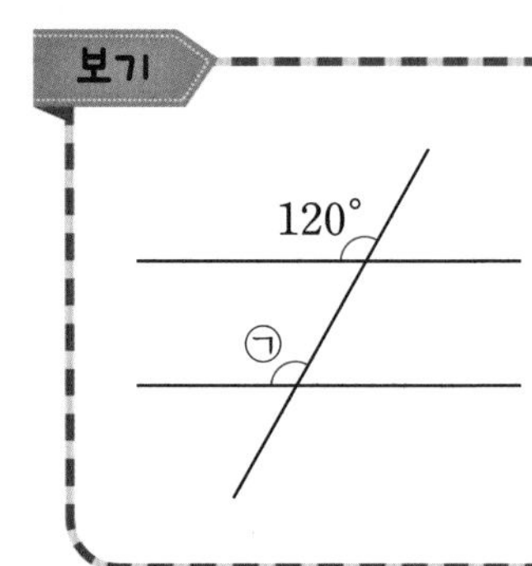

평행선과 한 직선이 만날 때 생기는 같은쪽의 각의 크기는 같습니다.
따라서 ㉠의 크기는 120°입니다.

1

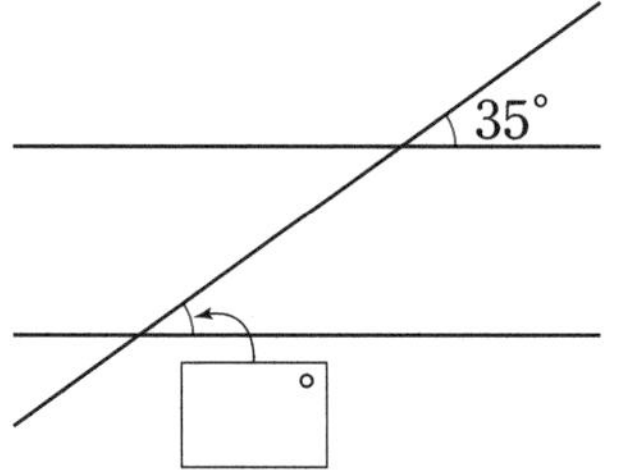

2

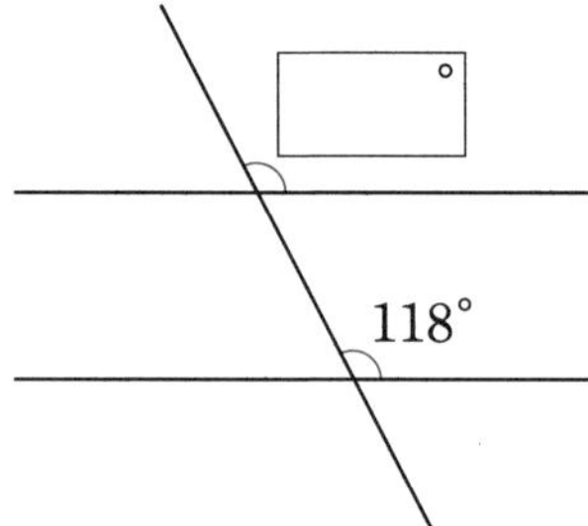

3

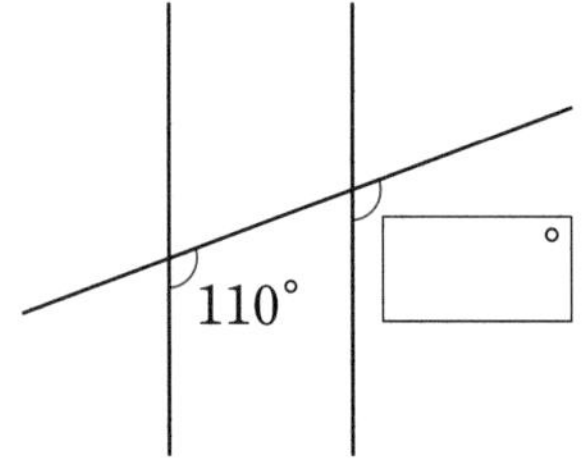

4

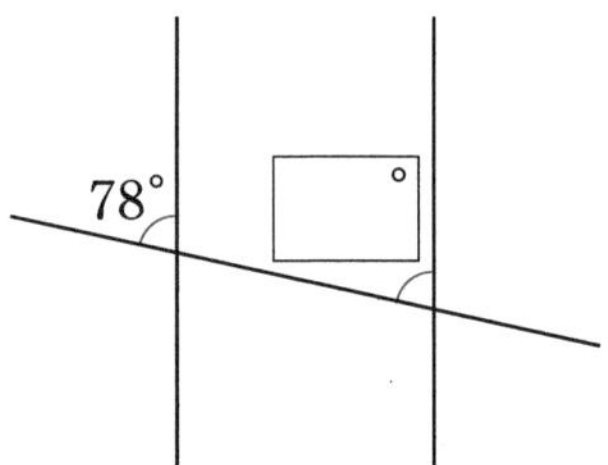

5

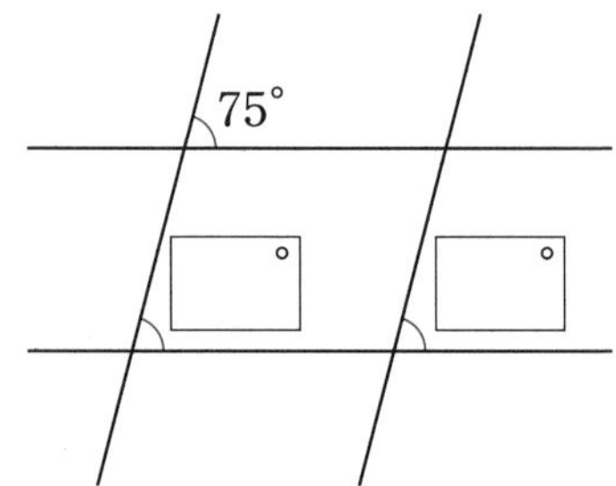

6

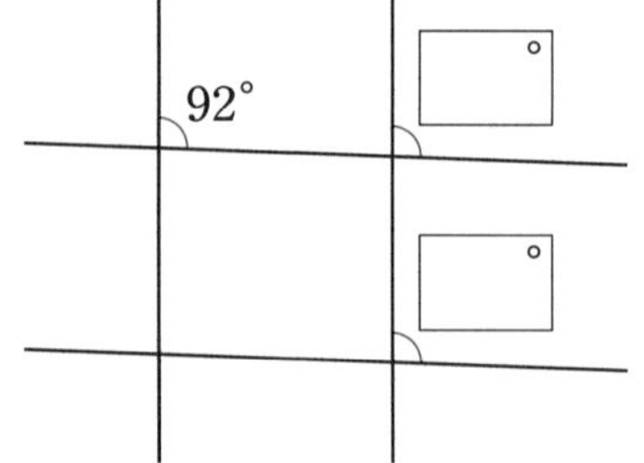

걸린 시간	1~5분	5~8분	8~10분
맞은 개수	11~12개	9~10개	1~8개
평가	참 잘했어요.	잘했어요.	좀더 노력해요.

보기 를 참고하여 □ 안에 알맞은 수를 써넣으시오. (7 ~ 12)

보기

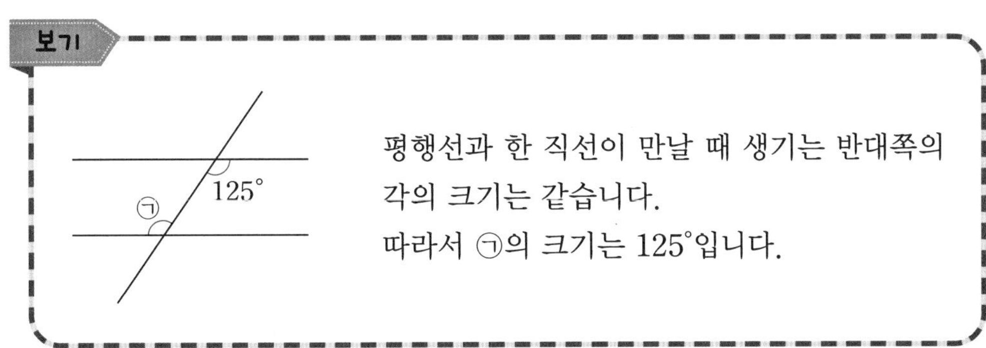

평행선과 한 직선이 만날 때 생기는 반대쪽의 각의 크기는 같습니다.
따라서 ㉠의 크기는 125°입니다.

7

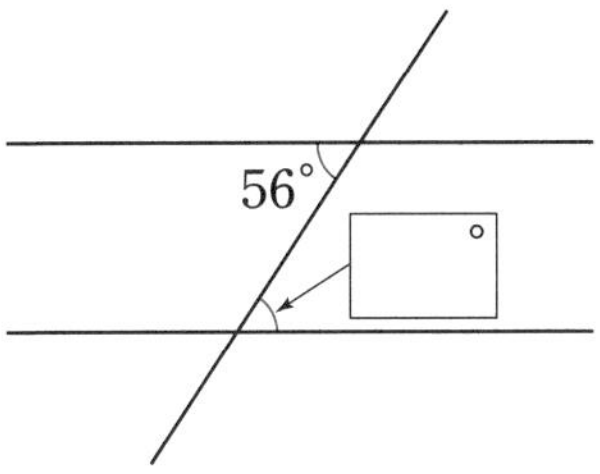

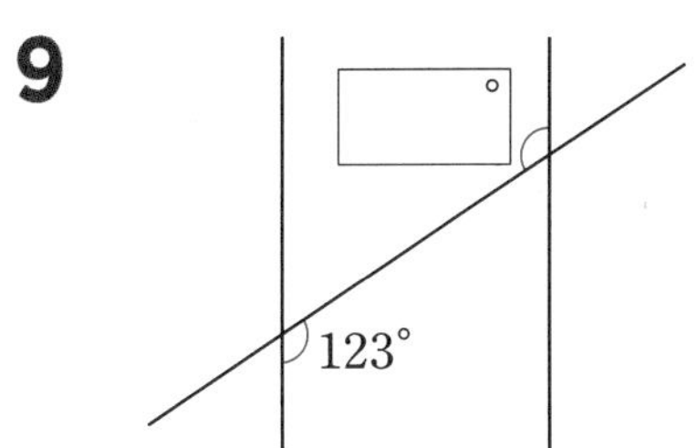

8

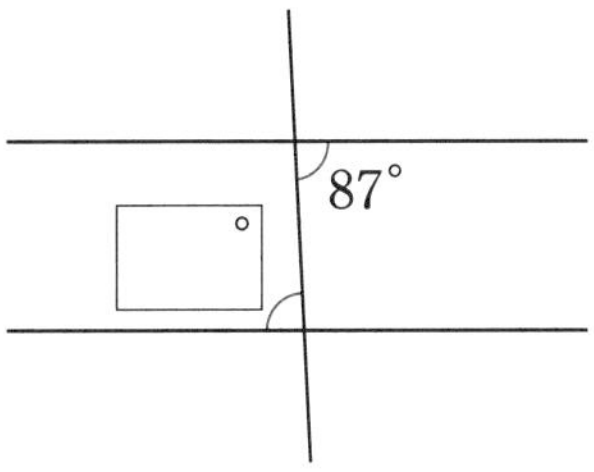

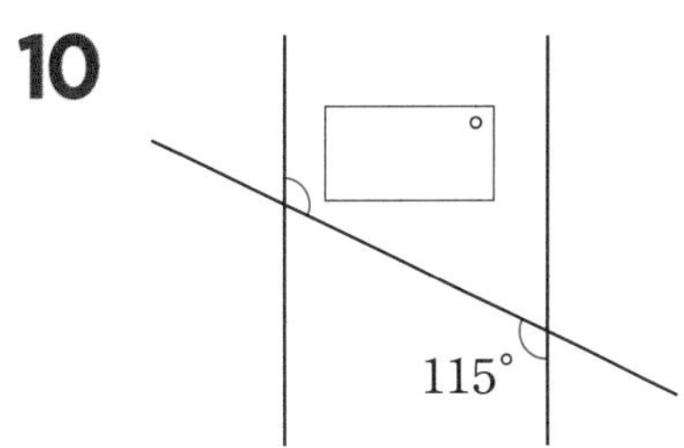

9

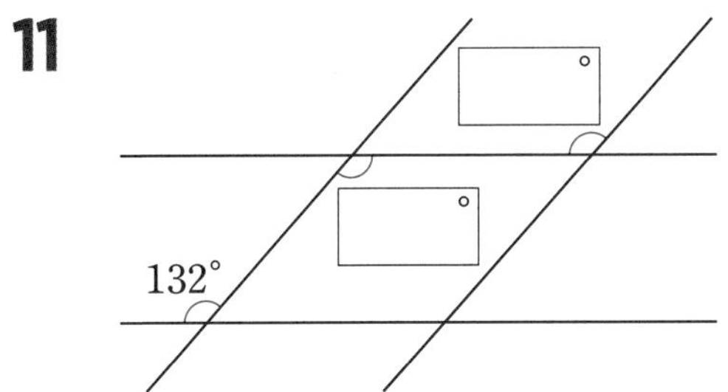

10

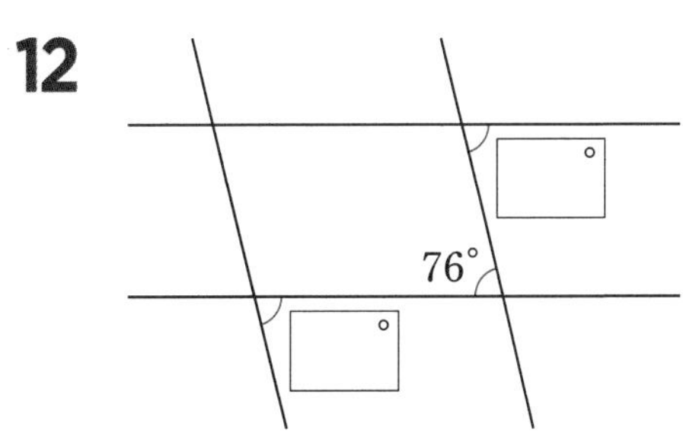

11

12

확인 평가

직선 나가 직선 가에 대한 수선일 때 □ 안에 알맞은 수를 써넣으시오. (1~4)

1

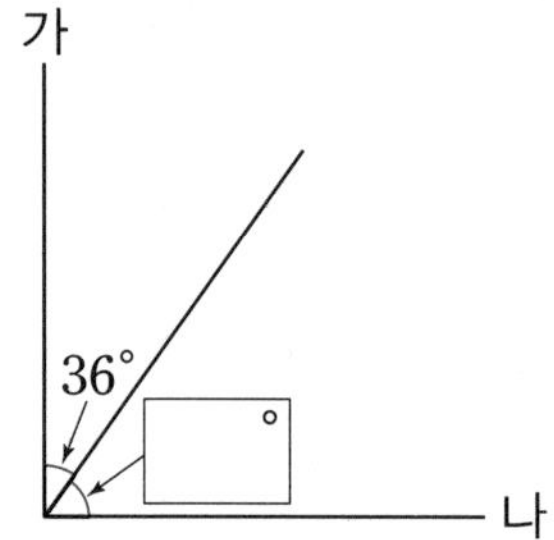

2

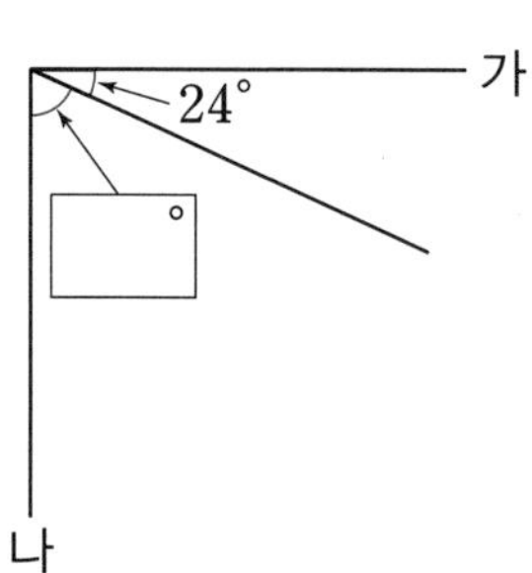

3

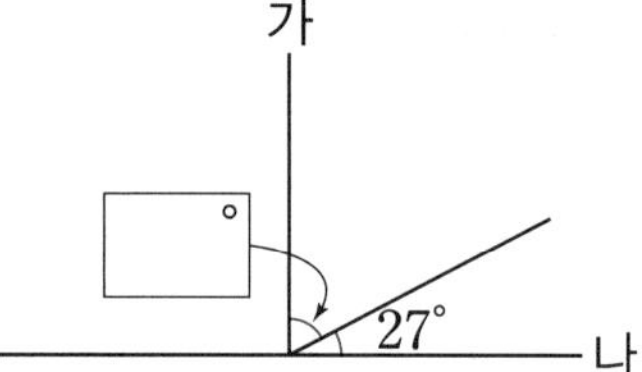

4

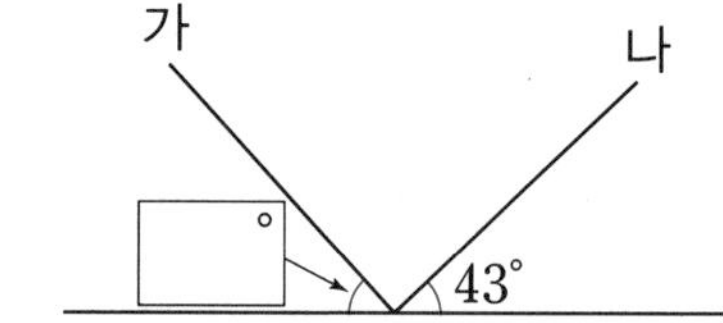

㉠의 각도를 구하시오. (5~8)

5

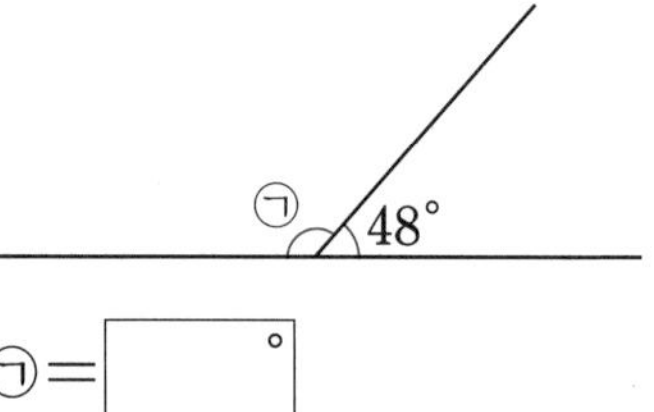

6

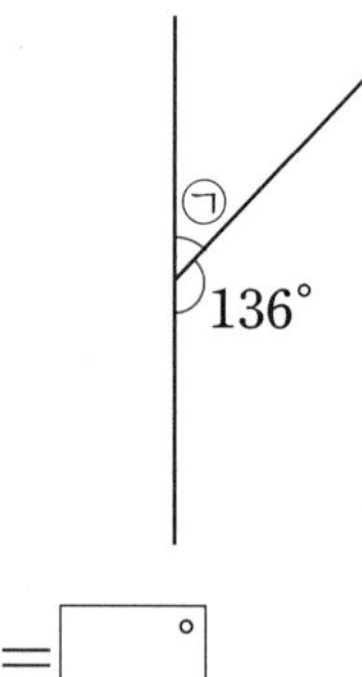

㉠= □°

7

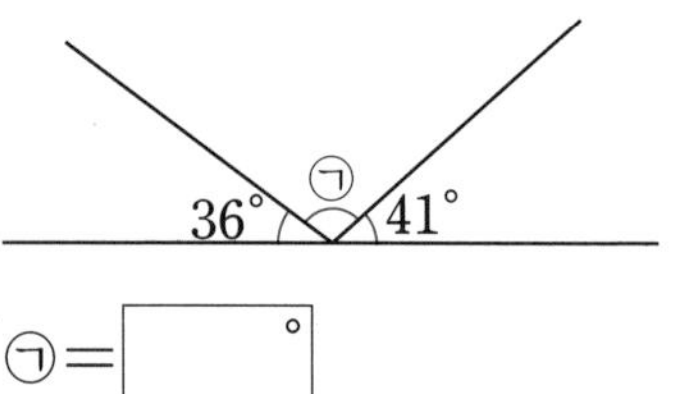

8

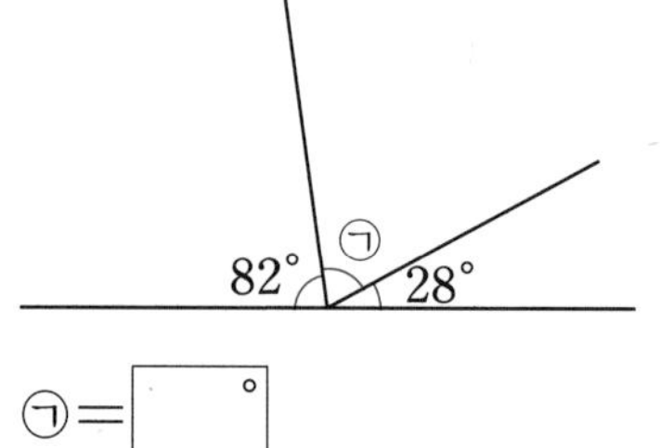

㉠= □°

걸린 시간	1~8분	8~12분	12~16분
맞은 개수	24~26개	19~23개	1~18개
평가	참 잘했어요.	잘했어요.	좀더 노력해요.

도형은 평행사변형입니다. □ 안에 알맞은 수를 써넣으시오. (9 ~ 18)

9

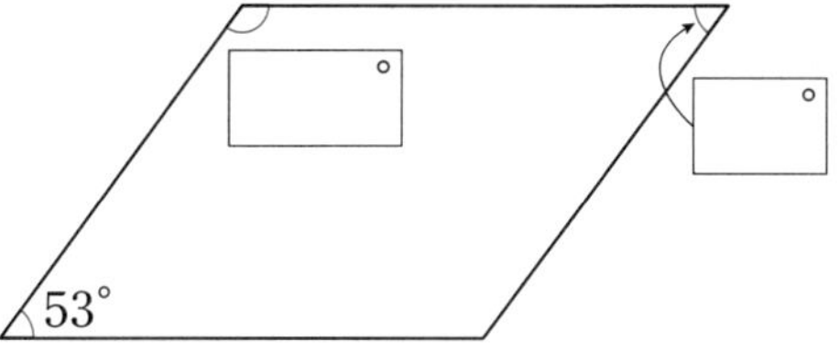

10

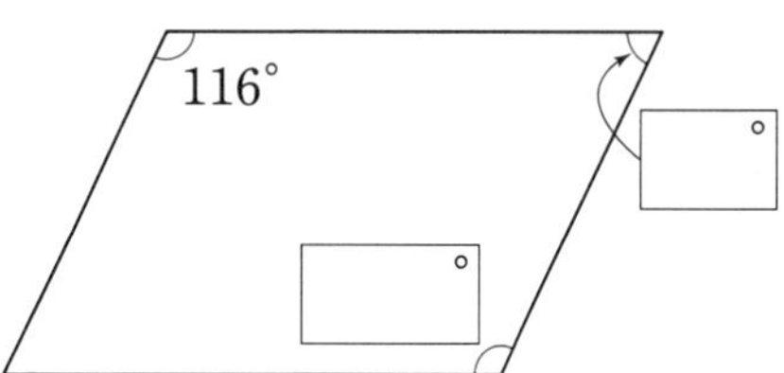

11

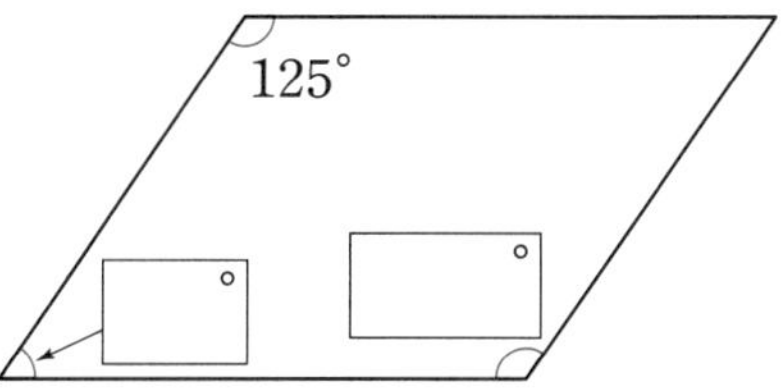

12

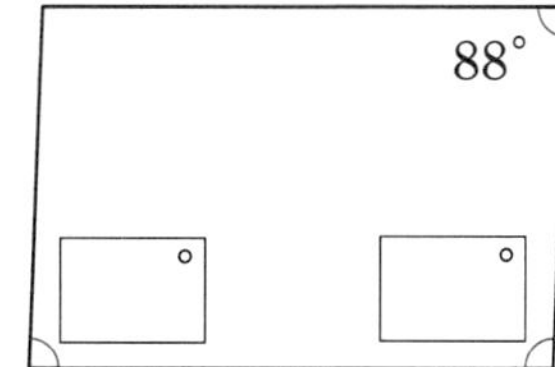

13

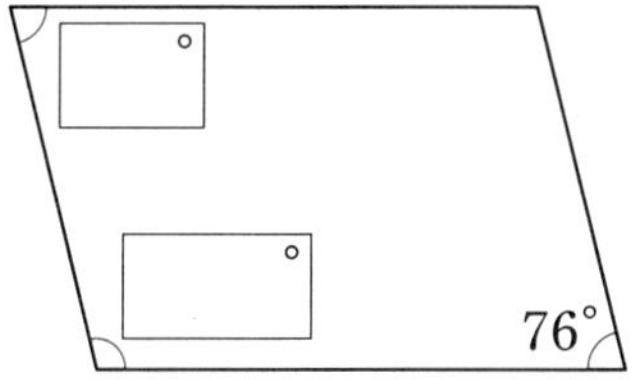

14

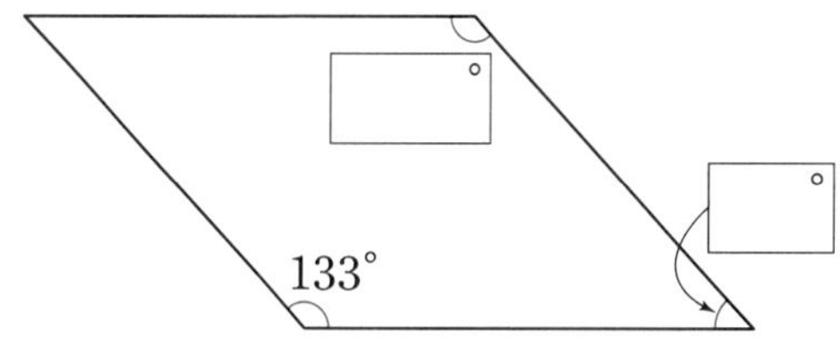

15

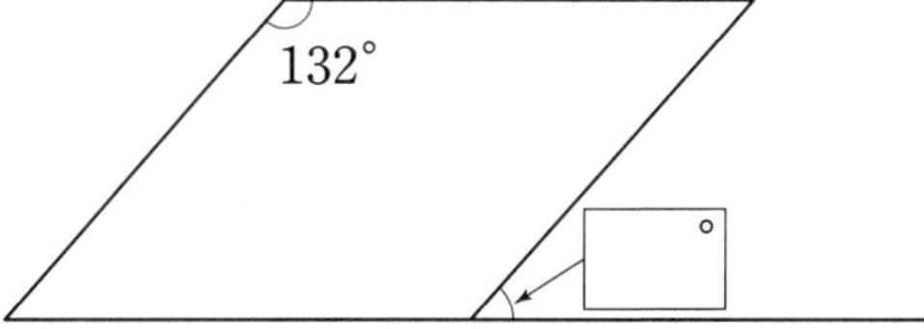

16

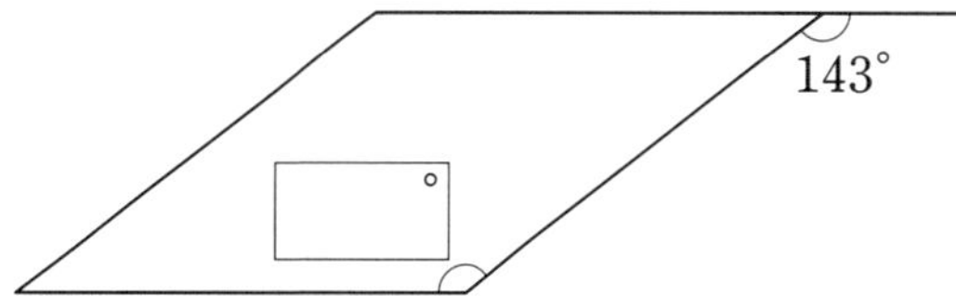

17

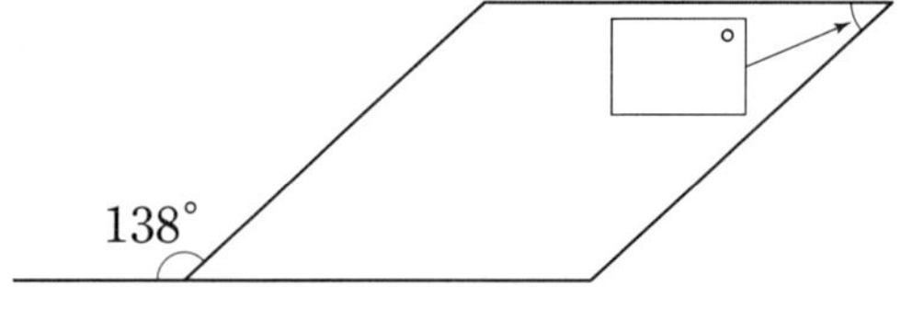

18

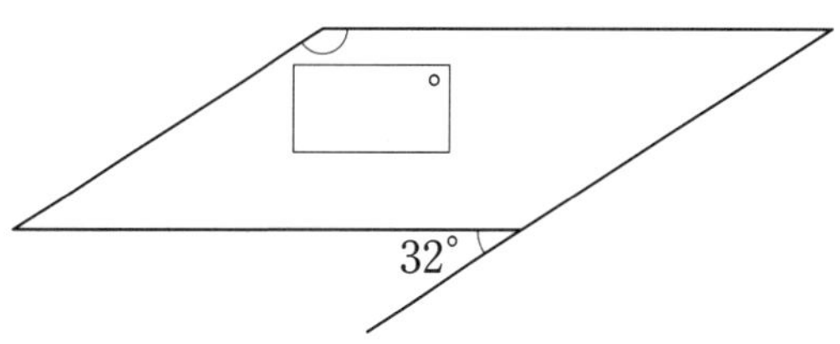

확인 평가

도형은 마름모입니다. □ 안에 알맞은 수를 써넣으시오. (19 ~ 22)

19

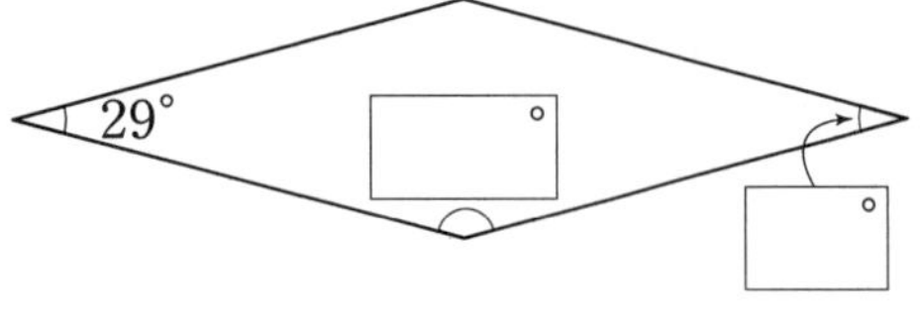

20

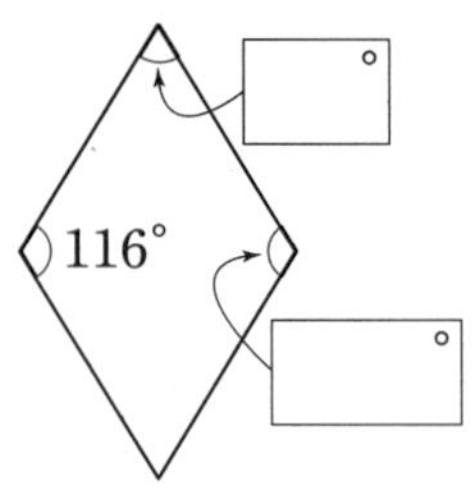

21

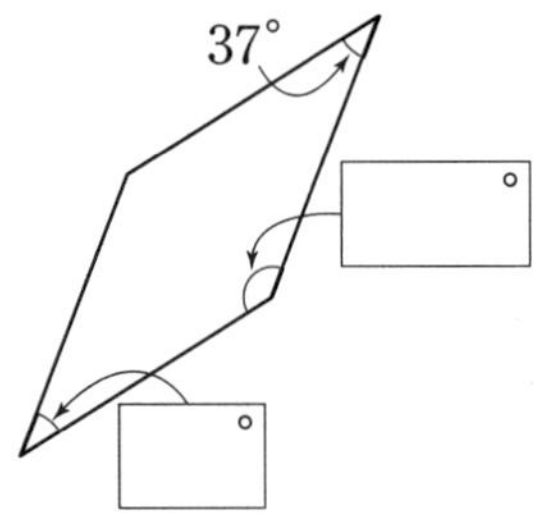

22

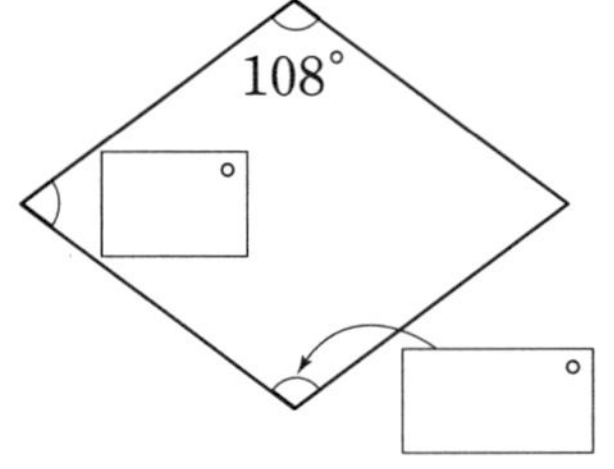

다음 도형에서 그을 수 있는 대각선의 총개수를 구하시오. (23 ~ 24)

23

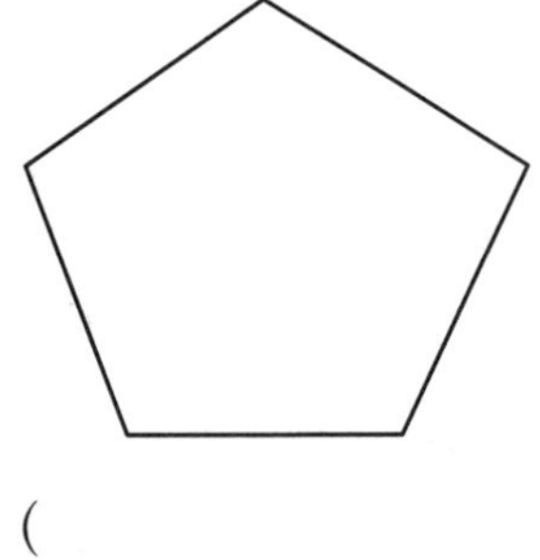

(　　　　　　　　)

24

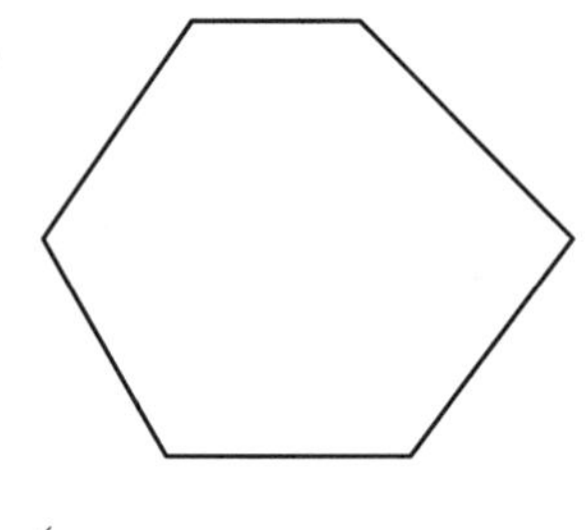

(　　　　　　　　)

다음은 모두 정다각형입니다. 정다각형의 한 각의 크기를 구하시오. (25 ~ 26)

25

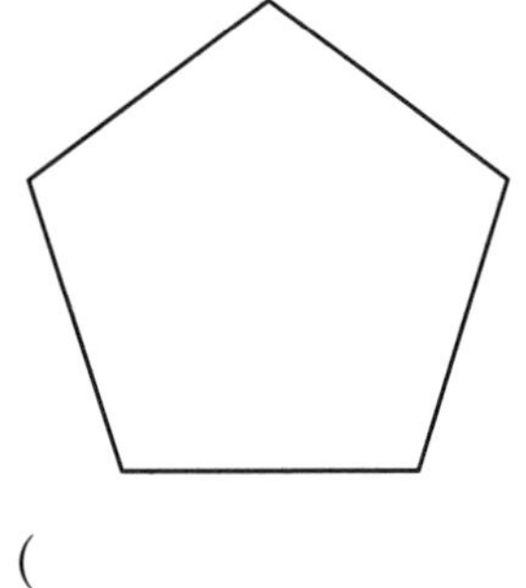

(　　　　　　　　)

26

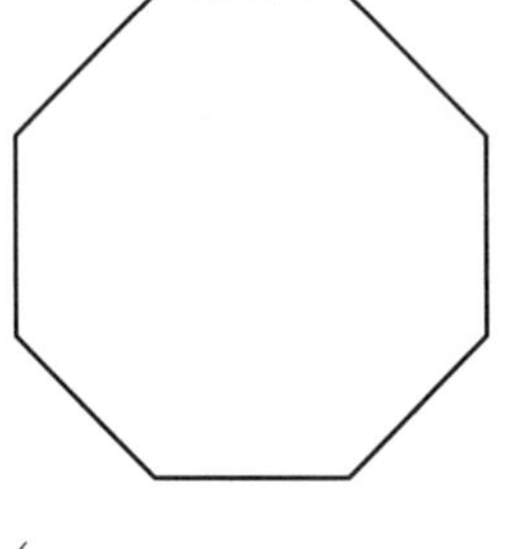

(　　　　　　　　)

Memo

Memo

신기한
연산왕

신기한
연산왕

초등 수학의 기본은 연산력!!

신기한 연산왕

정답

D-2

초4 수준

2
3
4

신기한
연산왕

정답

정답

❶ 분수의 덧셈과 뺄셈 P 8~11

1 받아올림이 없는 진분수의 덧셈(1)

학습 날짜 월 일

분모가 같은 진분수끼리의 덧셈은 분모는 그대로 쓰고, 분자끼리 더합니다.

분자끼리 더합니다.

$$\frac{1}{5}+\frac{3}{5}=\frac{1+3}{5}=\frac{4}{5}$$

분모는 그대로 씁니다.

그림을 보고 □ 안에 알맞은 수를 써넣으시오. (1~4)

1 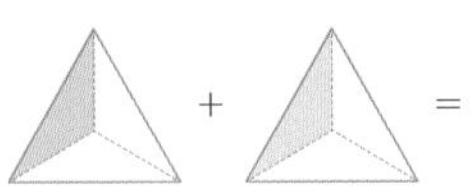 $\frac{1}{3}+\frac{1}{3}=\frac{\boxed{2}}{3}$

2 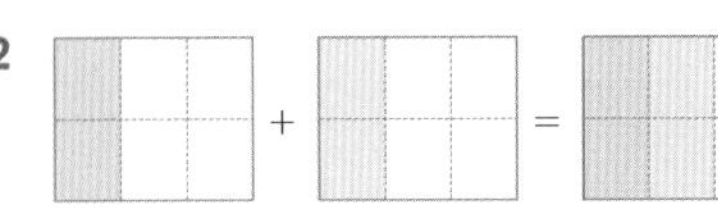 $\frac{2}{6}+\frac{2}{6}=\frac{\boxed{4}}{6}$

3 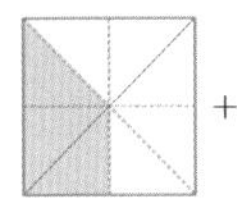 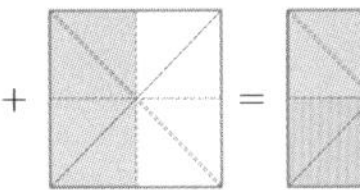 $\frac{3}{8}+\frac{4}{8}=\frac{\boxed{7}}{8}$

4 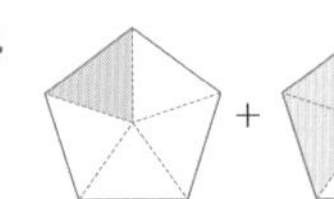 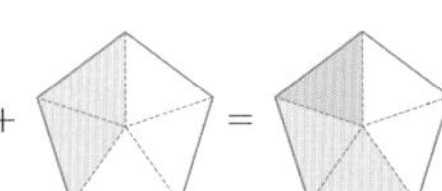 $\frac{1}{5}+\frac{2}{5}=\frac{\boxed{3}}{5}$

계산은 빠르고 정확하게!

걸린 시간	1~4분	4~6분	6~8분
맞은 개수	9~10개	7~8개	1~6개
평가	참 잘했어요.	잘했어요.	좀더 노력해요.

□ 안에 알맞은 수를 써넣으시오. (5~10)

5 $\frac{2}{6}$는 $\frac{1}{6}$이 $\boxed{2}$개, $\frac{3}{6}$은 $\frac{1}{6}$이 $\boxed{3}$개이므로 $\frac{2}{6}+\frac{3}{6}$은 $\frac{1}{6}$이 $\boxed{5}$개입니다.

➡ $\frac{2}{6}+\frac{3}{6}=\frac{\boxed{5}}{6}$

6 $\frac{3}{7}$은 $\frac{1}{7}$이 $\boxed{3}$개, $\frac{2}{7}$는 $\frac{1}{7}$이 $\boxed{2}$개이므로 $\frac{3}{7}+\frac{2}{7}$는 $\frac{1}{7}$이 $\boxed{5}$개입니다.

➡ $\frac{3}{7}+\frac{2}{7}=\frac{\boxed{5}}{7}$

7 $\frac{6}{10}$은 $\frac{1}{10}$이 $\boxed{6}$개, $\frac{3}{10}$은 $\frac{1}{10}$이 $\boxed{3}$개이므로 $\frac{6}{10}+\frac{3}{10}$은 $\frac{1}{10}$이 $\boxed{9}$개입니다.

➡ $\frac{6}{10}+\frac{3}{10}=\frac{\boxed{9}}{10}$

8 $\frac{4}{11}$는 $\frac{1}{11}$이 $\boxed{4}$개, $\frac{6}{11}$은 $\frac{1}{11}$이 $\boxed{6}$개이므로 $\frac{4}{11}+\frac{6}{11}$은 $\frac{1}{11}$이 $\boxed{10}$개입니다.

➡ $\frac{4}{11}+\frac{6}{11}=\frac{\boxed{10}}{11}$

9 $\frac{7}{13}$은 $\frac{1}{13}$이 $\boxed{7}$개, $\frac{5}{13}$는 $\frac{1}{13}$이 $\boxed{5}$개이므로 $\frac{7}{13}+\frac{5}{13}$는 $\frac{1}{13}$이 $\boxed{12}$개입니다.

➡ $\frac{7}{13}+\frac{5}{13}=\frac{\boxed{12}}{13}$

10 $\frac{5}{12}$는 $\frac{1}{12}$이 $\boxed{5}$개, $\frac{4}{12}$는 $\frac{1}{12}$이 $\boxed{4}$개이므로 $\frac{5}{12}+\frac{4}{12}$는 $\frac{1}{12}$이 $\boxed{9}$개입니다.

➡ $\frac{5}{12}+\frac{4}{12}=\frac{\boxed{9}}{12}$

1 받아올림이 없는 진분수의 덧셈(2)

학습 날짜 월 일

□ 안에 알맞은 수를 써넣으시오. (1~16)

1 $\frac{1}{3}+\frac{1}{3}=\frac{\boxed{1}+\boxed{1}}{3}=\frac{\boxed{2}}{3}$

2 $\frac{2}{4}+\frac{1}{4}=\frac{\boxed{2}+\boxed{1}}{4}=\frac{\boxed{3}}{4}$

3 $\frac{2}{5}+\frac{2}{5}=\frac{\boxed{2}+\boxed{2}}{5}=\frac{\boxed{4}}{5}$

4 $\frac{1}{6}+\frac{3}{6}=\frac{\boxed{1}+\boxed{3}}{6}=\frac{\boxed{4}}{6}$

5 $\frac{4}{7}+\frac{2}{7}=\frac{\boxed{4}+\boxed{2}}{7}=\frac{\boxed{6}}{7}$

6 $\frac{3}{10}+\frac{5}{10}=\frac{\boxed{3}+\boxed{5}}{10}=\frac{\boxed{8}}{10}$

7 $\frac{4}{9}+\frac{3}{9}=\frac{\boxed{4}+\boxed{3}}{9}=\frac{\boxed{7}}{9}$

8 $\frac{2}{8}+\frac{4}{8}=\frac{\boxed{2}+\boxed{4}}{8}=\frac{\boxed{6}}{8}$

9 $\frac{7}{11}+\frac{2}{11}=\frac{\boxed{7}+\boxed{2}}{11}=\frac{\boxed{9}}{11}$

10 $\frac{5}{13}+\frac{4}{13}=\frac{\boxed{5}+\boxed{4}}{13}=\frac{\boxed{9}}{13}$

11 $\frac{6}{17}+\frac{7}{17}=\frac{\boxed{6}+\boxed{7}}{17}=\frac{\boxed{13}}{17}$

12 $\frac{10}{15}+\frac{4}{15}=\frac{\boxed{10}+\boxed{4}}{15}=\frac{\boxed{14}}{15}$

13 $\frac{8}{16}+\frac{4}{16}=\frac{\boxed{8}+\boxed{4}}{16}=\frac{\boxed{12}}{16}$

14 $\frac{4}{11}+\frac{2}{11}=\frac{\boxed{4}+\boxed{2}}{11}=\frac{\boxed{6}}{11}$

15 $\frac{7}{15}+\frac{7}{15}=\frac{\boxed{7}+\boxed{7}}{15}=\frac{\boxed{14}}{15}$

16 $\frac{6}{18}+\frac{9}{18}=\frac{\boxed{6}+\boxed{9}}{18}=\frac{\boxed{15}}{18}$

계산은 빠르고 정확하게!

걸린 시간	1~8분	8~12분	12~16분
맞은 개수	29~32개	23~28개	1~22개
평가	참 잘했어요.	잘했어요.	좀더 노력해요.

계산을 하시오. (17~32)

17 $\frac{1}{5}+\frac{2}{5}=\frac{3}{5}$

18 $\frac{1}{6}+\frac{4}{6}=\frac{5}{6}$

19 $\frac{5}{7}+\frac{1}{7}=\frac{6}{7}$

20 $\frac{4}{8}+\frac{3}{8}=\frac{7}{8}$

21 $\frac{4}{9}+\frac{4}{9}=\frac{8}{9}$

22 $\frac{4}{10}+\frac{5}{10}=\frac{9}{10}$

23 $\frac{7}{11}+\frac{3}{11}=\frac{10}{11}$

24 $\frac{5}{17}+\frac{7}{17}=\frac{12}{17}$

25 $\frac{10}{15}+\frac{3}{15}=\frac{13}{15}$

26 $\frac{5}{16}+\frac{9}{16}=\frac{14}{16}$

27 $\frac{1}{13}+\frac{8}{13}=\frac{9}{13}$

28 $\frac{5}{14}+\frac{6}{14}=\frac{11}{14}$

29 $\frac{11}{19}+\frac{2}{19}=\frac{13}{19}$

30 $\frac{7}{18}+\frac{8}{18}=\frac{15}{18}$

31 $\frac{4}{16}+\frac{10}{16}=\frac{14}{16}$

32 $\frac{4}{14}+\frac{9}{14}=\frac{13}{14}$

1 받아올림이 없는 진분수의 덧셈(3)

계산은 빠르고 정확하게!

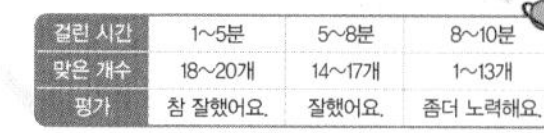

걸린 시간	1~5분	5~8분	8~10분
맞은 개수	18~20개	14~17개	1~13개
평가	참 잘했어요.	잘했어요.	좀더 노력해요.

빈 곳에 알맞은 수를 써넣으시오. (1~10)

1
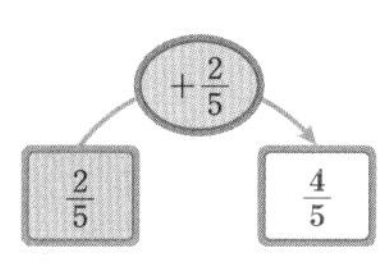

2
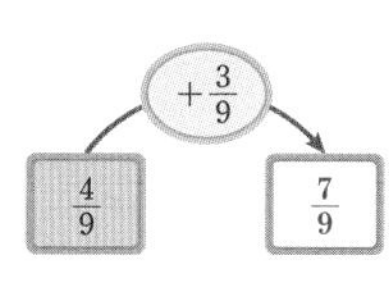

3
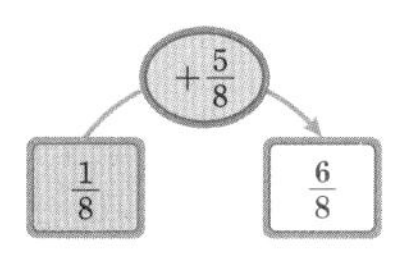

4

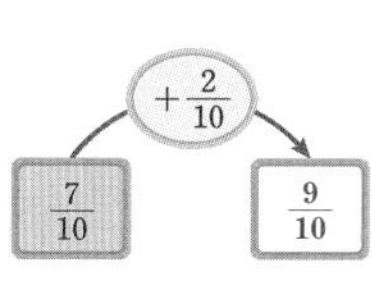

5
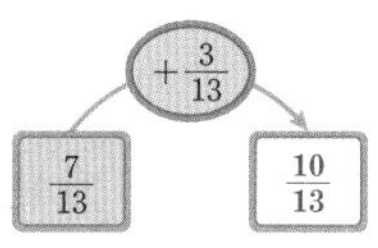

6
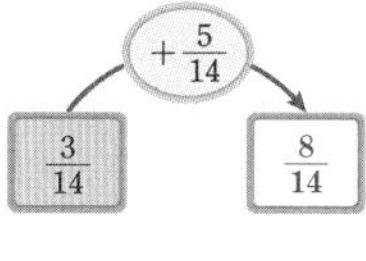

7
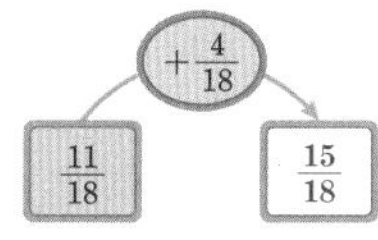

8
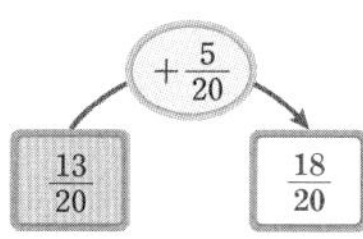

9
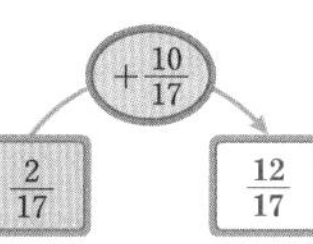

10
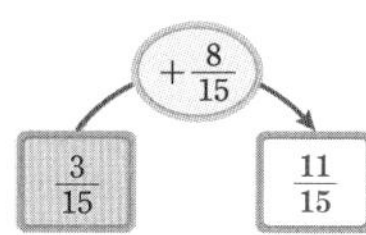

□ 안에 알맞은 수를 써넣으시오. (11~20)

11
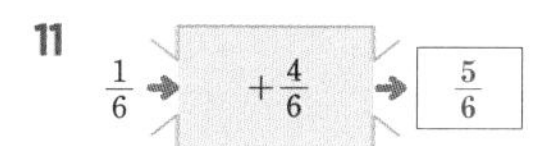

12
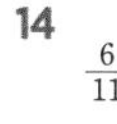
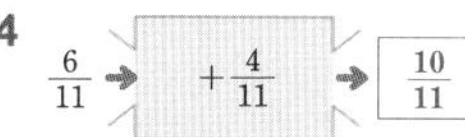

13
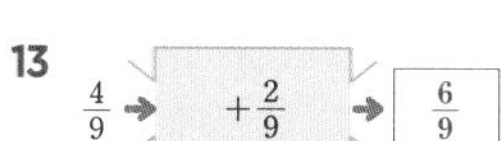

14
$\frac{6}{11}$ → $+\frac{4}{11}$ → $\frac{10}{11}$

15
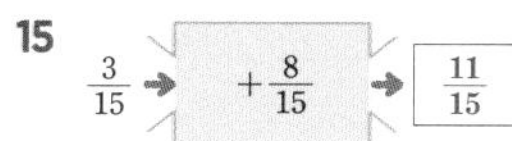

16
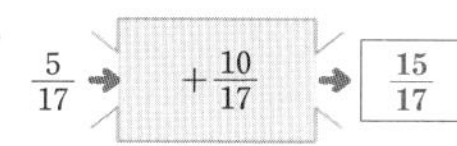

17
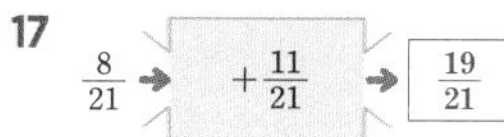

18
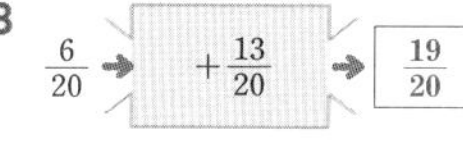

19
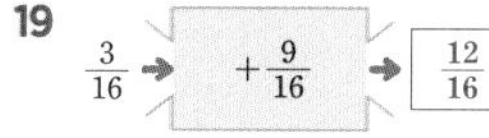

20
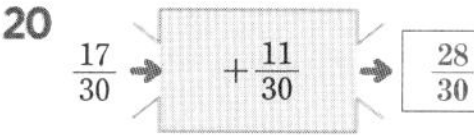

2 받아올림이 있는 진분수의 덧셈(1)

계산은 빠르고 정확하게!

걸린 시간	1~4분	4~6분	6~8분
맞은 개수	9~10개	7~8개	1~6개
평가	참 잘했어요.	잘했어요.	좀더 노력해요.

분모가 같은 진분수의 덧셈은 분모는 그대로 쓰고, 분자끼리 더합니다.
이때 계산 결과가 가분수이면 대분수로 나타냅니다.

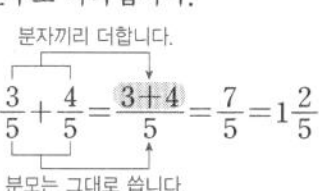

그림을 보고 □ 안에 알맞은 수를 써넣으시오. (1~4)

1

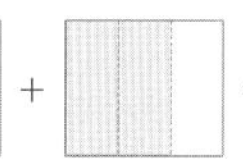
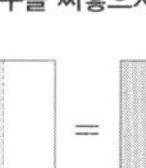
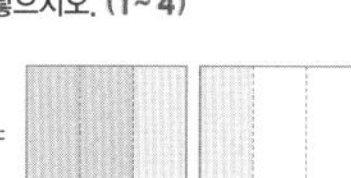

$\frac{2}{3}+\frac{2}{3}=\boxed{1}\frac{\boxed{1}}{3}$

2

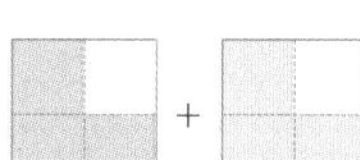

$\frac{3}{4}+\frac{3}{4}=\boxed{1}\frac{\boxed{2}}{4}$

3

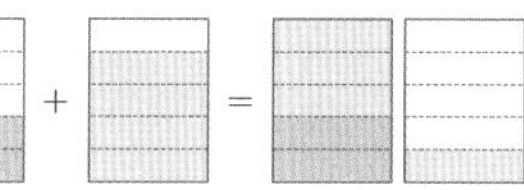

$\frac{2}{5}+\frac{4}{5}=\boxed{1}\frac{\boxed{1}}{5}$

4

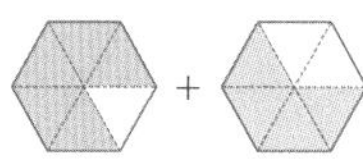
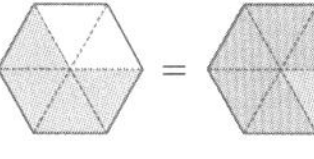
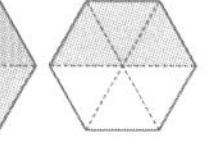

$\frac{5}{6}+\frac{4}{6}=\boxed{1}\frac{\boxed{3}}{6}$

□ 안에 알맞은 수를 써넣으시오. (5~10)

5 $\frac{5}{7}$는 $\frac{1}{7}$이 $\boxed{5}$개, $\frac{6}{7}$은 $\frac{1}{7}$이 $\boxed{6}$개이므로 $\frac{5}{7}+\frac{6}{7}$은 $\frac{1}{7}$이 $\boxed{11}$개입니다.

➡ $\frac{5}{7}+\frac{6}{7}=\frac{\boxed{11}}{7}=\boxed{1}\frac{\boxed{4}}{7}$

6 $\frac{4}{5}$는 $\frac{1}{5}$이 $\boxed{4}$개, $\frac{3}{5}$은 $\frac{1}{5}$이 $\boxed{3}$개이므로 $\frac{4}{5}+\frac{3}{5}$은 $\frac{1}{5}$이 $\boxed{7}$개입니다.

➡ $\frac{4}{5}+\frac{3}{5}=\frac{\boxed{7}}{5}=\boxed{1}\frac{\boxed{2}}{5}$

7 $\frac{6}{9}$은 $\frac{1}{9}$이 $\boxed{6}$개, $\frac{7}{9}$은 $\frac{1}{9}$이 $\boxed{7}$개이므로 $\frac{6}{9}+\frac{7}{9}$은 $\frac{1}{9}$이 $\boxed{13}$개입니다.

➡ $\frac{6}{9}+\frac{7}{9}=\frac{\boxed{13}}{9}=\boxed{1}\frac{\boxed{4}}{9}$

8 $\frac{4}{10}$는 $\frac{1}{10}$이 $\boxed{4}$개, $\frac{9}{10}$는 $\frac{1}{10}$이 $\boxed{9}$개이므로 $\frac{4}{10}+\frac{9}{10}$는 $\frac{1}{10}$이 $\boxed{13}$개입니다.

➡ $\frac{4}{10}+\frac{9}{10}=\frac{\boxed{13}}{10}=\boxed{1}\frac{\boxed{3}}{10}$

9 $\frac{7}{11}$은 $\frac{1}{11}$이 $\boxed{7}$개, $\frac{10}{11}$은 $\frac{1}{11}$이 $\boxed{10}$개이므로 $\frac{7}{11}+\frac{10}{11}$은 $\frac{1}{11}$이 $\boxed{17}$개입니다.

➡ $\frac{7}{11}+\frac{10}{11}=\frac{\boxed{17}}{11}=\boxed{1}\frac{\boxed{6}}{11}$

10 $\frac{12}{13}$는 $\frac{1}{13}$이 $\boxed{12}$개, $\frac{8}{13}$은 $\frac{1}{13}$이 $\boxed{8}$개이므로 $\frac{12}{13}+\frac{8}{13}$은 $\frac{1}{13}$이 $\boxed{20}$개입니다.

➡ $\frac{12}{13}+\frac{8}{13}=\frac{\boxed{20}}{13}=\boxed{1}\frac{\boxed{7}}{13}$

정답

2 받아올림이 있는 진분수의 덧셈(2)

계산은 빠르고 정확하게!

걸린 시간	1~6분	6~9분	9~12분
맞은 개수	22~24개	17~21개	1~16개
평가	참 잘했어요.	잘했어요.	좀더 노력해요.

□ 안에 알맞은 수를 써넣으시오. (1~8)

1 $\frac{4}{5}+\frac{4}{5}=\frac{\boxed{4}+\boxed{4}}{5}=\frac{\boxed{8}}{5}=\boxed{1}\frac{\boxed{3}}{5}$

2 $\frac{5}{6}+\frac{4}{6}=\frac{\boxed{5}+\boxed{4}}{6}=\frac{\boxed{9}}{6}=\boxed{1}\frac{\boxed{3}}{6}$

3 $\frac{2}{7}+\frac{6}{7}=\frac{\boxed{2}+\boxed{6}}{7}=\frac{\boxed{8}}{7}=\boxed{1}\frac{\boxed{1}}{7}$

4 $\frac{8}{9}+\frac{7}{9}=\frac{\boxed{8}+\boxed{7}}{9}=\frac{\boxed{15}}{9}=\boxed{1}\frac{\boxed{6}}{9}$

5 $\frac{6}{10}+\frac{5}{10}=\frac{\boxed{6}+\boxed{5}}{10}=\frac{\boxed{11}}{10}=\boxed{1}\frac{\boxed{1}}{10}$

6 $\frac{5}{8}+\frac{7}{8}=\frac{\boxed{5}+\boxed{7}}{8}=\frac{\boxed{12}}{8}=\boxed{1}\frac{\boxed{4}}{8}$

7 $\frac{9}{11}+\frac{8}{11}=\frac{\boxed{9}+\boxed{8}}{11}=\frac{\boxed{17}}{11}=\boxed{1}\frac{\boxed{6}}{11}$

8 $\frac{10}{14}+\frac{13}{14}=\frac{\boxed{10}+\boxed{13}}{14}=\frac{\boxed{23}}{14}=\boxed{1}\frac{\boxed{9}}{14}$

계산을 하시오. (9~24)

9 $\frac{2}{3}+\frac{2}{3}=1\frac{1}{3}$

10 $\frac{3}{4}+\frac{2}{4}=1\frac{1}{4}$

11 $\frac{4}{5}+\frac{2}{5}=1\frac{1}{5}$

12 $\frac{3}{6}+\frac{5}{6}=1\frac{2}{6}$

13 $\frac{7}{9}+\frac{6}{9}=1\frac{4}{9}$

14 $\frac{5}{8}+\frac{6}{8}=1\frac{3}{8}$

15 $\frac{6}{10}+\frac{7}{10}=1\frac{3}{10}$

16 $\frac{10}{11}+\frac{9}{11}=1\frac{8}{11}$

17 $\frac{7}{12}+\frac{9}{12}=1\frac{4}{12}$

18 $\frac{8}{13}+\frac{6}{13}=1\frac{1}{13}$

19 $\frac{7}{12}+\frac{10}{12}=1\frac{5}{12}$

20 $\frac{9}{15}+\frac{10}{15}=1\frac{4}{15}$

21 $\frac{11}{14}+\frac{11}{14}=1\frac{8}{14}$

22 $\frac{17}{18}+\frac{15}{18}=1\frac{14}{18}$

23 $\frac{17}{20}+\frac{13}{20}=1\frac{10}{20}$

24 $\frac{15}{19}+\frac{13}{19}=1\frac{9}{19}$

2 받아올림이 있는 진분수의 덧셈(3)

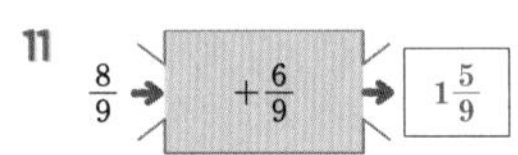

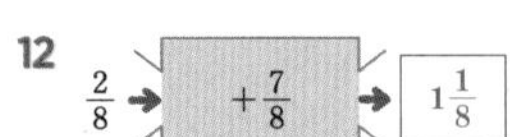

걸린 시간	1~5분	5~8분	8~10분
맞은 개수	19~20개	16~18개	1~15개
평가	참 잘했어요.	잘했어요.	좀더 노력해요.

빈 곳에 알맞은 수를 써넣으시오. (1~10)

1
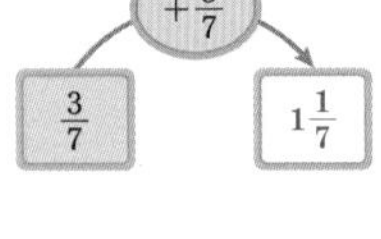

2
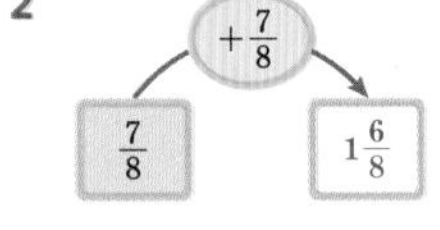

3
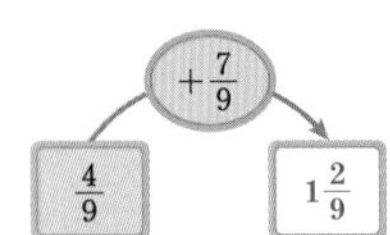

4
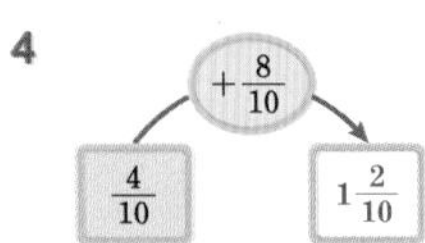

5
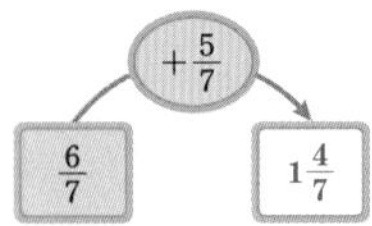

6
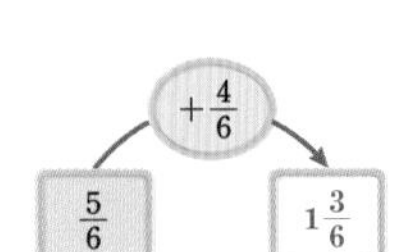

7
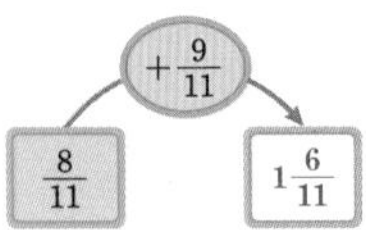

8
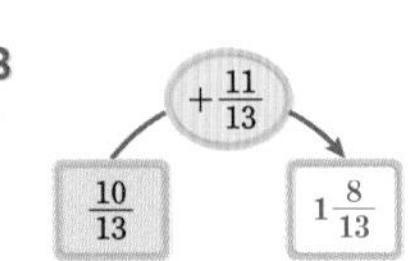

9
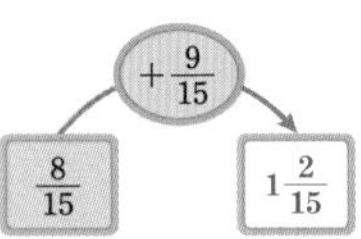

10
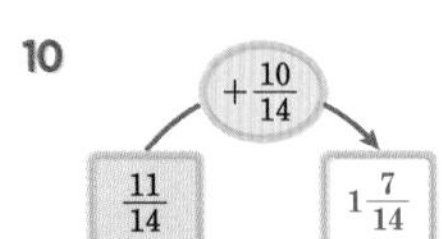

□ 안에 알맞은 수를 써넣으시오. (11~20)

11 $\frac{8}{9}$ → $+\frac{6}{9}$ → $1\frac{5}{9}$

12 $\frac{2}{8}$ → $+\frac{7}{8}$ → $1\frac{1}{8}$

13 $\frac{4}{6}$ → $+\frac{4}{6}$ → $1\frac{2}{6}$

14 $\frac{9}{10}$ → $+\frac{7}{10}$ → $1\frac{6}{10}$

15 $\frac{10}{14}$ → $+\frac{13}{14}$ → $1\frac{9}{14}$

16 $\frac{11}{13}$ → $+\frac{8}{13}$ → $1\frac{6}{13}$

17 $\frac{6}{11}$ → $+\frac{8}{11}$ → $1\frac{3}{11}$

18 $\frac{9}{14}$ → $+\frac{12}{14}$ → $1\frac{7}{14}$

19 $\frac{7}{15}$ → $+\frac{13}{15}$ → $1\frac{5}{15}$

20 $\frac{16}{17}$ → $+\frac{15}{17}$ → $1\frac{14}{17}$

3 받아올림이 없는 대분수의 덧셈(1)

방법① 자연수는 자연수끼리, 분수는 분수끼리 더합니다.

$2\frac{1}{5}+1\frac{3}{5}=(2+1)+\left(\frac{1}{5}+\frac{3}{5}\right)=3+\frac{4}{5}=3\frac{4}{5}$

방법② 대분수를 가분수로 고쳐서 계산합니다.

$2\frac{1}{5}+1\frac{3}{5}=\frac{11}{5}+\frac{8}{5}=\frac{19}{5}=3\frac{4}{5}$

그림을 보고 □ 안에 알맞은 수를 써넣으시오. (1~3)

1
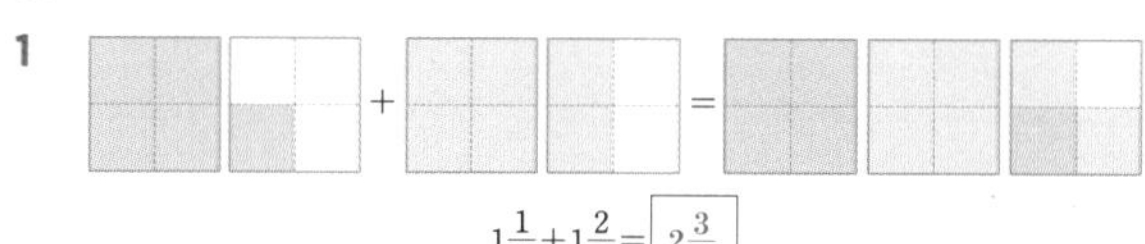

$1\frac{1}{4}+1\frac{2}{4}=\boxed{2\frac{3}{4}}$

2
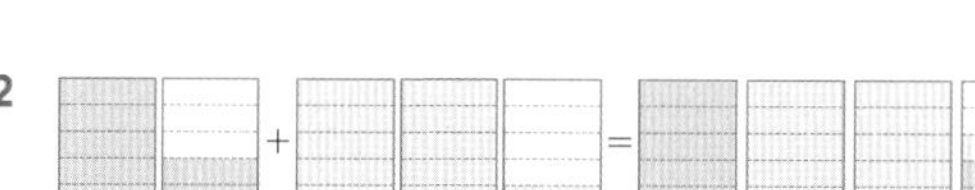

$1\frac{2}{5}+2\frac{1}{5}=\boxed{3\frac{3}{5}}$

3
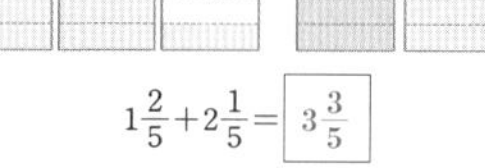
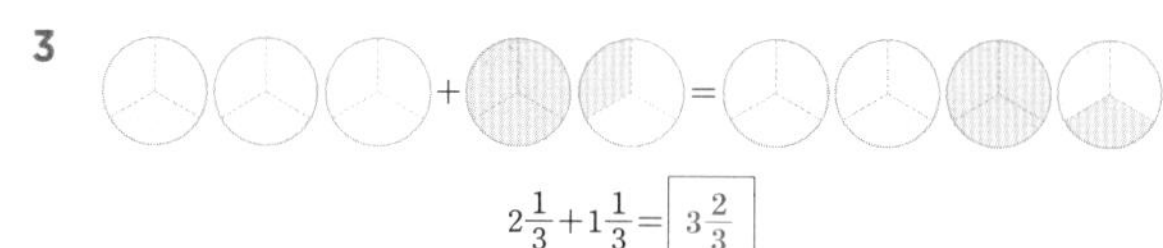

$2\frac{1}{3}+1\frac{1}{3}=\boxed{3\frac{2}{3}}$

계산은 빠르고 정확하게!

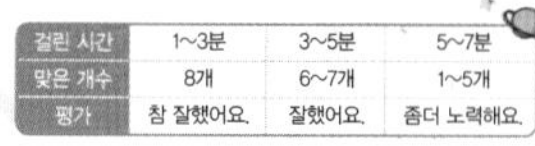

걸린 시간	1~3분	3~5분	5~7분
맞은 개수	8개	6~7개	1~5개
평가	참 잘했어요.	잘했어요.	좀더 노력해요.

그림을 보고 □ 안에 알맞은 수를 써넣으시오. (4~8)

4
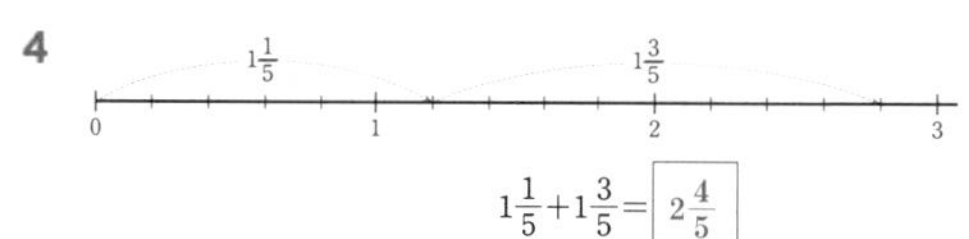

$1\frac{1}{5}+1\frac{3}{5}=\boxed{2\frac{4}{5}}$

5
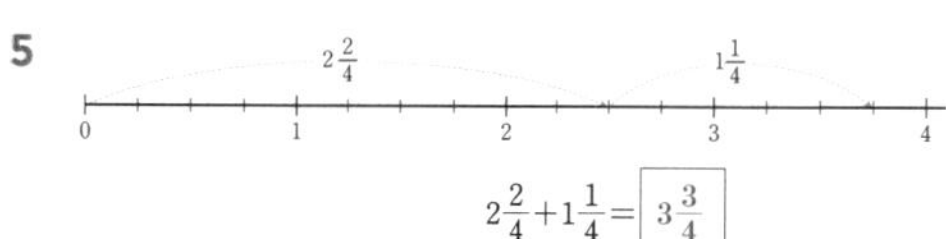

$2\frac{2}{4}+1\frac{1}{4}=\boxed{3\frac{3}{4}}$

6
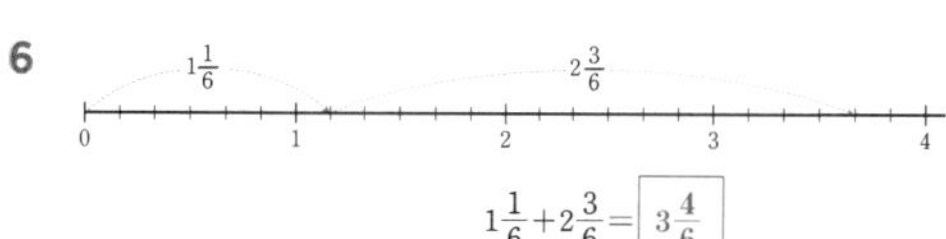

$1\frac{1}{6}+2\frac{3}{6}=\boxed{3\frac{4}{6}}$

7
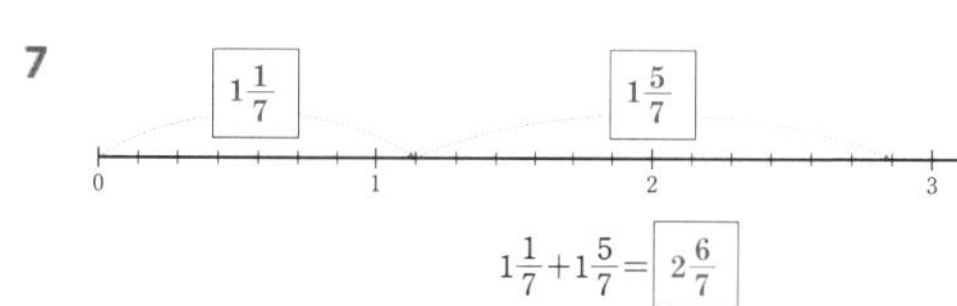

$1\frac{1}{7}+1\frac{5}{7}=\boxed{2\frac{6}{7}}$

8
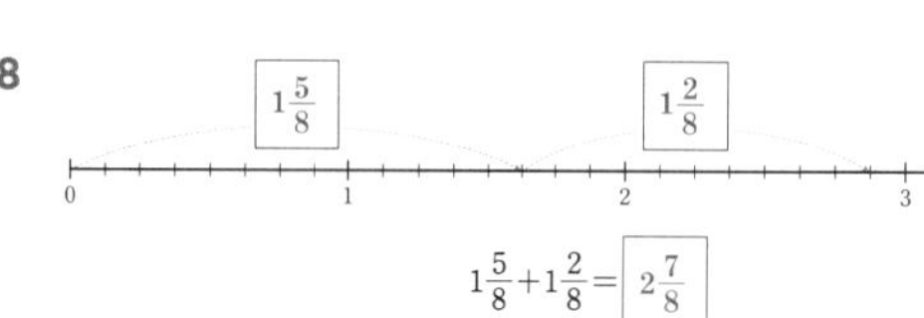

$1\frac{5}{8}+1\frac{2}{8}=\boxed{2\frac{7}{8}}$

3 받아올림이 없는 대분수의 덧셈(2)

학습 날짜 월 일

□ 안에 알맞은 수를 써넣으시오. (1~8)

1 $1\frac{1}{4}+2\frac{2}{4}=(\boxed{1}+\boxed{2})+\left(\frac{\boxed{1}}{4}+\frac{\boxed{2}}{4}\right)=\boxed{3}+\frac{\boxed{3}}{4}=\boxed{3}\frac{\boxed{3}}{4}$

2 $2\frac{2}{5}+1\frac{1}{5}=(\boxed{2}+\boxed{1})+\left(\frac{\boxed{2}}{5}+\frac{\boxed{1}}{5}\right)=\boxed{3}+\frac{\boxed{3}}{5}=\boxed{3}\frac{\boxed{3}}{5}$

3 $1\frac{1}{6}+3\frac{4}{6}=(\boxed{1}+\boxed{3})+\left(\frac{\boxed{1}}{6}+\frac{\boxed{4}}{6}\right)=\boxed{4}+\frac{\boxed{5}}{6}=\boxed{4}\frac{\boxed{5}}{6}$

4 $2\frac{2}{7}+2\frac{4}{7}=(\boxed{2}+\boxed{2})+\left(\frac{\boxed{2}}{7}+\frac{\boxed{4}}{7}\right)=\boxed{4}+\frac{\boxed{6}}{7}=\boxed{4}\frac{\boxed{6}}{7}$

5 $3\frac{3}{8}+2\frac{4}{8}=(\boxed{3}+\boxed{2})+\left(\frac{\boxed{3}}{8}+\frac{\boxed{4}}{8}\right)=\boxed{5}+\frac{\boxed{7}}{8}=\boxed{5}\frac{\boxed{7}}{8}$

6 $2\frac{1}{9}+1\frac{4}{9}=(\boxed{2}+\boxed{1})+\left(\frac{\boxed{1}}{9}+\frac{\boxed{4}}{9}\right)=\boxed{3}+\frac{\boxed{5}}{9}=\boxed{3}\frac{\boxed{5}}{9}$

7 $3\frac{3}{10}+2\frac{5}{10}=(\boxed{3}+\boxed{2})+\left(\frac{\boxed{3}}{10}+\frac{\boxed{5}}{10}\right)=\boxed{5}+\frac{\boxed{8}}{10}=\boxed{5}\frac{\boxed{8}}{10}$

8 $1\frac{7}{12}+3\frac{3}{12}=(\boxed{1}+\boxed{3})+\left(\frac{\boxed{7}}{12}+\frac{\boxed{3}}{12}\right)=\boxed{4}+\frac{\boxed{10}}{12}=\boxed{4}\frac{\boxed{10}}{12}$

계산은 빠르고 정확하게!

걸린 시간	1~8분	8~12분	12~16분
맞은 개수	22~24개	17~21개	1~16개
평가	참 잘했어요.	잘했어요.	좀더 노력해요.

계산을 하시오. (9~24)

9 $1\frac{1}{3}+3\frac{1}{3}=4\frac{2}{3}$

10 $2\frac{1}{5}+1\frac{2}{5}=3\frac{3}{5}$

11 $2\frac{3}{7}+1\frac{2}{7}=3\frac{5}{7}$

12 $3\frac{1}{5}+4\frac{2}{5}=7\frac{3}{5}$

13 $1\frac{7}{9}+2\frac{1}{9}=3\frac{8}{9}$

14 $2\frac{4}{8}+1\frac{2}{8}=3\frac{6}{8}$

15 $1\frac{7}{10}+2\frac{2}{10}=3\frac{9}{10}$

16 $3\frac{1}{6}+2\frac{4}{6}=5\frac{5}{6}$

17 $2\frac{7}{11}+1\frac{3}{11}=3\frac{10}{11}$

18 $1\frac{2}{13}+2\frac{4}{13}=3\frac{6}{13}$

19 $3\frac{7}{12}+2\frac{4}{12}=5\frac{11}{12}$

20 $1\frac{3}{18}+2\frac{5}{18}=3\frac{8}{18}$

21 $2\frac{7}{13}+2\frac{3}{13}=4\frac{10}{13}$

22 $4\frac{3}{10}+5\frac{2}{10}=9\frac{5}{10}$

23 $4\frac{3}{14}+2\frac{7}{14}=6\frac{10}{14}$

24 $3\frac{4}{17}+4\frac{11}{17}=7\frac{15}{17}$

3 받아올림이 없는 대분수의 덧셈(3)

계산은 빠르고 정확하게!

걸린 시간	1~8분	8~12분	12~16분
맞은 개수	22~24개	17~21개	1~16개
평가	참 잘했어요.	잘했어요.	좀더 노력해요.

□ 안에 알맞은 수를 써넣으시오. (1~8)

1 $1\frac{1}{3}+2\frac{1}{3}=\frac{4}{3}+\frac{7}{3}=\frac{11}{3}=3\frac{2}{3}$

2 $1\frac{1}{5}+1\frac{2}{5}=\frac{6}{5}+\frac{7}{5}=\frac{13}{5}=2\frac{3}{5}$

3 $2\frac{1}{6}+1\frac{3}{6}=\frac{13}{6}+\frac{9}{6}=\frac{22}{6}=3\frac{4}{6}$

4 $1\frac{3}{7}+1\frac{2}{7}=\frac{10}{7}+\frac{9}{7}=\frac{19}{7}=2\frac{5}{7}$

5 $2\frac{1}{4}+3\frac{2}{4}=\frac{9}{4}+\frac{14}{4}=\frac{23}{4}=5\frac{3}{4}$

6 $2\frac{7}{10}+1\frac{2}{10}=\frac{27}{10}+\frac{12}{10}=\frac{39}{10}=3\frac{9}{10}$

7 $3\frac{2}{11}+1\frac{3}{11}=\frac{35}{11}+\frac{14}{11}=\frac{49}{11}=4\frac{5}{11}$

8 $1\frac{7}{12}+2\frac{3}{12}=\frac{19}{12}+\frac{27}{12}=\frac{46}{12}=3\frac{10}{12}$

계산을 하시오. (9~24)

9 $1\frac{2}{5}+2\frac{1}{5}=3\frac{3}{5}$

10 $1\frac{1}{4}+1\frac{2}{4}=2\frac{3}{4}$

11 $3\frac{2}{7}+1\frac{4}{7}=4\frac{6}{7}$

12 $2\frac{6}{9}+2\frac{2}{9}=4\frac{8}{9}$

13 $2\frac{1}{6}+1\frac{4}{6}=3\frac{5}{6}$

14 $3\frac{2}{8}+2\frac{4}{8}=5\frac{6}{8}$

15 $1\frac{4}{9}+2\frac{3}{9}=3\frac{7}{9}$

16 $2\frac{3}{7}+1\frac{3}{7}=3\frac{6}{7}$

17 $2\frac{7}{10}+1\frac{1}{10}=3\frac{8}{10}$

18 $1\frac{7}{12}+1\frac{3}{12}=2\frac{10}{12}$

19 $3\frac{4}{15}+2\frac{6}{15}=5\frac{10}{15}$

20 $2\frac{3}{13}+2\frac{5}{13}=4\frac{8}{13}$

21 $2\frac{5}{14}+1\frac{3}{14}=3\frac{8}{14}$

22 $3\frac{2}{16}+1\frac{5}{16}=4\frac{7}{16}$

23 $4\frac{5}{12}+1\frac{3}{12}=5\frac{8}{12}$

24 $2\frac{4}{18}+1\frac{5}{18}=3\frac{9}{18}$

3 받아올림이 없는 대분수의 덧셈(4)

계산은 빠르고 정확하게!

걸린 시간	1~5분	5~8분	8~10분
맞은 개수	18~20개	14~17개	1~13개
평가	참 잘했어요.	잘했어요.	좀더 노력해요.

빈 곳에 알맞은 수를 써넣으시오. (1~10)

1
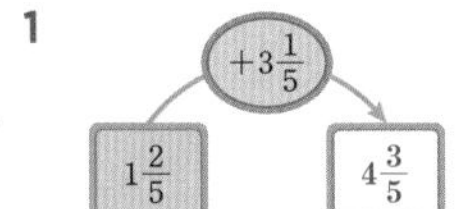

2
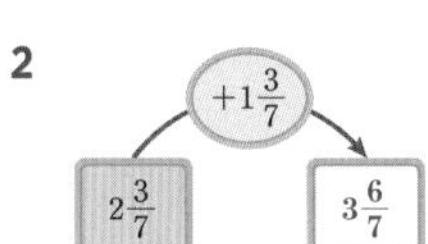

3
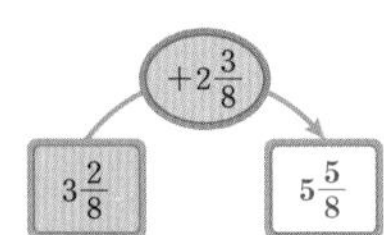

4
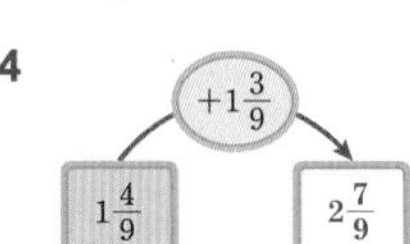

5
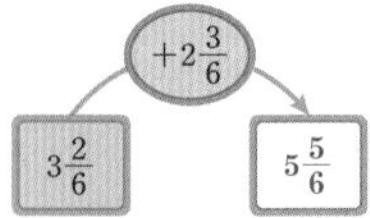

6
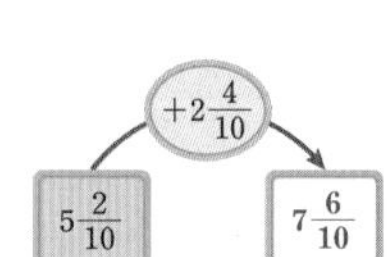

7
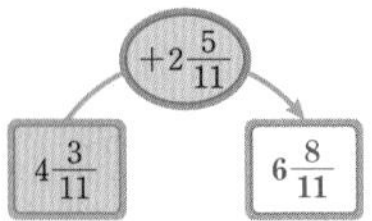

8
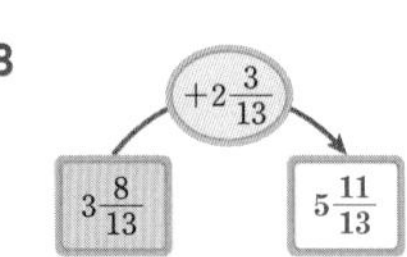

9
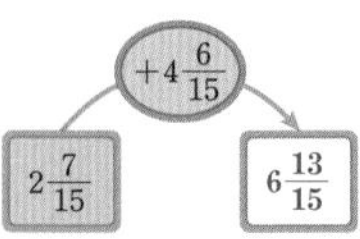

10
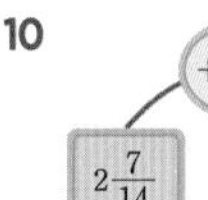
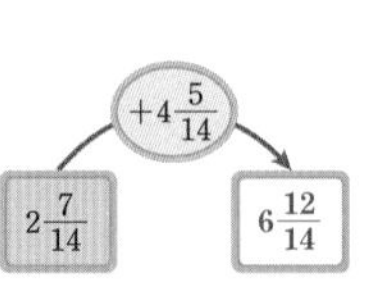

□ 안에 알맞은 수를 써넣으시오. (11~20)

11 $2\frac{2}{7}$ → $+1\frac{3}{7}$ → $3\frac{5}{7}$

12
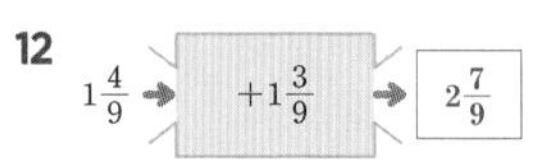

13 $3\frac{5}{8}$ → $+2\frac{2}{8}$ → $5\frac{7}{8}$

14
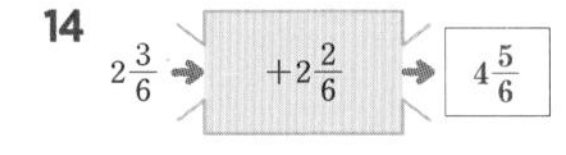

15 $3\frac{2}{10}$ → $+4\frac{6}{10}$ → $7\frac{8}{10}$

16
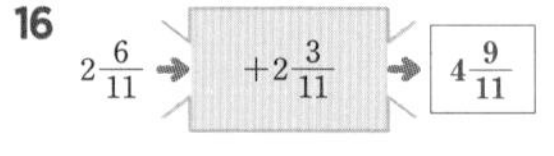

17 $4\frac{3}{15}$ → $+3\frac{11}{15}$ → $7\frac{14}{15}$

18
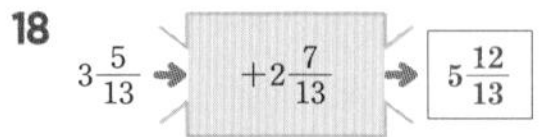

19 $6\frac{2}{17}$ → $+2\frac{12}{17}$ → $8\frac{14}{17}$

20
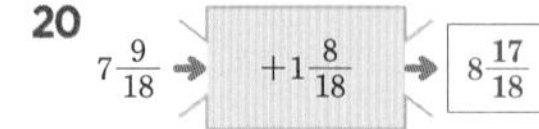

4 받아올림이 있는 대분수의 덧셈(1)

방법① 자연수는 자연수끼리, 분수는 분수끼리 더합니다.

$1\frac{4}{5}+2\frac{3}{5}=(1+2)+\left(\frac{4}{5}+\frac{3}{5}\right)=3+1\frac{2}{5}=4\frac{2}{5}$

방법② 대분수를 가분수로 고쳐서 계산합니다.

$1\frac{4}{5}+2\frac{3}{5}=\frac{9}{5}+\frac{13}{5}=\frac{22}{5}=4\frac{2}{5}$

그림을 보고 □ 안에 알맞은 수를 써넣으시오. (1~3)

1

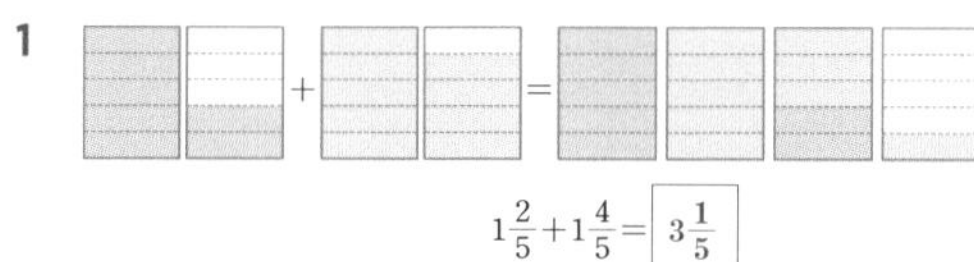

$1\frac{2}{5}+1\frac{4}{5}=\boxed{3\frac{1}{5}}$

2

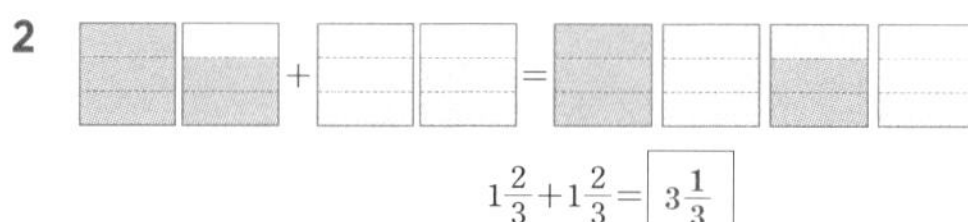

$1\frac{2}{3}+1\frac{2}{3}=\boxed{3\frac{1}{3}}$

3

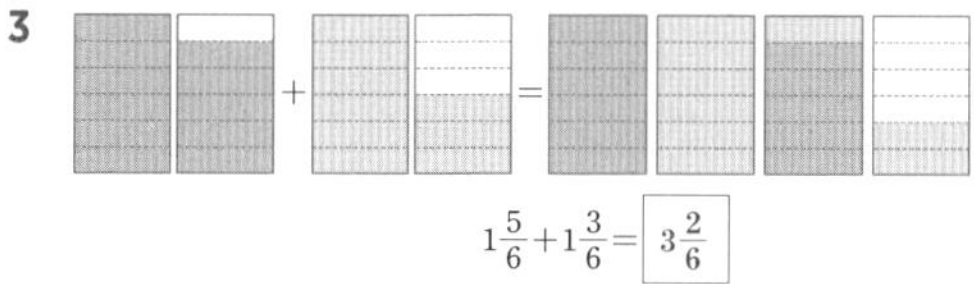

$1\frac{5}{6}+1\frac{3}{6}=\boxed{3\frac{2}{6}}$

계산은 빠르고 정확하게!

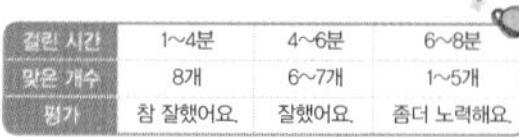

걸린 시간	1~4분	4~6분	6~8분
맞은 개수	8개	6~7개	1~5개
평가	참 잘했어요.	잘했어요.	좀더 노력해요.

그림을 보고 □ 안에 알맞은 수를 써넣으시오. (4~8)

4

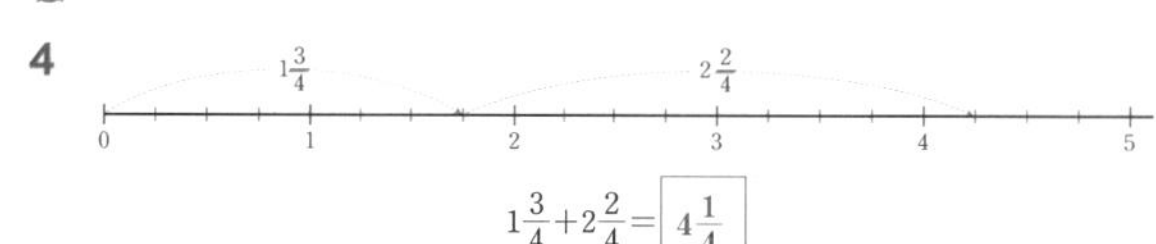

$1\frac{3}{4}+2\frac{2}{4}=\boxed{4\frac{1}{4}}$

5

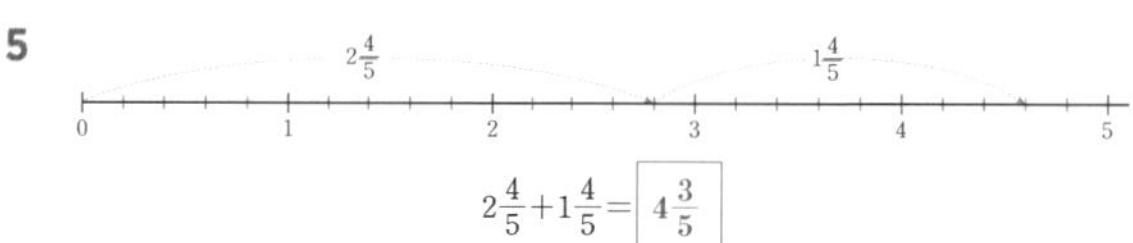

$2\frac{4}{5}+1\frac{4}{5}=\boxed{4\frac{3}{5}}$

6

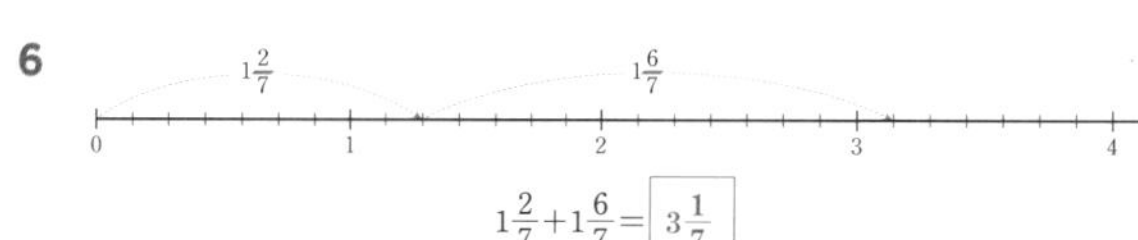

$1\frac{2}{7}+1\frac{6}{7}=\boxed{3\frac{1}{7}}$

7

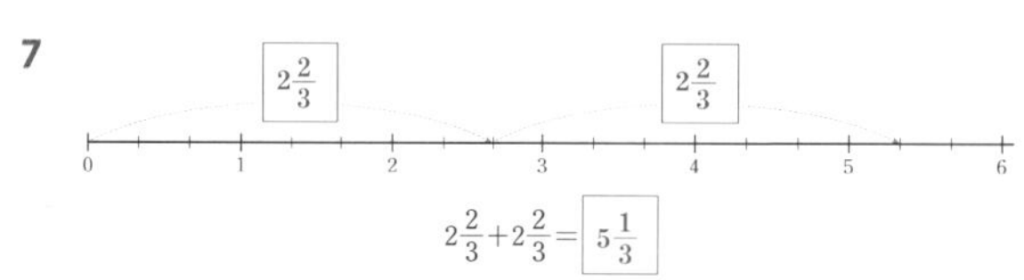

$2\frac{2}{3}+2\frac{2}{3}=\boxed{5\frac{1}{3}}$

8

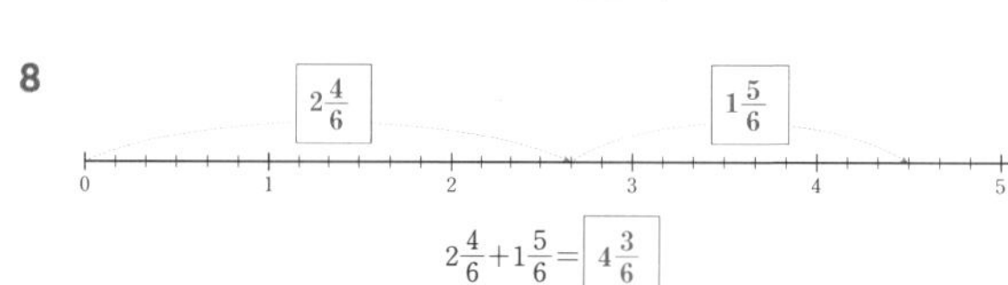

$2\frac{4}{6}+1\frac{5}{6}=\boxed{4\frac{3}{6}}$

4 받아올림이 있는 대분수의 덧셈(2)

□ 안에 알맞은 수를 써넣으시오. (1~8)

1 $1\frac{5}{6}+2\frac{4}{6}=(\boxed{1}+\boxed{2})+\left(\frac{\boxed{5}}{6}+\frac{\boxed{4}}{6}\right)=\boxed{3}+\boxed{1}\frac{\boxed{3}}{6}=\boxed{4}\frac{\boxed{3}}{6}$

2 $2\frac{4}{7}+1\frac{5}{7}=(\boxed{2}+\boxed{1})+\left(\frac{\boxed{4}}{7}+\frac{\boxed{5}}{7}\right)=\boxed{3}+\boxed{1}\frac{\boxed{2}}{7}=\boxed{4}\frac{\boxed{2}}{7}$

3 $4\frac{3}{9}+1\frac{7}{9}=(\boxed{4}+\boxed{1})+\left(\frac{\boxed{3}}{9}+\frac{\boxed{7}}{9}\right)=\boxed{5}+\boxed{1}\frac{\boxed{1}}{9}=\boxed{6}\frac{\boxed{1}}{9}$

4 $3\frac{5}{8}+2\frac{4}{8}=(\boxed{3}+\boxed{2})+\left(\frac{\boxed{5}}{8}+\frac{\boxed{4}}{8}\right)=\boxed{5}+\boxed{1}\frac{\boxed{1}}{8}=\boxed{6}\frac{\boxed{1}}{8}$

5 $2\frac{3}{4}+5\frac{2}{4}=(\boxed{2}+\boxed{5})+\left(\frac{\boxed{3}}{4}+\frac{\boxed{2}}{4}\right)=\boxed{7}+\boxed{1}\frac{\boxed{1}}{4}=\boxed{8}\frac{\boxed{1}}{4}$

6 $2\frac{4}{5}+4\frac{2}{5}=(\boxed{2}+\boxed{4})+\left(\frac{\boxed{4}}{5}+\frac{\boxed{2}}{5}\right)=\boxed{6}+\boxed{1}\frac{\boxed{1}}{5}=\boxed{7}\frac{\boxed{1}}{5}$

7 $1\frac{7}{10}+2\frac{8}{10}=(\boxed{1}+\boxed{2})+\left(\frac{\boxed{7}}{10}+\frac{\boxed{8}}{10}\right)=\boxed{3}+\boxed{1}\frac{\boxed{5}}{10}=\boxed{4}\frac{\boxed{5}}{10}$

8 $2\frac{8}{12}+1\frac{9}{12}=(\boxed{2}+\boxed{1})+\left(\frac{\boxed{8}}{12}+\frac{\boxed{9}}{12}\right)=\boxed{3}+\boxed{1}\frac{\boxed{5}}{12}=\boxed{4}\frac{\boxed{5}}{12}$

계산은 빠르고 정확하게!

걸린 시간	1~10분	10~15분	15~20분
맞은 개수	22~24개	17~21개	1~16개
평가	참 잘했어요.	잘했어요.	좀더 노력해요.

계산을 하시오. (9~24)

9 $1\frac{4}{5}+2\frac{3}{5}=4\frac{2}{5}$

10 $2\frac{4}{7}+1\frac{6}{7}=4\frac{3}{7}$

11 $3\frac{3}{6}+2\frac{5}{6}=6\frac{2}{6}$

12 $4\frac{8}{9}+2\frac{3}{9}=7\frac{2}{9}$

13 $1\frac{4}{10}+6\frac{7}{10}=8\frac{1}{10}$

14 $2\frac{11}{15}+3\frac{10}{15}=6\frac{6}{15}$

15 $2\frac{12}{13}+5\frac{8}{13}=8\frac{7}{13}$

16 $5\frac{12}{17}+2\frac{15}{17}=8\frac{10}{17}$

17 $1\frac{3}{18}+2\frac{17}{18}=4\frac{2}{18}$

18 $2\frac{10}{14}+3\frac{13}{14}=6\frac{9}{14}$

19 $3\frac{13}{27}+2\frac{15}{27}=6\frac{1}{27}$

20 $3\frac{12}{16}+3\frac{9}{16}=7\frac{5}{16}$

21 $4\frac{9}{23}+2\frac{19}{23}=7\frac{5}{23}$

22 $4\frac{14}{25}+2\frac{15}{25}=7\frac{4}{25}$

23 $2\frac{10}{20}+3\frac{16}{20}=6\frac{6}{20}$

24 $4\frac{18}{35}+2\frac{19}{35}=7\frac{2}{35}$

P 32~35

4 받아올림이 있는 대분수의 덧셈(3)

월 일

계산은 빠르고 정확하게!

걸린 시간	1~10분	10~15분	15~20분
맞은 개수	22~24개	17~21개	1~16개
평가	참 잘했어요.	잘했어요.	좀더 노력해요.

□ 안에 알맞은 수를 써넣으시오. (1~8)

1 $2\frac{2}{7}+1\frac{6}{7}=\frac{16}{7}+\frac{13}{7}=\frac{29}{7}=4\frac{1}{7}$

2 $1\frac{7}{8}+1\frac{5}{8}=\frac{15}{8}+\frac{13}{8}=\frac{28}{8}=3\frac{4}{8}$

3 $2\frac{7}{9}+2\frac{3}{9}=\frac{25}{9}+\frac{21}{9}=\frac{46}{9}=5\frac{1}{9}$

4 $3\frac{4}{5}+2\frac{3}{5}=\frac{19}{5}+\frac{13}{5}=\frac{32}{5}=6\frac{2}{5}$

5 $2\frac{5}{6}+1\frac{4}{6}=\frac{17}{6}+\frac{10}{6}=\frac{27}{6}=4\frac{3}{6}$

6 $1\frac{7}{10}+3\frac{9}{10}=\frac{17}{10}+\frac{39}{10}=\frac{56}{10}=5\frac{6}{10}$

7 $2\frac{9}{12}+1\frac{10}{12}=\frac{33}{12}+\frac{22}{12}=\frac{55}{12}=4\frac{7}{12}$

8 $1\frac{8}{15}+1\frac{11}{15}=\frac{23}{15}+\frac{26}{15}=\frac{49}{15}=3\frac{4}{15}$

계산을 하시오. (9~24)

9 $2\frac{2}{3}+1\frac{2}{3}=4\frac{1}{3}$

10 $4\frac{4}{5}+2\frac{3}{5}=7\frac{2}{5}$

11 $1\frac{7}{9}+3\frac{8}{9}=5\frac{6}{9}$

12 $2\frac{7}{8}+3\frac{4}{8}=6\frac{3}{8}$

13 $2\frac{5}{6}+4\frac{5}{6}=7\frac{4}{6}$

14 $3\frac{5}{7}+2\frac{6}{7}=6\frac{4}{7}$

15 $2\frac{5}{8}+4\frac{7}{8}=7\frac{4}{8}$

16 $3\frac{4}{9}+2\frac{6}{9}=6\frac{1}{9}$

17 $2\frac{7}{10}+3\frac{8}{10}=6\frac{5}{10}$

18 $2\frac{9}{11}+1\frac{10}{11}=4\frac{8}{11}$

19 $3\frac{7}{12}+3\frac{9}{12}=7\frac{4}{12}$

20 $2\frac{6}{13}+2\frac{8}{13}=5\frac{1}{13}$

21 $2\frac{14}{15}+3\frac{4}{15}=6\frac{3}{15}$

22 $1\frac{10}{18}+1\frac{11}{18}=3\frac{3}{18}$

23 $2\frac{9}{17}+1\frac{9}{17}=4\frac{1}{17}$

24 $1\frac{14}{16}+2\frac{15}{16}=4\frac{13}{16}$

4 받아올림이 있는 대분수의 덧셈(4)

월 일

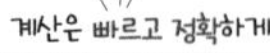

계산은 빠르고 정확하게!

걸린 시간	1~7분	7~10분	10~13분
맞은 개수	18~20개	14~17개	1~13개
평가	참 잘했어요.	잘했어요.	좀더 노력해요.

빈 곳에 알맞은 수를 써넣으시오. (1~10)

1 $1\frac{2}{3}$ → $+3\frac{2}{3}$ → $5\frac{1}{3}$

2 $2\frac{3}{4}$ → $+3\frac{2}{4}$ → $6\frac{1}{4}$

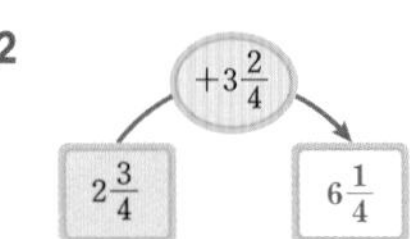

3 $2\frac{6}{7}$ → $+3\frac{5}{7}$ → $6\frac{4}{7}$

4 $4\frac{8}{9}$ → $+2\frac{7}{9}$ → $7\frac{6}{9}$

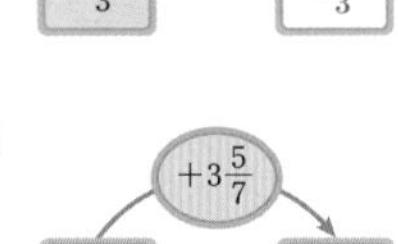

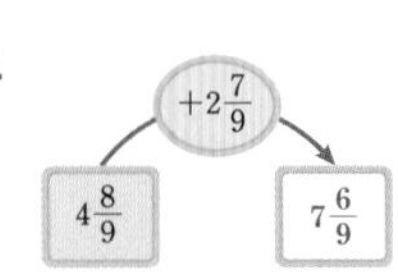

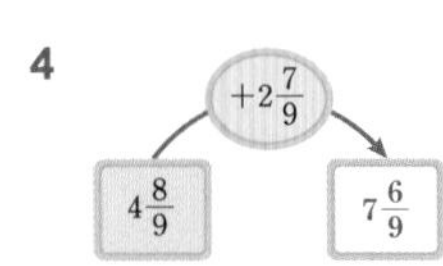

5 $2\frac{7}{10}$ → $+2\frac{8}{10}$ → $5\frac{5}{10}$

6 $3\frac{8}{11}$ → $+2\frac{9}{11}$ → $6\frac{6}{11}$

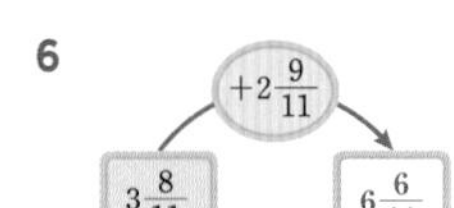

7 $4\frac{10}{15}$ → $+2\frac{7}{15}$ → $7\frac{2}{15}$

8 $3\frac{8}{12}$ → $+3\frac{6}{12}$ → $7\frac{2}{12}$

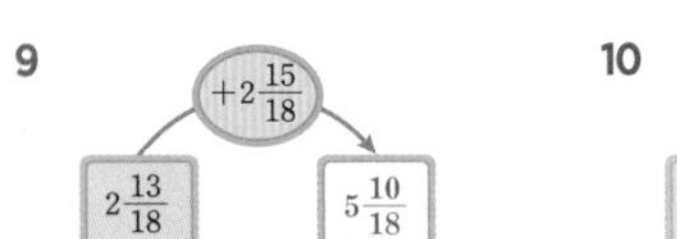

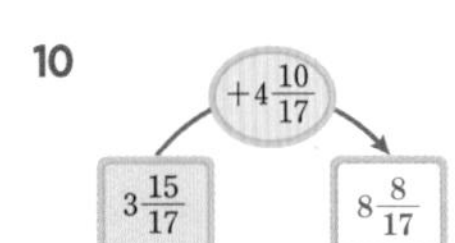

9 $2\frac{13}{18}$ → $+2\frac{15}{18}$ → $5\frac{10}{18}$

10 $3\frac{15}{17}$ → $+4\frac{10}{17}$ → $8\frac{8}{17}$

□ 안에 알맞은 수를 써넣으시오. (11~20)

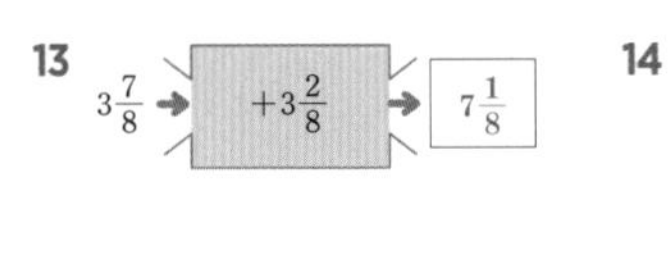

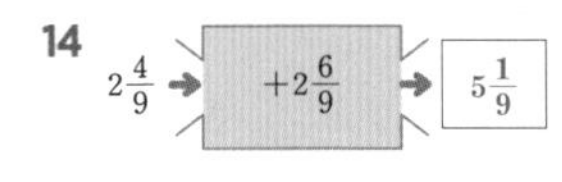

11 $2\frac{6}{9}$ → $+1\frac{5}{9}$ → $4\frac{2}{9}$

12 $3\frac{5}{7}$ → $+2\frac{6}{7}$ → $6\frac{4}{7}$

13 $3\frac{7}{8}$ → $+3\frac{2}{8}$ → $7\frac{1}{8}$

14 $2\frac{4}{9}$ → $+2\frac{6}{9}$ → $5\frac{1}{9}$

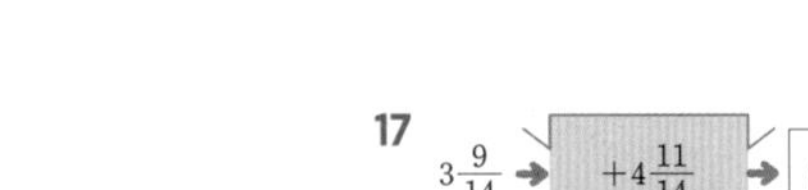

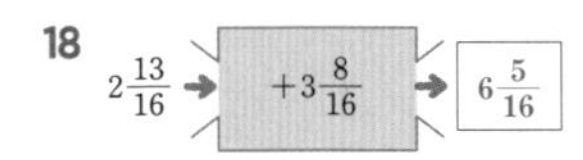

15 $4\frac{5}{6}$ → $+3\frac{4}{6}$ → $8\frac{3}{6}$

16 $2\frac{7}{10}$ → $+3\frac{9}{10}$ → $6\frac{6}{10}$

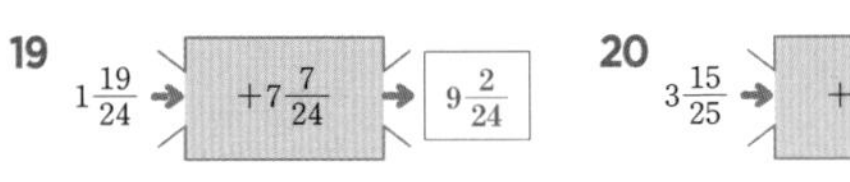

17 $3\frac{9}{14}$ → $+4\frac{11}{14}$ → $8\frac{6}{14}$

18 $2\frac{13}{16}$ → $+3\frac{8}{16}$ → $6\frac{5}{16}$

19 $1\frac{19}{24}$ → $+7\frac{7}{24}$ → $9\frac{2}{24}$

20 $3\frac{15}{25}$ → $+2\frac{13}{25}$ → $6\frac{3}{25}$

5 진분수의 뺄셈(1)

학습 날짜 월 일

계산은 빠르고 정확하게!

걸린 시간	1~5분	5~8분	8~10분
맞은 개수	11~12개	9~10개	1~8개
평가	참 잘했어요.	잘했어요.	좀더 노력해요.

진분수의 뺄셈은 분모는 그대로 쓰고, 분자끼리 뺍니다.

분자끼리 뺍니다.

$\frac{4}{5}-\frac{2}{5}=\frac{4-2}{5}=\frac{2}{5}$

분모는 그대로 씁니다.

그림을 보고 □ 안에 알맞은 수를 써넣으시오. (1~4)

1   $\frac{3}{4}-\frac{2}{4}=\frac{\boxed{1}}{4}$

2 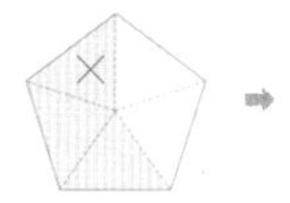 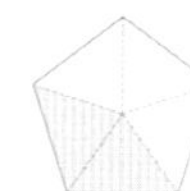 $\frac{3}{5}-\frac{1}{5}=\frac{\boxed{2}}{5}$

3  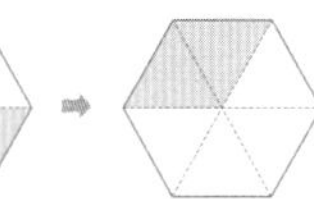 $\frac{5}{6}-\frac{3}{6}=\frac{\boxed{2}}{6}$

4 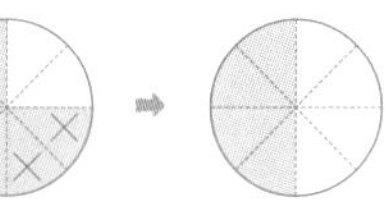 $\frac{6}{8}-\frac{2}{8}=\frac{\boxed{4}}{8}$

□ 안에 알맞은 수를 써넣으시오. (5~12)

5 $\frac{4}{9}$는 $\frac{1}{9}$이 $\boxed{4}$개, $\frac{2}{9}$는 $\frac{1}{9}$이 $\boxed{2}$개
➡ $\frac{4}{9}-\frac{2}{9}$는 $\frac{1}{9}$이 $\boxed{2}$개
➡ $\frac{4}{9}-\frac{2}{9}=\frac{\boxed{2}}{9}$

6 $\frac{5}{7}$는 $\frac{1}{7}$이 $\boxed{5}$개, $\frac{3}{7}$은 $\frac{1}{7}$이 $\boxed{3}$개
➡ $\frac{5}{7}-\frac{3}{7}$은 $\frac{1}{7}$이 $\boxed{2}$개
➡ $\frac{5}{7}-\frac{3}{7}=\frac{\boxed{2}}{7}$

7 $\frac{4}{5}$는 $\frac{1}{5}$이 $\boxed{4}$개, $\frac{3}{5}$은 $\frac{1}{5}$이 $\boxed{3}$개
➡ $\frac{4}{5}-\frac{3}{5}$은 $\frac{1}{5}$이 $\boxed{1}$개
➡ $\frac{4}{5}-\frac{3}{5}=\frac{\boxed{1}}{5}$

8 $\frac{6}{8}$은 $\frac{1}{8}$이 $\boxed{6}$개, $\frac{3}{8}$은 $\frac{1}{8}$이 $\boxed{3}$개
➡ $\frac{6}{8}-\frac{3}{8}$은 $\frac{1}{8}$이 $\boxed{3}$개
➡ $\frac{6}{8}-\frac{3}{8}=\frac{\boxed{3}}{8}$

9 $\frac{5}{6}$는 $\frac{1}{6}$이 $\boxed{5}$개, $\frac{2}{6}$는 $\frac{1}{6}$이 $\boxed{2}$개
➡ $\frac{5}{6}-\frac{2}{6}$는 $\frac{1}{6}$이 $\boxed{3}$개
➡ $\frac{5}{6}-\frac{2}{6}=\frac{\boxed{3}}{6}$

10 $\frac{5}{7}$는 $\frac{1}{7}$이 $\boxed{5}$개, $\frac{2}{7}$는 $\frac{1}{7}$이 $\boxed{2}$개
➡ $\frac{5}{7}-\frac{2}{7}$는 $\frac{1}{7}$이 $\boxed{3}$개
➡ $\frac{5}{7}-\frac{2}{7}=\frac{\boxed{3}}{7}$

11 $\frac{8}{10}$은 $\frac{1}{10}$이 $\boxed{8}$개, $\frac{4}{10}$는 $\frac{1}{10}$이 $\boxed{4}$개
➡ $\frac{8}{10}-\frac{4}{10}$는 $\frac{1}{10}$이 $\boxed{4}$개
➡ $\frac{8}{10}-\frac{4}{10}=\frac{\boxed{4}}{10}$

12 $\frac{9}{12}$는 $\frac{1}{12}$이 $\boxed{9}$개, $\frac{5}{12}$는 $\frac{1}{12}$이 $\boxed{5}$개
➡ $\frac{9}{12}-\frac{5}{12}$는 $\frac{1}{12}$이 $\boxed{4}$개
➡ $\frac{9}{12}-\frac{5}{12}=\frac{\boxed{4}}{12}$

5 진분수의 뺄셈(2)

학습 날짜 월 일

계산은 빠르고 정확하게!

걸린 시간	1~8분	8~12분	12~16분
맞은 개수	29~32개	23~28개	1~22개
평가	참 잘했어요.	잘했어요.	좀더 노력해요.

□ 안에 알맞은 수를 써넣으시오. (1~16)

1 $\frac{4}{5}-\frac{3}{5}=\frac{\boxed{4}-\boxed{3}}{5}=\frac{\boxed{1}}{5}$

2 $\frac{5}{7}-\frac{1}{7}=\frac{\boxed{5}-\boxed{1}}{7}=\frac{\boxed{4}}{7}$

3 $\frac{8}{9}-\frac{4}{9}=\frac{\boxed{8}-\boxed{4}}{9}=\frac{\boxed{4}}{9}$

4 $\frac{6}{8}-\frac{3}{8}=\frac{\boxed{6}-\boxed{3}}{8}=\frac{\boxed{3}}{8}$

5 $\frac{7}{10}-\frac{5}{10}=\frac{\boxed{7}-\boxed{5}}{10}=\frac{\boxed{2}}{10}$

6 $\frac{9}{11}-\frac{6}{11}=\frac{\boxed{9}-\boxed{6}}{11}=\frac{\boxed{3}}{11}$

7 $\frac{13}{14}-\frac{7}{14}=\frac{\boxed{13}-\boxed{7}}{14}=\frac{\boxed{6}}{14}$

8 $\frac{10}{15}-\frac{5}{15}=\frac{\boxed{10}-\boxed{5}}{15}=\frac{\boxed{5}}{15}$

9 $\frac{15}{18}-\frac{9}{18}=\frac{\boxed{15}-\boxed{9}}{18}=\frac{\boxed{6}}{18}$

10 $\frac{11}{17}-\frac{7}{17}=\frac{\boxed{11}-\boxed{7}}{17}=\frac{\boxed{4}}{17}$

11 $\frac{10}{12}-\frac{8}{12}=\frac{\boxed{10}-\boxed{8}}{12}=\frac{\boxed{2}}{12}$

12 $\frac{15}{13}-\frac{8}{13}=\frac{\boxed{15}-\boxed{8}}{13}=\frac{\boxed{7}}{13}$

13 $\frac{17}{19}-\frac{10}{19}=\frac{\boxed{17}-\boxed{10}}{19}=\frac{\boxed{7}}{19}$

14 $\frac{19}{20}-\frac{15}{20}=\frac{\boxed{19}-\boxed{15}}{20}=\frac{\boxed{4}}{20}$

15 $\frac{19}{25}-\frac{13}{25}=\frac{\boxed{19}-\boxed{13}}{25}=\frac{\boxed{6}}{25}$

16 $\frac{25}{28}-\frac{14}{28}=\frac{\boxed{25}-\boxed{14}}{28}=\frac{\boxed{11}}{28}$

계산을 하시오. (17~32)

17 $\frac{2}{3}-\frac{1}{3}=\frac{1}{3}$

18 $\frac{7}{10}-\frac{5}{10}=\frac{2}{10}$

19 $\frac{8}{9}-\frac{2}{9}=\frac{6}{9}$

20 $\frac{7}{8}-\frac{3}{8}=\frac{4}{8}$

21 $\frac{14}{15}-\frac{7}{15}=\frac{7}{15}$

22 $\frac{11}{14}-\frac{8}{14}=\frac{3}{14}$

23 $\frac{10}{15}-\frac{2}{15}=\frac{8}{15}$

24 $\frac{17}{19}-\frac{7}{19}=\frac{10}{19}$

25 $\frac{17}{25}-\frac{8}{25}=\frac{9}{25}$

26 $\frac{27}{30}-\frac{15}{30}=\frac{12}{30}$

27 $\frac{15}{28}-\frac{4}{28}=\frac{11}{28}$

28 $\frac{18}{26}-\frac{11}{26}=\frac{7}{26}$

29 $\frac{21}{24}-\frac{12}{24}=\frac{9}{24}$

30 $\frac{17}{27}-\frac{13}{27}=\frac{4}{27}$

31 $\frac{27}{29}-\frac{15}{29}=\frac{12}{29}$

32 $\frac{23}{28}-\frac{12}{28}=\frac{11}{28}$

5 진분수의 뺄셈(3)

계산은 빠르고 정확하게!

걸린 시간	1~5분	5~8분	8~10분
맞은 개수	19~20개	16~18개	1~15개
평가	참 잘했어요.	잘했어요.	좀더 노력해요.

빈 곳에 알맞은 수를 써넣으시오. (1~10)

1 $\frac{2}{3}$ $\xrightarrow{-\frac{1}{3}}$ $\frac{1}{3}$

2 $\frac{4}{5}$ $\xrightarrow{-\frac{2}{5}}$ $\frac{2}{5}$

3
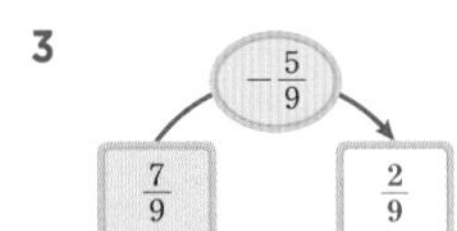

4
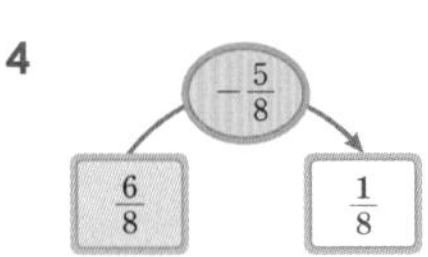

5
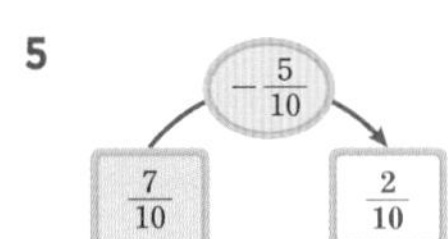

6
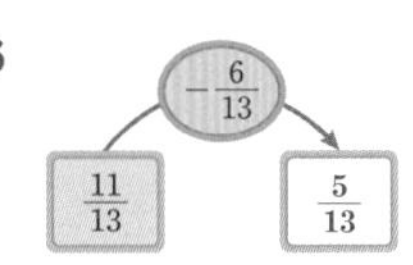

7
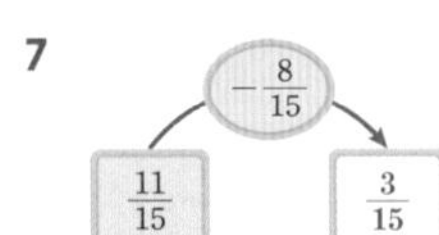

8
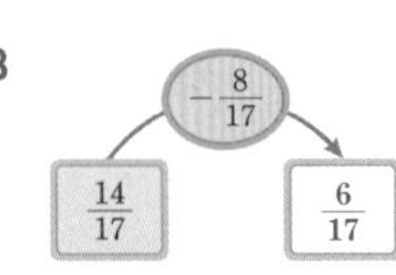

9
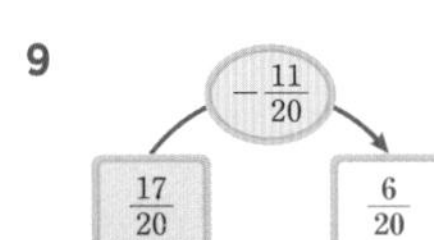

10
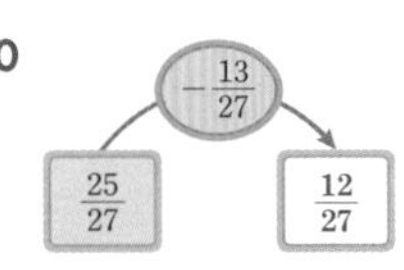

□ 안에 알맞은 수를 써넣으시오. (11~20)

11
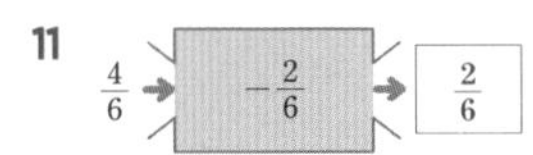

12
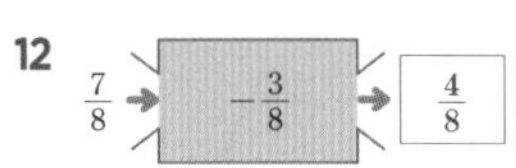

13
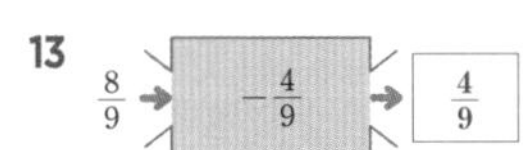

14
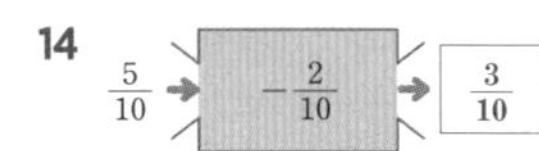

15
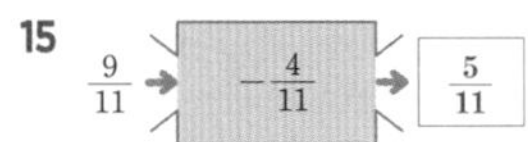

16
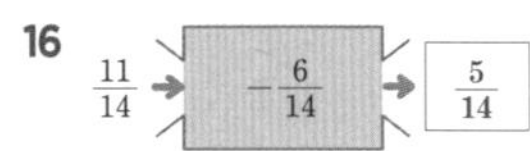

17
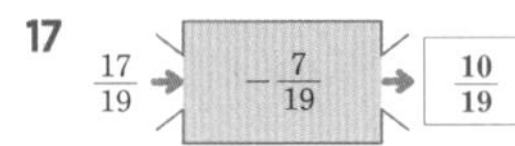

18
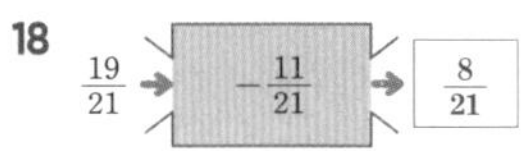

19
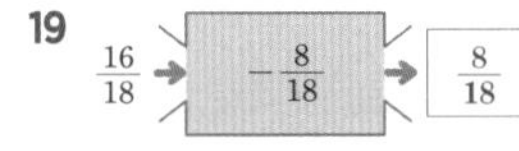

20
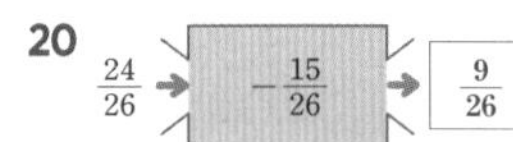

6 받아내림이 없는 대분수의 뺄셈(1)

계산은 빠르고 정확하게!

걸린 시간	1~4분	4~6분	6~8분
맞은 개수	9~10개	7~8개	1~6개
평가	참 잘했어요.	잘했어요.	좀더 노력해요.

방법① 자연수는 자연수끼리, 분수는 분수끼리 뺍니다.

$2\frac{4}{5}-1\frac{2}{5}=(2-1)+\left(\frac{4}{5}-\frac{2}{5}\right)=1+\frac{2}{5}=1\frac{2}{5}$

방법② 대분수를 가분수로 고쳐서 계산합니다.

$2\frac{4}{5}-1\frac{2}{5}=\frac{14}{5}-\frac{7}{5}=\frac{7}{5}=1\frac{2}{5}$

그림을 보고 □ 안에 알맞은 수를 써넣으시오. (1~4)

1

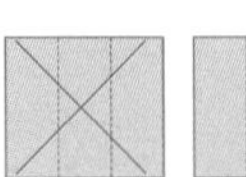

$2\frac{2}{3}-1\frac{1}{3}=1\frac{1}{3}$

2

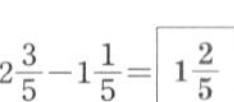
$2\frac{3}{5}-1\frac{1}{5}=1\frac{2}{5}$

3

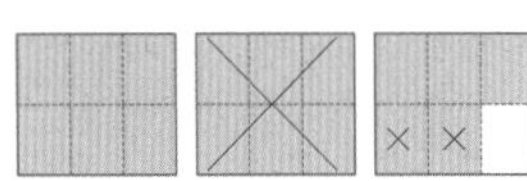
$2\frac{5}{6}-1\frac{2}{6}=1\frac{3}{6}$

4

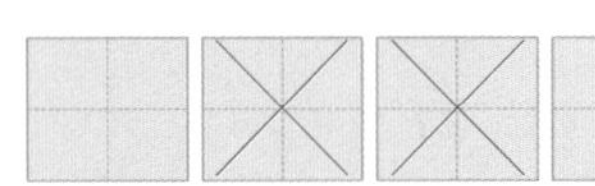
$3\frac{3}{4}-2\frac{1}{4}=1\frac{2}{4}$

□ 안에 알맞은 수를 써넣으시오. (5~10)

5 $2\frac{2}{4}$는 $\frac{1}{4}$이 10개, $1\frac{1}{4}$은 $\frac{1}{4}$이 5개이므로 $2\frac{2}{4}-1\frac{1}{4}$은 $\frac{1}{4}$이 5개입니다.

➡ $2\frac{2}{4}-1\frac{1}{4}=\frac{5}{4}=1\frac{1}{4}$

6 $2\frac{4}{5}$는 $\frac{1}{5}$이 14개, $1\frac{3}{5}$은 $\frac{1}{5}$이 8개이므로 $2\frac{4}{5}-1\frac{3}{5}$은 $\frac{1}{5}$이 6개입니다.

➡ $2\frac{4}{5}-1\frac{3}{5}=\frac{6}{5}=1\frac{1}{5}$

7 $3\frac{2}{3}$는 $\frac{1}{3}$이 11개, $1\frac{1}{3}$은 $\frac{1}{3}$이 4개이므로 $3\frac{2}{3}-1\frac{1}{3}$은 $\frac{1}{3}$이 7개입니다.

➡ $3\frac{2}{3}-1\frac{1}{3}=\frac{7}{3}=2\frac{1}{3}$

8 $4\frac{5}{6}$는 $\frac{1}{6}$이 29개, $2\frac{2}{6}$는 $\frac{1}{6}$이 14개이므로 $4\frac{5}{6}-2\frac{2}{6}$는 $\frac{1}{6}$이 15개입니다.

➡ $4\frac{5}{6}-2\frac{2}{6}=\frac{15}{6}=2\frac{3}{6}$

9 $3\frac{3}{7}$은 $\frac{1}{7}$이 24개, $1\frac{1}{7}$은 $\frac{1}{7}$이 8개이므로 $3\frac{3}{7}-1\frac{1}{7}$은 $\frac{1}{7}$이 16개입니다.

➡ $3\frac{3}{7}-1\frac{1}{7}=\frac{16}{7}=2\frac{2}{7}$

10 $3\frac{5}{8}$는 $\frac{1}{8}$이 29개, $2\frac{3}{8}$은 $\frac{1}{8}$이 19개이므로 $3\frac{5}{8}-2\frac{3}{8}$은 $\frac{1}{8}$이 10개입니다.

➡ $3\frac{5}{8}-2\frac{3}{8}=\frac{10}{8}=1\frac{2}{8}$

6 받아내림이 없는 대분수의 뺄셈(2)

계산은 빠르고 정확하게!

걸린 시간	1~8분	8~12분	12~16분
맞은 개수	22~24개	17~21개	1~16개
평가	참 잘했어요.	잘했어요.	좀더 노력해요.

□ 안에 알맞은 수를 써넣으시오. (1~8)

1 $2\frac{5}{6}-1\frac{2}{6}=(\boxed{2}-\boxed{1})+\left(\frac{\boxed{5}}{6}-\frac{\boxed{2}}{6}\right)=\boxed{1}+\frac{\boxed{3}}{6}=\boxed{1}\frac{\boxed{3}}{6}$

2 $5\frac{3}{4}-2\frac{1}{4}=(\boxed{5}-\boxed{2})+\left(\frac{\boxed{3}}{4}-\frac{\boxed{1}}{4}\right)=\boxed{3}+\frac{\boxed{2}}{4}=\boxed{3}\frac{\boxed{2}}{4}$

3 $4\frac{5}{7}-3\frac{3}{7}=(\boxed{4}-\boxed{3})+\left(\frac{\boxed{5}}{7}-\frac{\boxed{3}}{7}\right)=\boxed{1}+\frac{\boxed{2}}{7}=\boxed{1}\frac{\boxed{2}}{7}$

4 $3\frac{7}{8}-1\frac{5}{8}=(\boxed{3}-\boxed{1})+\left(\frac{\boxed{7}}{8}-\frac{\boxed{5}}{8}\right)=\boxed{2}+\frac{\boxed{2}}{8}=\boxed{2}\frac{\boxed{2}}{8}$

5 $2\frac{8}{9}-1\frac{4}{9}=(\boxed{2}-\boxed{1})+\left(\frac{\boxed{8}}{9}-\frac{\boxed{4}}{9}\right)=\boxed{1}+\frac{\boxed{4}}{9}=\boxed{1}\frac{\boxed{4}}{9}$

6 $5\frac{7}{10}-2\frac{4}{10}=(\boxed{5}-\boxed{2})+\left(\frac{\boxed{7}}{10}-\frac{\boxed{4}}{10}\right)=\boxed{3}+\frac{\boxed{3}}{10}=\boxed{3}\frac{\boxed{3}}{10}$

7 $6\frac{9}{12}-4\frac{5}{12}=(\boxed{6}-\boxed{4})+\left(\frac{\boxed{9}}{12}-\frac{\boxed{5}}{12}\right)=\boxed{2}+\frac{\boxed{4}}{12}=\boxed{2}\frac{\boxed{4}}{12}$

8 $3\frac{7}{15}-1\frac{4}{15}=(\boxed{3}-\boxed{1})+\left(\frac{\boxed{7}}{15}-\frac{\boxed{4}}{15}\right)=\boxed{2}+\frac{\boxed{3}}{15}=\boxed{2}\frac{\boxed{3}}{15}$

계산을 하시오. (9~24)

9 $2\frac{2}{3}-1\frac{1}{3}=1\frac{1}{3}$

10 $5\frac{3}{4}-2\frac{2}{4}=3\frac{1}{4}$

11 $6\frac{4}{7}-2\frac{2}{7}=4\frac{2}{7}$

12 $5\frac{8}{9}-2\frac{3}{9}=3\frac{5}{9}$

13 $7\frac{5}{6}-6\frac{3}{6}=1\frac{2}{6}$

14 $8\frac{4}{8}-2\frac{2}{8}=6\frac{2}{8}$

15 $4\frac{11}{15}-2\frac{4}{15}=2\frac{7}{15}$

16 $6\frac{13}{18}-4\frac{10}{18}=2\frac{3}{18}$

17 $6\frac{21}{22}-4\frac{19}{22}=2\frac{2}{22}$

18 $5\frac{3}{10}-1\frac{2}{10}=4\frac{1}{10}$

19 $4\frac{9}{13}-3\frac{5}{13}=1\frac{4}{13}$

20 $4\frac{17}{22}-3\frac{11}{22}=1\frac{6}{22}$

21 $5\frac{13}{27}-1\frac{6}{27}=4\frac{7}{27}$

22 $5\frac{27}{30}-2\frac{16}{30}=3\frac{11}{30}$

23 $6\frac{14}{15}-3\frac{4}{15}=3\frac{10}{15}$

24 $8\frac{37}{42}-5\frac{24}{42}=3\frac{13}{42}$

6 받아내림이 없는 대분수의 뺄셈(3)

계산은 빠르고 정확하게!

걸린 시간	1~8분	8~12분	12~16분
맞은 개수	22~24개	17~21개	1~16개
평가	참 잘했어요.	잘했어요.	좀더 노력해요.

□ 안에 알맞은 수를 써넣으시오. (1~8)

1 $3\frac{2}{3}-1\frac{1}{3}=\frac{\boxed{11}}{3}-\frac{\boxed{4}}{3}=\frac{\boxed{7}}{3}=\boxed{2}\frac{\boxed{1}}{3}$

2 $2\frac{4}{5}-1\frac{2}{5}=\frac{\boxed{14}}{5}-\frac{\boxed{7}}{5}=\frac{\boxed{7}}{5}=\boxed{1}\frac{\boxed{2}}{5}$

3 $3\frac{6}{9}-2\frac{5}{9}=\frac{\boxed{33}}{9}-\frac{\boxed{23}}{9}=\frac{\boxed{10}}{9}=\boxed{1}\frac{\boxed{1}}{9}$

4 $2\frac{3}{8}-1\frac{1}{8}=\frac{\boxed{19}}{8}-\frac{\boxed{9}}{8}=\frac{\boxed{10}}{8}=\boxed{1}\frac{\boxed{2}}{8}$

5 $4\frac{7}{10}-2\frac{5}{10}=\frac{\boxed{47}}{10}-\frac{\boxed{25}}{10}=\frac{\boxed{22}}{10}=\boxed{2}\frac{\boxed{2}}{10}$

6 $5\frac{5}{12}-3\frac{4}{12}=\frac{\boxed{65}}{12}-\frac{\boxed{40}}{12}=\frac{\boxed{25}}{12}=\boxed{2}\frac{\boxed{1}}{12}$

7 $6\frac{9}{11}-2\frac{5}{11}=\frac{\boxed{75}}{11}-\frac{\boxed{27}}{11}=\frac{\boxed{48}}{11}=\boxed{4}\frac{\boxed{4}}{11}$

8 $5\frac{10}{15}-3\frac{2}{15}=\frac{\boxed{85}}{15}-\frac{\boxed{47}}{15}=\frac{\boxed{38}}{15}=\boxed{2}\frac{\boxed{8}}{15}$

계산을 하시오. (9~24)

9 $4\frac{3}{5}-2\frac{1}{5}=2\frac{2}{5}$

10 $5\frac{4}{7}-1\frac{3}{7}=4\frac{1}{7}$

11 $5\frac{8}{9}-4\frac{3}{9}=1\frac{5}{9}$

12 $7\frac{4}{8}-5\frac{3}{8}=2\frac{1}{8}$

13 $6\frac{8}{10}-2\frac{6}{10}=4\frac{2}{10}$

14 $3\frac{11}{15}-1\frac{8}{15}=2\frac{3}{15}$

15 $7\frac{9}{13}-2\frac{7}{13}=5\frac{2}{13}$

16 $3\frac{17}{18}-2\frac{11}{18}=1\frac{6}{18}$

17 $6\frac{17}{20}-4\frac{8}{20}=2\frac{9}{20}$

18 $2\frac{7}{25}-1\frac{5}{25}=1\frac{2}{25}$

19 $3\frac{19}{27}-2\frac{11}{27}=1\frac{8}{27}$

20 $4\frac{18}{33}-1\frac{13}{33}=3\frac{5}{33}$

21 $5\frac{21}{42}-2\frac{10}{42}=3\frac{11}{42}$

22 $2\frac{19}{36}-1\frac{12}{36}=1\frac{7}{36}$

23 $3\frac{20}{27}-1\frac{14}{27}=2\frac{6}{27}$

24 $6\frac{17}{21}-3\frac{15}{21}=3\frac{2}{21}$

정답

6 받아내림이 없는 대분수의 뺄셈(4)

계산은 빠르고 정확하게!

걸린 시간	1~6분	6~9분	9~12분
맞은 개수	20~22개	16~19개	1~15개
평가	참 잘했어요.	잘했어요.	좀더 노력해요.

빈 곳에 알맞은 수를 써넣으시오. (1~12)

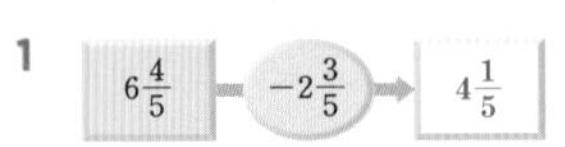

1. $6\frac{4}{5}$ → $-2\frac{3}{5}$ → $4\frac{1}{5}$
2. $4\frac{3}{9}$ → $-1\frac{2}{9}$ → $3\frac{1}{9}$
3. $5\frac{4}{7}$ → $-2\frac{1}{7}$ → $3\frac{3}{7}$
4. $5\frac{5}{6}$ → $-3\frac{3}{6}$ → $2\frac{2}{6}$
5. $6\frac{8}{10}$ → $-5\frac{4}{10}$ → $1\frac{4}{10}$
6. $9\frac{7}{13}$ → $-3\frac{5}{13}$ → $6\frac{2}{13}$

7. $9\frac{7}{11}$ → $-6\frac{5}{11}$ → $3\frac{2}{11}$
8. $6\frac{8}{15}$ → $-2\frac{3}{15}$ → $4\frac{5}{15}$

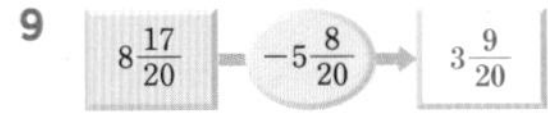

9. $8\frac{17}{20}$ → $-5\frac{8}{20}$ → $3\frac{9}{20}$
10. $8\frac{17}{25}$ → $-3\frac{15}{25}$ → $5\frac{2}{25}$

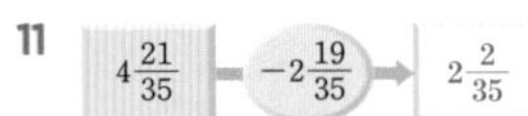

11. $4\frac{21}{35}$ → $-2\frac{19}{35}$ → $2\frac{2}{35}$
12. $7\frac{27}{30}$ → $-5\frac{21}{30}$ → $2\frac{6}{30}$

두 수의 차를 빈 곳에 써넣으시오. (13~22)

13. $6\frac{8}{11}$, $2\frac{7}{11}$ → $4\frac{1}{11}$
14. $5\frac{5}{8}$, $2\frac{2}{8}$ → $3\frac{3}{8}$
15. $8\frac{15}{19}$, $3\frac{7}{19}$ → $5\frac{8}{19}$
16. $5\frac{16}{20}$, $4\frac{9}{20}$ → $1\frac{7}{20}$
17. $8\frac{17}{25}$, $5\frac{13}{25}$ → $3\frac{4}{25}$
18. $7\frac{16}{22}$, $4\frac{9}{22}$ → $3\frac{7}{22}$
19. $9\frac{25}{27}$, $4\frac{16}{27}$ → $5\frac{9}{27}$
20. $5\frac{20}{28}$, $2\frac{16}{28}$ → $3\frac{4}{28}$
21. $8\frac{15}{29}$, $5\frac{13}{29}$ → $3\frac{2}{29}$
22. $9\frac{35}{36}$, $4\frac{22}{36}$ → $5\frac{13}{36}$

7 (자연수)－(진분수)(1)

계산은 빠르고 정확하게!

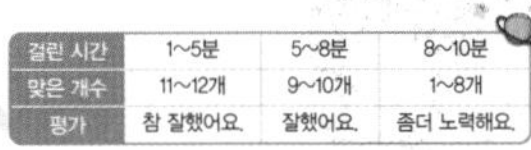

걸린 시간	1~5분	5~8분	8~10분
맞은 개수	11~12개	9~10개	1~8개
평가	참 잘했어요.	잘했어요.	좀더 노력해요.

방법① 자연수에서 1만큼을 분수로 바꾸어 계산합니다.

$3-\frac{3}{5}=2\frac{5}{5}-\frac{3}{5}=2\frac{2}{5}$

방법② 자연수를 가분수로 고쳐서 계산합니다.

$3-\frac{3}{5}=\frac{15}{5}-\frac{3}{5}=\frac{12}{5}=2\frac{2}{5}$

그림을 보고 □ 안에 알맞은 수를 써넣으시오. (1~4)

1. 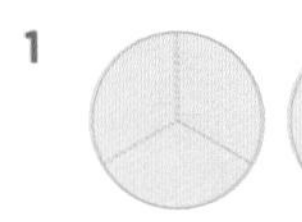 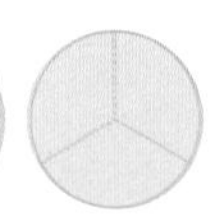 $3-\frac{2}{3}=2\frac{1}{3}$

2.  $4-\frac{4}{6}=3\frac{2}{6}$

3. 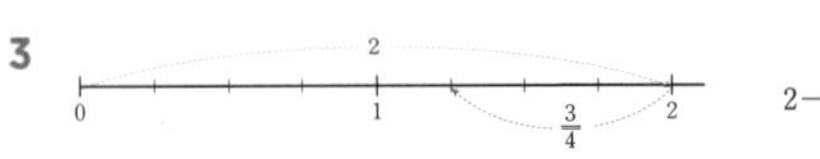

$2-\frac{3}{4}=1\frac{1}{4}$

4. $3-\frac{4}{5}=2\frac{1}{5}$

□ 안에 알맞은 수를 써넣으시오. (5~12)

5. 1은 $\frac{1}{5}$이 5개, $\frac{3}{5}$은 $\frac{1}{5}$이 3개
➡ $1-\frac{3}{5}$은 $\frac{1}{5}$이 2개
➡ $1-\frac{3}{5}=\frac{2}{5}$

6. 1은 $\frac{1}{6}$이 6개, $\frac{2}{6}$는 $\frac{1}{6}$이 2개
➡ $1-\frac{2}{6}$는 $\frac{1}{6}$이 4개
➡ $1-\frac{2}{6}=\frac{4}{6}$

7. 2는 $\frac{1}{4}$이 8개, $\frac{3}{4}$은 $\frac{1}{4}$이 3개
➡ $2-\frac{3}{4}$은 $\frac{1}{4}$이 5개
➡ $2-\frac{3}{4}=\frac{5}{4}=1\frac{1}{4}$

8. 2는 $\frac{1}{9}$이 18개, $\frac{5}{9}$는 $\frac{1}{9}$이 5개
➡ $2-\frac{5}{9}$는 $\frac{1}{9}$이 13개
➡ $2-\frac{5}{9}=\frac{13}{9}=1\frac{4}{9}$

9. 3은 $\frac{1}{3}$이 9개, $\frac{2}{3}$는 $\frac{1}{3}$이 2개
➡ $3-\frac{2}{3}$는 $\frac{1}{3}$이 7개
➡ $3-\frac{2}{3}=\frac{7}{3}=2\frac{1}{3}$

10. 3은 $\frac{1}{7}$이 21개, $\frac{6}{7}$은 $\frac{1}{7}$이 6개
➡ $3-\frac{6}{7}$은 $\frac{1}{7}$이 15개
➡ $3-\frac{6}{7}=\frac{15}{7}=2\frac{1}{7}$

11. 4는 $\frac{1}{3}$이 12개, $\frac{2}{3}$는 $\frac{1}{3}$이 2개
➡ $4-\frac{2}{3}$는 $\frac{1}{3}$이 10개
➡ $4-\frac{2}{3}=\frac{10}{3}=3\frac{1}{3}$

12. 4는 $\frac{1}{8}$이 32개, $\frac{6}{8}$은 $\frac{1}{8}$이 6개
➡ $4-\frac{6}{8}$은 $\frac{1}{8}$이 26개
➡ $4-\frac{6}{8}=\frac{26}{8}=3\frac{2}{8}$

7 (자연수)－(진분수)(2)

계산은 빠르고 정확하게!

걸린 시간	1~8분	8~12분	12~16분
맞은 개수	22~24개	17~21개	1~16개
평가	참 잘했어요.	잘했어요.	좀더 노력해요.

□ 안에 알맞은 수를 써넣으시오. (1~8)

1 $1-\frac{4}{9}=\frac{\boxed{9}}{9}-\frac{\boxed{4}}{9}=\frac{\boxed{5}}{9}$

2 $3-\frac{3}{8}=2\frac{\boxed{8}}{8}-\frac{\boxed{3}}{8}=\boxed{2}\frac{\boxed{5}}{8}$

3 $5-\frac{5}{7}=4\frac{\boxed{7}}{7}-\frac{\boxed{5}}{7}=\boxed{4}\frac{\boxed{2}}{7}$

4 $8-\frac{8}{10}=7\frac{\boxed{10}}{10}-\frac{\boxed{8}}{10}=\boxed{7}\frac{\boxed{2}}{10}$

5 $2-\frac{3}{4}=\frac{\boxed{8}}{4}-\frac{\boxed{3}}{4}=\frac{\boxed{5}}{4}=\boxed{1}\frac{\boxed{1}}{4}$

6 $4-\frac{2}{6}=\frac{\boxed{24}}{6}-\frac{\boxed{2}}{6}=\frac{\boxed{22}}{6}=\boxed{3}\frac{\boxed{4}}{6}$

7 $5-\frac{7}{12}=\frac{\boxed{60}}{12}-\frac{\boxed{7}}{12}=\frac{\boxed{53}}{12}=\boxed{4}\frac{\boxed{5}}{12}$

8 $6-\frac{8}{11}=\frac{\boxed{66}}{11}-\frac{\boxed{8}}{11}=\frac{\boxed{58}}{11}=\boxed{5}\frac{\boxed{3}}{11}$

계산을 하시오. (9~24)

9 $1-\frac{2}{5}=\frac{3}{5}$

10 $1-\frac{7}{14}=\frac{7}{14}$

11 $3-\frac{1}{4}=2\frac{3}{4}$

12 $3-\frac{8}{9}=2\frac{1}{9}$

13 $7-\frac{5}{6}=6\frac{1}{6}$

14 $5-\frac{4}{10}=4\frac{6}{10}$

15 $6-\frac{6}{9}=5\frac{3}{9}$

16 $5-\frac{8}{13}=4\frac{5}{13}$

17 $5-\frac{11}{14}=4\frac{3}{14}$

18 $4-\frac{9}{13}=3\frac{4}{13}$

19 $8-\frac{12}{18}=7\frac{6}{18}$

20 $7-\frac{10}{16}=6\frac{6}{16}$

21 $6-\frac{17}{25}=5\frac{8}{25}$

22 $5-\frac{19}{28}=4\frac{9}{28}$

23 $8-\frac{19}{30}=7\frac{11}{30}$

24 $9-\frac{13}{26}=8\frac{13}{26}$

7 (자연수)－(진분수)(3)

계산은 빠르고 정확하게!

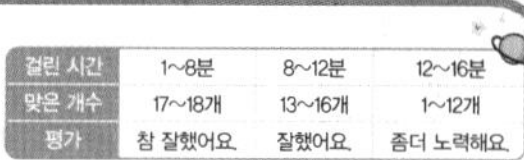

걸린 시간	1~8분	8~12분	12~16분
맞은 개수	17~18개	13~16개	1~12개
평가	참 잘했어요.	잘했어요.	좀더 노력해요.

빈 곳에 알맞은 수를 써넣으시오. (1~12)

1
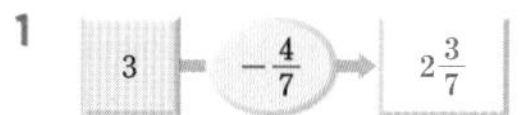

2
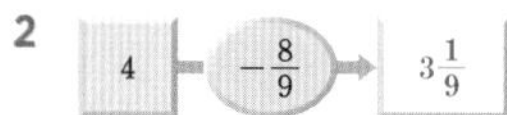

3
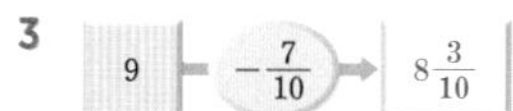

4
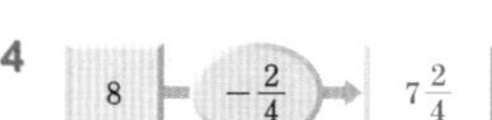

5
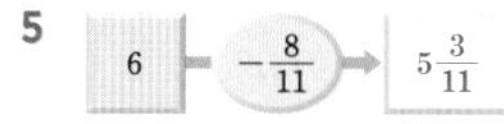

6

7
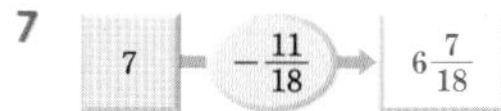

8
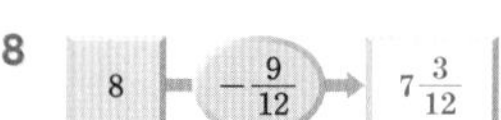

9

10
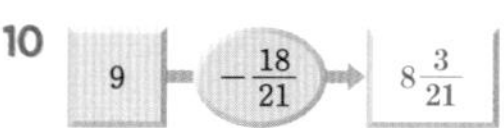

11 10 $-\frac{13}{15}$ $9\frac{2}{15}$

12

빈 곳에 알맞은 수를 써넣으시오. (13~18)

13
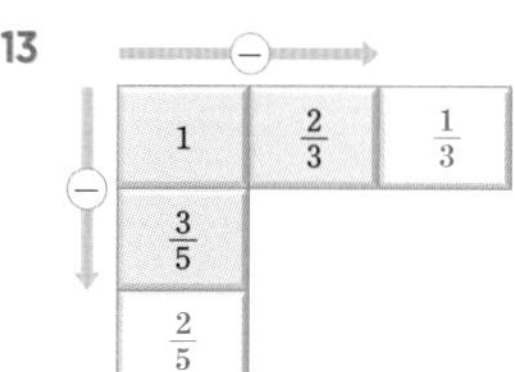

14
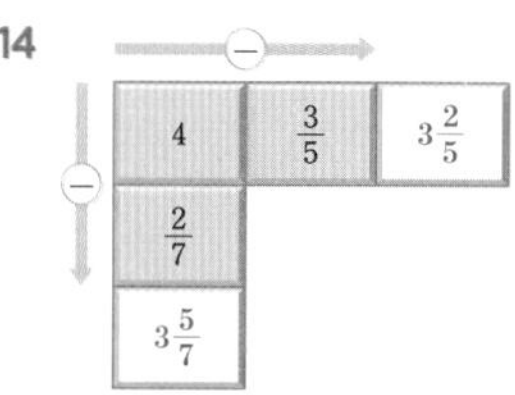

15
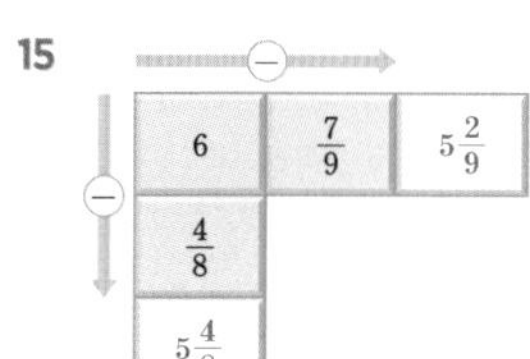

16
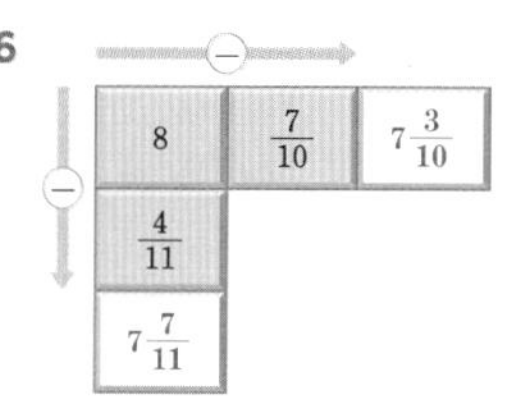

17
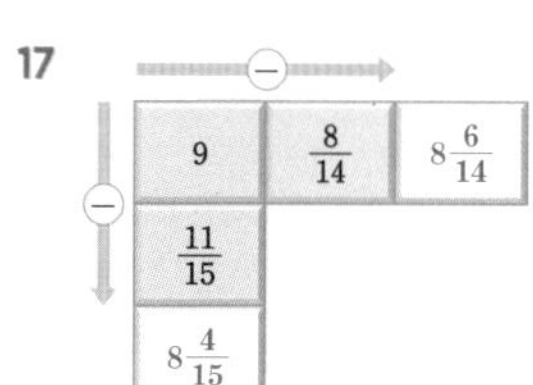

18
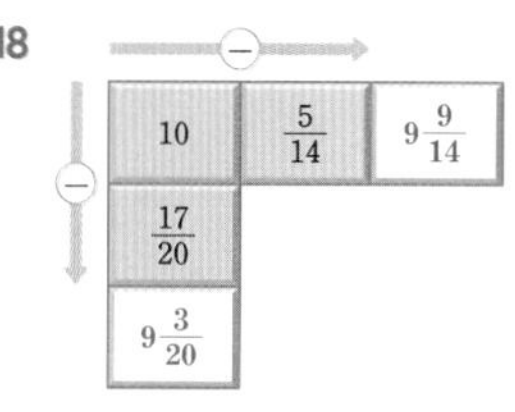

8 (자연수)—(대분수)(1)

방법 ① 자연수에서 1만큼을 분수로 바꾸어 계산합니다.

$3-1\frac{2}{5}=2\frac{5}{5}-1\frac{2}{5}=(2-1)+\left(\frac{5}{5}-\frac{2}{5}\right)=1\frac{3}{5}$

방법 ② 자연수를 가분수로 고쳐서 계산합니다.

$3-1\frac{2}{5}=\frac{15}{5}-\frac{7}{5}=\frac{8}{5}=1\frac{3}{5}$

계산은 빠르고 정확하게!

걸린 시간	1~6분	6~9분	9~12분
맞은 개수	11~12개	9~10개	1~8개
평가	참 잘했어요.	잘했어요.	좀더 노력해요.

그림을 보고 □ 안에 알맞은 수를 써넣으시오. (1~4)

1
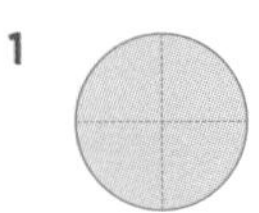
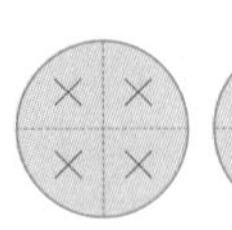
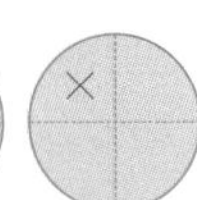

$3-1\frac{1}{4}=\boxed{1\frac{3}{4}}$

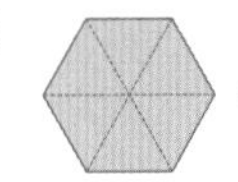
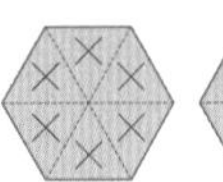

$3-1\frac{2}{6}=\boxed{1\frac{4}{6}}$

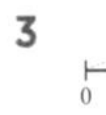
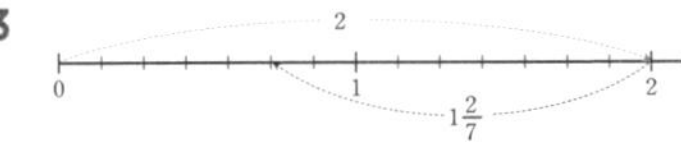

$2-1\frac{2}{7}=\boxed{\frac{5}{7}}$

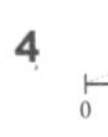
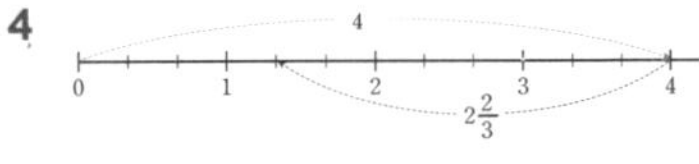

$4-2\frac{2}{3}=\boxed{1\frac{1}{3}}$

□ 안에 알맞은 수를 써넣으시오. (5~12)

5 2는 $\frac{1}{4}$이 $\boxed{8}$개, $1\frac{2}{4}$는 $\frac{1}{4}$이 $\boxed{6}$개

➡ $2-1\frac{2}{4}$는 $\frac{1}{4}$이 $\boxed{2}$개

➡ $2-1\frac{2}{4}=\frac{\boxed{2}}{4}$

6 2는 $\frac{1}{5}$이 $\boxed{10}$개, $1\frac{2}{5}$는 $\frac{1}{5}$이 $\boxed{7}$개

➡ $2-1\frac{2}{5}$는 $\frac{1}{5}$이 $\boxed{3}$개

➡ $2-1\frac{2}{5}=\frac{\boxed{3}}{5}$

7 3은 $\frac{1}{3}$이 $\boxed{9}$개, $1\frac{2}{3}$는 $\frac{1}{3}$이 $\boxed{5}$개

➡ $3-1\frac{2}{3}$는 $\frac{1}{3}$이 $\boxed{4}$개

➡ $3-1\frac{2}{3}=\frac{\boxed{4}}{3}=\boxed{1}\frac{\boxed{1}}{3}$

8 3은 $\frac{1}{6}$이 $\boxed{18}$개, $1\frac{4}{6}$는 $\frac{1}{6}$이 $\boxed{10}$개

➡ $3-1\frac{4}{6}$는 $\frac{1}{6}$이 $\boxed{8}$개

➡ $3-1\frac{4}{6}=\frac{\boxed{8}}{6}=\boxed{1}\frac{\boxed{2}}{6}$

9 4는 $\frac{1}{5}$이 $\boxed{20}$개, $2\frac{4}{5}$는 $\frac{1}{5}$이 $\boxed{14}$개

➡ $4-2\frac{4}{5}$는 $\frac{1}{5}$이 $\boxed{6}$개

➡ $4-2\frac{4}{5}=\frac{\boxed{6}}{5}=\boxed{1}\frac{\boxed{1}}{5}$

10 4는 $\frac{1}{7}$이 $\boxed{28}$개, $1\frac{5}{7}$는 $\frac{1}{7}$이 $\boxed{12}$개

➡ $4-1\frac{5}{7}$는 $\frac{1}{7}$이 $\boxed{16}$개

➡ $4-1\frac{5}{7}=\frac{\boxed{16}}{7}=\boxed{2}\frac{\boxed{2}}{7}$

11 5는 $\frac{1}{8}$이 $\boxed{40}$개, $2\frac{1}{8}$은 $\frac{1}{8}$이 $\boxed{17}$개

➡ $5-2\frac{1}{8}$는 $\frac{1}{8}$이 $\boxed{23}$개

➡ $5-2\frac{1}{8}=\frac{\boxed{23}}{8}=\boxed{2}\frac{\boxed{7}}{8}$

12 5는 $\frac{1}{6}$이 $\boxed{30}$개, $3\frac{4}{6}$는 $\frac{1}{6}$이 $\boxed{22}$개

➡ $5-3\frac{4}{6}$는 $\frac{1}{6}$이 $\boxed{8}$개

➡ $5-3\frac{4}{6}=\frac{\boxed{8}}{6}=\boxed{1}\frac{\boxed{2}}{6}$

8 (자연수)—(대분수)(2)

계산은 빠르고 정확하게!

걸린 시간	1~8분	8~12분	12~16분
맞은 개수	22~24개	17~21개	1~16개
평가	참 잘했어요.	잘했어요.	좀더 노력해요.

□ 안에 알맞은 수를 써넣으시오. (1~8)

1 $3-1\frac{1}{2}=2\frac{\boxed{2}}{2}-1\frac{\boxed{1}}{2}=(\boxed{2}-\boxed{1})+\left(\frac{\boxed{2}}{2}-\frac{\boxed{1}}{2}\right)=\boxed{1}\frac{\boxed{1}}{2}$

2 $4-1\frac{2}{5}=3\frac{\boxed{5}}{5}-1\frac{\boxed{2}}{5}=(\boxed{3}-\boxed{1})+\left(\frac{\boxed{5}}{5}-\frac{\boxed{2}}{5}\right)=\boxed{2}\frac{\boxed{3}}{5}$

3 $6-3\frac{2}{7}=5\frac{\boxed{7}}{7}-3\frac{\boxed{2}}{7}=(\boxed{5}-\boxed{3})+\left(\frac{\boxed{7}}{7}-\frac{\boxed{2}}{7}\right)=\boxed{2}\frac{\boxed{5}}{7}$

4 $5-2\frac{3}{10}=4\frac{\boxed{10}}{10}-2\frac{\boxed{3}}{10}=(\boxed{4}-\boxed{2})+\left(\frac{\boxed{10}}{10}-\frac{\boxed{3}}{10}\right)=\boxed{2}\frac{\boxed{7}}{10}$

5 $3-1\frac{2}{8}=\frac{\boxed{24}}{8}-\frac{\boxed{10}}{8}=\frac{\boxed{14}}{8}=\boxed{1}\frac{\boxed{6}}{8}$

6 $7-2\frac{7}{9}=\frac{\boxed{63}}{9}-\frac{\boxed{25}}{9}=\frac{\boxed{38}}{9}=\boxed{4}\frac{\boxed{2}}{9}$

7 $8-5\frac{8}{10}=\frac{\boxed{80}}{10}-\frac{\boxed{58}}{10}=\frac{\boxed{22}}{10}=\boxed{2}\frac{\boxed{2}}{10}$

8 $11-4\frac{3}{5}=\frac{\boxed{55}}{5}-\frac{\boxed{23}}{5}=\frac{\boxed{32}}{5}=\boxed{6}\frac{\boxed{2}}{5}$

계산을 하시오. (9~24)

9 $3-1\frac{7}{9}=1\frac{2}{9}$

10 $2-1\frac{3}{5}=\frac{2}{5}$

11 $8-3\frac{4}{8}=4\frac{4}{8}$

12 $6-4\frac{7}{10}=1\frac{3}{10}$

13 $6-2\frac{7}{11}=3\frac{4}{11}$

14 $5-3\frac{8}{15}=1\frac{7}{15}$

15 $9-2\frac{9}{13}=6\frac{4}{13}$

16 $8-1\frac{10}{11}=6\frac{1}{11}$

17 $7-2\frac{13}{15}=4\frac{2}{15}$

18 $10-3\frac{14}{16}=6\frac{2}{16}$

19 $11-9\frac{4}{10}=1\frac{6}{10}$

20 $12-10\frac{2}{7}=1\frac{5}{7}$

21 $7-3\frac{15}{18}=3\frac{3}{18}$

22 $10-7\frac{18}{20}=2\frac{2}{20}$

23 $9-4\frac{8}{15}=4\frac{7}{15}$

24 $8-6\frac{25}{29}=1\frac{4}{29}$

8 (자연수) — (대분수)(3)

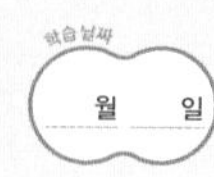

계산은 빠르고 정확하게!

걸린 시간	1~8분	8~12분	12~16분
맞은 개수	17~18개	13~16개	1~12개
평가	참 잘했어요.	잘했어요.	좀더 노력해요.

빈 곳에 알맞은 수를 써넣으시오. (1~12)

1 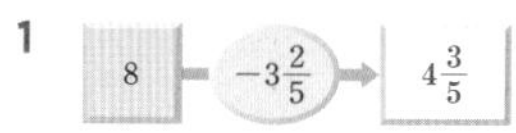

2 7 → $-2\frac{4}{5}$ → $4\frac{1}{5}$

3 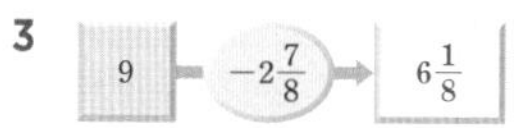

4 6 → $-3\frac{3}{4}$ → $2\frac{1}{4}$

5 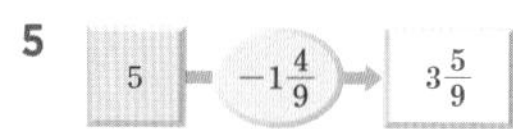

6 4 → $-2\frac{1}{10}$ → $1\frac{9}{10}$

7 10 → $-2\frac{7}{11}$ → $7\frac{4}{11}$

8 12 → $-3\frac{7}{14}$ → $8\frac{7}{14}$

9 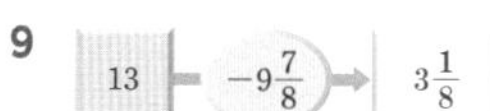

10 

11 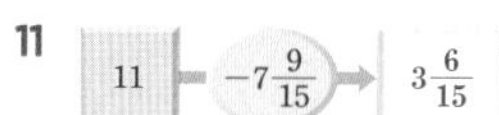

12 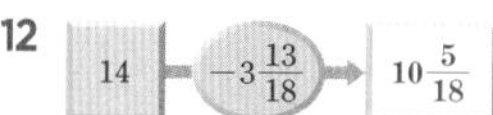

빈 곳에 알맞은 수를 써넣으시오. (13~18)

13 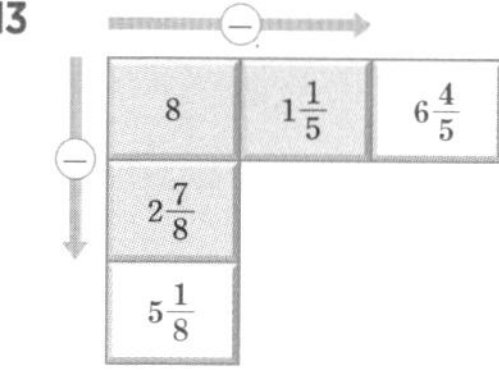

14 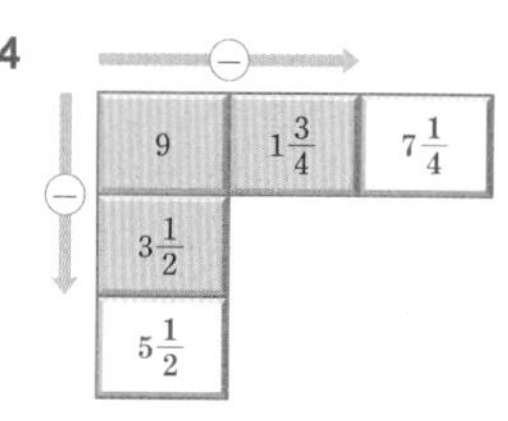

15 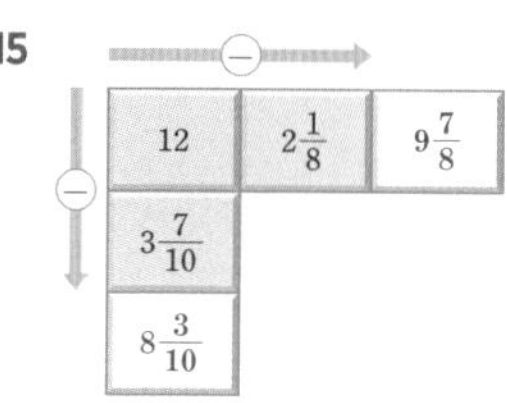

16 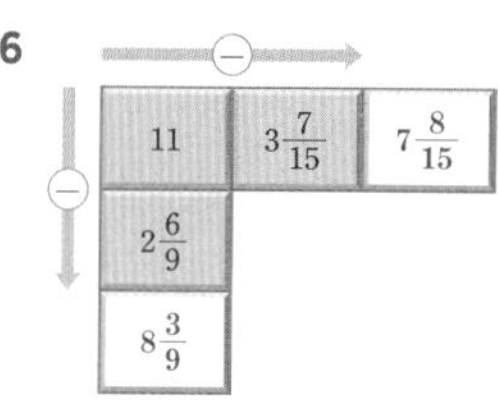

17 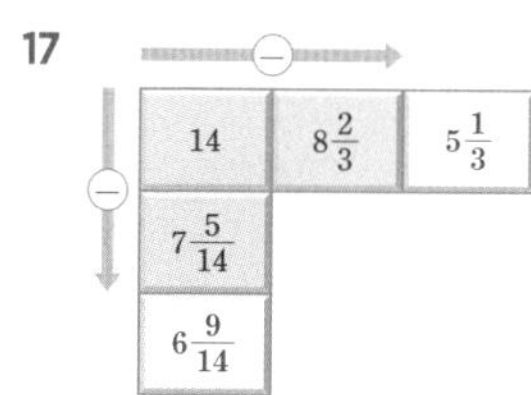

18 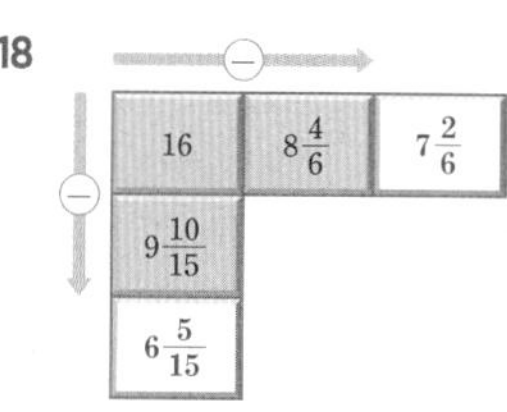

9 받아내림이 있는 대분수의 뺄셈(1)

계산은 빠르고 정확하게!

걸린 시간	1~5분	5~8분	8~10분
맞은 개수	9~10개	7~8개	1~6개
평가	참 잘했어요.	잘했어요.	좀더 노력해요.

방법 ① 빼지는 분수의 자연수에서 1만큼을 가분수로 고쳐서 계산합니다.

$$3\frac{1}{5}-1\frac{3}{5}=2\frac{6}{5}-1\frac{3}{5}=(2-1)+\left(\frac{6}{5}-\frac{3}{5}\right)=1\frac{3}{5}$$

방법 ② 대분수를 가분수로 고쳐서 계산합니다.

$$3\frac{1}{5}-1\frac{3}{5}=\frac{16}{5}-\frac{8}{5}=\frac{8}{5}=1\frac{3}{5}$$

그림을 보고 □ 안에 알맞은 수를 써넣으시오. (1~4)

1 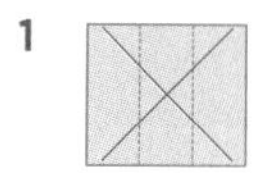 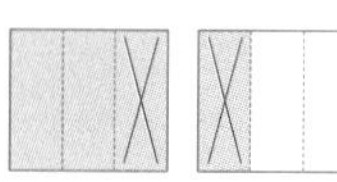

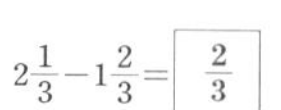

2 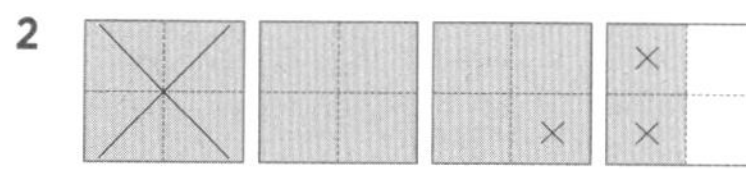

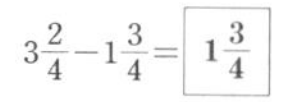

3 

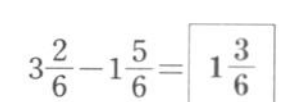

4 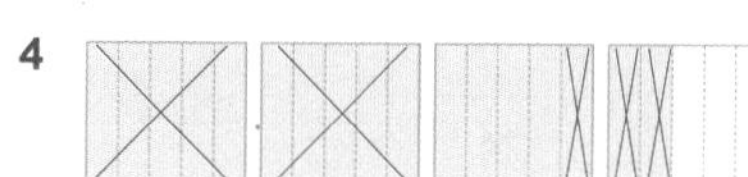

$3\frac{2}{5}-2\frac{3}{5}=\boxed{\frac{4}{5}}$

□ 안에 알맞은 수를 써넣으시오. (5~10)

5 $2\frac{1}{4}$은 $\frac{1}{4}$이 $\boxed{9}$개, $1\frac{3}{4}$은 $\frac{1}{4}$이 $\boxed{7}$개이므로 $2\frac{1}{4}-1\frac{3}{4}$은 $\frac{1}{4}$이 $\boxed{2}$개입니다.

➡ $2\frac{1}{4}-1\frac{3}{4}=\frac{\boxed{2}}{4}$

6 $2\frac{2}{5}$는 $\frac{1}{5}$이 $\boxed{12}$개, $1\frac{3}{5}$은 $\frac{1}{5}$이 $\boxed{8}$개이므로 $2\frac{2}{5}-1\frac{3}{5}$은 $\frac{1}{5}$이 $\boxed{4}$개입니다.

➡ $2\frac{2}{5}-1\frac{3}{5}=\frac{\boxed{4}}{5}$

7 $3\frac{1}{3}$은 $\frac{1}{3}$이 $\boxed{10}$개, $1\frac{2}{3}$는 $\frac{1}{3}$이 $\boxed{5}$개이므로 $3\frac{1}{3}-1\frac{2}{3}$는 $\frac{1}{3}$이 $\boxed{5}$개입니다.

➡ $3\frac{1}{3}-1\frac{2}{3}=\frac{\boxed{5}}{3}=\boxed{1}\frac{\boxed{2}}{3}$

8 $4\frac{2}{6}$는 $\frac{1}{6}$이 $\boxed{26}$개, $2\frac{3}{6}$은 $\frac{1}{6}$이 $\boxed{15}$개이므로 $4\frac{2}{6}-2\frac{3}{6}$은 $\frac{1}{6}$이 $\boxed{11}$개입니다.

➡ $4\frac{2}{6}-2\frac{3}{6}=\frac{\boxed{11}}{6}=\boxed{1}\frac{\boxed{5}}{6}$

9 $5\frac{3}{8}$은 $\frac{1}{8}$이 $\boxed{43}$개, $2\frac{7}{8}$은 $\frac{1}{8}$이 $\boxed{23}$개이므로 $5\frac{3}{8}-2\frac{7}{8}$은 $\frac{1}{8}$이 $\boxed{20}$개입니다.

➡ $5\frac{3}{8}-2\frac{7}{8}=\frac{\boxed{20}}{8}=\boxed{2}\frac{\boxed{4}}{8}$

10 $6\frac{2}{10}$는 $\frac{1}{10}$이 $\boxed{62}$개, $3\frac{8}{10}$은 $\frac{1}{10}$이 $\boxed{38}$개이므로 $6\frac{2}{10}-3\frac{8}{10}$은 $\frac{1}{10}$이 $\boxed{24}$개입니다.

➡ $6\frac{2}{10}-3\frac{8}{10}=\frac{\boxed{24}}{10}=\boxed{2}\frac{\boxed{4}}{10}$

9 받아내림이 있는 대분수의 뺄셈(2)

계산은 빠르고 정확하게!

걸린 시간	1~8분	8~12분	12~16분
맞은 개수	22~24개	17~21개	1~16개
평가	참 잘했어요.	잘했어요.	좀더 노력해요.

□ 안에 알맞은 수를 써넣으시오. (1~8)

1 $3\frac{1}{3}-1\frac{2}{3}=2\frac{\boxed{4}}{3}-1\frac{2}{3}=(\boxed{2}-\boxed{1})+\left(\frac{\boxed{4}}{3}-\frac{\boxed{2}}{3}\right)=\boxed{1}\frac{\boxed{2}}{3}$

2 $5\frac{2}{4}-2\frac{3}{4}=4\frac{\boxed{6}}{4}-2\frac{3}{4}=(\boxed{4}-\boxed{2})+\left(\frac{\boxed{6}}{4}-\frac{\boxed{3}}{4}\right)=\boxed{2}\frac{\boxed{3}}{4}$

3 $4\frac{3}{5}-1\frac{4}{5}=3\frac{\boxed{8}}{5}-1\frac{4}{5}=(\boxed{3}-\boxed{1})+\left(\frac{\boxed{8}}{5}-\frac{\boxed{4}}{5}\right)=\boxed{2}\frac{\boxed{4}}{5}$

4 $6\frac{2}{7}-3\frac{6}{7}=5\frac{\boxed{9}}{7}-3\frac{6}{7}=(\boxed{5}-\boxed{3})+\left(\frac{\boxed{9}}{7}-\frac{\boxed{6}}{7}\right)=\boxed{2}\frac{\boxed{3}}{7}$

5 $7\frac{4}{8}-5\frac{7}{8}=6\frac{\boxed{12}}{8}-5\frac{7}{8}=(\boxed{6}-\boxed{5})+\left(\frac{\boxed{12}}{8}-\frac{\boxed{7}}{8}\right)=\boxed{1}\frac{\boxed{5}}{8}$

6 $5\frac{1}{6}-2\frac{4}{6}=4\frac{\boxed{7}}{6}-2\frac{4}{6}=(\boxed{4}-\boxed{2})+\left(\frac{\boxed{7}}{6}-\frac{\boxed{4}}{6}\right)=\boxed{2}\frac{\boxed{3}}{6}$

7 $3\frac{7}{10}-1\frac{9}{10}=2\frac{\boxed{17}}{10}-1\frac{9}{10}=(\boxed{2}-\boxed{1})+\left(\frac{\boxed{17}}{10}-\frac{\boxed{9}}{10}\right)=\boxed{1}\frac{\boxed{8}}{10}$

8 $4\frac{3}{12}-2\frac{7}{12}=3\frac{\boxed{15}}{12}-2\frac{7}{12}=(\boxed{3}-\boxed{2})+\left(\frac{\boxed{15}}{12}-\frac{\boxed{7}}{12}\right)=\boxed{1}\frac{\boxed{8}}{12}$

계산을 하시오. (9~24)

9 $5\frac{1}{4}-2\frac{3}{4}=2\frac{2}{4}$

10 $8\frac{2}{7}-2\frac{5}{7}=5\frac{4}{7}$

11 $2\frac{2}{5}-1\frac{4}{5}=\frac{3}{5}$

12 $6\frac{2}{8}-3\frac{5}{8}=2\frac{5}{8}$

13 $5\frac{4}{9}-1\frac{6}{9}=3\frac{7}{9}$

14 $7\frac{2}{6}-5\frac{5}{6}=1\frac{3}{6}$

15 $6\frac{3}{10}-2\frac{9}{10}=3\frac{4}{10}$

16 $5\frac{7}{12}-2\frac{10}{12}=2\frac{9}{12}$

17 $9\frac{2}{17}-6\frac{13}{17}=2\frac{6}{17}$

18 $8\frac{9}{15}-7\frac{10}{15}=\frac{14}{15}$

19 $8\frac{4}{20}-2\frac{19}{20}=5\frac{5}{20}$

20 $9\frac{19}{30}-4\frac{27}{32}=4\frac{24}{32}$

21 $9\frac{7}{18}-4\frac{10}{18}=4\frac{15}{18}$

22 $10\frac{7}{17}-3\frac{10}{17}=6\frac{14}{17}$

23 $9\frac{14}{25}-6\frac{19}{25}=2\frac{20}{25}$

24 $7\frac{13}{35}-3\frac{22}{35}=3\frac{26}{35}$

9 받아내림이 있는 대분수의 뺄셈(3)

계산은 빠르고 정확하게!

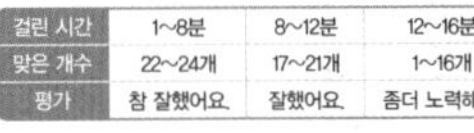

걸린 시간	1~8분	8~12분	12~16분
맞은 개수	22~24개	17~21개	1~16개
평가	참 잘했어요.	잘했어요.	좀더 노력해요.

□ 안에 알맞은 수를 써넣으시오. (1~8)

1 $2\frac{4}{9}-1\frac{7}{9}=\frac{\boxed{22}}{9}-\frac{\boxed{16}}{9}=\frac{\boxed{6}}{9}$

2 $4\frac{1}{5}-2\frac{3}{5}=\frac{\boxed{21}}{5}-\frac{\boxed{13}}{5}=\frac{\boxed{8}}{5}=\boxed{1}\frac{\boxed{3}}{5}$

3 $3\frac{2}{8}-1\frac{5}{8}=\frac{\boxed{26}}{8}-\frac{\boxed{13}}{8}=\frac{\boxed{13}}{8}=\boxed{1}\frac{\boxed{5}}{8}$

4 $3\frac{2}{10}-1\frac{4}{10}=\frac{\boxed{32}}{10}-\frac{\boxed{14}}{10}=\frac{\boxed{18}}{10}=\boxed{1}\frac{\boxed{8}}{10}$

5 $4\frac{5}{11}-2\frac{7}{11}=\frac{\boxed{49}}{11}-\frac{\boxed{29}}{11}=\frac{\boxed{20}}{11}=\boxed{1}\frac{\boxed{9}}{11}$

6 $5\frac{4}{12}-3\frac{8}{12}=\frac{\boxed{64}}{12}-\frac{\boxed{44}}{12}=\frac{\boxed{20}}{12}=\boxed{1}\frac{\boxed{8}}{12}$

7 $6\frac{1}{15}-3\frac{10}{15}=\frac{\boxed{91}}{15}-\frac{\boxed{55}}{15}=\frac{\boxed{36}}{15}=\boxed{2}\frac{\boxed{6}}{15}$

8 $5\frac{5}{16}-2\frac{13}{16}=\frac{\boxed{85}}{16}-\frac{\boxed{45}}{16}=\frac{\boxed{40}}{16}=\boxed{2}\frac{\boxed{8}}{16}$

계산을 하시오. (9~24)

9 $2\frac{1}{6}-1\frac{5}{6}=\frac{2}{6}$

10 $4\frac{2}{5}-3\frac{3}{5}=\frac{4}{5}$

11 $6\frac{4}{8}-2\frac{5}{8}=3\frac{7}{8}$

12 $5\frac{7}{9}-1\frac{8}{9}=3\frac{8}{9}$

13 $4\frac{1}{3}-1\frac{2}{3}=2\frac{2}{3}$

14 $9\frac{1}{4}-2\frac{3}{4}=6\frac{2}{4}$

15 $7\frac{7}{12}-5\frac{9}{12}=1\frac{10}{12}$

16 $6\frac{4}{13}-1\frac{9}{13}=4\frac{8}{13}$

17 $4\frac{3}{15}-2\frac{14}{15}=1\frac{4}{15}$

18 $7\frac{10}{18}-6\frac{17}{18}=\frac{11}{18}$

19 $5\frac{6}{15}-2\frac{12}{15}=2\frac{9}{15}$

20 $4\frac{12}{30}-1\frac{14}{30}=2\frac{28}{30}$

21 $4\frac{15}{29}-2\frac{20}{29}=1\frac{24}{29}$

22 $5\frac{3}{21}-2\frac{11}{21}=2\frac{13}{21}$

23 $8\frac{4}{17}-2\frac{14}{17}=5\frac{7}{17}$

24 $9\frac{11}{40}-5\frac{32}{40}=3\frac{19}{40}$

9 받아내림이 있는 대분수의 뺄셈(4)

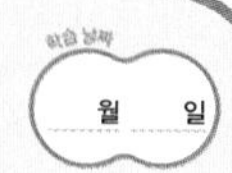

계산은 빠르고 정확하게!

걸린 시간	1~8분	8~12분	12~16분
맞은 개수	21~22개	16~20개	1~15개
평가	참 잘했어요.	잘했어요.	좀더 노력해요.

빈 곳에 알맞은 수를 써넣으시오. (1~12)

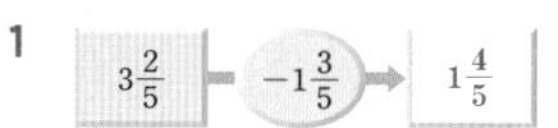

1 $3\frac{2}{5}$ → $-1\frac{3}{5}$ → $1\frac{4}{5}$

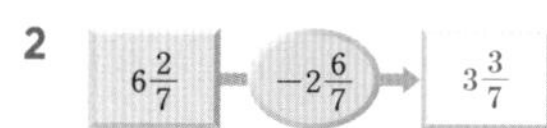

2 $6\frac{2}{7}$ → $-2\frac{6}{7}$ → $3\frac{3}{7}$

3 $4\frac{2}{9}$ → $-2\frac{8}{9}$ → $1\frac{3}{9}$

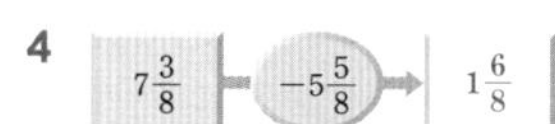

4 $7\frac{3}{8}$ → $-5\frac{5}{8}$ → $1\frac{6}{8}$

5 $6\frac{3}{10}$ → $-2\frac{7}{10}$ → $3\frac{6}{10}$

6 $5\frac{4}{11}$ → $-2\frac{9}{11}$ → $2\frac{6}{11}$

7 $7\frac{8}{12}$ → $-5\frac{10}{12}$ → $1\frac{10}{12}$

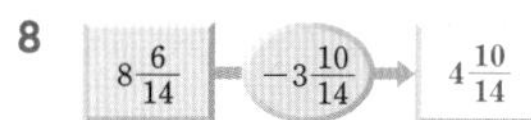

8 $8\frac{6}{14}$ → $-3\frac{10}{14}$ → $4\frac{10}{14}$

9 $6\frac{7}{15}$ → $-2\frac{9}{15}$ → $3\frac{13}{15}$

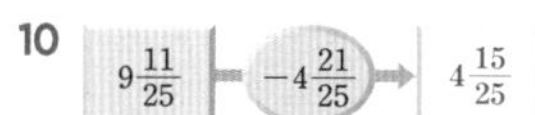

10 $9\frac{11}{25}$ → $-4\frac{21}{25}$ → $4\frac{15}{25}$

11 $4\frac{15}{27}$ → $-1\frac{20}{27}$ → $2\frac{22}{27}$

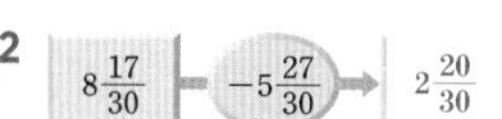

12 $8\frac{17}{30}$ → $-5\frac{27}{30}$ → $2\frac{20}{30}$

두 수의 차를 빈 곳에 써넣으시오. (13~22)

13 $5\frac{2}{4}$, $3\frac{3}{4}$ → $1\frac{3}{4}$

14 $4\frac{2}{8}$, $2\frac{5}{8}$ → $1\frac{5}{8}$

15 $5\frac{6}{11}$, $2\frac{9}{11}$ → $2\frac{8}{11}$

16 $9\frac{7}{15}$, $5\frac{11}{15}$ → $3\frac{11}{15}$

17 $8\frac{4}{16}$, $3\frac{9}{16}$ → $4\frac{11}{16}$

18 $7\frac{13}{35}$, $3\frac{15}{35}$ → $3\frac{33}{35}$

19 $9\frac{4}{14}$, $5\frac{8}{14}$ → $3\frac{10}{14}$

20 $6\frac{4}{25}$, $2\frac{11}{25}$ → $3\frac{18}{25}$

21 $7\frac{8}{29}$, $5\frac{14}{29}$ → $1\frac{23}{29}$

22 $8\frac{10}{38}$, $3\frac{33}{38}$ → $4\frac{15}{38}$

10 신기한 연산

계산은 빠르고 정확하게!

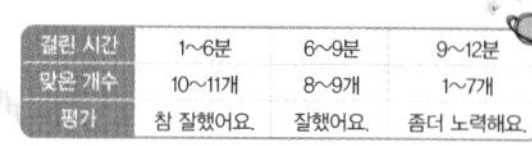

걸린 시간	1~6분	6~9분	9~12분
맞은 개수	10~11개	8~9개	1~7개
평가	참 잘했어요.	잘했어요.	좀더 노력해요.

보기 의 방법대로 계산해 보시오. (1~5)

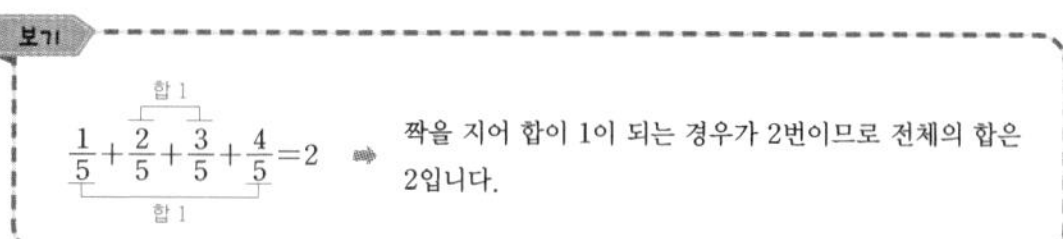

보기

$\frac{1}{5}+\frac{2}{5}+\frac{3}{5}+\frac{4}{5}=2$ (합 1, 합 1) ➡ 짝을 지어 합이 1이 되는 경우가 2번이므로 전체의 합은 2입니다.

1 $\frac{2}{10}+\frac{4}{10}+\frac{6}{10}+\frac{8}{10}$ (2)

2 $\frac{1}{7}+\frac{2}{7}+\frac{3}{7}+\frac{4}{7}+\frac{5}{7}+\frac{6}{7}$ (3)

3 $\frac{1}{12}+\frac{3}{12}+\frac{5}{12}+\frac{7}{12}+\frac{9}{12}+\frac{11}{12}$ (3)

4 $\frac{1}{9}+\frac{2}{9}+\frac{3}{9}+\frac{4}{9}+\frac{5}{9}+\frac{6}{9}+\frac{7}{9}+\frac{8}{9}$ (4)

5 $\frac{2}{14}+\frac{4}{14}+\frac{6}{14}+\frac{8}{14}+\frac{10}{14}+\frac{12}{14}$ (3)

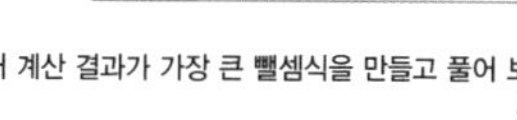

보기 에서 두 수를 골라 □ 안에 써넣어 계산 결과가 가장 큰 뺄셈식을 만들고 풀어 보시오. (6~8)

6 보기 1, 3, 5, 7

$5-1\frac{3}{8}=3\frac{5}{8}$

7 보기 4, 6, 8, 2

$7-2\frac{4}{10}=4\frac{6}{10}$

8 보기 10, 9, 15, 7

$8-7\frac{9}{18}=\frac{9}{18}$

보기 에서 두 수를 골라 □ 안에 써넣어 계산 결과가 가장 작은 뺄셈식을 만들고 풀어 보시오. (9~11)

9 보기 5, 7, 9, 8

$8\frac{5}{10}-2\frac{9}{10}=5\frac{6}{10}$

10 보기 9, 4, 7, 10

$7\frac{4}{15}-3\frac{10}{15}=3\frac{9}{15}$

11 보기 2, 7, 11, 16

$6\frac{2}{20}-4\frac{16}{20}=1\frac{6}{20}$

P 72~74

확인 평가

걸린 시간	1~15분	15~20분	20~25분
맞은 개수	44~48개	34~43개	1~33개
평가	참 잘했어요.	잘했어요.	좀더 노력해요.

계산을 하시오. (1~16)

1 $\frac{2}{8}+\frac{4}{8}=\frac{6}{8}$

2 $\frac{7}{14}+\frac{3}{14}=\frac{10}{14}$

3 $\frac{10}{25}+\frac{11}{25}=\frac{21}{25}$

4 $\frac{8}{19}+\frac{10}{19}=\frac{18}{19}$

5 $\frac{4}{9}+\frac{7}{9}=1\frac{2}{9}$

6 $\frac{11}{12}+\frac{9}{12}=1\frac{8}{12}$

7 $\frac{17}{19}+\frac{15}{19}=1\frac{13}{19}$

8 $\frac{17}{24}+\frac{15}{24}=1\frac{8}{24}$

9 $4\frac{5}{8}+2\frac{2}{8}=6\frac{7}{8}$

10 $3\frac{2}{9}+5\frac{4}{9}=8\frac{6}{9}$

11 $2\frac{11}{15}+1\frac{3}{15}=3\frac{14}{15}$

12 $6\frac{4}{16}+4\frac{5}{16}=10\frac{9}{16}$

13 $4\frac{3}{5}+2\frac{4}{5}=7\frac{2}{5}$

14 $7\frac{7}{12}+6\frac{10}{12}=14\frac{5}{12}$

15 $6\frac{17}{24}+3\frac{20}{24}=10\frac{13}{24}$

16 $5\frac{27}{30}+6\frac{25}{30}=12\frac{22}{30}$

계산을 하시오. (17~32)

17 $\frac{7}{9}-\frac{2}{9}=\frac{5}{9}$

18 $\frac{8}{10}-\frac{4}{10}=\frac{4}{10}$

19 $\frac{17}{21}-\frac{5}{21}=\frac{12}{21}$

20 $\frac{17}{25}-\frac{11}{25}=\frac{6}{25}$

21 $8\frac{4}{5}-2\frac{2}{5}=6\frac{2}{5}$

22 $9\frac{7}{8}-3\frac{5}{8}=6\frac{2}{8}$

23 $7\frac{11}{15}-6\frac{4}{15}=1\frac{7}{15}$

24 $8\frac{17}{18}-2\frac{10}{18}=6\frac{7}{18}$

25 $6\frac{19}{25}-4\frac{11}{25}=2\frac{8}{25}$

26 $10\frac{15}{17}-4\frac{7}{17}=6\frac{8}{17}$

27 $9\frac{17}{30}-5\frac{8}{30}=4\frac{9}{30}$

28 $7\frac{25}{35}-4\frac{13}{35}=3\frac{12}{35}$

29 $4-\frac{11}{14}=3\frac{3}{14}$

30 $6-\frac{15}{17}=5\frac{2}{17}$

31 $8-\frac{7}{19}=7\frac{12}{19}$

32 $12-\frac{12}{18}=11\frac{6}{18}$

확인 평가

계산을 하시오. (33~48)

33 $7-2\frac{4}{5}=4\frac{1}{5}$

34 $6-3\frac{7}{9}=2\frac{2}{9}$

35 $10-2\frac{7}{14}=7\frac{7}{14}$

36 $12-3\frac{14}{15}=8\frac{1}{15}$

37 $14-7\frac{17}{21}=6\frac{4}{21}$

38 $15-10\frac{7}{19}=4\frac{12}{19}$

39 $6\frac{1}{5}-2\frac{3}{5}=3\frac{3}{5}$

40 $8\frac{2}{7}-5\frac{6}{7}=2\frac{3}{7}$

41 $8\frac{2}{9}-7\frac{7}{9}=\frac{4}{9}$

42 $9\frac{2}{4}-5\frac{3}{4}=3\frac{3}{4}$

43 $5\frac{6}{14}-3\frac{9}{14}=1\frac{11}{14}$

44 $6\frac{17}{25}-4\frac{19}{25}=1\frac{23}{25}$

45 $7\frac{11}{30}-5\frac{27}{30}=1\frac{14}{30}$

46 $7\frac{19}{42}-3\frac{30}{42}=3\frac{31}{42}$

47 $9\frac{23}{33}-5\frac{30}{33}=3\frac{26}{33}$

48 $6\frac{15}{28}-1\frac{25}{28}=4\frac{18}{28}$

크라운 온라인 평가 응시 방법

에듀왕닷컴 접속 www.eduwang.com

메인 상단 메뉴에서 단원평가 클릭

단계 및 단원 선택

온라인 단원평가 실시(30분 동안 평가 실시)

크라운 확인

각 단원평가를 통해 100점을 받으시면 크라운 1개를 드리며, 획득하신 크라운으로 에듀왕 닷컴에서 판매하고 있는 교재 및 서비스를 무료로 구매하실 수 있습니다.
(크라운 1개 – 1000원)

1 소수 두 자리 수(1)

학습 날짜 월 일

• 분수 $\frac{1}{100}$은 소수로 0.01이라 쓰고, 영 점 영일이라고 읽습니다.

• 분수 $\frac{58}{100}$은 소수로 0.58이라 쓰고, 영 점 오팔이라고 읽습니다.

• 4.58의 자릿값
  - 일의 자리 ➡ 4
  - 소수 첫째 자리 ➡ 0.5
  - 소수 둘째 자리 ➡ 0.08
  - 4.58

각각의 모눈종이의 크기를 1이라고 할 때 색칠한 부분을 소수로 나타내시오. (1~5)

1 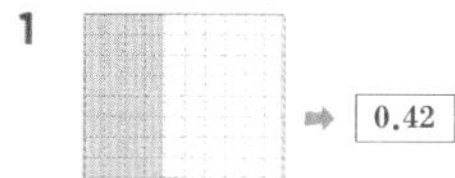 ➡ 0.42

2 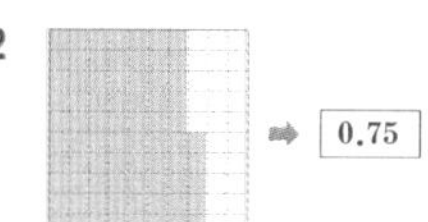 ➡ 0.75

3 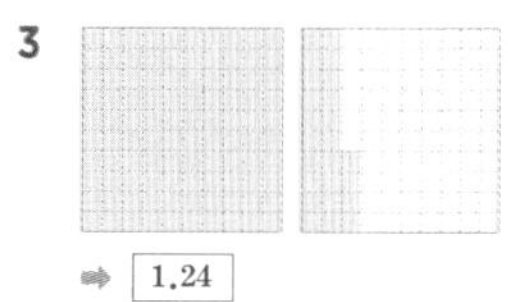 ➡ 1.24

4 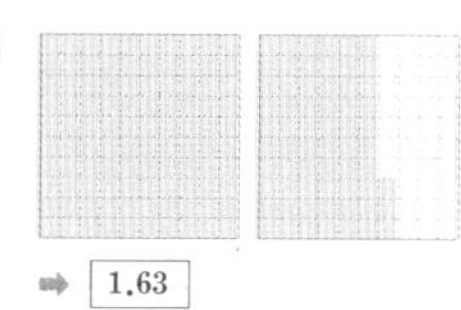 ➡ 1.63

5 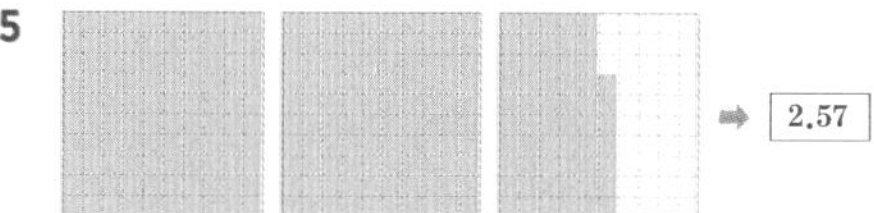 ➡ 2.57

계산은 빠르고 정확하게!

걸린 시간	1~4분	4~6분	6~8분
맞은 개수	11~12개	9~10개	1~8개
평가	참 잘했어요.	잘했어요.	좀더 노력해요.

□ 안에 알맞은 수를 써넣으시오. (6~12)

6 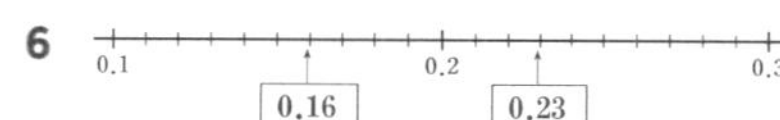 0.16, 0.23

7 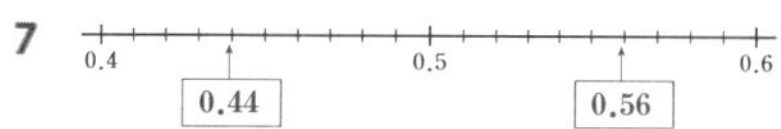 0.44, 0.56

8 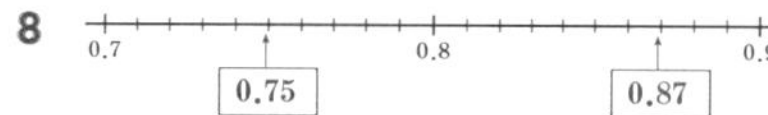 0.75, 0.87

9 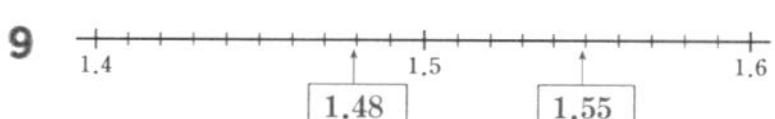 1.48, 1.55

10 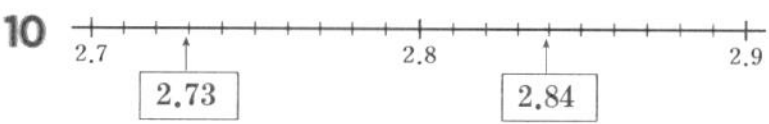 2.73, 2.84

11 3.54, 3.63

12 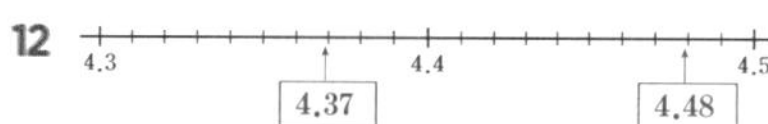 4.37, 4.48

1 소수 두 자리 수(2)

학습 날짜 월 일

소수를 읽어 보시오. (1~20)

1 0.28 ➡ (영 점 이팔)
2 0.49 ➡ (영 점 사구)
3 0.95 ➡ (영 점 구오)
4 0.67 ➡ (영 점 육칠)
5 0.76 ➡ (영 점 칠육)
6 0.56 ➡ (영 점 오육)
7 1.24 ➡ (일 점 이사)
8 2.02 ➡ (이 점 영이)
9 4.53 ➡ (사 점 오삼)
10 8.26 ➡ (팔 점 이육)
11 4.27 ➡ (사 점 이칠)
12 9.61 ➡ (구 점 육일)
13 4.15 ➡ (사 점 일오)
14 6.29 ➡ (육 점 이구)
15 9.78 ➡ (구 점 칠팔)
16 8.01 ➡ (팔 점 영일)
17 12.35 ➡ (십이 점 삼오)
18 24.57 ➡ (이십사 점 오칠)
19 20.89 ➡ (이십 점 팔구)
20 31.15 ➡ (삼십일 점 일오)

계산은 빠르고 정확하게!

걸린 시간	1~8분	8~12분	12~16분
맞은 개수	36~40개	28~35개	1~27개
평가	참 잘했어요.	잘했어요.	좀더 노력해요.

소수로 나타내시오. (21~40)

21 영 점 이칠 ➡ (0.27)
22 영 점 사팔 ➡ (0.48)
23 영 점 일사 ➡ (0.14)
24 영 점 칠삼 ➡ (0.73)
25 영 점 구일 ➡ (0.91)
26 영 점 일육 ➡ (0.16)
27 이 점 영구 ➡ (2.09)
28 오 점 사팔 ➡ (5.48)
29 삼 점 영일 ➡ (3.01)
30 구 점 칠육 ➡ (9.76)
31 팔 점 구사 ➡ (8.94)
32 십 점 칠오 ➡ (10.75)
33 칠 점 일구 ➡ (7.19)
34 오 점 육팔 ➡ (5.68)
35 이 점 팔팔 ➡ (2.88)
36 구 점 칠이 ➡ (9.72)
37 십일 점 영팔 ➡ (11.08)
38 십구 점 오사 ➡ (19.54)
39 사십칠 점 구육 ➡ (47.96)
40 삼십이 점 육오 ➡ (32.65)

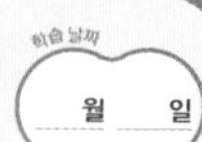

정답

1 소수 두 자리 수(3)

계산은 빠르고 정확하게!

걸린 시간	1~6분	6~9분	9~12분
맞은 개수	23~25개	18~22개	1~17개
평가	참 잘했어요.	잘했어요.	좀더 노력해요.

□ 안에 알맞은 수를 써넣으시오. (1~20)

1 0.47 ➡ 0.01이 [47]개인 수

2 0.01이 23개인 수 ➡ [0.23]

3 0.59 ➡ 0.01이 [59]개인 수

4 0.01이 16개인 수 ➡ [0.16]

5 4.29 ➡ 0.01이 [429]개인 수

6 0.01이 32개인 수 ➡ [0.32]

7 5.03 ➡ 0.01이 [503]개인 수

8 0.01이 25개인 수 ➡ [0.25]

9 6.21 ➡ 0.01이 [621]개인 수

10 0.01이 8개인 수 ➡ [0.08]

11 0.05 ➡ 0.01이 [5]개인 수

12 0.01이 48개인 수 ➡ [0.48]

13 1.26 ➡ 0.01이 [126]개인 수

14 0.01이 92개인 수 ➡ [0.92]

15 2.52 ➡ 0.01이 [252]개인 수

16 0.01이 125개인 수 ➡ [1.25]

17 1.06 ➡ 0.01이 [106]개인 수

18 0.01이 753개인 수 ➡ [7.53]

19 3.14 ➡ 0.01이 [314]개인 수

20 0.01이 804개인 수 ➡ [8.04]

□ 안에 알맞은 수를 써넣으시오. (21~25)

21 7.25에서
- 7은 일의 자리 숫자이고 [7]을 나타냅니다.
- 2는 소수 첫째 자리 숫자이고 [0.2]를 나타냅니다.
- 5는 소수 둘째 자리 숫자이고 [0.05]를 나타냅니다.

22 4.69에서
- 4는 일의 자리 숫자이고 [4]를 나타냅니다.
- 6은 소수 첫째 자리 숫자이고 [0.6]을 나타냅니다.
- 9는 소수 둘째 자리 숫자이고 [0.09]를 나타냅니다.

23 2.78에서
- 2는 일의 자리 숫자이고 [2]를 나타냅니다.
- 7은 소수 첫째 자리 숫자이고 [0.7]을 나타냅니다.
- 8은 소수 둘째 자리 숫자이고 [0.08]을 나타냅니다.

24 3.24에서
- 3은 일의 자리 숫자이고 [3]을 나타냅니다.
- 2는 소수 첫째 자리 숫자이고 [0.2]를 나타냅니다.
- 4는 소수 둘째 자리 숫자이고 [0.04]를 나타냅니다.

25 9.82에서
- 9는 일의 자리 숫자이고 [9]를 나타냅니다.
- 8은 소수 첫째 자리 숫자이고 [0.8]을 나타냅니다.
- 2는 소수 둘째 자리 숫자이고 [0.02]를 나타냅니다.

1 소수 두 자리 수(4)

계산은 빠르고 정확하게!

걸린 시간	1~4분	4~6분	6~8분
맞은 개수	18~20개	14~17개	1~13개
평가	참 잘했어요.	잘했어요.	좀더 노력해요.

□ 안에 알맞은 수를 써넣으시오. (1~10)

1 1이 4개, 0.1이 5개, 0.01이 6개 이면 [4.56]

2 1이 5개, 0.1이 6개, 0.01이 9개 이면 [5.69]

3 1이 6개, 0.1이 0개, 0.01이 4개 이면 [6.04]

4 1이 9개, 0.1이 4개, 0.01이 5개 이면 [9.45]

5 1이 8개, 0.1이 2개, 0.01이 6개 이면 [8.26]

6 1이 4개, 0.1이 6개, 0.01이 9개 이면 [4.69]

7 1이 7개, 0.1이 6개, 0.01이 9개 이면 [7.69]

8 1이 5개, 0.1이 9개, 0.01이 1개 이면 [5.91]

9 1이 4개, 0.1이 8개, 0.01이 2개 이면 [4.82]

10 1이 7개, 0.1이 2개, 0.01이 3개 이면 [7.23]

□ 안에 알맞은 수를 써넣으시오. (11~20)

11 2.74는 1이 [2]개, 0.1이 [7]개, 0.01이 [4]개

12 4.68은 1이 [4]개, 0.1이 [6]개, 0.01이 [8]개

13 6.09는 1이 [6]개, 0.1이 [0]개, 0.01이 [9]개

14 5.62는 1이 [5]개, 0.1이 [6]개, 0.01이 [2]개

15 7.14는 1이 [7]개, 0.1이 [1]개, 0.01이 [4]개

16 8.81은 1이 [8]개, 0.1이 [8]개, 0.01이 [1]개

17 5.12는 1이 [5]개, 0.1이 [1]개, 0.01이 [2]개

18 3.65는 1이 [3]개, 0.1이 [6]개, 0.01이 [5]개

19 9.45는 1이 [9]개, 0.1이 [4]개, 0.01이 [5]개

20 5.03은 1이 [5]개, 0.1이 [0]개, 0.01이 [3]개

2 소수 세 자리 수(1)

학습 날짜 월 일

• 분수 $\frac{1}{1000}$은 소수로 0.001이라 쓰고, 영 점 영영일이라고 읽습니다.

• 분수 $\frac{375}{1000}$는 소수로 0.375라 쓰고, 영 점 삼칠오라고 읽습니다.

• 5.248의 자릿값

- 일의 자리 ➡ 5
- 소수 첫째 자리 ➡ 0.2
- 소수 둘째 자리 ➡ 0.04
- 소수 셋째 자리 ➡ 0.008

5.248

□ 안에 알맞은 수를 써넣으시오. (1~4)

1 0.15 — 0.16 — 0.17: 0.153, 0.165

2 1.47 — 1.48 — 1.49: 1.475, 1.483

3 3.02 — 3.03 — 3.04: 3.027, 3.036

4 5.86 — 5.87 — 5.88: 5.864, 5.873

계산은 빠르고 정확하게!

걸린 시간	1~6분	6~9분	9~12분
맞은 개수	22~24개	17~21개	1~16개
평가	참 잘했어요.	잘했어요.	좀더 노력해요.

□ 안에 알맞은 수를 써넣으시오. (5~24)

5 0.258 ➡ 0.001이 258개인 수

6 0.001이 123개인 수 ➡ 0.123

7 0.729 ➡ 0.001이 729개인 수

8 0.001이 248개인 수 ➡ 0.248

9 2.048 ➡ 0.001이 2048개인 수

10 0.001이 308개인 수 ➡ 0.308

11 8.395 ➡ 0.001이 8395개인 수

12 0.001이 52개인 수 ➡ 0.052

13 5.602 ➡ 0.001이 5602개인 수

14 0.001이 9개인 수 ➡ 0.009

15 6.027 ➡ 0.001이 6027개인 수

16 0.001이 96개인 수 ➡ 0.096

17 3.005 ➡ 0.001이 3005개인 수

18 0.001이 427개인 수 ➡ 0.427

19 0.042 ➡ 0.001이 42개인 수

20 0.001이 1359개인 수 ➡ 1.359

21 0.703 ➡ 0.001이 703개인 수

22 0.001이 6028개인 수 ➡ 6.028

23 0.007 ➡ 0.001이 7개인 수

24 0.001이 2461개인 수 ➡ 2.461

2 소수 세 자리 수(2)

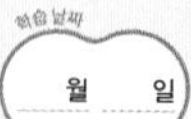

학습 날짜 월 일

소수를 읽어 보시오. (1~20)

1 0.125 ➡ (영 점 일이오)

2 0.523 ➡ (영 점 오이삼)

3 0.409 ➡ (영 점 사영구)

4 0.598 ➡ (영 점 오구팔)

5 1.234 ➡ (일 점 이삼사)

6 2.106 ➡ (이 점 일영육)

7 6.427 ➡ (육 점 사이칠)

8 5.132 ➡ (오 점 일삼이)

9 4.278 ➡ (사 점 이칠팔)

10 9.961 ➡ (구 점 구육일)

11 2.146 ➡ (이 점 일사육)

12 8.702 ➡ (팔 점 칠영이)

13 9.276 ➡ (구 점 이칠육)

14 7.063 ➡ (칠 점 영육삼)

15 4.615 ➡ (사 점 육일오)

16 6.258 ➡ (육 점 이오팔)

17 3.621 ➡ (삼 점 육이일)

18 2.794 ➡ (이 점 칠구사)

19 9.886 ➡ (구 점 팔팔육)

20 8.103 ➡ (팔 점 일영삼)

계산은 빠르고 정확하게!

걸린 시간	1~8분	8~12분	12~16분
맞은 개수	36~40개	28~35개	1~27개
평가	참 잘했어요.	잘했어요.	좀더 노력해요.

소수로 나타내시오. (21~40)

21 영 점 영이칠 ➡ (0.027)

22 영 점 사구칠 ➡ (0.497)

23 영 점 오사이 ➡ (0.542)

24 영 점 오칠삼 ➡ (0.573)

25 오 점 이구삼 ➡ (5.293)

26 구 점 칠육오 ➡ (9.765)

27 삼 점 오사일 ➡ (3.541)

28 팔 점 영칠육 ➡ (8.076)

29 이 점 칠칠사 ➡ (2.774)

30 십이 점 사칠오 ➡ (12.475)

31 사 점 삼이일 ➡ (4.321)

32 삼 점 구오삼 ➡ (3.953)

33 칠 점 구영이 ➡ (7.902)

34 팔 점 오오칠 ➡ (8.557)

35 구 점 사영일 ➡ (9.401)

36 육 점 팔영사 ➡ (6.804)

37 사 점 사사오 ➡ (4.445)

38 십 점 구칠오 ➡ (10.975)

39 십육 점 영칠이 ➡ (16.072)

40 이십 점 일오칠 ➡ (20.157)

정답

P 88~91

2 소수 세 자리 수(3)

학습 날짜 월 일

계산은 빠르고 정확하게!

걸린 시간	1~5분	5~8분	8~10분
맞은 개수	18~19개	14~17개	1~13개
평가	참 잘했어요.	잘했어요.	좀더 노력해요.

소수에서 밑줄 친 숫자가 나타내는 값을 쓰시오. (1~14)

1 2.148 (0.04)

2 5.127 (0.1)

3 7.625 (0.005)

4 4.103 (4)

5 9.178 (0.07)

6 5.472 (0.002)

7 6.972 (6)

8 9.658 (0.6)

9 12.745 (0.005)

10 21.073 (0.07)

11 30.497 (0.09)

12 21.964 (0.9)

13 19.472 (0.4)

14 36.798 (0.008)

□ 안에 알맞은 수를 써넣으시오. (15~19)

15 6.254에서
- 6은 일의 자리 숫자이고 6 을 나타냅니다.
- 2는 소수 첫째 자리 숫자이고 0.2 를 나타냅니다.
- 5는 소수 둘째 자리 숫자이고 0.05 를 나타냅니다.
- 4는 소수 셋째 자리 숫자이고 0.004 를 나타냅니다.

16 2.129에서
- 2는 일의 자리 숫자이고 2 를 나타냅니다.
- 1은 소수 첫째 자리 숫자이고 0.1 을 나타냅니다.
- 2는 소수 둘째 자리 숫자이고 0.02 를 나타냅니다.
- 9는 소수 셋째 자리 숫자이고 0.009 를 나타냅니다.

17 5.347에서
- 5는 일의 자리 숫자이고 5 를 나타냅니다.
- 3은 소수 첫째 자리 숫자이고 0.3 을 나타냅니다.
- 4는 소수 둘째 자리 숫자이고 0.04 를 나타냅니다.
- 7은 소수 셋째 자리 숫자이고 0.007 을 나타냅니다.

18 3.248에서
- 3은 일의 자리 숫자이고 3 을 나타냅니다.
- 2는 소수 첫째 자리 숫자이고 0.2 를 나타냅니다.
- 4는 소수 둘째 자리 숫자이고 0.04 를 나타냅니다.
- 8은 소수 셋째 자리 숫자이고 0.008 을 나타냅니다.

19 4.931에서
- 4는 일의 자리 숫자이고 4 를 나타냅니다.
- 9는 소수 첫째 자리 숫자이고 0.9 를 나타냅니다.
- 3은 소수 둘째 자리 숫자이고 0.03 을 나타냅니다.
- 1은 소수 셋째 자리 숫자이고 0.001 을 나타냅니다.

2 소수 세 자리 수(4)

학습 날짜 월 일

계산은 빠르고 정확하게!

걸린 시간	1~5분	5~8분	8~10분
맞은 개수	18~20개	14~17개	1~13개
평가	참 잘했어요.	잘했어요.	좀더 노력해요.

□ 안에 알맞은 수를 써넣으시오. (1~10)

1 1이 4개, 0.1이 3개, 0.01이 2개, 0.001이 5개 이면 4.325

2 1이 6개, 0.1이 2개, 0.01이 5개, 0.001이 1개 이면 6.251

3 1이 5개, 0.1이 0개, 0.01이 2개, 0.001이 9개 이면 5.029

4 1이 3개, 0.1이 6개, 0.01이 4개, 0.001이 8개 이면 3.648

5 1이 2개, 0.1이 7개, 0.01이 6개, 0.001이 4개 이면 2.764

6 1이 7개, 0.1이 3개, 0.01이 9개, 0.001이 1개 이면 7.391

7 1이 1개, 0.1이 8개, 0.01이 3개, 0.001이 6개 이면 1.836

8 1이 8개, 0.1이 5개, 0.01이 6개, 0.001이 7개 이면 8.567

9 1이 4개, 0.1이 6개, 0.01이 8개, 0.001이 2개 이면 4.682

10 1이 6개, 0.1이 1개, 0.01이 5개, 0.001이 9개 이면 6.159

□ 안에 알맞은 수를 써넣으시오. (11~20)

11 1.357은 1이 1 개, 0.1이 3 개, 0.01이 5 개, 0.001이 7 개

12 2.568은 1이 2 개, 0.1이 5 개, 0.01이 6 개, 0.001이 8 개

13 5.418은 1이 5 개, 0.1이 4 개, 0.01이 1 개, 0.001이 8 개

14 6.745는 1이 6 개, 0.1이 7 개, 0.01이 4 개, 0.001이 5 개

15 4.203은 1이 4 개, 0.1이 2 개, 0.01이 0 개, 0.001이 3 개

16 3.248은 1이 3 개, 0.1이 2 개, 0.01이 4 개, 0.001이 8 개

17 3.276은 1이 3 개, 0.1이 2 개, 0.01이 7 개, 0.001이 6 개

18 9.628은 1이 9 개, 0.1이 6 개, 0.01이 2 개, 0.001이 8 개

19 7.452는 1이 7 개, 0.1이 4 개, 0.01이 5 개, 0.001이 2 개

20 9.245는 1이 9 개, 0.1이 2 개, 0.01이 4 개, 0.001이 5 개

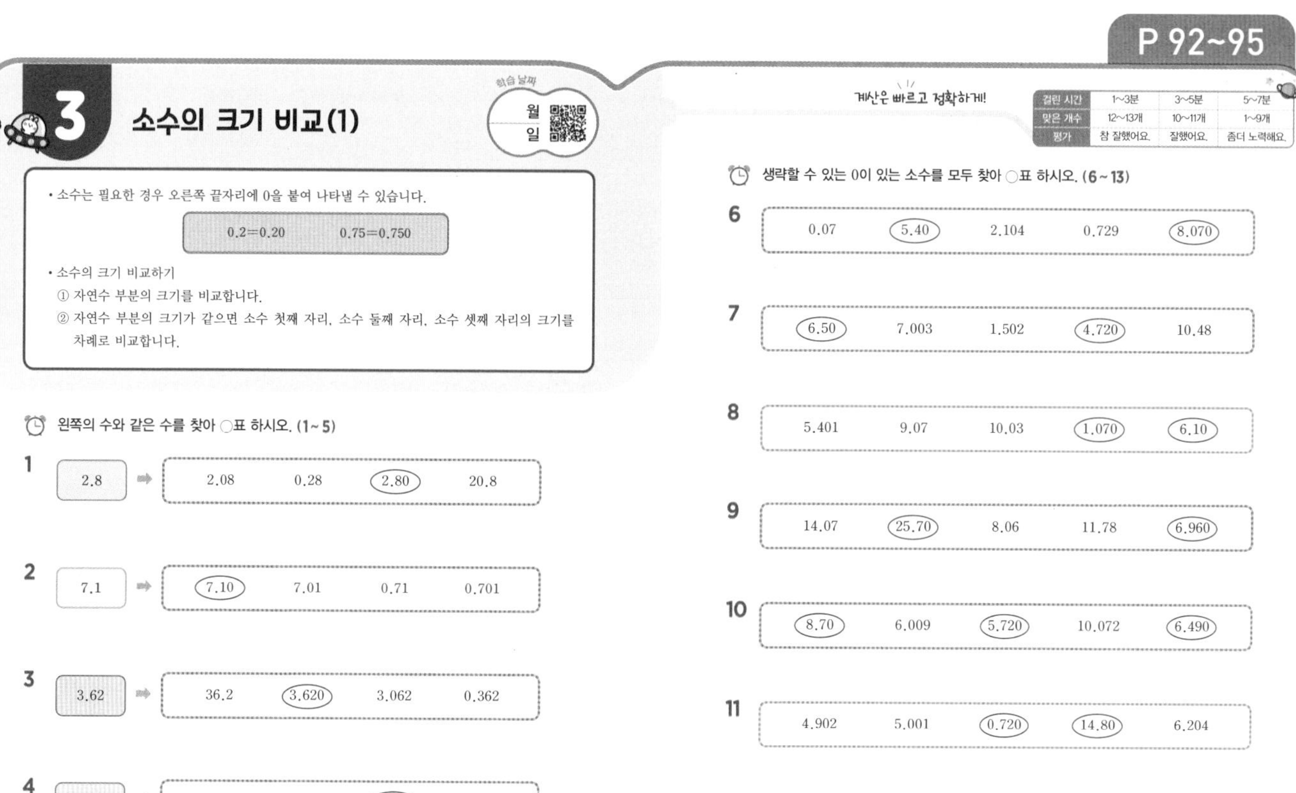

3 소수의 크기 비교(1)

학습 날짜 월 일

- 소수는 필요한 경우 오른쪽 끝자리에 0을 붙여 나타낼 수 있습니다.

0.2=0.20 0.75=0.750

- 소수의 크기 비교하기
  ① 자연수 부분의 크기를 비교합니다.
  ② 자연수 부분의 크기가 같으면 소수 첫째 자리, 소수 둘째 자리, 소수 셋째 자리의 크기를 차례로 비교합니다.

계산은 빠르고 정확하게!

걸린 시간	1~3분	3~5분	5~7분
맞은 개수	12~13개	10~11개	1~9개
평가	참 잘했어요.	잘했어요.	좀더 노력해요.

왼쪽의 수와 같은 수를 찾아 ○표 하시오. (1~5)

1 2.8 ➡ 2.08 0.28 **(2.80)** 20.8

2 7.1 ➡ **(7.10)** 7.01 0.71 0.701

3 3.62 ➡ 36.2 **(3.620)** 3.062 0.362

4 4.79 ➡ 4.079 4.709 **(4.790)** 0.479

5 6.25 ➡ 62.05 0.625 62.50 **(6.250)**

생략할 수 있는 0이 있는 소수를 모두 찾아 ○표 하시오. (6~13)

6 0.07 **(5.40)** 2.104 0.729 **(8.070)**

7 **(6.50)** 7.003 1.502 **(4.720)** 10.48

8 5.401 9.07 10.03 **(1.070)** **(6.10)**

9 14.07 **(25.70)** 8.06 11.78 **(6.960)**

10 **(8.70)** 6.009 **(5.720)** 10.072 **(6.490)**

11 4.902 5.001 **(0.720)** **(14.80)** 6.204

12 **(3.650)** 4.071 6.047 **(5.870)** 16.092

13 10.46 **(2.070)** 9.604 **(14.20)** 41.703

3 소수의 크기 비교(2)

학습 날짜 월 일

계산은 빠르고 정확하게!

걸린 시간	1~10분	10~15분	15~20분
맞은 개수	12~13개	10~11개	1~9개
평가	참 잘했어요.	잘했어요.	좀더 노력해요.

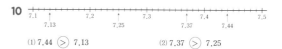

각각의 모눈종이의 크기를 1이라고 할 때, 주어진 소수만큼 색칠하고 ○ 안에 >, <를 알맞게 써넣으시오. (1~8)

1 0.27 < 0.36

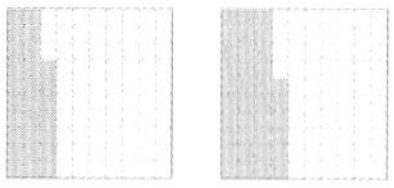

2 0.55 > 0.47

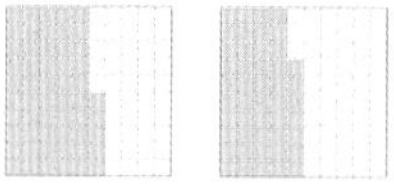

3 0.65 > 0.52

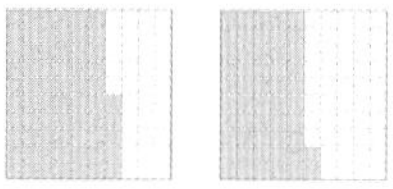

4 0.17 < 0.25

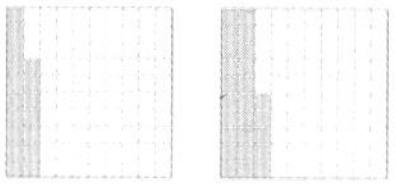

5 0.46 < 0.54

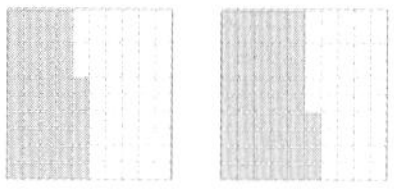

6 0.81 > 0.76

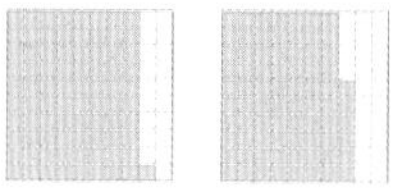

7 0.95 > 0.94

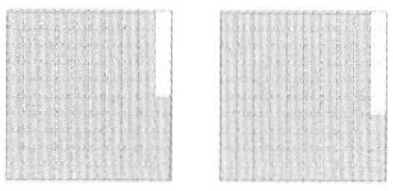

8 0.77 < 0.88

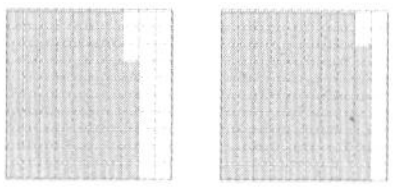

수직선을 보고 두 소수의 크기를 비교하여 ○ 안에 >, <를 알맞게 써넣으시오. (9~13)

9 4.2 4.26 4.3 4.37 4.4 4.45 4.5 4.56 4.6

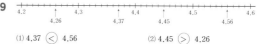

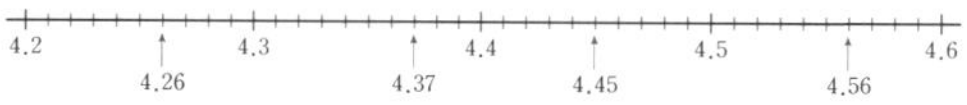

(1) 4.37 < 4.56 (2) 4.45 > 4.26

10 7.1 7.13 7.2 7.25 7.3 7.37 7.4 7.44 7.5

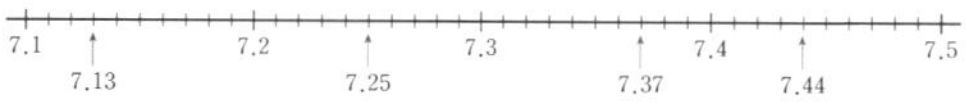

(1) 7.44 > 7.13 (2) 7.37 > 7.25

11 9.5 9.6 9.62 9.69 9.7 9.78 9.8 9.85 9.9

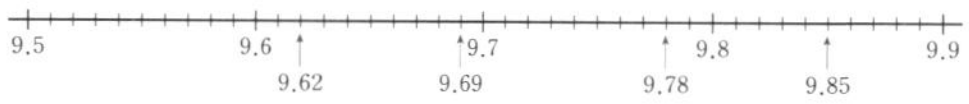

(1) 9.62 < 9.69 (2) 9.85 > 9.78

12 1.25 1.253 1.258 1.26 1.27 1.275 1.28 1.283 1.29

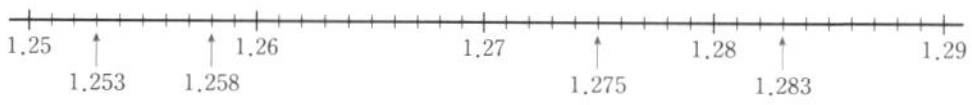

(1) 1.253 < 1.275 (2) 1.258 < 1.283

13 4.98 4.985 4.99 4.993 5 5.004 5.01 5.016 5.02

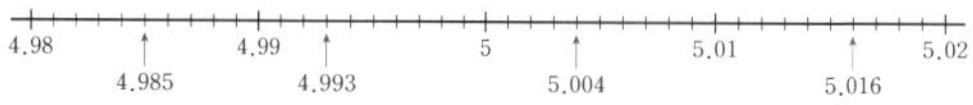

(1) 4.985 < 5.004 (2) 5.016 > 4.993

정답

3 소수의 크기 비교(3)

학습 날짜 월 일

계산은 빠르고 정확하게!

걸린 시간	1~6분	6~9분	9~12분
맞은 개수	31~34개	24~30개	1~23개
평가	참 잘했어요.	잘했어요.	좀더 노력해요.

○ 안에 >, <를 알맞게 써넣으시오. (1~14)

1 5.67 (>) 4.92 / 5 (>) 4

2 6.23 (<) 6.31 / 2 (<) 3

3 7.48 (<) 7.49 / 8 (<) 9

4 8.97 (>) 8.04 / 9 (>) 0

5 1.76 (<) 2.07 / 1 (<) 2

6 7.48 (>) 7.42 / 8 (>) 2

7 5.42 (>) 5.39 / 4 (>) 3

8 6.24 (<) 6.27 / 4 (<) 7

9 1.472 (>) 1.468 / 7 (>) 6

10 2.984 (<) 3.142 / 2 (<) 3

11 9.432 (<) 9.438 / 2 (<) 8

12 5.496 (>) 5.314 / 4 (>) 3

13 4.092 (>) 4.084 / 9 (>) 8

14 7.142 (<) 7.803 / 1 (<) 8

○ 안에 >, <를 알맞게 써넣으시오. (15~34)

15 0.92 (>) 0.78

16 0.47 (<) 0.49

17 2.47 (>) 1.95

18 3.65 (>) 3.64

19 4.92 (<) 4.98

20 8.43 (<) 8.51

21 12.74 (>) 12.69

22 14.29 (<) 14.31

23 27.42 (<) 27.59

24 32.65 (<) 33.65

25 1.472 (<) 1.483

26 6.024 (<) 6.128

27 3.574 (>) 2.937

28 4.147 (>) 4.138

29 5.104 (<) 5.108

30 6.124 (<) 6.241

31 1.019 (>) 1.009

32 9.438 (>) 9.426

33 5.125 (<) 5.248

34 6.192 (>) 6.189

3 소수의 크기 비교(4)

학습 날짜 월 일

계산은 빠르고 정확하게!

걸린 시간	1~8분	8~12분	12~16분
맞은 개수	15~16개	12~14개	1~11개
평가	참 잘했어요.	잘했어요.	좀더 노력해요.

○ 안에 >, <를 알맞게 써넣으시오. (1~10)

1 0.1이 15개인 수 (>) 0.01이 127개인 수

2 0.1이 142개인 수 (>) 0.01이 598개인 수

3 0.01이 429개인 수 (<) 0.1이 43개인 수

4 0.01이 607개인 수 (>) 0.1이 59개인 수

5 0.01이 423개인 수 (<) 0.001이 4238개인 수

6 0.01이 578개인 수 (>) 0.001이 5624개인 수

7 0.01이 369개인 수 (>) 0.001이 3609개인 수

8 0.001이 976개인 수 (<) 0.01이 124개인 수

9 0.001이 4623개인 수 (>) 0.01이 423개인 수

10 0.001이 2468개인 수 (<) 0.01이 248개인 수

가장 큰 소수부터 차례로 써 보시오. (11~16)

11 4.62 5.14 2.97 3.01
(5.14, 4.62, 3.01, 2.97)

12 1.94 2.54 1.76 2.62
(2.62, 2.54, 1.94, 1.76)

13 4.84 3.76 3.79 4.26
(4.84, 4.26, 3.79, 3.76)

14 3.705 6.124 4.203 5.043
(6.124, 5.043, 4.203, 3.705)

15 4.347 4.417 4.429 4.352
(4.429, 4.417, 4.352, 4.347)

16 7.342 7.352 7.274 7.825
(7.825, 7.352, 7.342, 7.274)

4 소수 사이의 관계(1)

계산은 빠르고 정확하게!

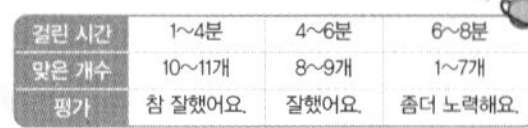

걸린 시간	1~4분	4~6분	6~8분
맞은 개수	10~11개	8~9개	1~7개
평가	참 잘했어요.	잘했어요.	좀더 노력해요.

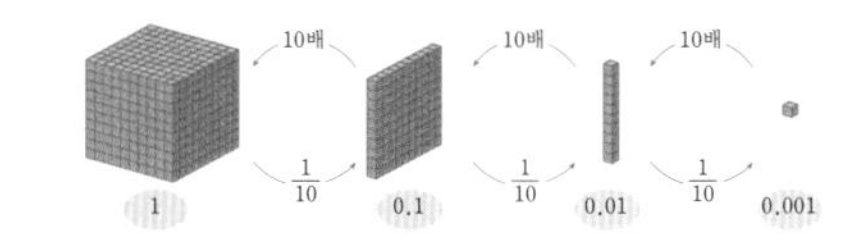

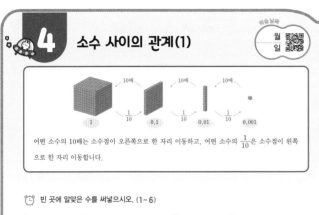

어떤 소수의 10배는 소수점이 오른쪽으로 한 자리 이동하고, 어떤 소수의 $\frac{1}{10}$은 소수점이 왼쪽으로 한 자리 이동합니다.

빈 곳에 알맞은 수를 써넣으시오. (1~6)

1

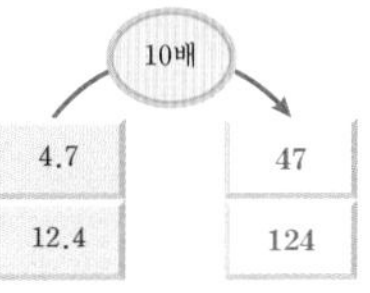

2

$\frac{1}{10}$

16.8	1.68
27.6	2.76

3

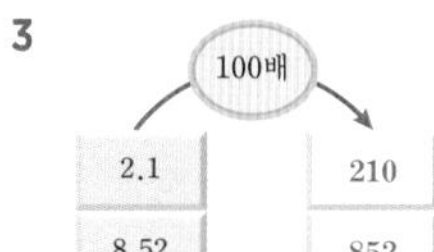

4

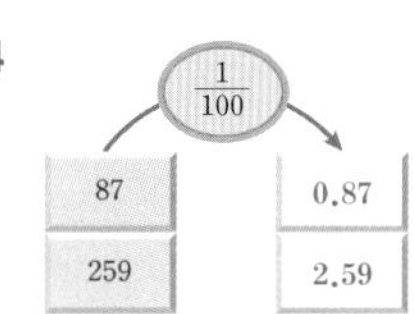

5

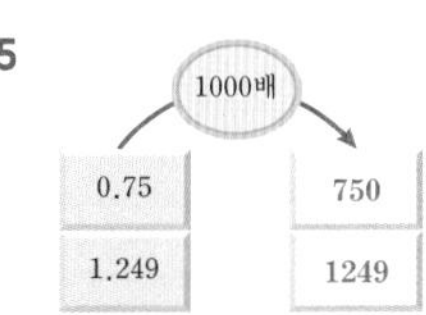

6

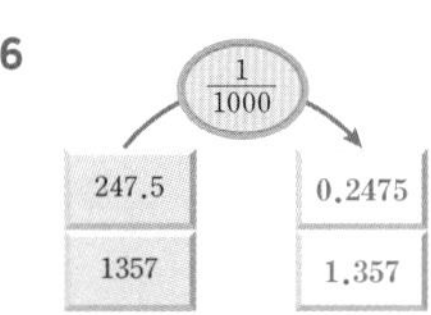

빈 곳에 알맞은 수를 써넣으시오. (7~11)

7

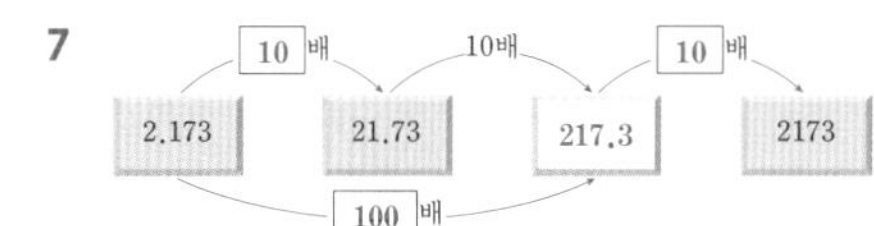

8

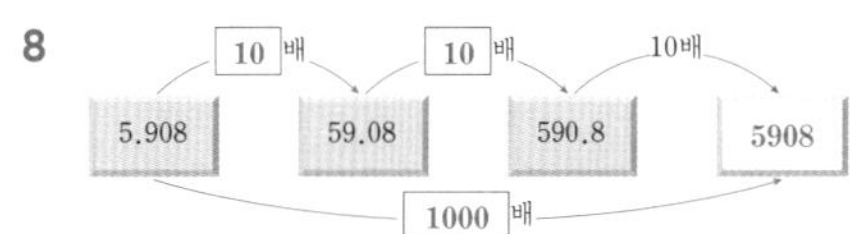

9

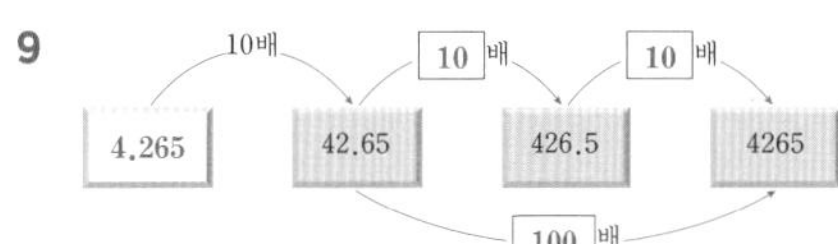

10

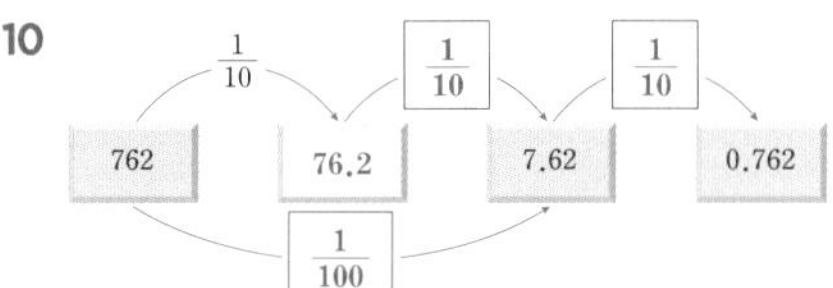

11

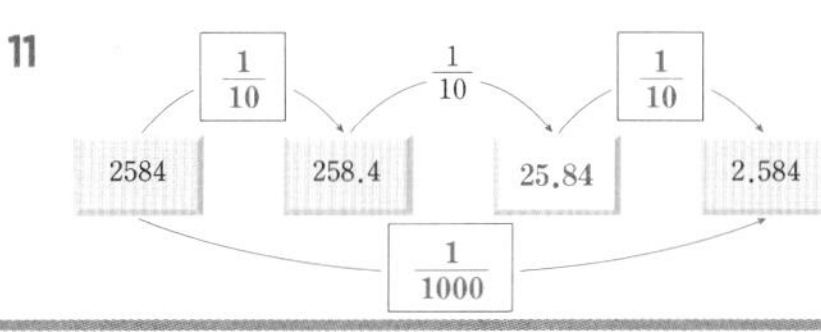

4 소수 사이의 관계(2)

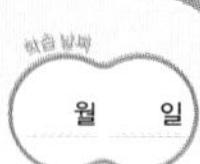

계산은 빠르고 정확하게!

걸린 시간	1~6분	6~9분	9~12분
맞은 개수	18~20개	14~17개	1~13개
평가	참 잘했어요.	잘했어요.	좀더 노력해요.

□ 안에 알맞은 수를 써넣으시오. (1~10)

1 0.62의 10배는 6.2 이고, 0.62의 100배는 62 입니다.

2 1.84의 10배는 18.4 이고, 1.84의 100배는 184 입니다.

3 5.675의 10배는 56.75 이고, 5.675의 100배는 567.5 입니다.

4 9.081의 10배는 90.81 이고, 9.081의 100배는 908.1 입니다.

5 12.73의 10배는 127.3 이고, 12.73의 100배는 1273 입니다.

6 0.972의 100배는 97.2 이고, 0.972의 1000배는 972 입니다.

7 5.43의 100배는 543 이고, 5.43의 1000배는 5430 입니다.

8 4.256의 100배는 425.6 이고, 4.256의 1000배는 4256 입니다.

9 19.04의 100배는 1904 이고, 19.04의 1000배는 19040 입니다.

10 3.008의 100배는 300.8 이고, 3.008의 1000배는 3008 입니다.

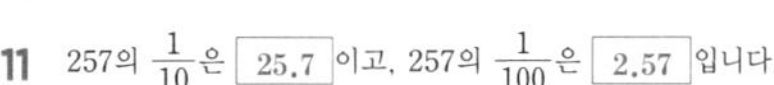

□ 안에 알맞은 수를 써넣으시오. (11~20)

11 257의 $\frac{1}{10}$은 25.7 이고, 257의 $\frac{1}{100}$은 2.57 입니다.

12 923의 $\frac{1}{10}$은 92.3 이고, 923의 $\frac{1}{100}$은 9.23 입니다.

13 1574의 $\frac{1}{10}$은 157.4 이고, 1574의 $\frac{1}{100}$은 15.74 입니다.

14 62.5의 $\frac{1}{10}$은 6.25 이고, 62.5의 $\frac{1}{100}$은 0.625 입니다.

15 198.4의 $\frac{1}{10}$은 19.84 이고, 198.4의 $\frac{1}{100}$은 1.984 입니다.

16 1357의 $\frac{1}{100}$은 13.57 이고, 1357의 $\frac{1}{1000}$은 1.357 입니다.

17 2984의 $\frac{1}{100}$은 29.84 이고, 2984의 $\frac{1}{1000}$은 2.984 입니다.

18 397의 $\frac{1}{100}$은 3.97 이고, 397의 $\frac{1}{1000}$은 0.397 입니다.

19 594.6의 $\frac{1}{100}$은 5.946 이고, 594.6의 $\frac{1}{1000}$은 0.5946 입니다.

20 46.57의 $\frac{1}{100}$은 0.4657 이고, 46.57의 $\frac{1}{1000}$은 0.04657 입니다.

4 소수 사이의 관계(3)

계산은 빠르고 정확하게!

걸린 시간	1~8분	8~12분	12~16분
맞은 개수	24~26개	19~23개	1~18개
평가	참 잘했어요.	잘했어요.	좀더 노력해요.

□ 안에 알맞은 수를 써넣으시오. (1~20)

1 28 mm= 2.8 cm

2 3.8 cm= 38 mm

3 187 mm= 18.7 cm

4 5.27 cm= 52.7 mm

5 478 cm= 4.78 m

6 12.3 m= 1230 cm

7 6042 cm= 60.42 m

8 64.78 m= 6478 cm

9 567 m= 0.567 km

10 1.074 km= 1074 m

11 3692 m= 3.692 km

12 24.8 km= 24800 m

13 1357 g= 1.357 kg

14 1.8 kg= 1800 g

15 46278 g= 46.278 kg

16 35.72 kg= 35720 g

17 247 mL= 0.247 L

18 3.94 L= 3940 mL

19 2058 mL= 2.058 L

20 9.423 L= 9423 mL

빈 곳에 알맞은 수를 써넣으시오. (21~26)

21
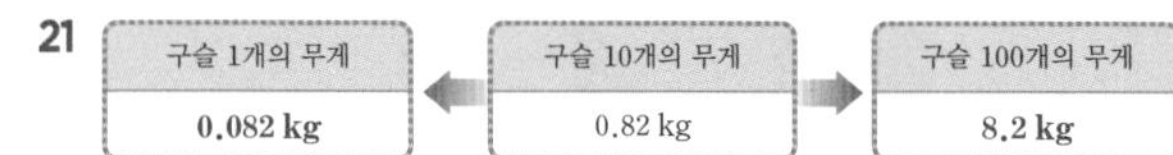

22
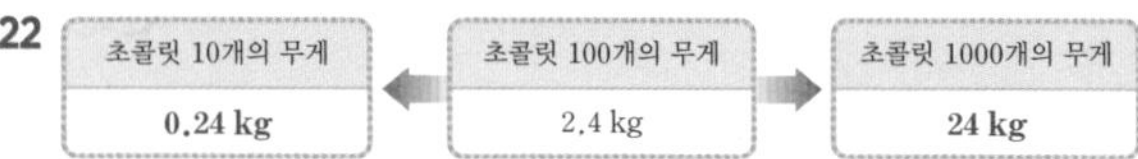

23
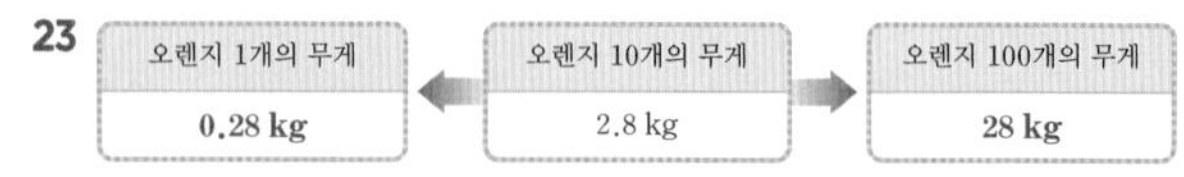

24
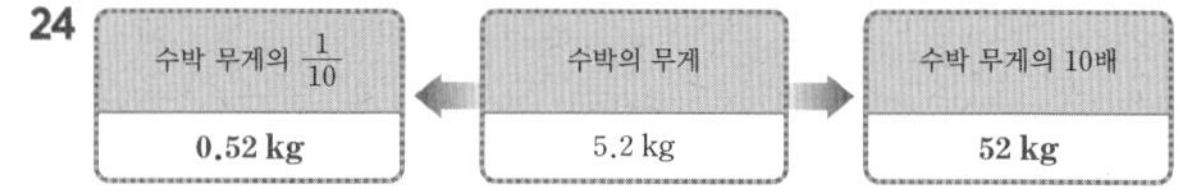

25
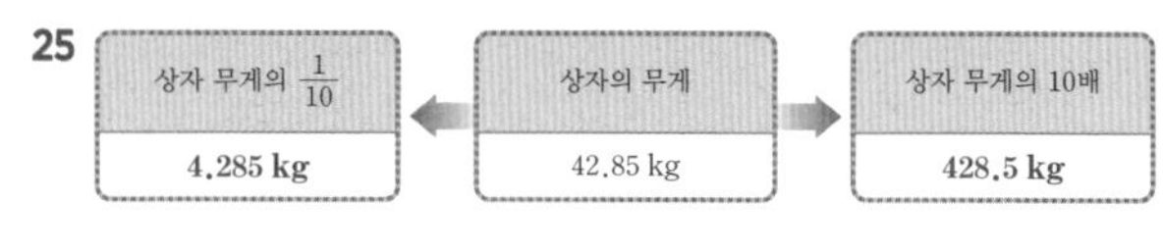

26
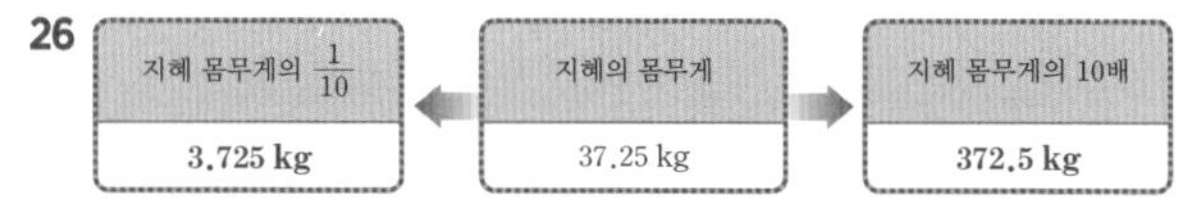

5 소수 한 자리 수의 덧셈(1)

계산은 빠르고 정확하게!

걸린 시간	1~6분	6~9분	9~12분
맞은 개수	11~12개	9~10개	1~8개
평가	참 잘했어요.	잘했어요.	좀더 노력해요.

소수점끼리 맞추어 세로로 쓰고 소수 첫째 자리, 일의 자리 순서로 더합니다.

1.4+1.8=3.2 ➡ $\begin{array}{r} {}^{1}\\ 1.4\\ +\ 1.8\\ \hline 3.2 \end{array}$ (4+8=12, 1+1+1=3)

□ 안에 알맞은 수를 써넣으시오. (1~4)

1 0.4 + 0.5 ➡ 0.4 → 0.1이 4개, + 0.5 → 0.1이 5개, 0.1이 9개 ➡ 0.4 + 0.5 = 0.9

2 0.7 + 0.6 ➡ 0.7 → 0.1이 7개, + 0.6 → 0.1이 6개, 0.1이 13개 ➡ 0.7 + 0.6 = 1.3

3 1.9 + 1.2 ➡ 1.9 → 0.1이 19개, + 1.2 → 0.1이 12개, 0.1이 31개 ➡ 1.9 + 1.2 = 3.1

4 2.8 + 1.7 ➡ 2.8 → 0.1이 28개, + 1.7 → 0.1이 17개, 0.1이 45개 ➡ 2.8 + 1.7 = 4.5

□ 안에 알맞은 수를 써넣으시오. (5~12)

5 0.9는 0.1이 9개
0.2는 0.1이 2개
➡ 0.9+0.2는 0.1이 11개
➡ 0.9+0.2= 1.1

6 0.8은 0.1이 8개
0.7은 0.1이 7개
➡ 0.8+0.7은 0.1이 15개
➡ 0.8+0.7= 1.5

7 1.2는 0.1이 12개
1.6은 0.1이 16개
➡ 1.2+1.6은 0.1이 28개
➡ 1.2+1.6= 2.8

8 2.1은 0.1이 21개
3.7은 0.1이 37개
➡ 2.1+3.7은 0.1이 58개
➡ 2.1+3.7= 5.8

9 2.8은 0.1이 28개
1.9는 0.1이 19개
➡ 2.8+1.9는 0.1이 47개
➡ 2.8+1.9= 4.7

10 4.6은 0.1이 46개
3.5는 0.1이 35개
➡ 4.6+3.5는 0.1이 81개
➡ 4.6+3.5= 8.1

11 7.2는 0.1이 72개
4.1은 0.1이 41개
➡ 7.2+4.1은 0.1이 113개
➡ 7.2+4.1= 11.3

12 3.9는 0.1이 39개
9.4는 0.1이 94개
➡ 3.9+9.4는 0.1이 133개
➡ 3.9+9.4= 13.3

5 소수 한 자리 수의 덧셈(2)

계산은 빠르고 정확하게!

걸린 시간	1~8분	8~12분	12~16분
맞은 개수	37~41개	29~36개	1~28개
평가	참 잘했어요.	잘했어요.	좀더 노력해요.

계산을 하시오. (1~21)

1. 0.2 + 0.3 = 0.5
2. 0.4 + 0.7 = 1.1
3. 0.6 + 0.6 = 1.2
4. 1.4 + 0.2 = 1.6
5. 1.7 + 0.8 = 2.5
6. 2.4 + 0.5 = 2.9
7. 0.6 + 2.3 = 2.9
8. 0.8 + 1.8 = 2.6
9. 0.5 + 4.7 = 5.2
10. 1.4 + 2.3 = 3.7
11. 5.7 + 2.4 = 8.1
12. 3.8 + 3.5 = 7.3
13. 5.2 + 1.1 = 6.3
14. 2.3 + 1.5 = 3.8
15. 4.9 + 9.4 = 14.3
16. 3.9 + 4.8 = 8.7
17. 6.5 + 5.9 = 12.4
18. 8.4 + 8.7 = 17.1
19. 4.1 + 9.6 = 13.7
20. 7.6 + 8.8 = 16.4
21. 6.9 + 9.6 = 16.5

계산을 하시오. (22~41)

22. $0.4+0.9=1.3$
23. $0.8+0.8=1.6$
24. $1.5+0.6=2.1$
25. $2.7+0.4=3.1$
26. $0.9+3.2=4.1$
27. $0.8+5.7=6.5$
28. $1.2+5.3=6.5$
29. $4.6+2.4=7$
30. $5.2+1.7=6.9$
31. $9.3+1.2=10.5$
32. $6.2+3.6=9.8$
33. $4.4+2.3=6.7$
34. $5.8+7.4=13.2$
35. $5.8+4.7=10.5$
36. $6.2+2.9=9.1$
37. $5.3+4.5=9.8$
38. $6.7+9.2=15.9$
39. $8.4+7.8=16.2$
40. $8.2+5.9=14.1$
41. $6.7+7.8=14.5$

5 소수 한 자리 수의 덧셈(3)

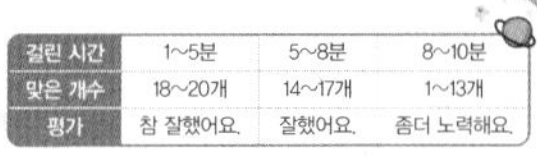

걸린 시간	1~5분	5~8분	8~10분
맞은 개수	18~20개	14~17개	1~13개
평가	참 잘했어요.	잘했어요.	좀더 노력해요.

□ 안에 알맞은 수를 써넣으시오. (1~10)

1
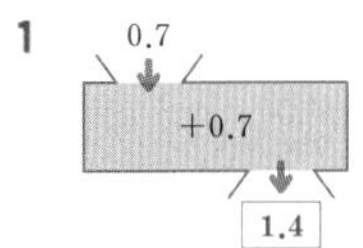

2
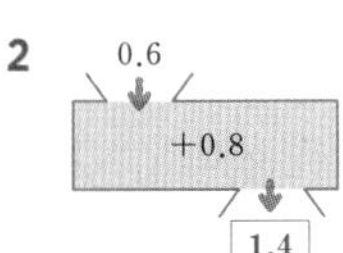

3
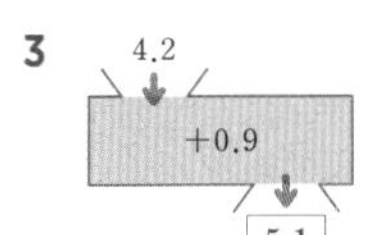

4
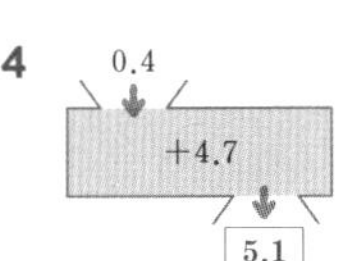

5
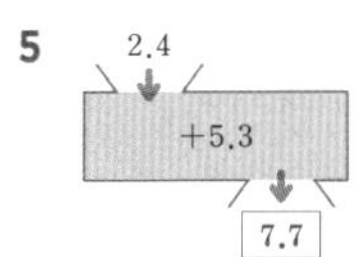

6
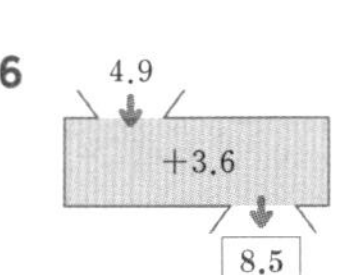

7
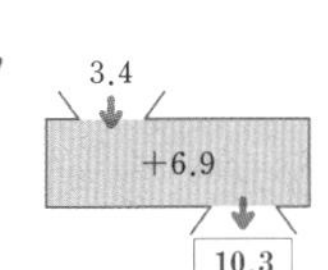

8
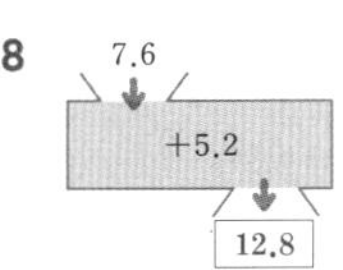

9
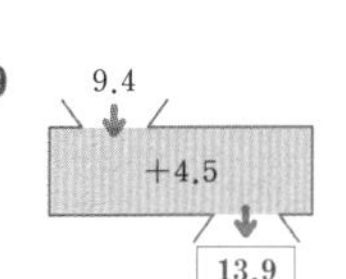

10
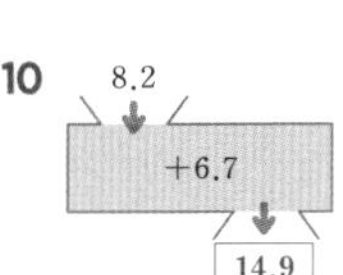

두 수의 합을 빈 곳을 써넣으시오. (11~20)

11
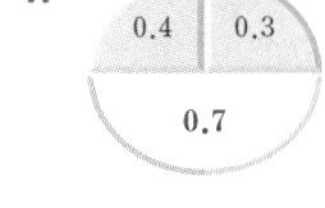

12

13
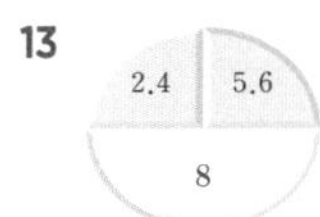

14
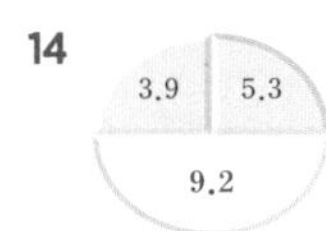

15
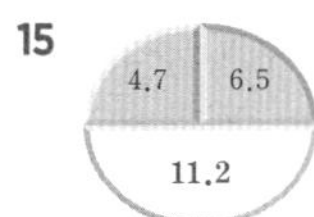

16
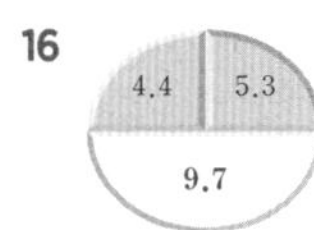

17
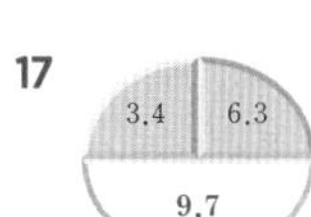

18
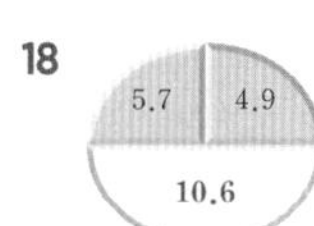

19
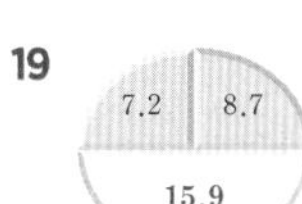

20
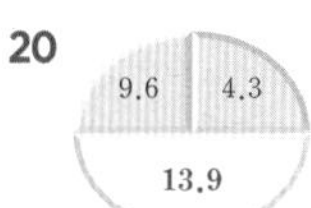

정답

6 소수 두 자리 수의 덧셈(1)

학습 날짜 월 일

계산은 빠르고 정확하게!

걸린 시간	1~5분	5~8분	8~10분
맞은 개수	11~12개	9~10개	1~8개
평가	참 잘했어요.	잘했어요.	좀더 노력해요.

소수점끼리 맞추어 세로로 쓰고 같은 자리 숫자끼리로 더합니다.

1.45+2.87=4.32 ⇒ 1.45 + 2.87 = 4.32 (5+7=12, 1+4+8=13, 1+1+2=4)

□ 안에 알맞은 수를 써넣으시오. (1~4)

1 0.42 + 0.57 ⇒ 0.42 → 0.01이 [42]개, + 0.57 → 0.01이 [57]개, 0.01이 [99]개 ⇒ 0.42 + 0.57 = [0.99]

2 1.24 + 0.62 ⇒ 1.24 → 0.01이 [124]개, + 0.62 → 0.01이 [62]개, 0.01이 [186]개 ⇒ 1.24 + 0.62 = [1.86]

3 0.86 + 1.78 ⇒ 0.86 → 0.01이 [86]개, + 1.78 → 0.01이 [178]개, 0.01이 [264]개 ⇒ 0.86 + 1.78 = [2.64]

4 3.65 + 2.47 ⇒ 3.65 → 0.01이 [365]개, + 2.47 → 0.01이 [247]개, 0.01이 [612]개 ⇒ 3.65 + 2.47 = [6.12]

□ 안에 알맞은 수를 써넣으시오. (5~12)

5 0.27은 0.01이 [27]개
0.42는 0.01이 [42]개
⇒ 0.27+0.42는 0.01이 [69]개
⇒ 0.27+0.42=[0.69]

6 0.84는 0.01이 [84]개
0.49는 0.01이 [49]개
⇒ 0.84+0.49는 0.01이 [133]개
⇒ 0.84+0.49=[1.33]

7 1.84는 0.01이 [184]개
0.75는 0.01이 [75]개
⇒ 1.84+0.75는 0.01이 [259]개
⇒ 1.84+0.75=[2.59]

8 3.06은 0.01이 [306]개
0.98은 0.01이 [98]개
⇒ 3.06+0.98은 0.01이 [404]개
⇒ 3.06+0.98=[4.04]

9 0.72는 0.01이 [72]개
1.51은 0.01이 [151]개
⇒ 0.72+1.51은 0.01이 [223]개
⇒ 0.72+1.51=[2.23]

10 0.34는 0.01이 [34]개
4.59는 0.01이 [459]개
⇒ 0.34+4.59는 0.01이 [493]개
⇒ 0.34+4.59=[4.93]

11 4.26은 0.01이 [426]개
3.52는 0.01이 [352]개
⇒ 4.26+3.52는 0.01이 [778]개
⇒ 4.26+3.52=[7.78]

12 2.97은 0.01이 [297]개
1.56은 0.01이 [156]개
⇒ 2.97+1.56은 0.01이 [453]개
⇒ 2.97+1.56=[4.53]

6 소수 두 자리 수의 덧셈(2)

학습 날짜 월 일

계산은 빠르고 정확하게!

걸린 시간	1~10분	10~15분	15~20분
맞은 개수	37~41개	29~36개	1~28개
평가	참 잘했어요.	잘했어요.	좀더 노력해요.

계산을 하시오. (1~21)

1 0.87 + 0.12 = 0.99
2 0.94 + 0.52 = 1.46
3 0.88 + 0.14 = 1.02
4 2.04 + 0.45 = 2.49
5 1.94 + 0.87 = 2.81
6 3.86 + 0.29 = 4.15
7 0.77 + 2.48 = 3.25
8 0.46 + 5.72 = 6.18
9 0.62 + 3.95 = 4.57
10 2.42 + 3.59 = 6.01
11 3.84 + 1.59 = 5.43
12 8.24 + 1.58 = 9.82
13 4.27 + 3.08 = 7.35
14 7.56 + 1.24 = 8.80
15 4.12 + 5.63 = 9.75
16 2.43 + 5.27 = 7.70
17 5.86 + 3.25 = 9.11
18 3.97 + 6.24 = 10.21
19 4.91 + 5.36 = 10.27
20 6.54 + 7.18 = 13.72
21 8.47 + 9.54 = 18.01

계산을 하시오. (22~41)

22 0.72+0.98=1.7
23 0.46+0.72=1.18
24 1.56+0.19=1.75
25 4.65+0.56=5.21
26 0.24+3.25=3.49
27 0.69+5.72=6.41
28 3.24+1.59=4.83
29 4.85+1.72=6.57
30 4.14+5.08=9.22
31 3.82+5.27=9.09
32 6.24+1.96=8.2
33 6.29+3.63=9.92
34 5.74+2.97=8.71
35 8.27+4.95=13.22
36 6.52+3.75=10.27
37 7.42+2.03=9.45
38 4.35+7.21=11.56
39 6.29+5.48=11.77
40 5.65+2.93=8.58
41 9.24+8.57=17.81

6 소수 두 자리 수의 덧셈(3)

계산은 빠르고 정확하게!

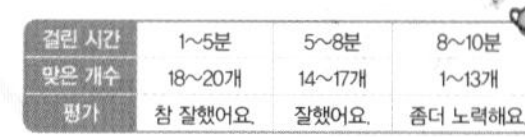

걸린 시간	1~5분	5~8분	8~10분
맞은 개수	18~20개	14~17개	1~13개
평가	참 잘했어요.	잘했어요.	좀더 노력해요.

□ 안에 알맞은 수를 써넣으시오. (1~10)

1
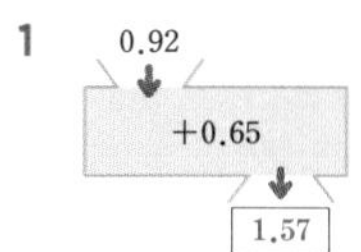

2
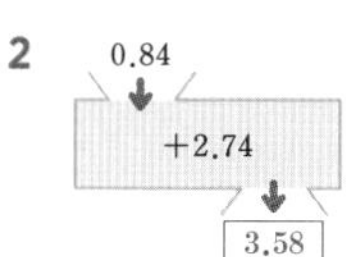

3
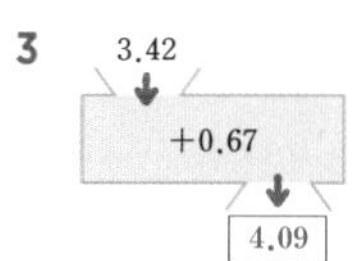

4
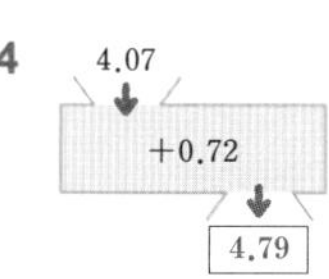

5
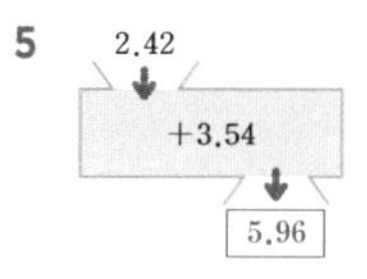

6
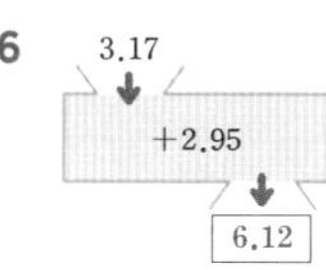

7
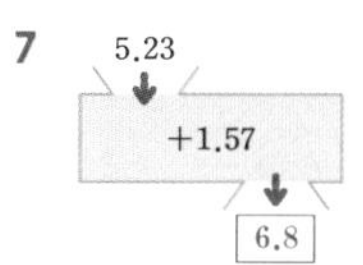

8
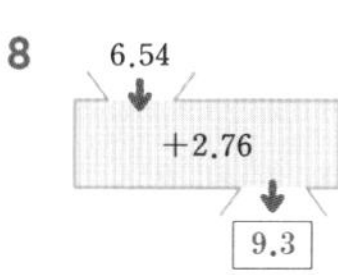

9
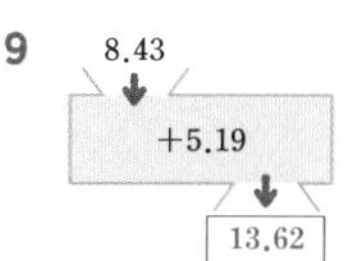

10
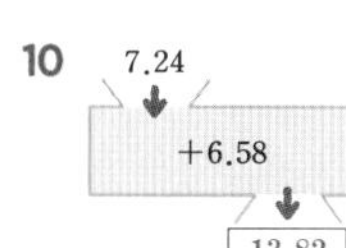

두 수의 합을 빈 곳에 써넣으시오. (11~20)

11
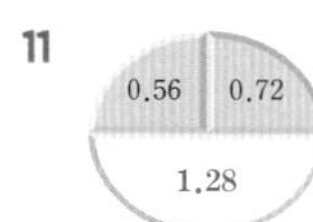

12
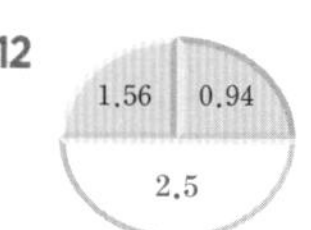

13 0.47 2.94 / 3.41

14
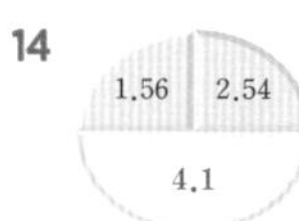

15 3.09 6.72 / 9.81

16
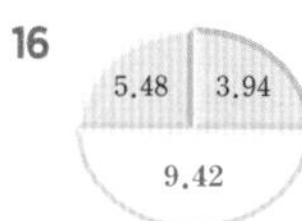

17 6.25 7.94 / 14.19

18
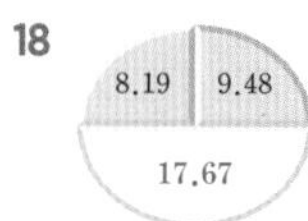

19 4.92 6.29 / 11.21

20
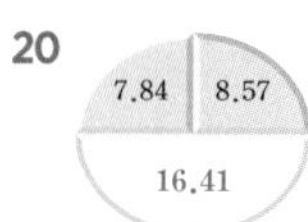

7 자릿수가 다른 소수의 덧셈(1)

계산은 빠르고 정확하게!

걸린 시간	1~6분	6~9분	9~12분
맞은 개수	11~12개	9~10개	1~8개
평가	참 잘했어요.	잘했어요.	좀더 노력해요.

소수점 아래 자릿수가 다른 소수의 덧셈을 할 때에는 오른쪽 끝자리 뒤에 0이 있는 것으로 생각하여 소수점의 자리를 맞추어 더합니다.

1.89+1.3=3.19 ➡ 1.89 + 1.30 = 3.19 (9+0=9, 8+3=11, 1+1+1=3)

□ 안에 알맞은 수를 써넣으시오. (1~4)

1 2.74 + 0.5 ➡ 2.74 → 0.01이 274개, + 0.50 → 0.01이 50개, 0.01이 324개 ➡ 2.74 + 0.5 = 3.24

2 3.65 + 1.2 ➡ 3.65 → 0.01이 365개, + 1.20 → 0.01이 120개, 0.01이 485개 ➡ 3.65 + 1.2 = 4.85

3 0.7 + 3.18 ➡ 0.70 → 0.01이 70개, + 3.18 → 0.01이 318개, 0.01이 388개 ➡ 0.7 + 3.18 = 3.88

4 2.4 + 2.96 ➡ 2.40 → 0.01이 240개, + 2.96 → 0.01이 296개, 0.01이 536개 ➡ 2.4 + 2.96 = 5.36

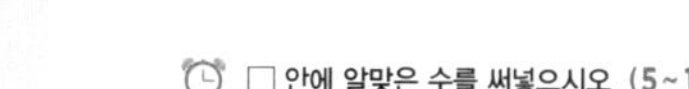
□ 안에 알맞은 수를 써넣으시오. (5~12)

5 1.58은 0.01이 158개
3.4는 0.01이 340개
➡ 1.58+3.4는 0.01이 498개
➡ 1.58+3.4=4.98

6 2.74는 0.01이 274개
1.4는 0.01이 140개
➡ 2.74+1.4는 0.01이 414개
➡ 2.74+1.4=4.14

7 3.62는 0.01이 362개
4.7은 0.01이 470개
➡ 3.62+4.7은 0.01이 832개
➡ 3.62+4.7=8.32

8 2.04는 0.01이 204개
5.6은 0.01이 560개
➡ 2.04+5.6은 0.01이 764개
➡ 2.04+5.6=7.64

9 1.7은 0.01이 170개
2.26은 0.01이 226개
➡ 1.7+2.26은 0.01이 396개
➡ 1.7+2.26=3.96

10 6.3은 0.01이 630개
3.59는 0.01이 359개
➡ 6.3+3.59는 0.01이 989개
➡ 6.3+3.59=9.89

11 4.2는 0.01이 420개
1.96은 0.01이 196개
➡ 4.2+1.96은 0.01이 616개
➡ 4.2+1.96=6.16

12 5.8은 0.01이 580개
4.95는 0.01이 495개
➡ 5.8+4.95는 0.01이 1075개
➡ 5.8+4.95=10.75

7 자릿수가 다른 소수의 덧셈(2)

계산은 빠르고 정확하게!

걸린 시간	1~10분	10~15분	15~20분
맞은 개수	37~41개	29~36개	1~28개
평가	참 잘했어요.	잘했어요.	좀더 노력해요.

계산을 하시오. (1~21)

1. 1.58 + 0.4 = 1.98
2. 6.52 + 1.7 = 8.22
3. 4.04 + 2.8 = 6.84
4. 2.97 + 5.2 = 8.17
5. 3.94 + 5.8 = 9.74
6. 6.29 + 3.1 = 9.39
7. 5.42 + 3.6 = 9.02
8. 8.47 + 2.9 = 11.37
9. 9.24 + 7.8 = 17.04
10. 4.6 + 3.25 = 7.85
11. 9.2 + 3.72 = 12.92
12. 3.4 + 5.97 = 9.37
13. 8.8 + 2.54 = 11.34
14. 7.7 + 2.98 = 10.68
15. 5.4 + 7.04 = 12.44
16. 4.2 + 5.19 = 9.39
17. 8.7 + 3.24 = 11.94
18. 6.9 + 4.13 = 11.03
19. 4.732 + 5.14 = 9.872
20. 6.294 + 3.87 = 10.164
21. 5.472 + 8.56 = 14.032

계산을 하시오. (22~41)

22. 2.54+1.6=4.14
23. 4.6+5.17=9.77
24. 4.07+2.8=6.87
25. 9.4+0.24=9.64
26. 3.42+2.7=6.12
27. 7.8+4.37=12.17
28. 5.94+7.1=13.04
29. 8.4+2.98=11.38
30. 9.73+5.6=15.33
31. 4.7+9.94=14.64
32. 7.62+8.4=16.02
33. 7.9+8.25=16.15
34. 6.742+3.4=10.142
35. 8.7+2.786=11.486
36. 4.948+6.7=11.648
37. 9.2+3.751=12.951
38. 8.542+6.74=15.282
39. 4.83+2.735=7.565
40. 9.102+3.67=12.772
41. 5.75+3.921=9.671

7 자릿수가 다른 소수의 덧셈(3)

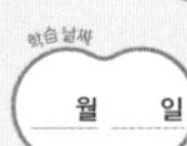

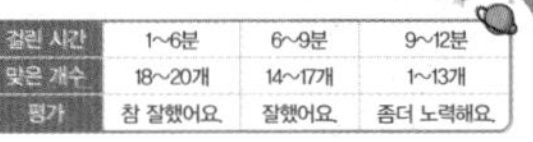

걸린 시간	1~6분	6~9분	9~12분
맞은 개수	18~20개	14~17개	1~13개
평가	참 잘했어요.	잘했어요.	좀더 노력해요.

□ 안에 알맞은 수를 써넣으시오. (1~10)

1
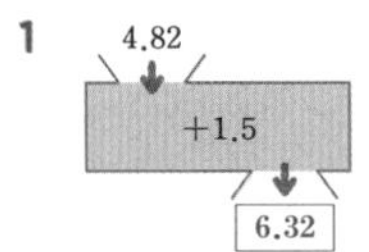

2
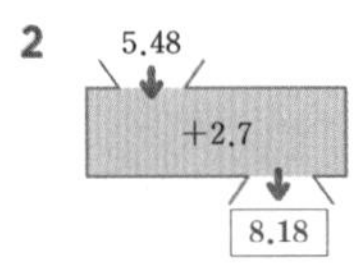

3
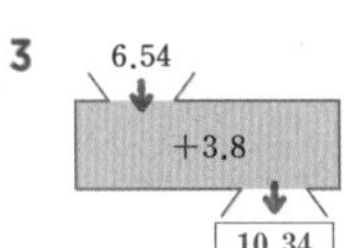

4
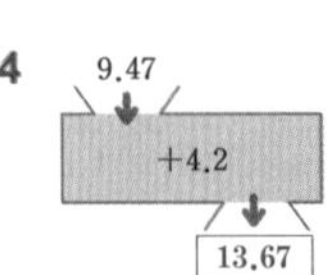

5
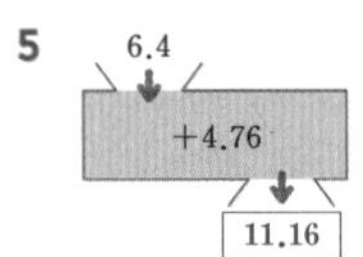

6
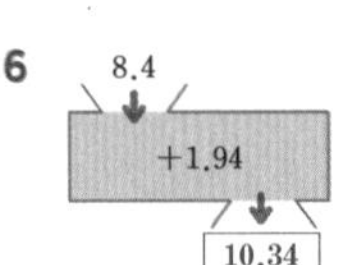

7
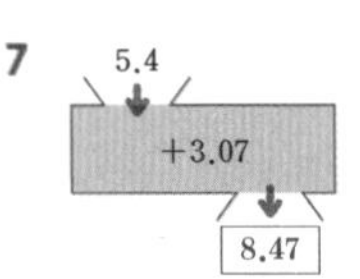

8
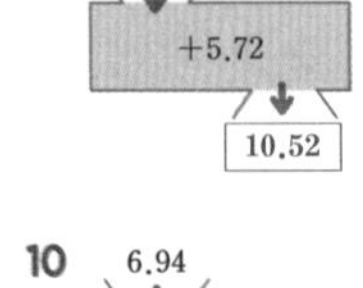

9
6.254
+4.76
11.014

10
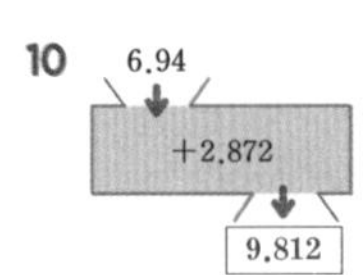

두 수의 합을 빈 곳을 써넣으시오. (11~20)

11
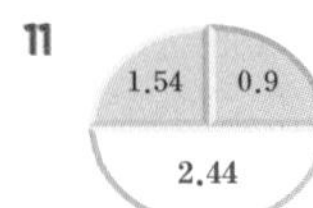

12
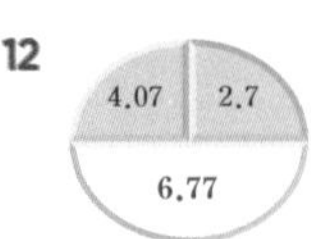

13
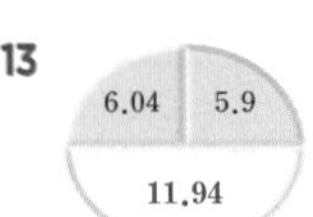

14
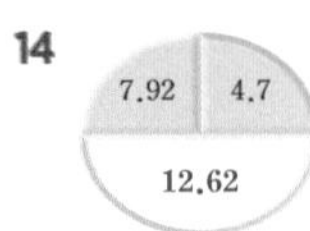

15
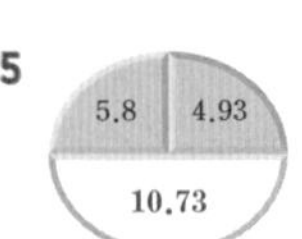

16
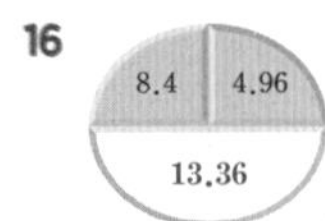

17
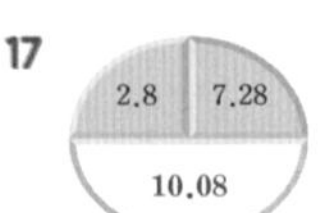

18
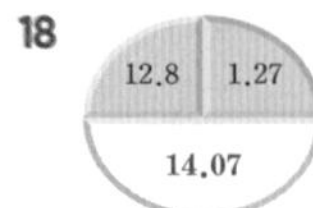

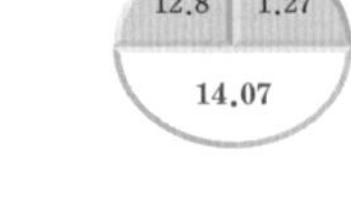

19
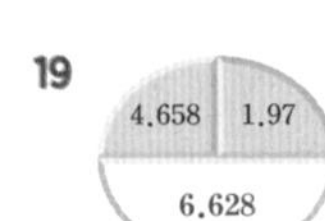

20
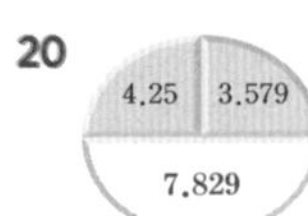

8 소수 한 자리 수의 뺄셈(1)

학습 날짜 월 일

소수점끼리 맞추어 세로로 쓰고 소수 첫째 자리, 일의 자리 순서로 뺍니다.

4.6−1.8=2.8 ⇒ $\begin{array}{r} \overset{3\ 10}{\cancel{4}.6} \\ -\ 1.8 \\ \hline 2.8 \end{array}$ → 10+6−8=8, → 4−1−1=2

계산은 빠르고 정확하게!

걸린 시간	1~6분	6~9분	9~12분
맞은 개수	11~12개	9~10개	1~8개
평가	참 잘했어요.	잘했어요.	좀더 노력해요.

□ 안에 알맞은 수를 써넣으시오. (1~4)

1 $\begin{array}{r} 0.9 \\ -\ 0.4 \\ \hline \end{array}$ ⇒ 0.9 → 0.1이 [9]개, − 0.4 → 0.1이 [4]개, 0.1이 [5]개 ⇒ $\begin{array}{r} 0.9 \\ -\ 0.4 \\ \hline \end{array}$ [0.5]

2 $\begin{array}{r} 2.7 \\ -\ 0.9 \\ \hline \end{array}$ ⇒ 2.7 → 0.1이 [27]개, − 0.9 → 0.1이 [9]개, 0.1이 [18]개 ⇒ $\begin{array}{r} 2.7 \\ -\ 0.9 \\ \hline \end{array}$ [1.8]

3 $\begin{array}{r} 4.6 \\ -\ 1.5 \\ \hline \end{array}$ ⇒ 4.6 → 0.1이 [46]개, − 1.5 → 0.1이 [15]개, 0.1이 [31]개 ⇒ $\begin{array}{r} 4.6 \\ -\ 1.5 \\ \hline \end{array}$ [3.1]

4 $\begin{array}{r} 5.1 \\ -\ 2.6 \\ \hline \end{array}$ ⇒ 5.1 → 0.1이 [51]개, − 2.6 → 0.1이 [26]개, 0.1이 [25]개 ⇒ $\begin{array}{r} 5.1 \\ -\ 2.6 \\ \hline \end{array}$ [2.5]

□ 안에 알맞은 수를 써넣으시오. (5~12)

5 0.7은 0.1이 [7]개
0.2는 0.1이 [2]개
⇒ 0.7−0.2는 0.1이 [5]개
⇒ 0.7−0.2=[0.5]

6 1.7은 0.1이 [17]개
0.4는 0.1이 [4]개
⇒ 1.7−0.4는 0.1이 [13]개
⇒ 1.7−0.4=[1.3]

7 4.1은 0.1이 [41]개
2.4는 0.1이 [24]개
⇒ 4.1−2.4는 0.1이 [17]개
⇒ 4.1−2.4=[1.7]

8 5.7은 0.1이 [57]개
1.9는 0.1이 [19]개
⇒ 5.7−1.9는 0.1이 [38]개
⇒ 5.7−1.9=[3.8]

9 3.6은 0.1이 [36]개
2.8은 0.1이 [28]개
⇒ 3.6−2.8은 0.1이 [8]개
⇒ 3.6−2.8=[0.8]

10 6.1은 0.1이 [61]개
2.3은 0.1이 [23]개
⇒ 6.1−2.3은 0.1이 [38]개
⇒ 6.1−2.3=[3.8]

11 5.9는 0.1이 [59]개
2.5는 0.1이 [25]개
⇒ 5.9−2.5는 0.1이 [34]개
⇒ 5.9−2.5=[3.4]

12 9.2는 0.1이 [92]개
3.7은 0.1이 [37]개
⇒ 9.2−3.7은 0.1이 [55]개
⇒ 9.2−3.7=[5.5]

8 소수 한 자리 수의 뺄셈(2)

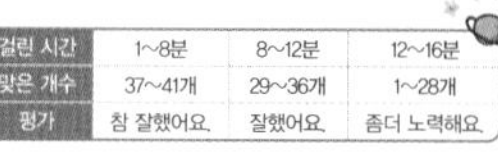

학습 날짜 월 일

계산은 빠르고 정확하게!

걸린 시간	1~8분	8~12분	12~16분
맞은 개수	37~41개	29~36개	1~28개
평가	참 잘했어요.	잘했어요.	좀더 노력해요.

계산을 하시오. (1~21)

1 0.8 − 0.3 = 0.5
2 0.9 − 0.6 = 0.3
3 0.7 − 0.5 = 0.2
4 1.7 − 0.8 = 0.9
5 2.4 − 0.6 = 1.8
6 1.2 − 0.5 = 0.7
7 4.2 − 2.4 = 1.8
8 5.4 − 3.5 = 1.9
9 4.9 − 3.7 = 1.2
10 6.2 − 2.6 = 3.6
11 4.7 − 1.8 = 2.9
12 6.2 − 5.8 = 0.4
13 9.2 − 5.4 = 3.8
14 7.4 − 5.1 = 2.3
15 8.6 − 2.8 = 5.8
16 6.5 − 3.7 = 2.8
17 4.9 − 2.7 = 2.2
18 5.4 − 1.8 = 3.6
19 36.4 − 1.6 = 34.8
20 27.1 − 2.4 = 24.7
21 15.4 − 2.6 = 12.8

계산을 하시오. (22~41)

22 0.4−0.1=0.3
23 1.6−0.7=0.9
24 4.9−3.2=1.7
25 6.5−5.9=0.6
26 3.1−1.8=1.3
27 5.4−3.6=1.8
28 5.2−2.7=2.5
29 4.6−3.4=1.2
30 9.7−2.5=7.2
31 7.6−2.9=4.7
32 7.5−3.7=3.8
33 2.7−1.4=1.3
34 8.2−4.6=3.6
35 6.3−2.5=3.8
36 6.8−3.6=3.2
37 8.4−3.4=5
38 14.7−5.2=9.5
39 19.7−8.4=11.3
40 21.5−9.8=11.7
41 32.4−11.5=20.9

정답

8 소수 한 자리 수의 뺄셈(3)

계산은 빠르고 정확하게!

걸린 시간	1~5분	5~8분	8~10분
맞은 개수	18~20개	14~17개	1~13개
평가	참 잘했어요.	잘했어요.	좀더 노력해요.

□ 안에 알맞은 수를 써넣으시오. (1~10)

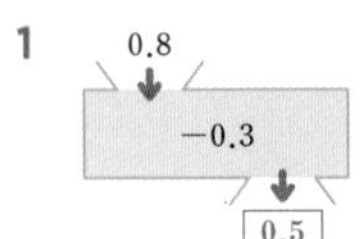

1. 0.8 → −0.3 → 0.5
2. 1.2 → −0.8 → 0.4
3. 5.4 → −2.6 → 2.8
4. 6.2 → −3.8 → 2.4
5. 7.3 → −4.4 → 2.9
6. 8.2 → −5.8 → 2.4
7. 12.5 → −8.9 → 3.6
8. 14.7 → −7.8 → 6.9
9. 10.4 → −4.7 → 5.7
10. 21.7 → −12.8 → 8.9

두 수의 차를 빈 곳에 써넣으시오. (11~20)

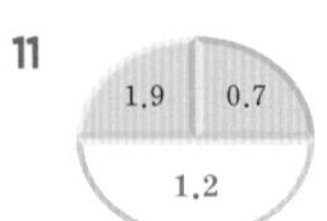

11. 1.9, 0.7 → 1.2
12. 2.5, 1.2 → 1.3
13. 8.1, 2.3 → 5.8
14. 7.6, 5.7 → 1.9
15. 9.2, 7.6 → 1.6
16. 8.3, 3.8 → 4.5
17. 10.4, 2.8 → 7.6
18. 11.3, 4.9 → 6.4
19. 21.7, 14.7 → 7
20. 36.5, 21.8 → 14.7

9 소수 두 자리 수의 뺄셈(1)

계산은 빠르고 정확하게!

걸린 시간	1~6분	6~9분	9~12분
맞은 개수	11~12개	9~10개	1~8개
평가	참 잘했어요.	잘했어요.	좀더 노력해요.

소수점끼리 맞추어 세로로 쓰고 소수 둘째 자리, 소수 첫째 자리, 일의 자리 순서로 뺍니다.

3.47−1.52=1.95 ➡ 3.47 − 1.52 = 1.95 (7−2=5, 10+4−5=9, 3−1−1=1)

□ 안에 알맞은 수를 써넣으시오. (1~4)

1. 0.94 − 0.57 ➡ 0.94 → 0.01이 94개, 0.57 → 0.01이 57개, 0.01이 37개 ➡ 0.94 − 0.57 = 0.37
2. 1.46 − 0.29 ➡ 1.46 → 0.01이 146개, 0.29 → 0.01이 29개, 0.01이 117개 ➡ 1.46 − 0.29 = 1.17
3. 4.56 − 2.75 ➡ 4.56 → 0.01이 456개, 2.75 → 0.01이 275개, 0.01이 181개 ➡ 4.56 − 2.75 = 1.81
4. 5.12 − 3.74 ➡ 5.12 → 0.01이 512개, 3.74 → 0.01이 374개, 0.01이 138개 ➡ 5.12 − 3.74 = 1.38

□ 안에 알맞은 수를 써넣으시오. (5~12)

5. 0.76은 0.01이 76개
0.28은 0.01이 28개
➡ 0.76−0.28은 0.01이 48개
➡ 0.76−0.28= 0.48

6. 0.82는 0.01이 82개
0.18은 0.01이 18개
➡ 0.82−0.18은 0.01이 64개
➡ 0.82−0.18= 0.64

7. 1.54는 0.01이 154개
0.75는 0.01이 75개
➡ 1.54−0.75는 0.01이 79개
➡ 1.54−0.75= 0.79

8. 1.06은 0.01이 106개
0.72는 0.01이 72개
➡ 1.06−0.72는 0.01이 34개
➡ 1.06−0.72= 0.34

9. 3.25는 0.01이 325개
1.94는 0.01이 194개
➡ 3.25−1.94는 0.01이 131개
➡ 3.25−1.94= 1.31

10. 4.13은 0.01이 413개
2.51은 0.01이 251개
➡ 4.13−2.51은 0.01이 162개
➡ 4.13−2.51= 1.62

11. 7.19는 0.01이 719개
5.42는 0.01이 542개
➡ 7.19−5.42는 0.01이 177개
➡ 7.19−5.42= 1.77

12. 6.18은 0.01이 618개
3.56은 0.01이 356개
➡ 6.18−3.56은 0.01이 262개
➡ 6.18−3.56= 2.62

P 132~135

9 소수 두 자리 수의 뺄셈(2)

학습 날짜 월 일

계산은 빠르고 정확하게!

걸린 시간	1~10분	10~15분	15~20분
맞은 개수	37~41개	29~36개	1~28개
평가	참 잘했어요.	잘했어요.	좀더 노력해요.

계산을 하시오. (1 ~ 21)

1. 0.48 − 0.23 = 0.25
2. 0.94 − 0.72 = 0.22
3. 0.81 − 0.17 = 0.64
4. 1.48 − 0.87 = 0.61
5. 1.25 − 0.14 = 1.11
6. 2.62 − 0.49 = 2.13
7. 2.45 − 1.54 = 0.91
8. 4.82 − 1.94 = 2.88
9. 5.04 − 3.25 = 1.79
10. 6.25 − 3.15 = 3.10
11. 7.72 − 4.24 = 3.48
12. 8.28 − 5.49 = 2.79
13. 9.25 − 2.72 = 6.53
14. 8.64 − 5.17 = 3.47
15. 6.43 − 5.79 = 0.64
16. 8.88 − 5.14 = 3.74
17. 4.95 − 1.78 = 3.17
18. 9.84 − 6.98 = 2.86
19. 12.78 − 5.42 = 7.36
20. 32.57 − 9.49 = 23.08
21. 27.58 − 15.72 = 11.86

계산을 하시오. (22 ~ 41)

22 0.69−0.57=0.12
23 0.92−0.24=0.68
24 1.67−0.95=0.72
25 1.43−0.58=0.85
26 4.72−1.54=3.18
27 5.84−2.92=2.92
28 7.25−3.95=3.3
29 8.02−5.78=2.24
30 6.25−2.56=3.69
31 7.48−2.07=5.41
32 9.05−2.43=6.62
33 8.46−5.64=2.82
34 7.21−2.75=4.46
35 5.96−2.78=3.18
36 8.74−1.91=6.83
37 6.27−3.57=2.7
38 11.48−6.27=5.21
39 14.58−9.17=5.41
40 27.56−19.84=7.72
41 36.57−15.84=20.73

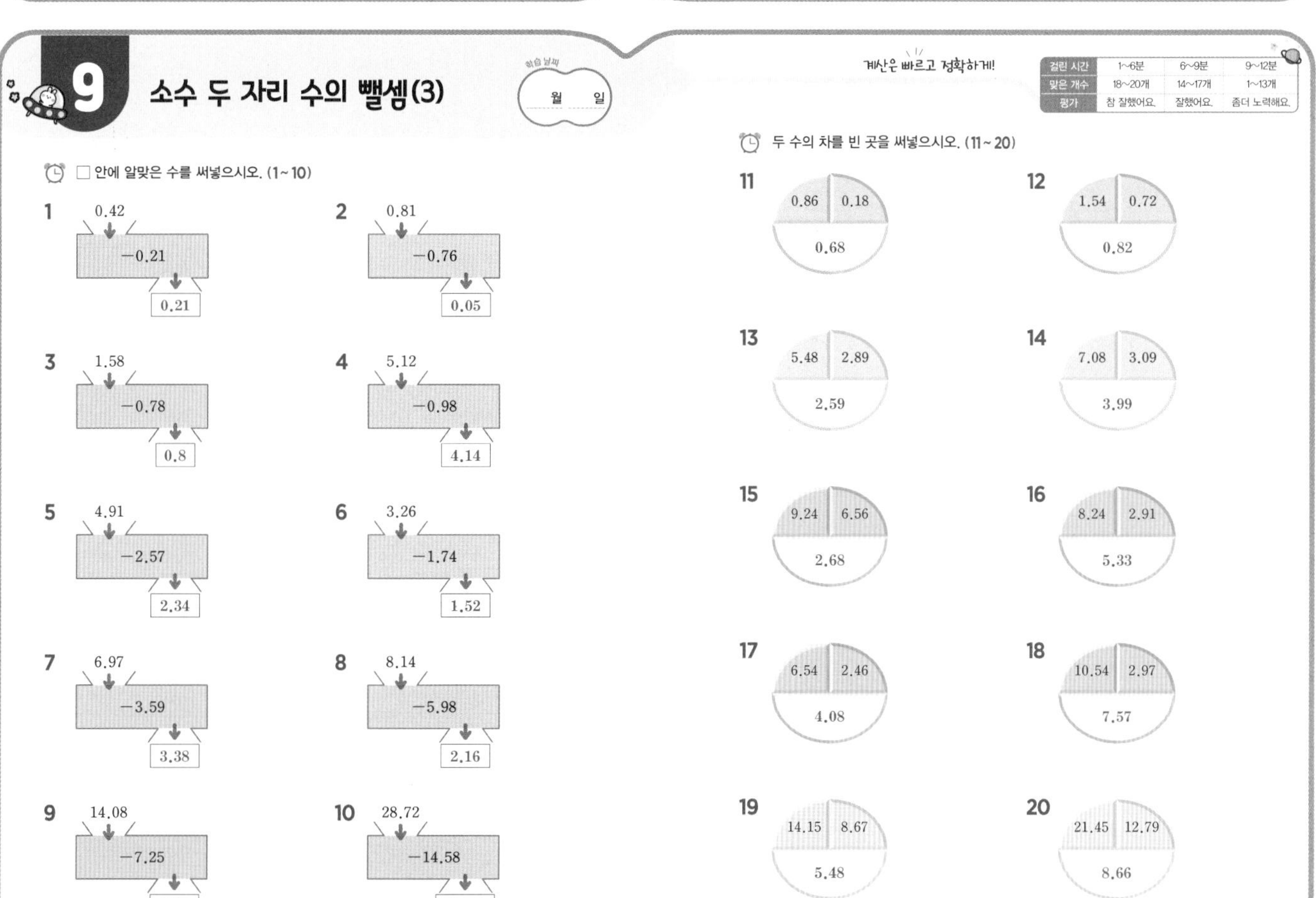

9 소수 두 자리 수의 뺄셈(3)

학습 날짜 월 일

계산은 빠르고 정확하게!

걸린 시간	1~6분	6~9분	9~12분
맞은 개수	18~20개	14~17개	1~13개
평가	참 잘했어요.	잘했어요.	좀더 노력해요.

□ 안에 알맞은 수를 써넣으시오. (1 ~ 10)

1. 0.42 → −0.21 → 0.21
2. 0.81 → −0.76 → 0.05
3. 1.58 → −0.78 → 0.8
4. 5.12 → −0.98 → 4.14
5. 4.91 → −2.57 → 2.34
6. 3.26 → −1.74 → 1.52
7. 6.97 → −3.59 → 3.38
8. 8.14 → −5.98 → 2.16
9. 14.08 → −7.25 → 6.83
10. 28.72 → −14.58 → 14.14

두 수의 차를 빈 곳에 써넣으시오. (11 ~ 20)

11. 0.86, 0.18 → 0.68
12. 1.54, 0.72 → 0.82
13. 5.48, 2.89 → 2.59
14. 7.08, 3.09 → 3.99
15. 9.24, 6.56 → 2.68
16. 8.24, 2.91 → 5.33
17. 6.54, 2.46 → 4.08
18. 10.54, 2.97 → 7.57
19. 14.15, 8.67 → 5.48
20. 21.45, 12.79 → 8.66

정답

10 자릿수가 다른 소수의 뺄셈(1)

계산은 빠르고 정확하게!

걸린 시간	1~6분	6~9분	9~12분
맞은 개수	11~12개	9~10개	1~8개
평가	참 잘했어요.	잘했어요.	좀더 노력해요.

소수점 아래 자릿수가 다른 소수의 뺄셈을 할 때에는 오른쪽 끝자리 뒤에 0이 있는 것으로 생각하여 소수점의 자리를 맞추어 뺍니다.

3.24−1.5=1.74 ➡ 3.24 − 1.50 = 1.74 (4−0=4, 10+2−5=7, 3−1−1=1)

□ 안에 알맞은 수를 써넣으시오. (1~4)

1 2.15 − 0.9 ➡ 2.15 → 0.01이 [215]개, 0.90 → 0.01이 [90]개, 0.01이 [125]개 ➡ 2.15 − 0.9 = [1.25]

2 4.75 − 1.8 ➡ 4.75 → 0.01이 [475]개, 1.80 → 0.01이 [180]개, 0.01이 [295]개 ➡ 4.75 − 1.8 = [2.95]

3 3.6 − 1.75 ➡ 3.60 → 0.01이 [360]개, 1.75 → 0.01이 [175]개, 0.01이 [185]개 ➡ 3.6 − 1.75 = [1.85]

4 8.2 − 2.94 ➡ 8.20 → 0.01이 [820]개, 2.94 → 0.01이 [294]개, 0.01이 [526]개 ➡ 8.2 − 2.94 = [5.26]

□ 안에 알맞은 수를 써넣으시오. (5~12)

5 3.06은 0.01이 [306]개
0.8은 0.01이 [80]개
➡ 3.06−0.8은 0.01이 [226]개
➡ 3.06−0.8=[2.26]

6 4.57은 0.01이 [457]개
0.7은 0.01이 [70]개
➡ 4.57−0.7은 0.01이 [387]개
➡ 4.57−0.7=[3.87]

7 6.29는 0.01이 [629]개
3.5는 0.01이 [350]개
➡ 6.29−3.5는 0.01이 [279]개
➡ 6.29−3.5=[2.79]

8 5.83은 0.01이 [583]개
2.9는 0.01이 [290]개
➡ 5.83−2.9는 0.01이 [293]개
➡ 5.83−2.9=[2.93]

9 2.7은 0.01이 [270]개
1.24는 0.01이 [124]개
➡ 2.7−1.24는 0.01이 [146]개
➡ 2.7−1.24=[1.46]

10 6.2는 0.01이 [620]개
2.97은 0.01이 [297]개
➡ 6.2−2.97은 0.01이 [323]개
➡ 6.2−2.97=[3.23]

11 9.4는 0.01이 [940]개
5.16은 0.01이 [516]개
➡ 9.4−5.16은 0.01이 [424]개
➡ 9.4−5.16=[4.24]

12 8.1은 0.01이 [810]개
3.65는 0.01이 [365]개
➡ 8.1−3.65는 0.01이 [445]개
➡ 8.1−3.65=[4.45]

10 자릿수가 다른 소수의 뺄셈(2)

계산은 빠르고 정확하게!

걸린 시간	1~10분	10~15분	15~20분
맞은 개수	37~41개	29~36개	1~28개
평가	참 잘했어요.	잘했어요.	좀더 노력해요.

계산을 하시오. (1~21)

1 0.57 − 0.4 = 0.17
2 0.98 − 0.4 = 0.58
3 1.58 − 0.7 = 0.88
4 5.72 − 1.5 = 4.22
5 6.54 − 3.9 = 2.64
6 7.23 − 5.8 = 1.43
7 6.74 − 5.1 = 1.64
8 2.14 − 1.7 = 0.44
9 8.64 − 6.9 = 1.74
10 14.76 − 8.4 = 6.36
11 12.05 − 9.7 = 2.35
12 18.75 − 10.8 = 7.95
13 4.6 − 1.72 = 2.88
14 5.8 − 4.92 = 0.88
15 7.6 − 4.38 = 3.22
16 8.4 − 2.96 = 5.44
17 9.6 − 8.17 = 1.43
18 6.5 − 1.79 = 4.71
19 9.48 − 2.573 = 6.907
20 7.58 − 4.276 = 3.304
21 12.92 − 5.473 = 7.447

계산을 하시오. (22~41)

22 0.88−0.2=0.68
23 0.92−0.7=0.22
24 1.48−0.6=0.88
25 2.76−1.2=1.56
26 5.82−4.2=1.62
27 6.84−2.9=3.94
28 12.74−3.6=9.14
29 15.84−7.9=7.94
30 4.574−2.98=1.594
31 6.254−3.78=2.474
32 6.4−2.76=3.64
33 8.7−2.92=5.78
34 9.5−2.74=6.76
35 7.2−2.91=4.29
36 11.4−5.21=6.19
37 19.8−5.74=14.06
38 6.98−2.546=4.434
39 7.25−3.123=4.127
40 17.48−8.572=8.908
41 19.84−11.752=8.088

P 140~143

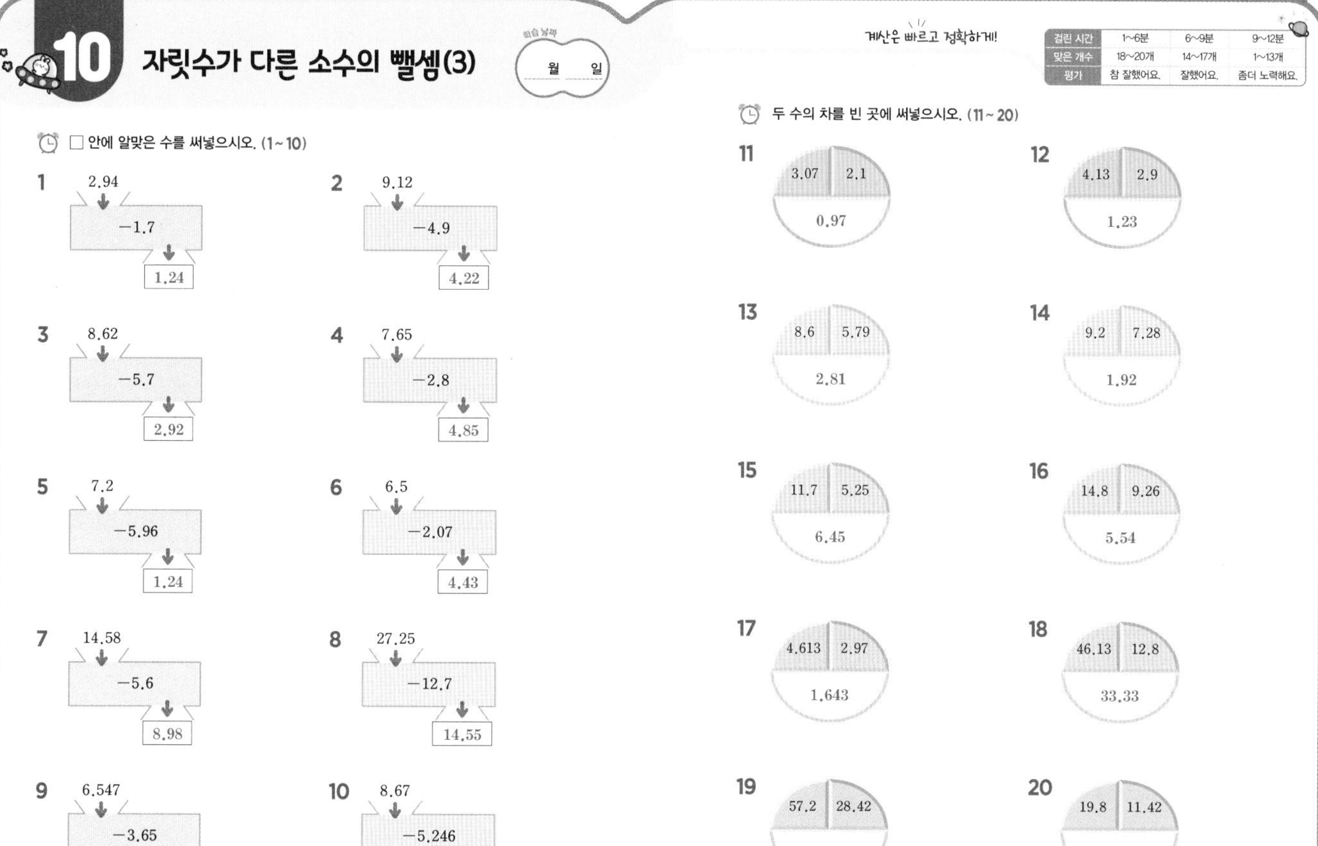

10 자릿수가 다른 소수의 뺄셈(3)

학습 날짜 월 일

계산은 빠르고 정확하게!

걸린 시간	1~6분	6~9분	9~12분
맞은 개수	18~20개	14~17개	1~13개
평가	참 잘했어요.	잘했어요.	좀더 노력해요.

□ 안에 알맞은 수를 써넣으시오. (1~10)

1 2.94 → −1.7 → 1.24

2 9.12 → −4.9 → 4.22

3 8.62 → −5.7 → 2.92

4 7.65 → −2.8 → 4.85

5 7.2 → −5.96 → 1.24

6 6.5 → −2.07 → 4.43

7 14.58 → −5.6 → 8.98

8 27.25 → −12.7 → 14.55

9 6.547 → −3.65 → 2.897

10 8.67 → −5.246 → 3.424

두 수의 차를 빈 곳에 써넣으시오. (11~20)

11 3.07, 2.1 → 0.97

12 4.13, 2.9 → 1.23

13 8.6, 5.79 → 2.81

14 9.2, 7.28 → 1.92

15 11.7, 5.25 → 6.45

16 14.8, 9.26 → 5.54

17 4.613, 2.97 → 1.643

18 46.13, 12.8 → 33.33

19 57.2, 28.42 → 28.78

20 19.8, 11.42 → 8.38

11 신기한 연산

학습 날짜 월 일

계산은 빠르고 정확하게!

걸린 시간	1~10분	10~15분	15~20분
맞은 개수	8개	6~7개	1~5개
평가	참 잘했어요.	잘했어요.	좀더 노력해요.

화살표가 다음과 같은 규칙을 가지고 있습니다. 규칙에 맞게 빈칸에 알맞은 수를 써넣으시오. (1~4)

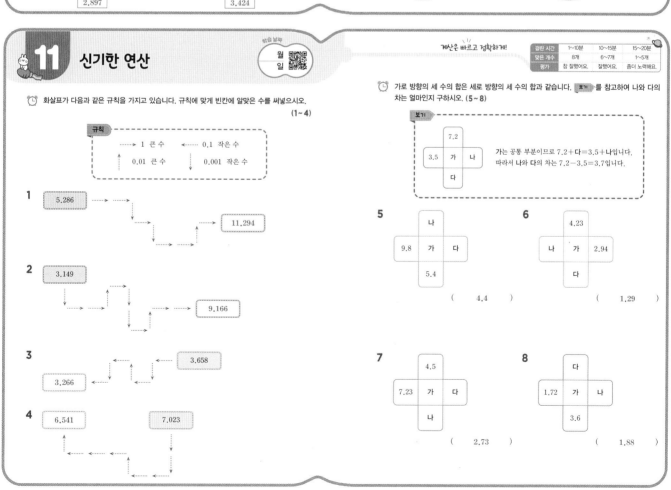

규칙

→ 1 큰 수　　← 0.1 작은 수

↑ 0.01 큰 수　　↓ 0.001 작은 수

1 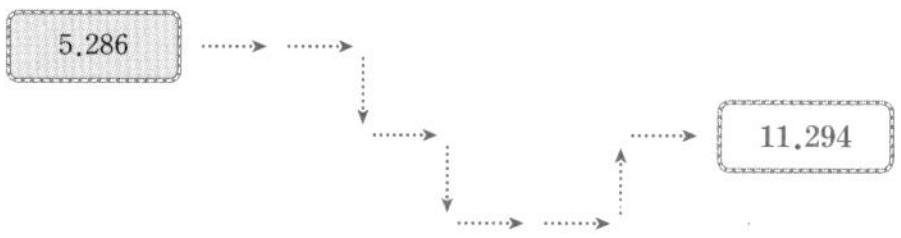 5.286 → 11.294

2 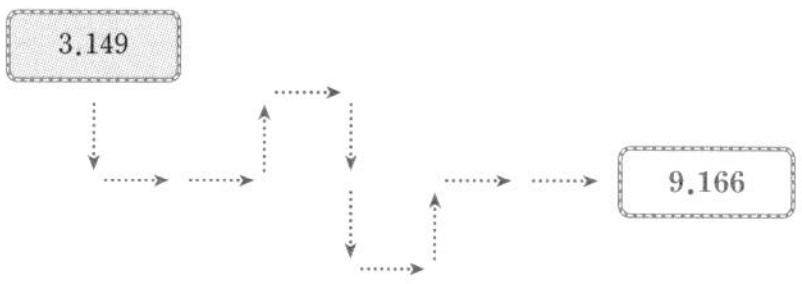 3.149 → 9.166

3 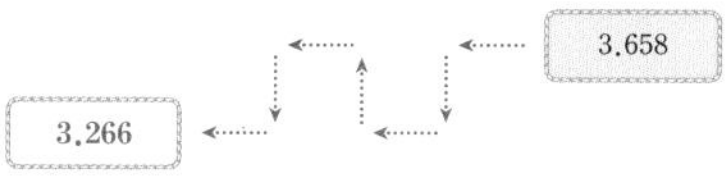 3.658 → 3.266

4 6.541 ← 7.023

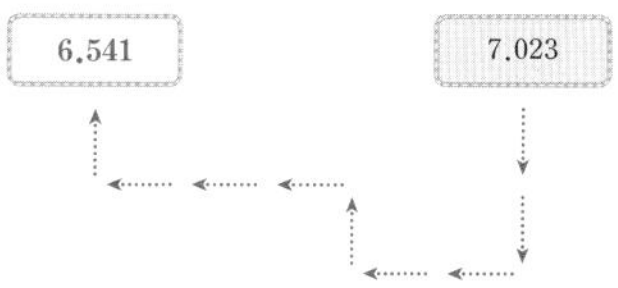

가로 방향의 세 수의 합은 세로 방향의 세 수의 합과 같습니다. 보기를 참고하여 나와 다의 차는 얼마인지 구하시오. (5~8)

보기

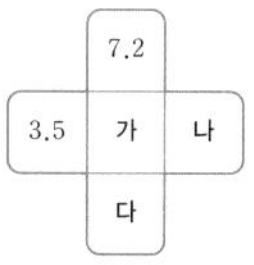

	7.2	
3.5	가	나
	다	

가는 공통 부분이므로 7.2+다=3.5+나입니다. 따라서 나와 다의 차는 7.2−3.5=3.7입니다.

5

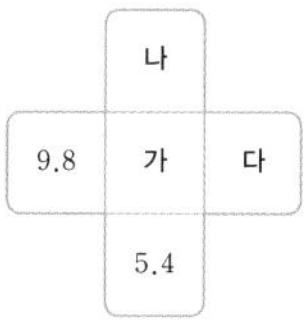

	나	
9.8	가	다
	5.4	

(4.4)

6

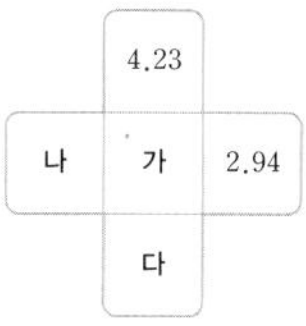

	4.23	
나	가	2.94
	다	

(1.29)

7

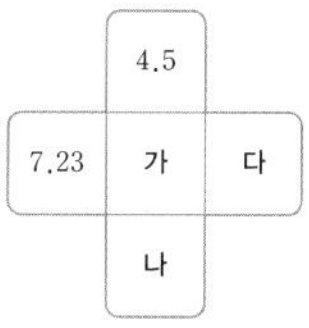

	4.5	
7.23	가	다
	나	

(2.73)

8

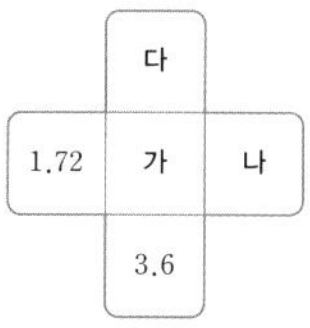

	다	
1.72	가	나
	3.6	

(1.88)

확인 평가

걸린 시간	1~15분	15~20분	20~25분
맞은 개수	47~52개	37~46개	1~36개
평가	참 잘했어요.	잘했어요.	좀더 노력해요.

□ 안에 알맞은 수를 써넣으시오. (1~4)

1 1이 7개, 0.1이 6개, 0.01이 2개이면 [7.62]

2 5.48은 1이 [5]개, 0.1이 [4]개, 0.01이 [8]개

3 1이 3개, 0.1이 4개, 0.01이 5개, 0.001이 7개이면 [3.457]

4 2.569는 1이 [2]개, 0.1이 [5]개, 0.01이 [6]개, 0.001이 [9]개

○ 안에 >, <를 알맞게 써넣으시오. (5~10)

5 6.54 (<) 7.25

6 9.29 (>) 9.24

7 2.754 (<) 2.761

8 3.054 (<) 3.062

9 6.192 (>) 6.187

10 7.654 (>) 7.58

□ 안에 알맞은 수를 써넣으시오. (11~12)

11 5.847의 10배는 [58.47]이고, 5.847의 1000배는 [5847]입니다.

12 1584의 $\frac{1}{100}$은 [15.84]이고, 1584의 $\frac{1}{1000}$은 [1.584]입니다.

계산을 하시오. (13~32)

13 0.7 + 0.4 = 1.1

14 2.8 + 5.9 = 8.7

15 12.7 + 4.2 = 16.9

16 1.54 + 0.27 = 1.81

17 5.62 + 4.98 = 10.60

18 9.64 + 7.57 = 17.21

19 6.25 + 1.8 = 8.05

20 8.74 + 5.6 = 14.34

21 5.48 + 7.2 = 12.68

22 5.428 + 1.27 = 6.698

23 6.294 + 5.48 = 11.774

24 6.215 + 2.87 = 9.085

25 4.8+5.6=10.4

26 12.7+8.6=21.3

27 14.25+7.12=21.37

28 5.48+10.27=15.75

29 6.49+5.3=11.79

30 11.7+8.14=19.84

31 5.214+2.76=7.974

32 8.72+5.149=13.869

확인 평가

계산을 하시오. (33~52)

33 1.2 − 0.7 = 0.5

34 5.4 − 2.7 = 2.7

35 8.6 − 5.8 = 2.8

36 2.98 − 1.24 = 1.74

37 5.62 − 3.54 = 2.08

38 5.08 − 1.92 = 3.16

39 4.65 − 2.7 = 1.95

40 5.4 − 1.76 = 3.64

41 12.7 − 4.83 = 7.87

42 5.472 − 2.58 = 2.892

43 6.948 − 2.76 = 4.188

44 7.58 − 3.248 = 4.332

45 8.4−1.9=6.5

46 13.6−8.8=4.8

47 9.42−5.72=3.7

48 12.75−7.56=5.19

49 10.48−5.9=4.58

50 21.7−15.72=5.98

51 9.847−5.65=4.197

52 14.72−9.657=5.063

1 수선에서 각도 구하기(1)

학습 날짜 월 일

계산은 빠르고 정확하게!

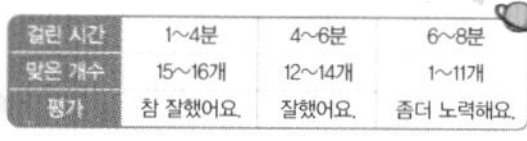

걸린 시간	1~4분	4~6분	6~8분
맞은 개수	15~16개	12~14개	1~11개
평가	참 잘했어요.	잘했어요.	좀더 노력해요.

- 한 직선이 다른 직선에 대한 수선이면 두 직선이 만나서 이루는 각은 90°입니다.
- 일직선이 이루는 각의 크기는 180°입니다.

➡ ㉠=90°−30°=60°

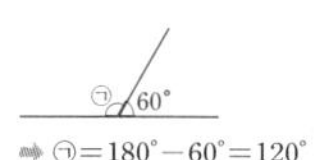

➡ ㉠=180°−60°=120°

직선 가와 나가 서로 수직일 때 ㉠의 각도를 구하시오. (1~6)

1  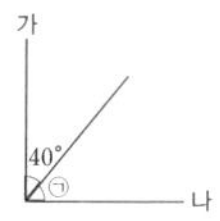 ㉠= 50°

2  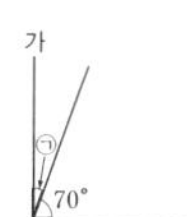 ㉠= 20°

3  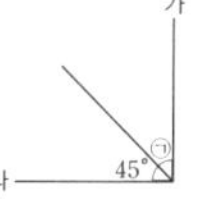 ㉠= 45°

4 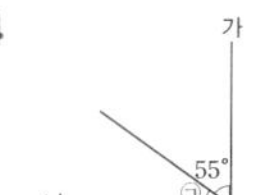 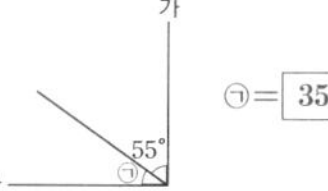  ㉠= 35°

5 ㉠= 55°

6 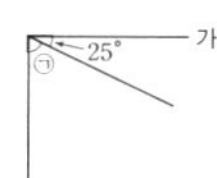 ㉠= 65°

직선 나가 직선 가에 대한 수선일 때 □ 안에 알맞은 수를 써넣으시오. (7~16)

7 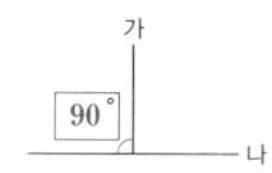 90°

8 40°

9 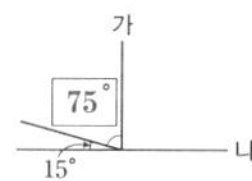 75°

10 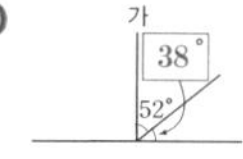 38°

11 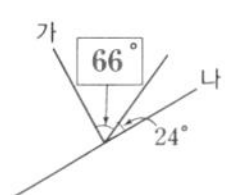 66°

12 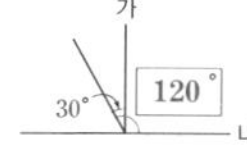 120°

13 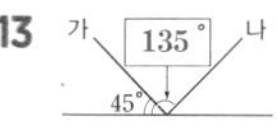 135°

14 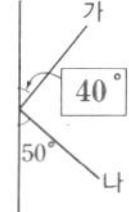 40°

15 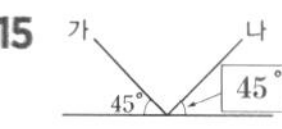 45°

16 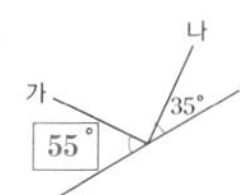 55°

1 수선에서 각도 구하기(2)

학습 날짜 월 일

계산은 빠르고 정확하게!

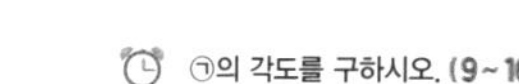

걸린 시간	1~4분	4~6분	6~8분
맞은 개수	12~16개	12~14개	1~11개
평가	참 잘했어요.	잘했어요.	좀더 노력해요.

㉠의 각도를 구하시오. (1~8)

1 ㉠= 100°

2 ㉠= 50°

3 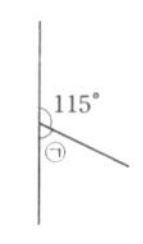 ㉠= 65°

4 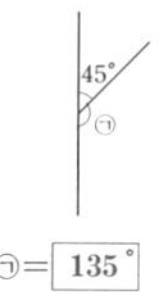 ㉠= 135°

5 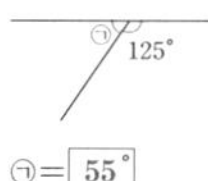 ㉠= 55°

6 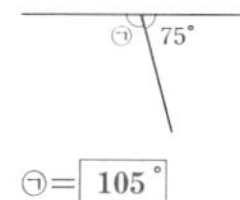 ㉠= 105°

7 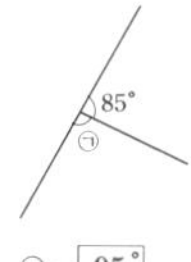 ㉠= 95°

8 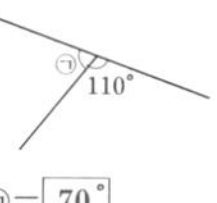 ㉠= 70°

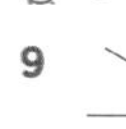

㉠의 각도를 구하시오. (9~16)

9 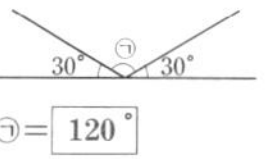 ㉠= 120°

10 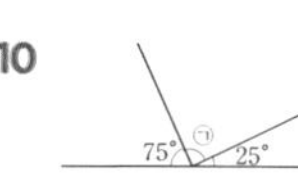 ㉠= 80°

11 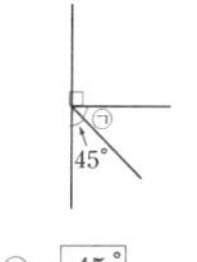 ㉠= 45°

12 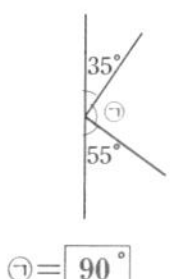 ㉠= 90°

13 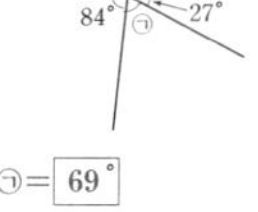 ㉠= 69°

14 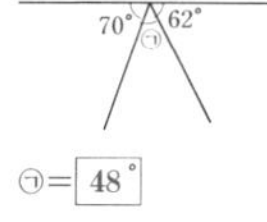 ㉠= 48°

15 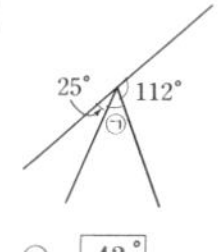 ㉠= 43°

16 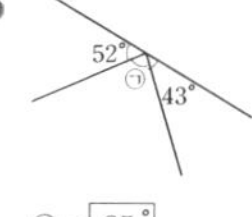 ㉠= 85°

2 사각형에서 각도 구하기(1)

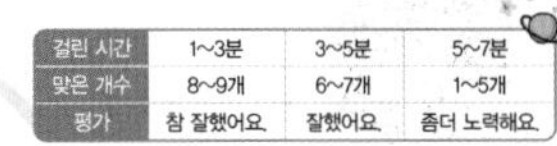

계산은 빠르고 정확하게!

걸린 시간	1~3분	3~5분	5~7분
맞은 개수	8~9개	6~7개	1~5개
평가	참 잘했어요.	잘했어요.	좀더 노력해요.

(1) 평행사변형에서
- 마주 보는 두 각의 크기가 같습니다.
- 이웃한 두 각의 크기의 합은 180°입니다.

(2) 마름모에서
- 마주 보는 두 각의 크기가 같습니다.
- 이웃한 두 각의 크기의 합은 180°입니다.

도형은 평행사변형입니다. ㉠과 ㉡의 각도를 각각 구하시오. (1~4)

1 

㉠= 60°
㉡=180°− 60° = 120°

2 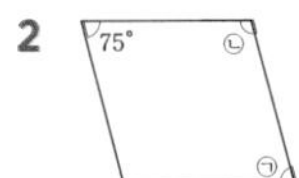

㉠= 75°
㉡=180°− 75° = 105°

3 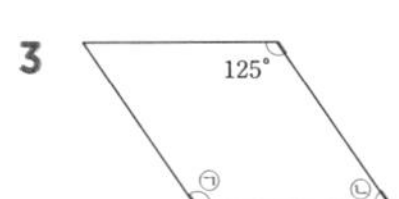

㉠= 125°
㉡=180°− 125° = 55°

4 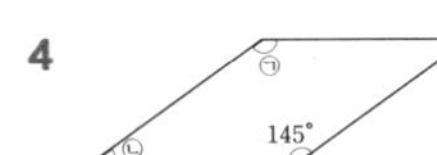

㉠= 145°
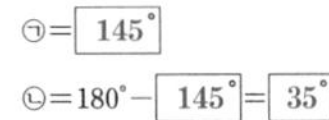
㉡=180°− 145° = 35°

도형은 마름모입니다. ㉠과 ㉡의 각도를 각각 구하시오. (5~9)

5 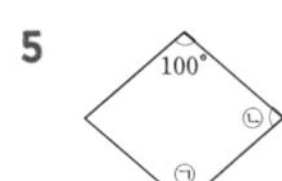

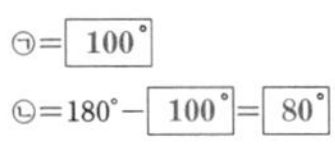
㉠= 100°
㉡=180°− 100° = 80°

6 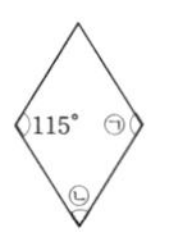

㉠= 115°
㉡=180°− 115° = 65°

7 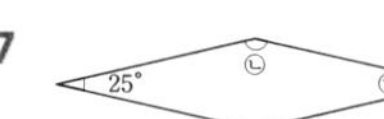

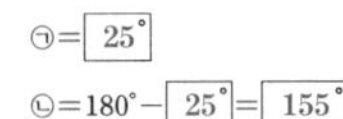
㉠= 25°
㉡=180°− 25° = 155°

8 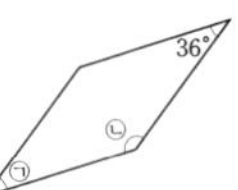

㉠= 36°
㉡=180°− 36° = 144°

9 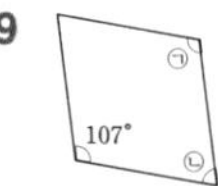

㉠= 107°
㉡=180°− 107° = 73°

2 사각형에서 각도 구하기(2)

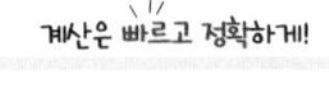

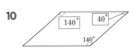

걸린 시간	1~5분	5~8분	8~10분
맞은 개수	18~20개	14~17개	1~13개
평가	참 잘했어요.	잘했어요.	좀더 노력해요.

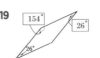

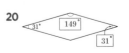

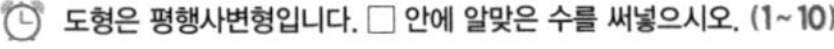

1 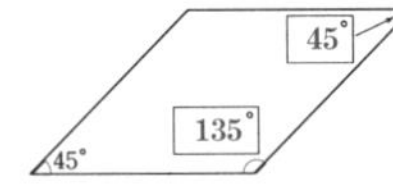

2 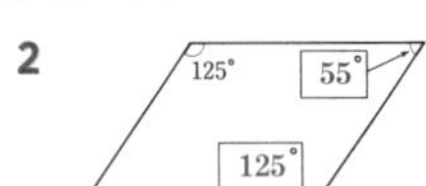

3 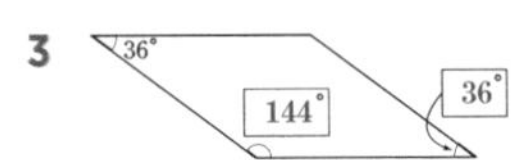

4 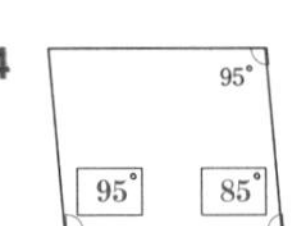

5 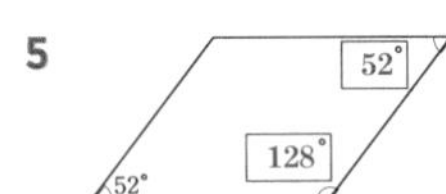

6 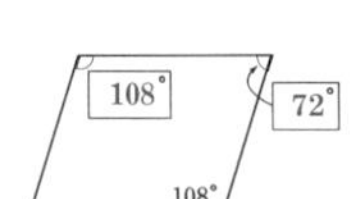

7 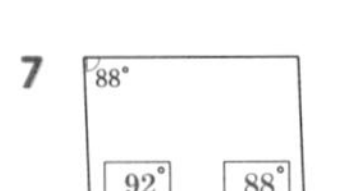

8 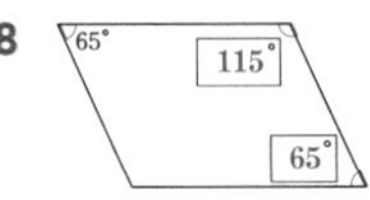

9 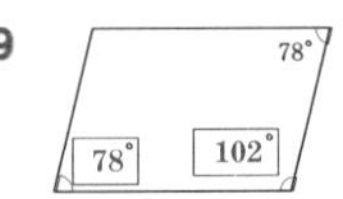

10 

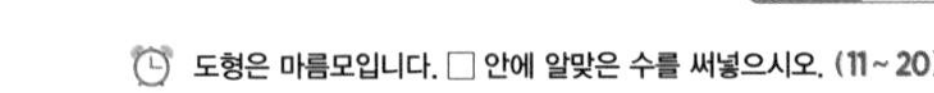

11 130° 50° 50°

12 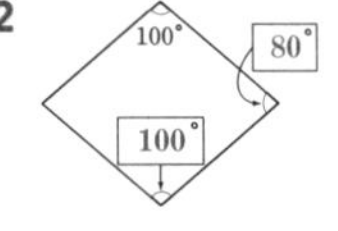

13 25° 155° 25°

14 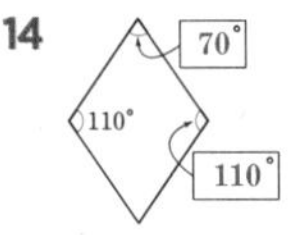

15 148° 32° 32°

16 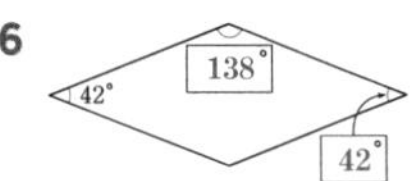

17 105° 105° 75°

18 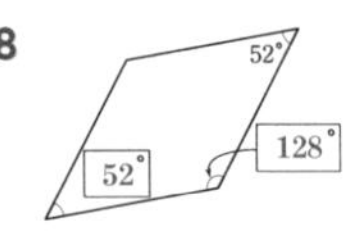

19 154° 26° 26°

20 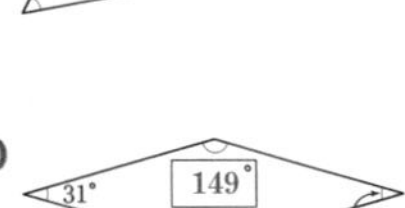

2 사각형에서 각도 구하기(3)

계산은 빠르고 정확하게!

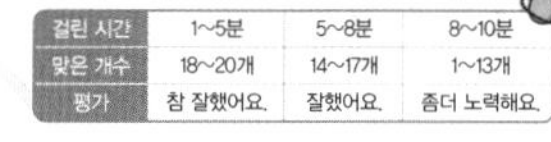

걸린 시간	1~5분	5~8분	8~10분
맞은 개수	18~20개	14~17개	1~13개
평가	참 잘했어요.	잘했어요.	좀더 노력해요.

도형은 평행사변형입니다. □ 안에 알맞은 수를 써넣으시오. (1~10)

1  85°

2 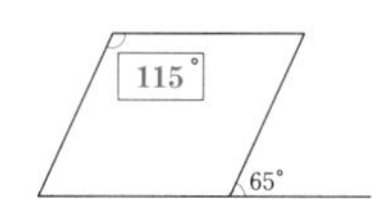 115°

3 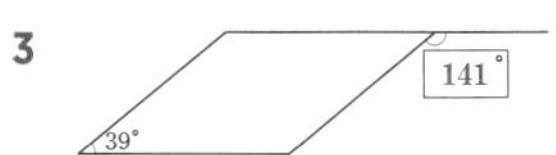 141°

4 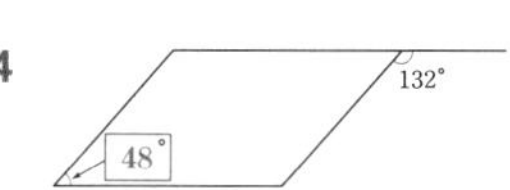 48°

5 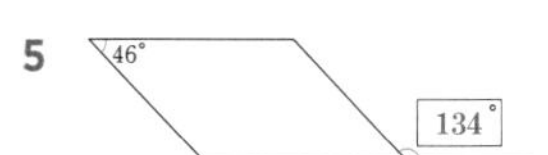 134°

6 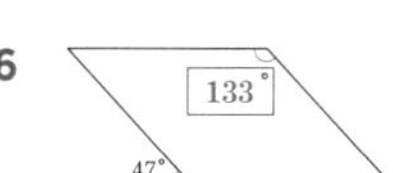 133°

7 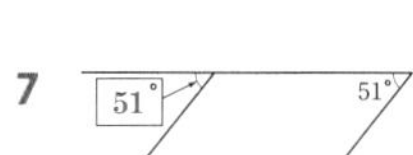 51°

8 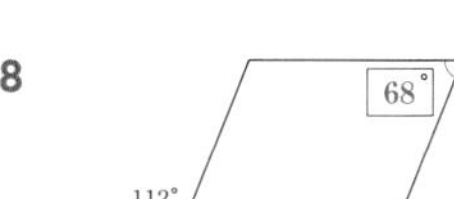 68°

9 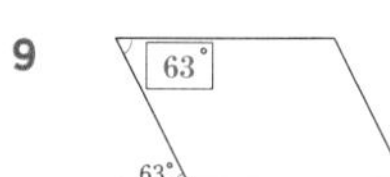 63°

10  65°

도형은 마름모입니다. □ 안에 알맞은 수를 써넣으시오. (11~20)

11 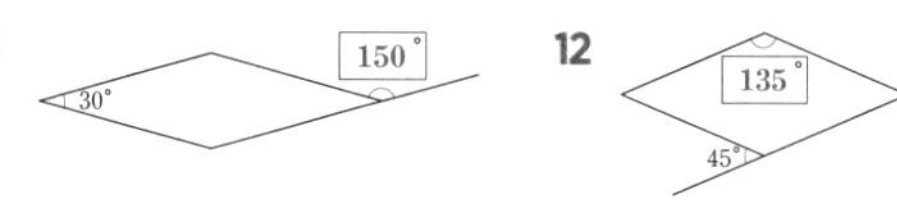 150°

12 135°

13  73°

14 144°

15 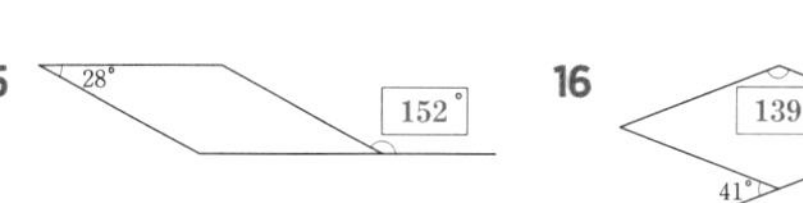 152°

16 139°

17 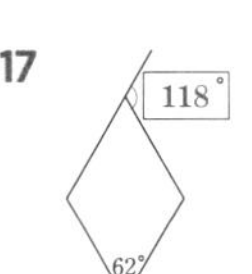 118°

18 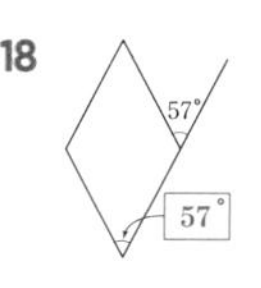 57°

19 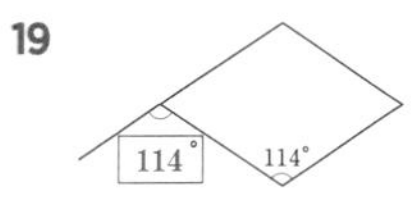 114°

20 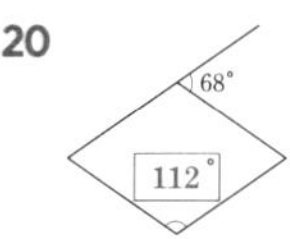 112°

3 다각형에서 각도 구하기(1)

계산은 빠르고 정확하게!

걸린 시간	1~4분	4~7분	7~10분
맞은 개수	16~17개	13~15개	1~12개
평가	참 잘했어요.	잘했어요.	좀더 노력해요.

- 선분으로만 둘러싸인 도형을 다각형이라고 합니다.
- 다각형은 변의 수에 따라 변이 3개이면 삼각형, 변이 4개이면 사각형, 변이 5개이면 오각형, 변이 6개이면 육각형, 변이 7개이면 칠각형, … 등으로 부릅니다.
- 변의 길이가 모두 같고, 각의 크기가 모두 같은 다각형을 정다각형이라고 합니다.
- 다각형에서 이웃하지 않는 두 꼭짓점을 이은 선분을 대각선이라고 합니다.

다음 도형의 변의 개수를 알아보고 다각형의 이름을 쓰시오. (1~9)

1 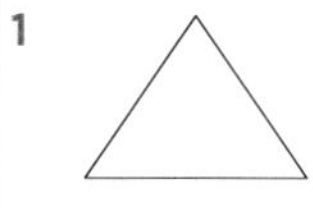 변의 개수: 3 개 / 도형의 이름: 삼각형

2 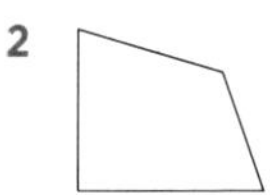 변의 개수: 4 개 / 도형의 이름: 사각형

3 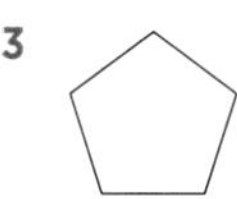 변의 개수: 5 개 / 도형의 이름: 오각형

4 변의 개수: 6 개 / 도형의 이름: 육각형

5  변의 개수: 7 개 / 도형의 이름: 칠각형

6  변의 개수: 8 개 / 도형의 이름: 팔각형

7 변의 개수: 9 개 / 도형의 이름: 구각형

8 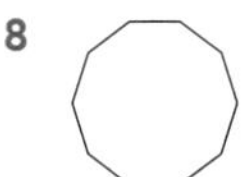 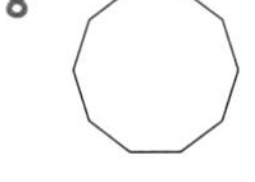 변의 개수: 10 개 / 도형의 이름: 십각형

9 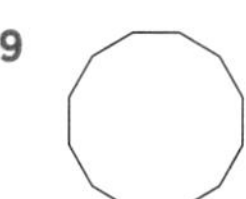   변의 개수: 12 개 / 도형의 이름: 십이각형

다음 도형의 한 꼭짓점에서 그을 수 있는 대각선의 개수와 도형에서 그을 수 있는 대각선의 총 개수를 구하시오. (10~17)

10 
- 한 꼭짓점에서 그을 수 있는 대각선의 개수: 0 개
- 대각선의 총 개수: 0 개

11 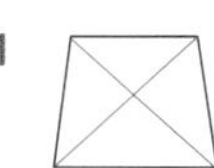
- 한 꼭짓점에서 그을 수 있는 대각선의 개수: 1 개 $4-3=1$
- 대각선의 총 개수: 2 개 $1\times4\div2=2$

12 
- 한 꼭짓점에서 그을 수 있는 대각선의 개수: 2 개 $5-3=2$
- 대각선의 총 개수: 5 개 $2\times5\div2=5$

13 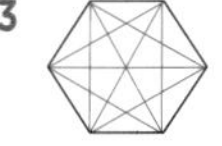
- 한 꼭짓점에서 그을 수 있는 대각선의 개수: 3 개 $6-3=3$
- 대각선의 총 개수: 9 개 $3\times6\div2=9$

14 
- 한 꼭짓점에서 그을 수 있는 대각선의 개수: 4 개 $7-3=4$
- 대각선의 총 개수: 14 개 $4\times7\div2=14$

15 
- 한 꼭짓점에서 그을 수 있는 대각선의 개수: 5 개 $8-3=5$
- 대각선의 총 개수: 20 개 $5\times8\div2=20$

16 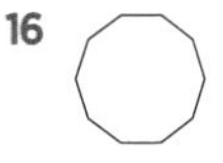
- 한 꼭짓점에서 그을 수 있는 대각선의 개수: 7 개 $10-3=7$
- 대각선의 총 개수: 35 개 $7\times10\div2=35$

17 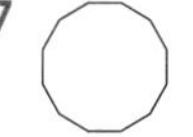
- 한 꼭짓점에서 그을 수 있는 대각선의 개수: 9 개 $12-3=9$
- 대각선의 총 개수: 54 개 $9\times12\div2=54$

3 다각형에서 각도 구하기 (2)

학습 날짜 월 일

계산은 빠르고 정확하게!

걸린 시간	1~5분	5~8분	8~10분
맞은 개수	11~12개	8~10개	1~7개
평가	참 잘했어요.	잘했어요.	좀더 노력해요.

다음은 모두 정다각형입니다. □ 안에 알맞은 수를 써넣으시오. (1~6)

1

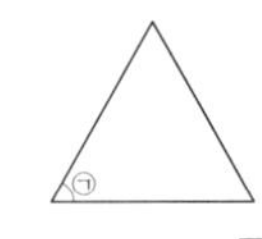

㉠=180°÷3= 60°

2

㉡=180°×2÷4= 90°

3

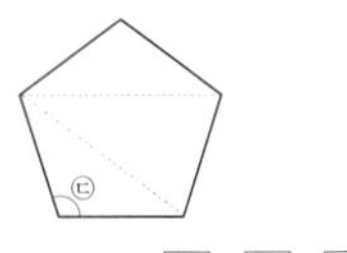

㉢=180°× 3 ÷ 5 = 108°

4

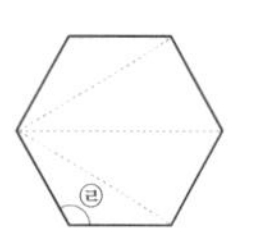

㉣=180°× 4 ÷ 6 = 120°

5

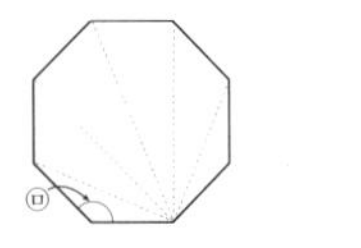

㉤=180°× 6 ÷ 8 = 135°

6

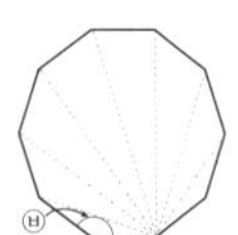

㉥=180°× 8 ÷ 10 = 144°

다음은 모두 정다각형입니다. □ 안에 알맞은 수를 써넣으시오. (7~12)

7

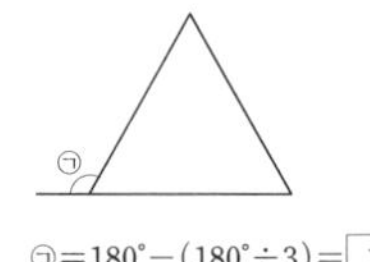

㉠=180°−(180°÷3)= 120°

8

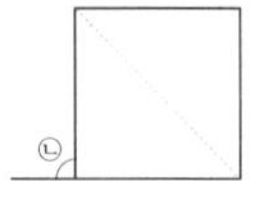

㉡=180°−(180°×2÷4)= 90°

9

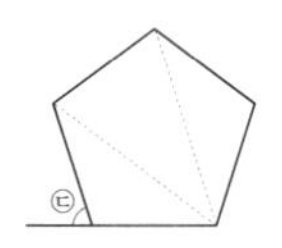

㉢=180°−(180°× 3 ÷ 5)
= 72°

10

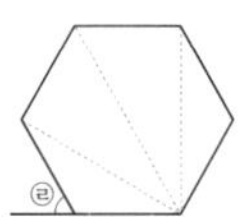

㉣=180°−(180°× 4 ÷ 6)
= 60°

11

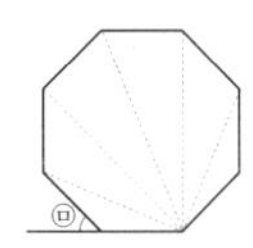

㉤=180°−(180°× 6 ÷ 8)
= 45°

12

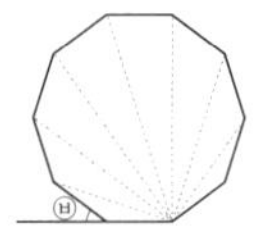

㉥=180°−(180°× 8 ÷ 10)
= 36°

4 신기한 연산

학습 날짜 월 일

계산은 빠르고 정확하게!

걸린 시간	1~5분	5~8분	8~10분
맞은 개수	11~12개	9~10개	1~8개
평가	참 잘했어요.	잘했어요.	좀더 노력해요.

보기 를 참고하여 □ 안에 알맞은 수를 써넣으시오. (1~6)

보기

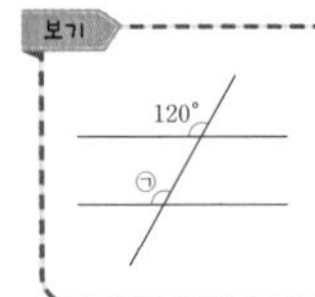

평행선과 한 직선이 만날 때 생기는 같은쪽의 각의 크기는 같습니다.
따라서 ㉠의 크기는 120°입니다.

1 35°, 35°

2 118°, 118°

3

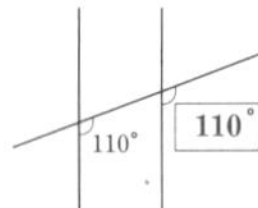

4

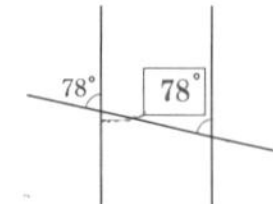

5

6 92°, 92°, 92°

보기 를 참고하여 □ 안에 알맞은 수를 써넣으시오. (7~12)

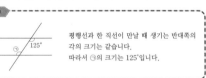

보기

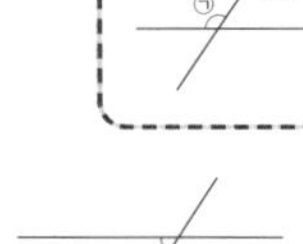

평행선과 한 직선이 만날 때 생기는 반대쪽의 각의 크기는 같습니다.
따라서 ㉠의 크기는 125°입니다.

7

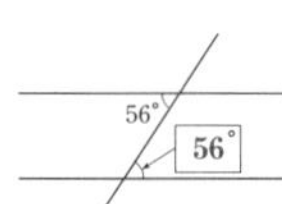

8

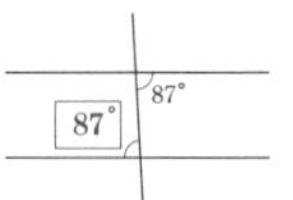

9

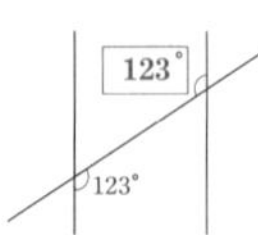

10

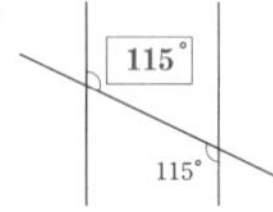

11

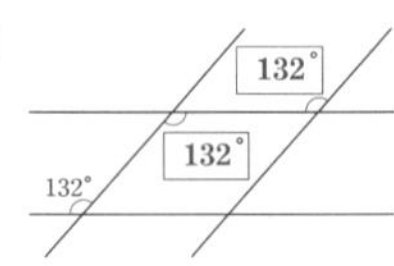

12

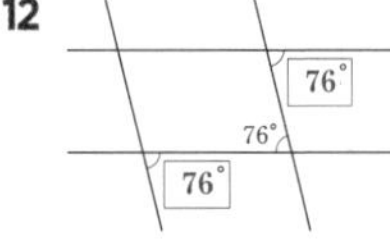

확인 평가

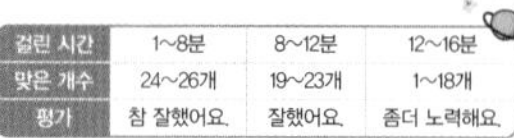

걸린 시간	1~8분	8~12분	12~16분
맞은 개수	24~26개	19~23개	1~18개
평가	참 잘했어요.	잘했어요.	좀더 노력해요.

직선 나가 직선 가에 대한 수선일 때 □ 안에 알맞은 수를 써넣으시오. (1 ~ 4)

1 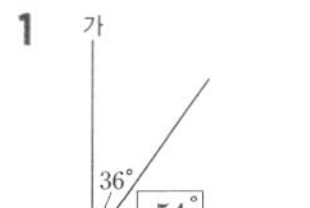

2 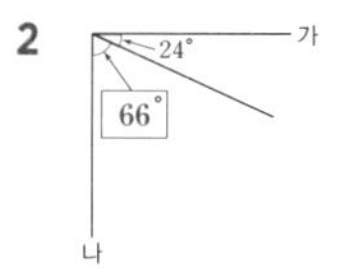

3 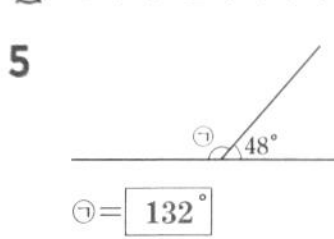

4 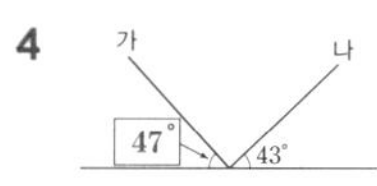

㉠의 각도를 구하시오. (5 ~ 8)

5 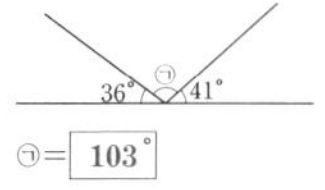

6 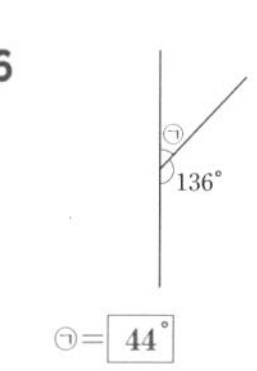

7 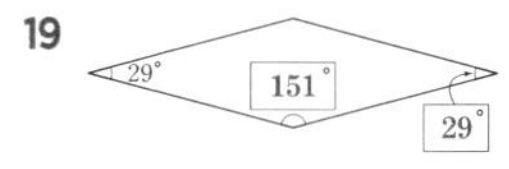

8 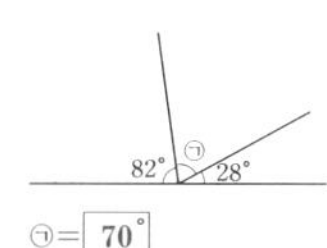

도형은 평행사변형입니다. □ 안에 알맞은 수를 써넣으시오. (9 ~ 18)

9 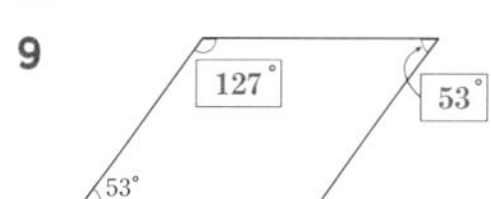

10 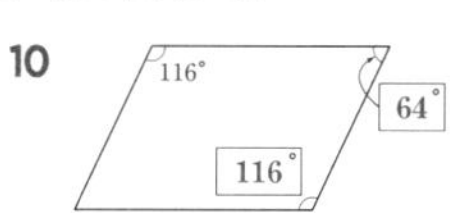

11 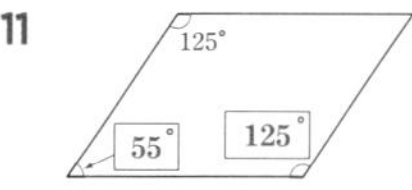

12 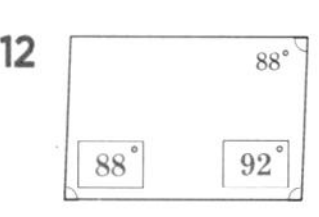

13 

14 

15 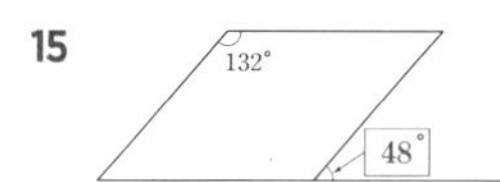

16 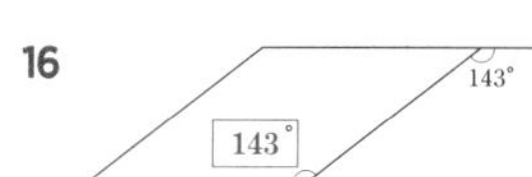

17 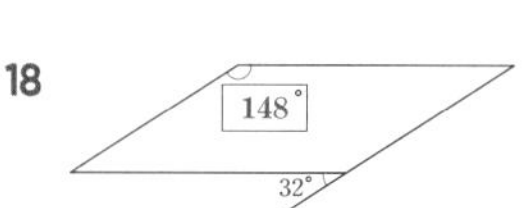

18

확인 평가

도형은 마름모입니다. □ 안에 알맞은 수를 써넣으시오. (19 ~ 22)

19 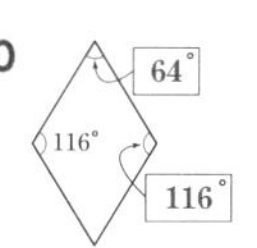

20 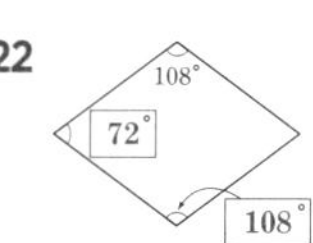

21 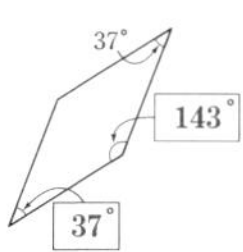

22

다음 도형에서 그을 수 있는 대각선의 총개수를 구하시오. (23 ~ 24)

23 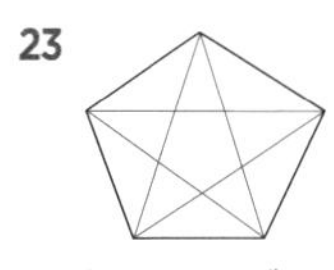

(5개)

24 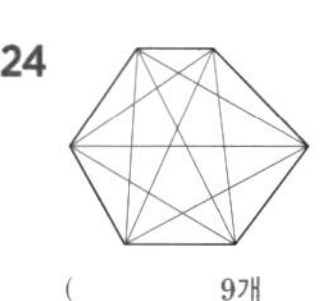

(9개)

다음은 모두 정다각형입니다. 정다각형의 한 각의 크기를 구하시오. (25 ~ 26)

25

(108°)

26 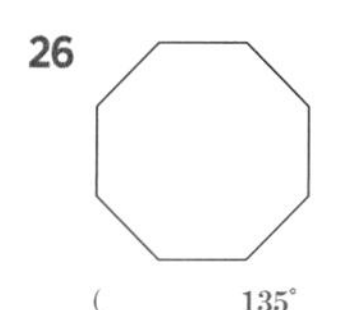

(135°)

크라운 온라인 평가 응시 방법

에듀왕닷컴 접속 www.eduwang.com

메인 상단 메뉴에서 단원평가 클릭

단계 및 단원 선택

온라인 단원평가 실시(30분 동안 평가 실시)

크라운 확인

각 단원평가를 통해 100점을 받으시면 크라운 1개를 드리며, 획득하신 크라운으로 에듀왕 닷컴에서 판매하고 있는 교재 및 서비스를 무료로 구매하실 수 있습니다.

(크라운 1개 – 1000원)

Memo

Memo

Memo

신기한
연산왕

초등 수학의 기본은 연산력!!
신기한
연산왕
D-2
초4
수준
정답

신기한
연산왕

3
2
4

신기한
연산왕